네팔 히말라야 트레킹

네팔 히말라야 트레킹

2025년 12월 20일 개정3판 1쇄 펴냄

지은이 최인호
발행인 김산환
책임편집 김산환
디자인 윤지영
펴낸곳 꿈의지도
인쇄 다라니
출력 태산아이
종이 월드페이퍼

주소 경기도 파주시 경의로 1100, 연세빌딩 604호
전화 070-7535-9416
팩스 031-947-1530
홈페이지 blog.naver.com/mountainfire
출판등록 2009년 10월 12일 제82호

ISBN 979-11-6762-137-5-13980
ISBN 978-89-97089-51-2 14980(세트)

네팔 히말라야 트레킹

최인호 지음

꿈의지도

1995년 겨울, 처음으로 네팔 히말라야를 만났다. 랑탕 밸리 깊숙한 곳에 자리한 나야캉 가(5846m) 등반을 위해 찾았다가 난생 처음 마주한 히말라야는 충격이었다. 몽환적이라고 밖에 달리 설명할 방법이 없었다. 눈부시게 빛나는 하얀 설산의 장엄함은 첫눈에도 매력적이 었다. 나야캉가 등반은 폭설로 인해 실패했다. 그러나 그때 매료된 눈부신 설산이 계속 히말 라야로 이끌었다.

네팔 히말라야 트레킹을 다니면서 자료를 하나둘씩 모으기 시작했다. 당시만 해도 네팔 히말라야 트레킹에 대한 정보가 거의 없었다. 가이드북이나 관련 서적도 구하기가 힘들었던 시절이었다. 그렇게 모은 자료를 더 많은 사람들과 공유하고 싶었다. 자료란 것이 개인이 소 장하고 있으면 그냥 자료로서의 가치밖에 없지만, 이것을 체계적으로 정리해 다른 사람들과 공유하면 더 나은 가치가 된다. 인터넷 카페 네팔 히말라야 트레킹(이하 네히트, http://cafe. naver.com/trekking)는 그렇게 탄생하게 됐다.

히말라야 트레킹을 하는 데 반드시 필요한 것은 무엇일까? 시간과 돈, 체력 이 세 가지 가 필요하다는 데는 이론의 여지가 없다. 히말라야를 가고 싶어도 시간이나 돈, 혹은 체력이 없어서 가지 못한다고 하는 사람들이 많다. 시간은 있는데 돈이 없는 사람과 돈은 있는데 시 간이 도저히 안 나는 사람, 시간과 돈은 있는데 체력이 안 되는 사람 등 어느 하나가 부족해 히말라야 트레킹을 못 간다는 것이다. 그러나 시간과 돈, 체력은 히말라야 트레킹에 꼭 필요 한 것이지만 절대적인 것은 아니다. 시간과 돈, 체력이 있어도 못 가는 사람이 더 많다.

히말라야 트레킹을 결정하는 핵심은 가슴 속에 꿈과 열정이 살아 있느냐다. 꿈과 열정 은 히말라야 트레킹에만 국한된 이야기가 아니다. 모든 여행과 관련되어 있다. 가고자 하는 여행이 진정으로 자신이 원하고 좋아하는 것인가 하는 문제다. 이것을 '열정'이라고 말할 수 있다. 그렇다면 꿈과 열정이 있으면 히말라야 트레킹을 갈 수 있을까? 아니다. 그래도 사람 들은 쉽게 떠나지 못한다. 그 이유는 무엇일까? 떠날 수 있는 용기가 없기 때문이다. 세상에 는 떠나지 못하는 사람들을 위한 수만 가지 핑계가 존재한다. 그 핑계를 없앨 수 있는 것은 용기밖에 없다. 열정과 용기가 있는 사람은 방법을 찾고, 그렇지 못한 사람은 핑계를 찾는다. 열정과 용기를 가진 자만이 '영혼을 비추는 거울' 히말라야와 마주할 수 있다.

이 책이 네팔 히말라야로 트레킹을 떠나는 분들에게 작은 도움이나 나침판 역할을 해줄 수 있기를 소망한다. 사람들이 오랫동안 꿈꿔온 히말라야 트레킹을 준비하면서, 혹은 히말라 야 산자락의 어느 롯지에서 우리와는 다른 생활 방식과 문화를 가진 현지인들과 소통할 때, 또는 생과 사를 오갈 수 있는 고산병에 대처하거나 예방하는 데 결정적 '신의 한 수'가 될 수도 있기를 기대해 본다. 하지만, 이 책이 냄비 받침대가 되거나 롯지에서 뜨거운 물을 부어 놓은 컵라면 뚜껑을 눌러주는 역할에 그친다고 해도 억울해 하지 않을 것이다. 나름대로의 의미가 있다면 그것만으로도 만족할 것이다.

코로나 19는 세상의 많은 것들을 바꾸어 놓았다. 특히, 우리 삶의 중요한 축인 여행은 더욱 그렇다. 여행은 코로나 이전과 이후로 명확하게 구분될 만큼 많은 변화가 있었다. 전 세계가 코로나와 힘겨운 싸움을 벌이는 동안 러시아 우크라이나 전쟁, 자국 우선주의에 따른 석유 등 자원과 식량의 무기화 등 세계정세도 급변했다. 특히, 지구 온난화로 인한 기상 이변은 인류 최대의 위협으로 부상했다. 수 세기를 지켜온 거대 빙하가 녹아내리고, 히말라야의 지형도 급속도로 변화시키고 있다. 이는 청정 자연의 보고 히말라야가 더 훼손되기 전에 그곳으로 떠나야 하는 이유이기도 하다.

이 책에 들어 있는 대부분 정보들은 네히트에 다 있다. 네히트에 있는 정보를 오프라인에서 볼 수 있게 책으로 꾸민 것이다. 물론, 책으로 엮으면서 삼십여 년 간 네팔 히말라야 트레킹을 다닌 개인적인 경험도 한몫을 했다. 네히트를 운영하면서 네팔 히말라야 트레킹에 대한 질문과 답변 등 댓글 봉사를 하며 체득한 노하우도 많은 도움이 되었다. 그러나 무엇보다 소중한 것은 네팔 히말라야 트레킹을 다녀온 수많은 네히트 회원들이 올린 정보다. 지금도 많은 트레커들이 네팔 히말라야로 향하고 있고, 그들이 체득한 정보들이 실시간으로 네히트에 올라온다. 이들의 노력이 더 빛날 수 있게 이 책의 업데이트를 자주 하려고 노력할 것이다. 혹여 이 책이 출간되었을 때, 이미 지난 자료가 되어버렸거나 또는 정보가 틀린 것이 있다면 독자 여러분들의 가차 없는 질책을 부탁드린다.

끝으로 2004년 네히트가 온라인상에 등장한 이후 수많은 정보와 여행기, 답변 등으로 최고의 네팔 히말라야 트레킹 커뮤니티로 발전할 수 있게 해주신 6만 7,000여 네히트 회원들과 출간의 기쁨을 함께 하고 싶다. 또한, 히말라야 트레킹을 준비하는 독자들에게 더 큰 동기부여가 되도록 기꺼이 사진을 제공해주신 주영귀, 채종일, 허성운, 이재수, 백승욱, 워크딕, 화성인, 설악아씨, 칸나, 블루필70, 마우나(무순, 존칭 생략)님과 그 외에 직간접적으로 도움을 주신 모든 분들에게 공을 돌린다. 네팔 히말라야에 미쳐 매년 네팔로 향하는 남편과 아버지를 묵묵히 응원해 준 아내와 아이들에게도 고마움을 전한다.

네히트 카페지기 최인호

03 실전편

■ 안나푸르나 히말라야

■ 쿰부 히말라야

Contents

▲▲▲

일러두기

정보

이 책에 실린 정보는 2025년 9월까지 확인된 것을 토대로 한 것이다. 그러나 네팔은 사회변화가 심한 나라다. 따라서 네팔의 특성상 시간이 경과할수록 정보가 바뀔 확률이 높다. 독자들은 이 점을 감안해야 한다. 트레킹을 준비하면서 네팔 히말라야 트레킹 관련 인터넷 동호회 등에서 최근의 현지 소식을 한 번 더 체크하는 게 좋다.

물가

네팔의 물가는 지속적으로 오른다. 특히, 미국 달러의 영향을 크게 받는다. 2025년 10월 현재 1달러는 136루피 전후다. 외국 관광객을 대상으로 하는 물가는 일반 물가에 비해 더 빨리, 더 많이 오른다. 특히, 네팔은 국립공원이나 세계문화유산 입장료를 제외하고 모든 분야에 정찰제가 확립되지 않아 흥정을 통해 가격을 정해야 한다. 따라서 흥정을 하기 전에 대략적인 가격을 인지하고 있는 게 필요하다. 모든 가격은 흥정하는 그 자리에서 정해진다는 것을 명심하자.

지도&고도표

이 책에 실린 지도와 고도표 등은 현지에서 발행된 지도를 참고해 새롭게 그린 것이다. 그러나 도로가 새롭게 개통되고, 지진이나 폭우 같은 자연재해로 인해 트레킹 코스 등이 바뀔 여지가 충분하다. 특히, 개발로 인한 도로 개통은 히말라야 트레킹 풍속도를 빠르게 변화시키고 있다. 따라서 지도와 실재 트레킹 코스가 다를 수 있음을 유념해야 한다. 참고로 지프 차량이 오가는 길과 트레킹 코스가 겹치는 곳은 등산로(빨간색)와 도로(노란색)를 겹쳐서 표기했다. 고도표 역시 독자의 이해를 높이기 위해 최대한 사실에 가깝게 그리려 했지만 실재와 편차가 있을 수 있다. 이 점 역시 참고해서 보기를 권한다.

지명&높이

이 책에 실린 지명과 높이는 현지 지도를 근거로 표기했다. 그러나 현지인들의 발음과 지도에 표기된 지명이 일치하지 않는 게 많고, 지도에 표기된 지명 역시 지도 마다 많은 편차를 보인다. 이 책에서는 지도에 표기된 지명을 기준으로 했으며, 발음 역시 ㄲ, ㄸ, ㅉ 같은 된소리가 나는 발음은 순화시켜 ㅋ, ㅌ, ㅊ으로 표기했다. 세계 최고봉 에베레스트의 높이에 대한 논란이 아직도 있듯이, 네팔 히말라야의 산과 마을 등의 높이 역시 지도마다 제각각이다. 따라서 이 책에 수록된 높이와 네팔 현지에서 별도로 구매한 지도에 나온 높이가 다를 수 있다.

사진

이 책에 실린 사진은 2000년대 초반부터 2025년 여름 시즌까지 촬영한 것이다. 그 동안 네팔 대지진 같은 자연재해를 비롯해 트레킹 코스 상에 있는 마을과 자연 등의 모습이 바뀌었다. 그러나 트레킹의 특성상 재촬영이 여의치 않은 곳들도 있어 시간이 지난 사진을 실은 것도 있다. 이런 사진 속 풍경과 실재가 다른 부분이 있다는 것도 참고하자.

Nepal Himalaya Trekking

01
–
프리뷰

히말라야로 트레킹을 가야 하는 이유

영혼을 비추는 거울, 히말라야

사람들이 히말라야로 트레킹을 가는 이유는 무엇일까? 수많은 이유(누가 무엇이라고 하더라도) 중에서 가장 첫 번째는 히말라야가 세계의 지붕이기 때문일 것이다. 특히, 세계에서 가장 높은 에베레스트(8848m)가 그곳에 있고, 8,000m 이상의 자이언트 봉우리 14좌가 히말라야에 있다. 이 산들을 제외하고도 만년설이 쌓여 있는 6,000~7,000m급 설산이 수두룩하다. 우리나라의 경우 만년설을 이고 있는 산이 없다. 가장 높다는 제주도 한라산도 높이가 1950m에 불과하다. 이처럼 우리나라에는 언제나 새하얗게 빛나는 설산이 없기 때문에 이에 대한 갈망이 높을 수밖에 없다.

히말라야는 세계의 지붕이면서 세계 최고의 트레킹 여행지다. 히말라야가 '죽기 전에 꼭 가 보아야 할 명소' 대접을 받으면서 세계의 트레커들이 몰린 이유다. 일반 여행자는 전문 산악인들처럼 에베레스트와 같은 고봉의 정상에 설 수는 없다. 그러나 히

뉴브리지에서 바라본 안나푸르나 남봉

랑탕 밸리의 숨어 있는 보석 랑시샤카르카 가는 길의 야크카르카

말라야 품에 안겨 눈부신 설산을 마주하는 일은 누구나 할 수 있다. 나무 한 그루 자라지 않는 4,000~5,000m의 고산지대만 가더라도 히말라야가 연출하는 비경을 실감할 수 있다. 누군가는 '자신의 영혼을 비추는 거울'이라고 말하는 눈부신 설산과 마주하고 나면 누구라도 마음이 정화되는 것을 느끼게 된다. 이 매력 때문에 오늘도 수많은 여행자와 트레커들이 히말라야로 향한다.

네팔, 가성비 최고인 여행자의 나라

히말라야 하면 네팔을 떠올린다. 히말라야를 품은 나라는 많지만 트레킹 여행지로 각광받는 곳은 네팔이 거의 유일하다. 그래서 정상을 등반하는 원정대나 전문 여행꾼들이 아니어도 대부분 네팔에서 히말라야 트레킹을 떠난다. 네팔은 트레커들을 맞이할 완벽한 준비가 되어 있다.

휘날리는 오색 타르초 너머로 보이는 랑탕 히말라야

    네팔 카트만두 타멜은 태국 방콕 카오산 로드, 인도 델리 파하르간즈와 함께 세계 3대 여행자 거리로 불린다. 타멜 거리에는 특별히 바쁠 것도 없는 네팔리들이 하루 종일 좁은 골목길을 메우고 다니고, 사이클 릭샤가 손님을 기다리면서 진을 치고 있다. 수많은 등산장비점과 각양각색의 가게와 식당들이 뒤섞여 그곳을 찾는 세계 각국의 여행자와 트레커, 등반대에게 편의를 제공해 준다. 타멜을 찾는 여행자들은 십중팔구 히말라야 트레킹을 꿈꾼다. 아무도 알지 못하는 미지의 세계에 풍덩 빠져 그곳 사람들과 그곳의 문화와 그곳의 자연과 그곳의 세상을 경험하고, 조금은 낯설고 불편한 곳에서 잠드는 그런 여행을 꿈꾼다. 일생 동안 꿈꿔왔던 버킷 리스트를 실현하기 위해, 태초의 순수한 자연을 만나기 위해 트레킹을 준비한다. 그런 여행자들의 꿈을 응원하는 곳, 그곳이 바로 타멜이다.

    네팔은 놀라울 정도로 저렴한 관광지다. 아프리카 최고봉 킬리만자로나 남미 페루 잉카 트레일과 비교해 보면 다양한 트레킹 코스를 선택할 수 있을 뿐 아니라 경비 또한 저렴한 편이다. 네팔에서는 로컬식을 먹는다면 10달러 정도로도 하루 세끼 식사를 해결할 수가 있다. 또한 20~30달러면 괜찮은 호텔에서 묵을 수 있다. 전 세계 여행자들이 찾아오는 이유 중에는 이처럼 저렴한 물가와 뛰어난 관광 인프라도 한 몫을 한다. 가격에 대한 표현으로 '착한 가격' 혹은 '사악하다' 등의 표현과 '가성비'를 따지는 실용주의가 주류를 이루고 있는 시대에 살고 있는 측면에서 볼 때, 착하거나 혹은 가성비가 높은 여행지가 바로 네팔이다. 물론 하룻밤에 200달러씩 받는 5성급 호텔도 있고, 럭셔리한 투어도 있다. 하지만 대부분의 배낭여행자들은 하룻밤에 20~30달러 하는 숙소에 만족해하며 자신만의 여행을 즐긴다.

힐링의 명소이자 히피들의 종착역, 포카라

배낭여행의 고수들이 힐링과 휴식하기 좋은 곳으로 꼽는 세계 3대 명소가 있다. 파키스탄 훈자, 인도네시아 수마트라 섬의 토바호수, 그리고 네팔 포카라다. 포카라는 1960년대 히피들의 천국으로 알려졌다. 자유와 낭만, 그리고 표현하기 어려운 그 무엇(?)이 존재하는 곳으로 주목받았다. 안나푸르나 산군 트레킹의 베이스캠프와도 같은 포카라는 뛰어난 자연미로 여행자들이 그곳에서 빠져나갈 수 없게 만든다.

페와호수를 끼고 있는 포카라는 힐링하며 휴식하기에 완벽한 조건을 갖추고 있다. 할 수 있다면 모든 이에게 비밀로 하고 나만의 피난처로 삼아 언제든지 심신이 지치면 다시 찾고 싶은 곳이다. 포카라는 춥지도 않고 덥지도 않다. 사람이 지내기에 가장 적절한 날씨다. 맑은 공기와 깨끗한 호수, 하얀 뭉게구름이 떠 있는 하늘이 잘 어울리는 도시다. 가벼운 티셔츠 한 장만 입고 생활해도 전혀 불편하지 않은 온화하고 맑은 날씨가 연중 지속된다. 포카라의 모든 매력은 페와호수로 모아진다. 이 호수는 사람의 마음을 편안하게 해준다. 잔잔한 물결을 바라보고 있으면 저절로 평정심을 갖게 된다. 호숫가 호텔에 며칠이고 머물면서 그동안 시간에 쫓겨 앞만 보고 살아온 자신을 한번 되짚어 보는 일은 뜻깊다. 이곳에서는 아무것도 하지 않아도 될 자유가 있다.

포카라는 또 무엇을 해도 괜찮은 곳이기도 하다. 헐렁한 티셔츠를 걸쳐 입고 슬리퍼 차림으로 어슬렁거리면서, 다른 사람의 시선을 의식하지 않고 자신이 가장 좋아하는 것을 마음껏 즐길 수 있다. 여성은 화장을 하지 않아도 되고, 호숫가 벤치나 카페의 소파에 앉아 음악을 듣거나 책을 읽어도 된다. 스마트폰이나 노트북에 저장해 온 영화를 봐도 좋다. 그러다가 지겨우면 낮잠을 즐겨도 된다. 그야말로 천국에서나 즐길 수 있는 자유가 있다. 그것도 지겹다 싶으면 사랑곳에 올라 황홀한 일몰이나 일출 속으로 빠져들 수 있다. 호숫가 호텔 베란다에서 네팔리들의 영산으로 불리는 마차푸차레를 보면서 마시는 커피 한잔! 마셔본 자만이 알 수 있다. 우리가 히말라야로 떠나는 또 다른 이유이기도 하다.

그리움은 행복을 맛본 자들만의 고통

네팔에 대해 이런 말이 있다. '네팔을 한 번도 안 가본 사람은 있지만, 한 번만 가본 사람은 많지 않다.' 지구상에 수많은 국가들이 존재하는데 왜 하필 네팔만 다녀오면 '네팔병' 운운할까? 네팔은 재방문율이 70%나 된다. 네팔에 어떤 매력이 있어 그처럼 회귀율을 높이는 것일까?

네팔은 여행 인프라가 잘 구축되어 있다. 네팔뿐만 아니라 주변 국가로 여행하는 데도 불편하지 않다. 네팔 한 나라만 목표로 여행하는 사람도 있지만, 인도와 더불어 여행하는 사람들도 많다. 또 일부 여행자들은 네팔 여행을 마치고 중국 티베트나 부탄 등으로 여행하기도 한다. 저렴한 물가와 함께 뛰어난 여행 인프라는 분명 네팔의 자랑이다. 네팔은 아직 관광객을 상대하는 사람들조차도 크게 때가 묻지 않았다. 현지 주민들은 말할 것도 없다. 바가지를 씌우려고 혈안인 다른 관광대국들과 달리 아직 순수함이 남아 있다.

네팔을 방문하는 이유는 다양하다. 히말라야 설산 때문이라는 사람도 있고, 그 설산과 더불어 사는 사람들의 순수함 때문이라는 사람도 있다. 또 힌두교와 티베트 불교가 잘 어우러진 복합적이면서 독특한 문화 때문이라는 사람도 있다. 어떤 것이라도 괜찮다. 무엇인가에 끌리는 매력은 인위적으로 생기는 것이 아니다. 가슴 내면으로부터

대부분 미개척지로 남아 있는 네팔 서부 돌포 지역의 황량한 들과 마을(위)과 에메랄드빛으로 빛나는 폭순도호수

울리는 현의 떨림과도 같은 것이다. 이것이 자연스럽게 병(?)으로 발전한다. 다행스러운 것은 그 병에 대한 치료약도 있다는 것이다. 네팔행 비행기를 타면 된다. 여행은 추억으로 남는다. 그 추억 속에는 맛도 있고, 사진도 있고, 그리움도 있다. 이 가운데 그리움은 행복을 맛본 자만이 느낄 수 있는 고통이 아닐까?

무슨 이유라도 좋다

그리고 또 무슨 이유가 있을까? 마지막 이유는 이 책을 읽는 독자들의 몫으로 남겨둔다. 10인 10색이라 했으니 히말라야를 찾는 나름의 이유가 있을 것이다. 다른 사람들이 어떤 이유로 그곳을 갔는가는 별로 중요하지 않다. 내가 지금 왜 그곳을 가려고 하는지가 중요하다. 어떠한 이유라도 상관없다. 일상의 지루함을 타파하기 위해서도 좋다. 세계일주를 히말라야부터 시작하고 싶어서도 좋다. 인도와 연계한 배낭여행도 좋다. 직장생활에서 잠시 휴가를 내어 바람 좀 쐬고 오려는 것도 좋다. 군 제대나 대학 졸업, 직장 은퇴, 결혼 30주년, 환갑 기념 등 특별한 이유로 다녀오는 것도 좋다. 여기에 나열한 이유가 아니어도 아무 상관이 없다. 아니 이유 자체가 없어도 관계없다.

포카라와 페와호수 위를 나는 페러글라이딩. 포카라 사랑곳은 세계 3대 페러글라이딩 포인트다

푼힐 전망대의 아침. 구름 위에 다울라기리 산군이 우뚝 솟아 있다

설령 갔다 온 다른 사람들이 좋다고 해서 자신도 한 번 가볼까 생각해도 '노 프러블럼'
이다. 내가 히말라야로 가려고 한다는 것, 그것이 가장 중요하다.

　　　마지막으로 이 책을 읽는 독자들에게 한 가지 부탁이 있다. 히말라야 트레킹이
처음이라면 자신만의 시각으로 바라보라고 말해주고 싶다. 인터넷 상에는 먼저 다녀온
선행자들이 쓴 수많은 정보가 있다. 이 정보들은 처음 히말라야 트레킹을 떠나는 여행
자에게 가장 좋은 교과서 역할을 해 줄 것이다. 그러나 그것은 어디까지나 선행자들의
여정이다. 선행자들이 다녀온 정보를 잘 활용하는 것은 모든 여행에서 매우 중요하지
만, 그것을 그대로 따라 할 이유는 없다. 스스로 계획을 잘 세워서 자신만의 여행을 즐
기기 바란다. 부디 히말라야를 자신의 눈과 가슴으로 느끼기를 기원한다.

Nepal Himalaya Trekking

02

─

준비편

히말라야 개관

히말라야의 위치

히말라야는 지리적으로 아시아 중에서도 남아시아로 분류된다. 히말라야는 하나의 산이 아니라 산맥이라서 정확히는 히말라야산맥이라고 해야 맞다. 히말라야산맥은 인도 동부 아샘 지역부터 서쪽 파키스탄까지 약 2,500km에 걸쳐 길게 펼쳐져 있다. 히말라야산맥이 걸쳐 있는 나라는 파키스탄, 인도, 네팔, 중국(티베트), 부탄이 있다. 히말라야산맥은 또 인더스강, 갠지스강, 브라마푸트라강, 창강의 발원지이기도 하다.

히말라야는 속한 나라와 지역에 따라 네팔 히말라야, 인도 히말라야, 시킴 히말라야 등으로 구분해서 불린다. 이 가운데 네팔 히말라야에 압도적으로 많은 고봉이 포진해 있다. 트레킹 역시 네팔 히말라야가 가장 활발하다. 보통 히말라야 트레킹이라 하면 네팔 히말라야 트레킹을 뜻한다. 네팔은 동서로 885km, 남북으로 193km로, 마치 고구마처럼 길쭉하게 생겼다. 거대 국가인 중국(북쪽), 인도(동, 서, 남쪽)와 국경을 접하고 있다. 해발 150m의 테라이 평원부터 세계 최고봉 에베레스트(8848m)까지 높이가 다양하다. 따라서 기후 또한 지역에 따라 따뜻한 아열대성 기후부터 생명체가 살 수 없는 극한의 툰드라 기후까지 다양하게 나타난다. 히말라야의 어원은 산스크리트어로 '눈'을 뜻하는 'hima'과 '거처'를 뜻하는 'alaya'가 합쳐져 생겨난 말로 굳이 해석하자면 '눈의 거처'다.

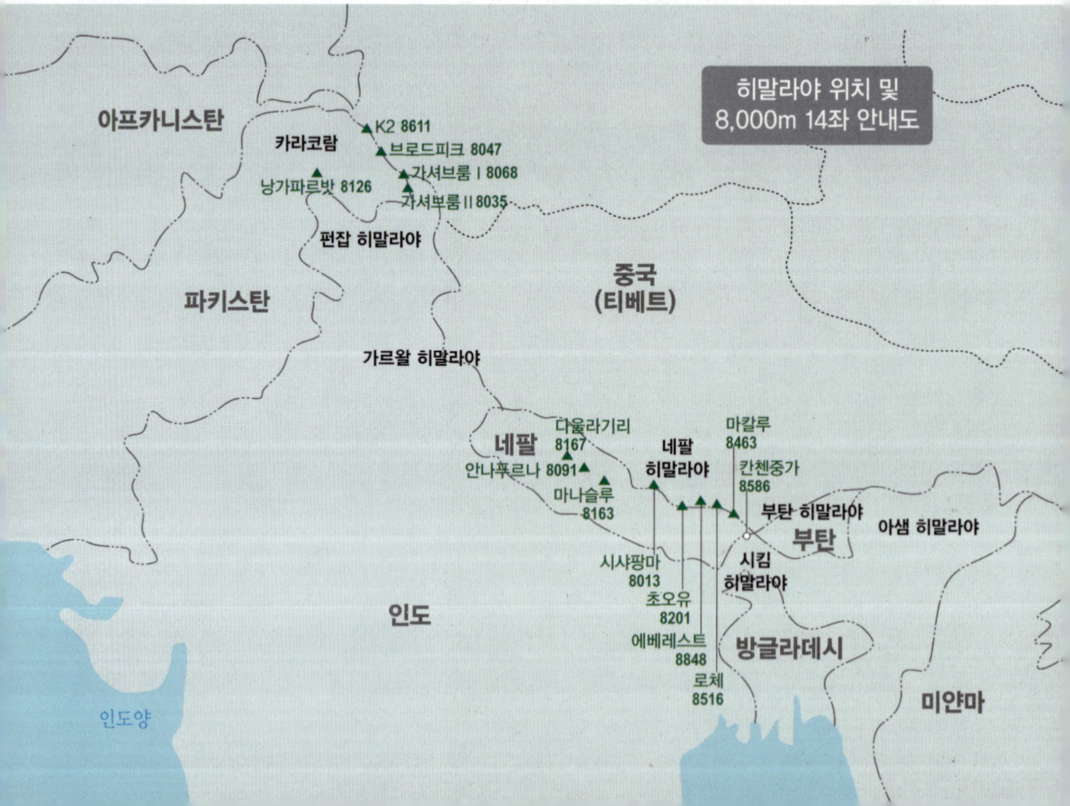

히말라야 위치 및 8,000m 14좌 안내도

아프카니스탄

카라코람
K2 8611
브로드피크 8047
가셔브룸 I 8068
낭가파르밧 8126
가셔브룸 II 8035

펀잡 히말라야

파키스탄

중국
(티베트)

가르왈 히말라야

네팔
다울라기리 8167
안나푸르나 8091
마나슬루 8163

네팔 히말라야

마칼루 8463
칸첸중가 8586

부탄 히말라야

부탄

아샘 히말라야

시샤팡마 8013
초오유 8201
에베레스트 8848
로체 8516

시킴 히말라야

인도

방글라데시

미얀마

인도양

히말라야의 형성

지질학적인 관점에서 히말라야는 6,000만 년 전에 형성됐다. 지구의 지각판 중 인도－오스트레일리아판이 유라시아 대륙판과 충돌해 당시의 바다 밑바닥이던 곳이 융기해 히말라야가 되었고, 그 부근의 해변이 지금의 티베트 고원이 되었다고 한다. 에베레스트에서 암모나이트가 발견되고, 티베트 고원에서 조개 화석이 발견되는 것도 여기서 연유한다. 그 후 대륙판이 지속적으로 충돌하면서 지금처럼 해발 8,000m가 넘는 산들이 즐비한 히말라야산맥이 생기게 되었다. 이러한 지각변동은 현재도 진행형이다. 인도－오스트레일리아판이 유라시아 대륙판 밑으로 미끄러져 들어가면서 히말라야를 지금도 1년에 0.27㎜씩 밀어 올리고 있다고 한다.

히말라야의 구분

히말라야는 나라와 지역에 따라 구분 지어 부른다.

▲ **아샘 히말라야** 히말라야에서 가장 동쪽에 치우친 구역으로 브라마푸트라강이 크게 휘는 지점부터 부탄의 동쪽 경계까지를 가리킨다. 인도에서 티베트 국경까지 열대성 수림으로 구성되어 아직도 탐사되지 않은 지역이 많다.

▲ **부탄 히말라야** 부탄 영토 내에 포함된 히말라야산맥을 말한다. 7,000m급 봉우리가 몇 개 있으나 입국이 어렵고, 체재비가 비싸다. 자유여행도 불가능하다. 아직까지 알려지지 않은 곳이 많다.

▲ **시킴 히말라야** 지역별로 구분한 히말라야 중에서 가장 좁은 부분으로 부탄과 네팔 사이에 있다. 예로부터 티베트로 향하는 카라반의 통로가 있어 히말라야 중에서도 가장 일찍 알려진 곳이다. 칸첸중가(8586m), 자누(7710m) 등 개성 있는 산들이 자리한다.

▲ **네팔 히말라야** 네팔 영토 내에 있는 부분이다. 에베레스트(8848m), 칸첸중가(8586m), 로체(8516m), 마칼루(8463m), 다울라기리(8167m), 초오유(8201m), 마나슬루(8163m), 안나푸르나(8091m) 등 8000m급 고봉 8개가 있다.

▲ **가르왈 히말라야** 네팔 서쪽 국경 칼리강에서 인더스강 지류인 수틀레지강 사이에 위치한다. 히말라야산맥의 북쪽을 달리는 잔스카르산맥이 티베트와 인도 국경을 형성한다. 최고봉은 난다데비(7817m)로 그 외 다수의 힌두교 성지를 품고 있다.

▲ **펀잡 히말라야** 인더스강과 동쪽의 수틀레지강 사이 네모꼴 형태를 이룬 지역으로 낭가파르밧(8126m)을 품고 있다. 파키스탄과 인도의 국경 분쟁 지역이므로 접근하기 전에 사전 확인이 필요하다.

▲ **카라코람 히말라야** 히말라야산맥 서쪽에서 북쪽으로 달리는 산맥. 카라코람은 '검은 자갈'을 뜻한다. 세계 제2위봉 K2(8611m)를 포함해 5개의 8,000m급 봉우리와 5개의 대빙하를 안고 있다.

히말라야 8,000m 14좌

지구상에는 높이가 8,000m가 넘는 자이언트 산이 14개 있다. 보통 '8,000m 14좌'라고 부른다. 이 산 모두 히말라야에 있으며, 이 가운데 8개가 네팔에 있다.

에베레스트 Everest • 8848m

1852년 영국 측량 부대에 의해 발견됐다. 네팔에서는 사가르마타로 불린다. 사가르Sagar는 '세계', 마타Matha는 '정상'을 의미한다. 티베트에서는 초모룽마(세계의 여신)라고 불린다. 영국 원정대는 1921년부터 1953년까지 10번 도전 끝에 등정에 성공했다. 1953년 5월 29 E.힐러리와 셰르파 텐징이 인류 최초로 제3의 극점이라 불리는 에베레스트 정상에 섰다. 에베레스트가 세계 최고봉으로 밝혀진 지 100년만의 일이다. 그 후 에베레스트는 수많은 산악인들의 동경의 대상으로 매년 원정대가 찾고 있다. 한국은 1977년 9월 15일 대한산악연맹 원정대(대장 김영도)의 고상돈 대원과 셀파 1명이 남동릉 루트로 등정해 세계 8번째 에베레스트 등정국이 되었다.

K2 K2 • 8611m

히말라야에서 두 번째로 높은 봉우리로 '하늘의 절대군주'라는 별칭이 있다. 영국 측량대가 측량 당시 2번째로 측량되어 K2(카라코람 2호)라는 명칭이 붙여졌으며 지금도 이 명칭을 사용한다. 1892년 첫 원정대가 등정을 시도했지만 실패했다. 정상부가 피라미드처럼 깎아지른 모습이라 등반이 까다롭기로 소문났다. 이탈리아, 미국 등 여러 원정대가 도전했지만 고전했다. 초등은 1954년 7월 31일 이탈리아 원정대가 했다. 이들은 세 팀의 미국대가 닦아 놓은 토대와 셰르파의 헌신적인 노력 덕분에 정상을 밟는 쾌거를 누렸다.

칸첸중가 Kanchenjunga • 8586m

티베트어로 칸Kang은 '눈', 첸chen은 '크다', 주ju는 '보물', 가nga는 '다섯'을 뜻한다. 즉, '다섯 개 큰 눈의 보물'이라는 뜻이다. 이름에서 알 수 있듯이 칸첸중가는 주봉, 중앙봉, 남봉, 서봉(얄룽캉), 캉바첸 등 다섯 개의 봉우리를 가진 아주 큰 산군이다. 네팔 히말라야의 제일 동쪽에 위치해 있어 접근이 쉽지 않다.

로체 Lhotse • 8516m

옆에 있는 에베레스트에 가려져 잘 알려지지 않았으나 1921년 첫 원정대에 의해 로체라 이름이 붙여졌다. 로체는 에베레스트 사우스 콜에서 분리된 봉우리로 세계에서 네 번째로 높다. 산 이름은 '남쪽'이란 뜻의 로lho와 '봉우리'란 뜻의 체tse가 합쳐져 '에베레스트의 남쪽 봉우리'를 뜻한다. 실제로 에베레스트 남쪽 3km 지점에 위치하고 있다.

마칼루 Makalu • 8463m

티베트어로는 캄마룽Kama lung이라 불린다. 마하칼라Maha Kala라는 이름이 와전되어 지금의 이름이 됐다는 견해도 있다. 마하칼라는 '위대한 검은 산'이라는 뜻이다. 이 산은 1921년 처음 알려졌다. 뉴질랜드, 미국, 프랑스 세 나라가 경쟁하였으나, 프랑스가 우수한 장비와 계획적인 등반으로 손쉽게 초등했다.

초오유 Cho Oyu • 8201m

마칼루와 마찬가지로 1921년에 발견되었다. 티베트어로는 '터키 구슬의 여신'이라는 뜻. 보석과 같이 기품 있고 아름다운 여신이 있는 산이라는 의미다. 1954년 오스트리아 원정대에 의해 단 4일 만에 등정되었다.

다울라기리 Dhaulagiri • 8167m

다울라기리는 산스크리트어로 다와라기리Dhavalagiri다. 여기서 다와라Dhavala는 '흰색', 기리giri 는 '산'을 뜻한다. 즉 '하얀 산'이란 뜻이다. 사방이 낭떠러지로 험준한 얼음 요새는 난공불락처럼 보였지만 8번의 도전 끝에 스위스 오스트리아 합동대가 등정에 성공했다.

마나슬루 manaslu • 8163m

마나슬루는 산스크리트어로 '영혼'이라는 뜻이다. 일본은 1953년부터 1956년까지 3차례의 원 정대를 보냈다. 원정 기간 마을 주민들의 방해(주민들은 자신들의 영혼이 깃든 산이라고 생각했 다)로 곤란을 겪었지만 1956년 3차 원정대에 의해 초등됐다. 이 등정은 당시 패전국의 설움을 안은 채 살고 있던 일본인들에게 희망을 주었다.

낭가파르밧 Nanga Parbat • 8126m

산스크리트어로 낭가파르바타Nanga Parvata이며, 그 뜻은 '벌거벗은 산'이다. 이 산의 계곡에 사 는 주민들은 디아미르Diamir라고 부르는데 이는 '산 중의 제왕'이라는 뜻이다. 1895년 발견되어 히말라야 8,000m급 봉우리 중에서 가장 먼저 등반이 시도되었다. 그러나 1953년 초등될 때 까지 무려 31명의 희생자를 냈다. 독일은 6차례의 원정 끝에 정상에 도달할 수 있었다.

안나푸르나 Annapurna • 8091m

안나Anna는 '음식물', 또는 '영양'을, 푸르나Purna는 '가득 채우다' 혹은 '쌓아올리다'라는 뜻으 로 '풍요의 여신이 사는 곳'이라는 의미를 지니고 있다. 프랑스 원정대는 조직적인 계획과 신식 등반 장비 덕분에 단 한 번의 도전으로 정상에 올랐다. 8,000m 이상 고봉 가운데 인류 최초로 초등한 산으로 유명하다.

가셔브룸 I Gasherbrum I • 8068m

티베트어로 '아름답다'라는 뜻을 가진 가샤Rgasha와 '산'이라는 의미를 가진 부룸Brum의 합성어 다. 이 산의 또 다른 이름은 히든피크다. 1892년 카라코람 일대를 최초로 답사했던 영국 원정 대는 이 산이 가셔브룸 산군의 여러 고봉에 가려져 발토르 빙하 깊숙이 거슬러 올라가야만 볼 수 있어 이런 이름을 붙였다. 몇 번의 등정 시도 끝에 1958년 미국 원정대가 정상에 올라 강대 국의 체면을 세웠다.

브로드피크 Broad Peak • 8047m

가셔브룸1에 히든피크라는 이름을 지어준 영국 정찰대 콘웨이 대장이 지은 산 이름. 브로드피 크는 '폭이 넓은 봉우리'라는 뜻이다. 알프스의 브라이트호른과 산의 생김새가 비슷하다. 원정 대원이 불과 4명에 불과한 오스트리아 원정대가 역대 가장 적은 비용으로 등정에 성공하였다.

가셔브룸Ⅱ Gasherbrum Ⅱ • 8035m

가셔브룸 산군에 속해 있다. 가셔브룸 Ⅰ 보다 2년 먼저 초등되었다.

시샤팡마 Shisha Pangma • 8013m

티베트어로 시샤shisha는 '봉우리', 팡pang은 '풀밭', 마ma 역시 '봉우리'를 뜻한다. 즉 '풀밭이 있
는 산'이라는 뜻이다. 산스크리트어로 고사인탄Gosainthan이란 이름도 가지고 있는데 '성스러운
사람이 사는 곳'이라는 의미이다. 히말라야 8,000m 고봉 중 가장 깊숙한 중국령 티베트에 속해
있어 다른 나라 원정대의 접근이 어려웠다. 이런 점을 이용해 중국이 최초 등정에 성공하였다.

〈히말라야 8,000m 14좌〉

순서(높이순)	산 이름	높이(m)	위치	초등년도(순위)	원정대	초등자
1	에베레스트	8848	네팔	1953년(2위)	영국	힐러리, 텐징
2	K2	8611	파키스탄	1954년(4위)	이탈리아	콤파뇨니, 라체델리
3	칸첸중가	8586	네팔	1955년(7위)	영국	조지 밴드, 조 브라운
4	로체	8516	네팔	1956년(9위)	스위스	라이스, 루흐징거
5	마칼루	8463	네팔	1955년(6위)	프랑스	프랑코
6	초오유	8201	네팔	1954년(5위)	오스트리아	티히, 파상, 요할라
7	다울라기리	8167	네팔	1960년(13위)	스위스-오스트리아	딤베르거 외 5명
8	마나슬루	8163	네팔	1956년(8위)	일본	이마니시 외 3명
9	낭가파르밧	8126	파키스탄	1953년(3위)	독일	헤르만 불
10	안나푸르나	8091	네팔	1950년(1위)	프랑스	엘조그, 라슈날
11	가셔브룸 Ⅰ	8068	파키스탄	1958년(12위)	미국	세닝, 클린치
12	브로드피크	8047	파키스탄	1957년(11위)	오스트리아	딤베르거, 헤르만 불
13	가셔브룸Ⅱ	8035	파키스탄	1956년(10위)	오스트리아	라르히 외 3명
14	시샤팡마	8013	중국	1964년(14위)	중국	쉐칭 외 10명

히말라야 등반사

1950년 6월 3일 인류 최초로 8,000m 이상 봉우리인 안나푸르나 1봉(8091m)에 오른 사람은 프랑스원정대의 모리스 엘조그와 루이 라슈날이다. 그러나 초등의 대가는 가혹했다. 모리스 엘조그는 등정 대가로 얻은 동상으로 인해 손가락과 발가락을 모두 절단해야 했고, 루이 라슈날은 발가락 모두를 절단해야 했다. 하지만 신의 영역으로 여겨지던 8,000m 고봉 등정은 세계등반사에 한 획을 긋는 사건이었으며, 히말라야 등반이 본격화되는 계기가 되었다. 그 후 1953년 존 헌터 대장이 이끄는 영국원정대의 에드먼드 힐러리와 셰르파 텐징 노르가이가 세계 최고봉 에베레스트를 등정하면서 본격적인 8,000m 등반 시대가 열렸다.

세계 최고봉 등정과 등반 러시

에베레스트 등정 후 세계의 열강들은 앞다투어 8,000m급 히말라야 고봉 등정에 나섰다. 당시는 히말라야 고봉 등정이 국력을 말해주던 시절이라 경쟁하듯 원정대를 꾸렸다. 이처럼 많은 원정대가 초등을 목표로 달려들면서 8,000m급 고봉들은 하나둘씩 인간의 발길을 허락했다. 1954년 초오유(오스트리아), 1955년 칸첸중가(영국)와 마칼루(프랑스), 1956년 로체(스위스)와 마나슬루(일본), 1960년 다울라기리(스위스) 등 8,000m 이상 고봉들이 차례로 등정됐다.

빙하 지대에 마련한 히말라야 원정대의 베이스캠프

1. 안나푸르나 남벽 등반 중 사고로 숨진 한국 산악인을 기리는 추모비 2. 트레킹 피크로 유명한 임자체를 등반하는 트레커

등로주의에서 상업 등반대까지 다양화

초등 경쟁이 마무리된 후 1970년대부터는 본격적인 기술등반의 시대가 도래했다. 정상을 올라가는 것이 중요한 게 아니라 얼마나 어려운 루트로 올라갔나를 따지는 등로주의 시대가 열린 것이다. 이때부터 안나푸르나 남벽과 에베레스트 남서벽 등 세계 등반대가 난제로 꼽는 코스에 세기적인 등반가들이 달려들었다. 이탈리아의 뛰어난 등반가 라인홀트 메스너는 1978년 최초 에베레스트 무산소 등정, 1980년 최초 북벽 코스 단독 등정 등 수차례의 기록을 남겼다. 그는 8,000m 이상 세계 최고봉 14좌를 완등한 최초의 인물이기도 하다.

1990년대 들어서면서 히말라야 등반은 점차 상업화되기 시작했다. 수많은 원정대가 막대한 등반 장비를 이용해 대규모로 등반에 나섰다. 일부에서는 세계 최고봉을 오르고 싶어 하는 아마추어를 대상으로 등반 허가부터 등정에 이르기까지 등반 전체를 도와주는 상업 등반대도 등장했다. 그 결과 에베레스트 등 인기가 많은 봉우리는 등반대가 버리고 간 산소통과 등반장비 등 각종 쓰레기로 인해 심각한 환경오염이 발생하기도 했다.

한국 산악인들의 히말라야 도전

한국 산악인들의 히말라야 원정은 1970년대부터 본격화되었다. 수많은 도전 끝에 1977년 고상돈이 한국인 최초로 에베레스트를 등정하면서 히말라야 등반사에 첫 획을 그었다. 1982년에는 세계 최초로 3극점(에베레스트, 남극, 북극)을 밟은 허영호 대장이 마칼루 등정에 성공했다. 그 후 많은 산악인들이 8,000m 봉우리에 도전장을 내밀었으며, 이 가운데 박영석, 엄홍길, 한왕용, 오은선, 김창호, 김재수, 김미곤 등이 8,000m 14좌 완등에 성공했다. 2011년 안나푸르나 남벽 등반 도중 사망한 박영석 대장은 8,000m급 14좌, 7대륙 최고봉, 3극점 탐험 등을 모두 성공한, 이른바 산악 그랜드 슬램을 달성하기도 했다.

히말라야 트레킹의 시작

히말라야 트레킹의 역사는 당연히 현대 등반사와 연결되어 있다. 네팔은 라나 일가가 집권하던 1846년부터 100여 년 간 쇄국정책을 펴며 외국에 문호를 개방하지 않았다. 그러나 1951년 인도에 망명해 있던 트리뷰반 왕이 라나 일족을 몰아낸 후 국왕으로 복위하면서 문호를 개방했다. 그 후부터 세계 각국에서 등반대가 물밀 듯이 밀려왔다. 당시의 원정대는 지금 같은 개인적인 원정대가 아니라 국가가 뒤에서 적극적으로 뒷받침해주는 대형 원정대들이 대부분이었다.

히말라야 고봉 초등이 어느 정도 이뤄지고 난 뒤부터 트레킹도 본격화됐다. 원정대가 갔던 길을 따라가 세계의 지붕인 히말라야를 눈으로 직접 보고 싶어 하는 여행자들이 하나둘씩 몰려들기 시작했다. 이 가운데는 원정대를 독려하기 위해 왔던 본국의 높은 분들이나 원정대원의 가족들도 있었다. 이들은 히말라야 산자락 주변을 둘러보는 트레킹을 하면서 네팔을 세상에 알리는 역할도 했다. 또 카트만두와 포카라를 찾아온 히피들도 히말라야 트레킹 확산에 한몫을 했다. 물가가 저렴하고 장기간 체류 가능한 네팔은 한때 히피들의 천국이라 불릴 만큼 세계의 히피들이 몰려들었다. 카트만두의 타멜 거리와 포카라 페와 호숫가에 자리 잡은 히피들은 그들만의 샹그릴라(히말라야 어딘가에 있다는 숨겨진 낙원)를 염원했다.

1960년대부터 본격적으로 히말라야 트레킹이 시작되면서 그와 관련된 인프라도 구축되기 시작했다. 우선 카트만두 타멜 거리에 등산과 트레킹 관련 업소들이 하나둘씩 자리 잡았다. 히말라야 중산간 지역에는 트레킹에 도움을 주는 에크로버티(티 하우스)와 롯지들도 생기면서 더 많은 탐험가와 트레커들이 히말라야 트레킹에 나섰다. 지금은 히말라야 트레킹이 대중화되어 기본적인 체력만 있으면 누구나 할 수 있게 코스마다 인프라는 물론 편의시설도 갖추어졌다. 특히, 등산인구가 많은 우리나라는 연간 3만 명 이상이 히말라야 트레킹에 나서고 있다.

등반의 동반자, 셰르파족

셰르파족은 네팔 산악지대에 거주하는 민족이다. 티베트어로 샤르shar와 파pa는 각각 '동쪽'과 '사람'을 의미한다. 즉 셰르파족은 '동쪽에서 온 사람'을 의미한다. 실제로 셰르파족은 500년 전 티베트에서 네팔 산악지대로 이주했다. 히말라야의 고산지대에서 살아가는 셰르파족은 고소적응 능력이 뛰어나다. 그래서 히말라야의 고봉을 오르는 원정대의 길 안내와 짐꾼으로 활약하고 있다. 지금은 셰르파라는 말이 '원정을 돕는 사람들'이라는 보통명사로 사용되고 있기도 하다. 실제로 원정 초기부터 셰르파족은 고산 등정에서 중요한 역할을 담당했다. 텐징 노르게이 셰르파는 1953년 에드먼드 힐러리와 함께 최초로 에베레스트에 올랐다.

네팔 히말라야 트레킹 지역

네팔 히말라야에는 안나푸르나, 에베레스트가 있는 솔루 쿰부, 랑탕 밸리처럼 세계의 트레커들이 찾아드는 3대 트레킹 코스부터 서부나 동부 지역의 오지 트레킹 코스까지 수많은 트레킹 코스가 있다. 대부분의 트레커들은 안나푸르나, 에베레스트, 랑탕 밸리 등 3대 트레킹 코스를 찾는다. 좀 더 특별한 매력을 찾는 경험 많은 트레커의 경우 네팔에서도 오지 중의 오지인 칸첸중가나 8,000m급 설산은 없지만 황량한 무채색 풍광이 매력적인 서부의 돌포 등을 찾는다. 최근에는 티베트 불교의 흔적이 고스란히 남아 있는 은둔의 왕국 무스탕을 찾는 트레커도 점차 늘고 있다.

안나푸르나 히말라야

네팔 최고의 휴양도시 포카라와 인접한 최고의 트레킹 지역이다. 안나푸르나 히말라야는 지리적으로는 중부 네팔에 해당된다. 7,000~8,000m급 히말라야 연봉이 병풍처럼 길게 늘어서 아름다운 경관을 자랑한다. 안나푸르나 히말라야는 기간과 코스에 따라 다양한 트레킹 루트가 있어 트레커의 사정에 따라 적합한 코스를 선택할 수 있다. 대부분의 코스는 트레킹 인프라가 잘 구축되어 있어 히말라야 트레킹을 처음 가는 사람도 큰 어려움 없이 할 수 있다.

히말라야 트레킹을 하며 볼 수 있는 티베트 불교 상징물 초르텐(불탑)과 타르초(티베트 불교 경전이 적힌 깃발)

쿰부 히말라야

쿰부 히말라야는 세계 최고봉 에베레스트(8848m)가 있는 곳으로 히말라야에서 가장 인기 있는 트레킹 대상지다. 쿰부 히말라야에 접근하는 것은 랑탕 밸리나 안나푸르나에 비해 상대적으로 훨씬 어렵다. 카트만두–루클라 구간은 항공편으로 이동해야 하는데, 날씨에 따라 항공기 결항률이 높아 반드시 예비일을 두어야 한다. 트리부반공항이 많은 이용자들로 혼잡해지는 성수기에는 카트만두에서 차량으로 4시간 거리에 있는 라메찹공항에서 루클라로 가는 항공편을 이용하기도 한다. 최근 카트만두에서 살레리까지 도로가 개통되면서 차량 이동이 가능해졌다. 또 살레리에서 붑사까지도 지프 도로가 개통되면서 육로를 이용해 트레킹을 시작하는 트레커가 점점 늘어나고 있다. 도로 공사는 지금도 계속 진행되고 있으며, 최종적으로는 루클라나 남체바자르까지 연결될 것으로 보인다. 카트만두에서 살레리까지는 차량으로 10~12시간 걸린다. 살레리에서 루클라까지 트레킹은 2일 정도 걸린다.

랑탕 히말라야

랑탕 밸리는 안나푸르나, 에베레스트가 있는 쿰부와 더불어 네팔 히말라야의 3대 트레킹 대상지다. 세계적인 오지 탐험가 틸만(1898~1978)이 '세계에서 가장 깊고 아름다운 계곡 가운데 하나'라고 칭송했던 곳이다. 랑탕 히말라야는 네팔 최초 국립공원이자 카트만두에서 가장 가까운 국립공원이기도 하다. 8,000m급 봉우리는 없지만 산군이 아담하고 아름다워 트레커들이 많이

1. 랑탕 밸리의 가장 깊숙한 곳 랑시샤카르카의 룽다와 만년설 **2.** 티베트 불교 경전이 새겨진 마니차와 타르초(오색 깃발)

찾는다. 트레킹 코스는 랑탕 밸리, 고사인쿤드, 헬람부가 대표적이며, 각각의 코스를 조합해 다양한 루트를 짤 수 있다.

네팔 동부

네팔 동부 트레킹은 에베레스트 동쪽에 있는 마칼루(8463m)와 인도 시킴 히말라야와 접해 있는 칸첸중가(8586m) 베이스캠프를 목표로 한다. 두 산은 서로 마주 보고 있다. 네팔 동부는 다양성이 많은 지역으로 네팔에 사는 대부분의 소수민족이 이 지역에 살고 있다. 이 지역은 벼가 잘 자라는 더운 지역과 일람llam이라는 차가 자라는 서늘한 지역을 포함하고 있다. 다른 트레킹 지역에서는 볼 수 없는 목가적인 풍광과 라이족, 림부족 등 중산간 지역에 살고 있는 다양한 소수민족의 삶을 엿볼 수 있는 색다른 트레킹을 할 수 있다.

네팔 서부

네팔 서부는 아직 탐험되지 않은 곳이 많다. 네팔 서부는 힌두교도와 불교도가 혼재하며, 네팔 전체로 보면 동부에 비해 비교적 인구 밀도가 높은 편이다. 그러나 카트만두에서 거리가 멀어 상대적으로 접근하기 어렵고, 외진 곳이라 외부에 잘 알려지지 않았다. 정기 항공편이 줌라와 인근 비행장을 운항하지만 항공료와 물류비가 만만치 않다. 또 비싼 입장료도 트레킹을 꺼리게 한다. 제한구역으로 지정된 상돌포와 무스탕은 입장료가 아주 비싸다. 네팔 서부 대부분의 지역은 몬순의 영향권 밖이거나 다울라기리 히말라야의 건조한 지역 안에 있다. 여름철은 대체로 건조해·거머리가 거의 없다.

무스탕

무스탕 왕국은 티베트와 네팔의 접경 지역에 위치한 인구 1만5,000여 명의 작은 자치국이다. 이곳은 산이 워낙 높고 골이 깊어 외부인이 함부로 드나들기 어렵다. 그만큼 베일에 싸여 있다. 무스탕은 네팔 자치령이 된 이후로 이방인의 입국을 엄격히 제한했다. 그러나 1992년부터는 부분적(1년에 1,000명으로 제한)으로 특별 허가를 받은 사람에 한해 개방하고 있다. 얼마 전까지만 해도 롯지 같은 트레킹 인프라가 부족해 트레킹 시 어려움을 겪었다. 그러나 지금은 코스를 따라 롯지들이 많이 생겨나 롯지 트레킹이 가능해졌다. 또 네팔과 중국이 포카라에서 티베트를 연결하는 도로를 건설해 전 구간 차량 이동이 가능하다.

히말라야 등반과 트레킹의 차이

히말라야 트레킹을 원정대의 등반과 같은 것으로 오해하는 사람들이 의외로 많다. TV 프로그램에서 원정대의 치열한 등반과정을 다큐멘터리로 찍은 영상을 접하고, 트레킹도 그와 유사할 것이라고 생각하는 것이다. 하지만 트레킹과 등반은 분명히 다르다. 트레킹은 전문적인 지식이나 특별한 훈련을 필요치 않는다. 트레킹은 해발 3,000~5,000m 히말라야 중산간지대를 도보로 여행하며 설산의 풍광과 그곳에 사는 주민들의 삶과 문화를 체험하는 아웃도어. 어린이나 70세 이상의 노인도 체력만 된다면 누구나 즐길 수 있다. 하지만 등반은 다르다. 등반은 고도로 훈련된 산악인들이 정상 등정을 목표로 인간의 한계에 도전하는 극한의 스포츠다. 자칫 목숨을 잃을 수 있을 만큼 위험도 따른다. 체계적이고 전문적인 훈련을 받은 산악인들만이 도전할 수 있다. 따라서 등반과 트레킹을 혼동하는 일이 없어야겠다.

〈히말라야 등반과 트레킹의 차이〉

구분	히말라야 등반(원정대)	히말라야 트레킹(자유배낭여행)
계절	등반을 할 수 있는 기간이 정해져 있다. 몬순을 기준으로 프레pre 몬순이라 부르는 봄(5월)과 포스트post 몬순이라 부르는 가을(9월)이 적기다. 몬순 기간(6~9월)에는 등반이 불가능하다. 겨울 시즌(12~1월)에 동계 등반을 하는 경우도 있다.	특별히 정해진 계절이 없으며 연중 가능하다. 다만 비가 잦은 몬순 기간(6~9월)에는 비에 대한 대비를 해야 한다. 트레킹 적기는 몬순이 끝나는 10월 초순부터 11월 중순까지다. 4~5월도 준성수기다. 추위에 대한 준비만 철저히 한다면 12~1월도 괜찮다.
지역	해발 6,000m를 기준으로 그보다 높은 곳 중에서 네팔 정부에서 등반을 허락한 곳에 한하며 반드시 등반 허가서를 받아야 한다.	6,000m 미만의 산이나 고개pass를 대상으로 한다. 이미 많은 트레킹 코스가 개발되어 있어 각자 자신의 스케줄에 맞추어 선택하면 된다.
경비	등반 허가부터 큰 경비가 들어간다. 원정대의 규모에 따라 최소 5,000만 원부터 2억원 이상 들기도 한다. 많은 등반 장비와 이를 운반하는 포터, 그리고 등반에 필수 멤버인 셰르파를 고용하는 인건비 등 개인이 추구하기에는 무리가 있다. 최근에는 비교적 경비가 저렴한 소규모 알파인 스타일 등반이 주를 이룬다.	자유배낭여행이라 항공료 등 기본 경비를 제외하면 본인이 쓰기에 따라 비용 조절이 가능하다. 트레킹은 도보여행이라 숙박비와 식비, 가이드나 포터의 고용 유무에 따른 인건비가 전부다. 인건비를 제외하고 20~30달러면 하루 생활비로 무난하다. 캠핑 트레킹은 50달러 이상 잡아야 한다. 그래도 등반과는 비교할 수 없이 저렴하다.

인원	원정대는 최소 5명, 많으면 수십 명에 이른다. 현지 고용 인원도 클라이밍 셰르파, 고소 포터, 조리사, 조리사 보조, 주방 포터, 일반 포터 등 대규모로 꾸려진다. 최근에는 셰르파와 포터 등의 고용을 최소화하는 알파인 스타일 등반도 많이 행해지고 있다.	네팔 히말라야는 혼자서도 트레킹이 가능하다. 다만, 1인, 2인 등 숫자에 제한이 없다. 2023년 4월부터 가이드 혹은 포터를 반드시 고용해야 한다. 노포터 노가이드 트레킹은 허가되지 않는다. 그러나 일부 구간은 규정대로 시행되지 않는 곳도 있다. 제도가 정착되려면 좀 더 시간이 지나야 할 것으로 보인다.
허가	반드시 네팔산악협회와 네팔관광청에서 사전에 등반 허가를 받아야 한다. 등반 허가는 8,000m 이상, 7,000m 이상, 6,000m 이하 등으로 분류된다. 등반 허가 비용은 아주 비싸다. 또 등반 허가를 받기 위한 제반 행정 사항들도 많아서 사전에 잘 준비해야 한다. 셰르파 고용도 의무 사항이다.	트레킹 지역에 들어갈 수 있는 입장료와 팀스 시스템 허가비만 내면 된다. 이 외에 추가로 지불해야 하는 비용은 없다. 트레킹 입장료는 안나푸르나 지역 3,000루피, 국립공원 3,000루피이다. 기타 제한 지역은 지역에 따라 비용이 다르다.
준비	원정대의 경우 장비와 식량만 해도 어마어마할 정도로 많다. 그 외에도 행정적 업무와 현지 에이전시를 통해 등반에 관한 전반적인 협조와 진행을 융화시켜야 한다.	가이드북이나 인터넷 카페 네히트(cafe.naver.com/trekking)를 통해 사전정보를 얻어서 준비하면 된다.
기간/과정	원정에는 최소 1~2달이 소요된다. 카트만두 도착 후 등반 허가부터 에이전시 접촉 등 행정업무를 봐야한다. 그 후 베이스캠프까지 장비와 식량을 옮기는 어프로치 카라반을 한 후 베이스캠프 구축, 등정을 위한 전진캠프 설치 등을 해야 한다.	일정은 개인의 선택에 따라 달라진다. 짧게는 2박3일도 가능하다. 반면 안나푸르나 서킷이나 에베레스트 BC 트레킹은 1~3주 정도 소요되기도 한다. 자신의 능력과 체력, 일정에 맞게 트레킹 코스를 선택할 수 있도록 다양한 코스가 개발되어 있다.
목표	당연히 정상을 밟는 것이 목표다. 이 목표를 이루기 위해 모든 것을 감수해야 한다. 원정대장의 지시에 따라 일사분란하고 조직적으로 움직인다. 그러나 등반기간이 길어지고 날씨가 따라주지 않으면 육체적, 정신적 피로가 쌓인다.	히말라야의 아름다운 풍광을 즐기는 것 자체가 목표라 가벼운 마음으로 걸으면 된다. 보통 하루에 4~6시간 정도 쉼쉼 걷는다. 단, 4,000m가 넘으면 고소 증세가 나타날 수 있어 고소를 예방하면서 천천히 오르는 것이 중요하다.
체력	엄청난 체력이 필요한 것은 당연하다. 해발 고도가 높은 곳에서 많은 날들을 지내야 하기 때문에 고소적응도 아주 중요하다. 대부분의 등반사고는 체력이 방전된 하산 길에서 이루어진다.	이름난 트레킹 코스에는 보통 1~2시간 거리에 차를 마시면서 쉬어갈 수 있는 롯지가 있다. 이처럼 인프라가 잘 갖추어져 있어 스스로 체력 안배를 하며 트레킹을 할 수 있다. 보통 지리산을 2박3일에 종주할 수 있는 정도의 체력이면 무난하다.
장비	정상을 목표로 하는 등반대이기에 전문적인 등반장비가 필수다. 암벽과 빙벽 장비를 비롯해 여러 개의 텐트, 장기간 먹을 수 있는 식량 등을 필요로 한다.	계절에 따라 우리나라 산행에 필요한 장비 정도면 충분하다. 단, 동계시즌이나 고지대에서는 방한 의류나 장비가 필수적이다. 등산화, 배낭, 침낭 등 트레킹에 꼭 필요한 장비는 가지고 있는 것을 최대한 활용하고 없는 장비는 현지에서 구입하거나 빌리면 된다.

히말라야 트레킹에 필요한 체력과 코스 난이도

앞에서도 언급했듯이 히말라야에서 원정Expedition과 트레킹Trekking은 확연하게 구분이 된다. 따라서 트레킹에 대한 체력도 원정대의 체력과는 구분이 된다고 볼 수 있다. 원정대는 정상을 목표로 장기간 산행을 해야 하기에 체력적으로 우수해야 한다. 먹는 것 또한 고칼로리 식품을 잘 먹어야 하며, 휴식과 등반의 적절한 조합으로 최상의 컨디션을 유지해야 한다. 하지만 트레커는 원정대만큼 철두철미할 필요까지는 없다. 체력이 나쁜 것보다 좋은 게 좋겠지만, 체력이 우수하지 않아도 트레킹 자체에는 큰 문제가 되지 않는다. 트레킹 기간이 길어지거나 고소에서 오랜 기간 산행을 하게 되면 체력이 방전될 수 있어 중간중간에 적절한 휴식이 필요하다. 사람에 따라서 다르겠지만 7~10일에 한 번씩은 반드시 휴식일을 정해 쉬어가는 게 좋다. 이때는 손발톱 정리도 하고, 밀린 빨래도 하고, 트레킹 일지도 정리한다. 혹 책을 가지고 왔다면 햇살이 따뜻하게 비치는 양지에 누워 일광욕을 겸해서 독서를 하는 것도 좋을 것이다.

히말라야 트레킹에 필요한 체력

많은 사람들이 히말라야 트레킹을 하려면 어느 정도의 체력이 필요하냐고 묻는다. 그러나 이 질문에 대한 답은 조금 애매하다. 체력은 개인차가 워낙 커서 어느 정도라는 기준치를 정하기가 쉽지 않다. 트레킹에서 체력이라는 것은 단순히 트레커가 가지고 있는 힘만 뜻하지 않는다. 트레커의 컨디션이나 몸의 상태 등 내적인 요인에 따라 달라질 수 있다. 또 외적인 요인인 트레킹 지역의 길 상태나 그날의 날씨에 따라서도 엄청나게 달라질 수 있다. 그래도 대략적으로 기준을 말하자면 지리산을 2박3일에 종주할 정도의 체력이라면 히말라야를 트레킹 하는 데 큰 무리가 없다.

1. 히말라야 트레킹은 마을과 마을을 잇는 길을 따라 걷는 구간이 많다 2. 계곡에 놓인 서스펜션 브리지(출렁다리)

히말라야 트레킹은 지리산을 2박3일에 종주할 수 있으면 누구나 도전할 수 있다

다만, 여기서 말하는 체력은 일반적인 산행 체력과는 분명 구별되어야 한다. 히말라야는 우리나라의 산과는 완전히 다른 개념이다. 물론 오르막과 내리막, 능선길, 산허리길 등은 유사하다. 하지만 높이가 다르다. 고산병이라는 위험이 항상 도사리고 있다. 등산로의 개념도 다르다. 히말라야 트레킹 코스에는 편안한 길도 많지만 그렇지 못한 길도 많다. 한쪽 사면은 낭떠러지고, 한쪽 사면은 급경사인 곳이 많다. 계곡을 끼고 난 길 또한 많은 편이다. 물론 이런 곳에서 체력이 떨어져 실족이라도 하면 아주 위험할 수 있다. 해마다 히말라야에서는 발을 헛디뎌 추락하는 사고가 종종 발생하는데, 이런 사고는 대부분 사망에 이를 만큼 치명적이다. 또 히말라야의 계곡은 빙하 녹은 물이 흘러내려 엄청 차가우면서 급류를 이루는 경우가 많다. 이런 물에 빠지면 급격히 체온을 빼앗겨 저체온증에 걸릴 수 있다. 따라서 가능하면 가이드나 포터를 동반하고, 자신의 건강에 대한 이상 유무를 체크해가며 트레킹을 해야 한다. 그렇다고 너무 겁먹을 필요는 없다. 히말라야 트레킹 코스 대부분은 본인만 주의하면 안전하게 지날 수 있다.

1. 히말라야 트레킹은 누구나 쉽게 갈 수 있는 쉬운 코스부터 해발 5,000m가 넘는 고개를 넘는 험준한 코스까지 다양하다 2. 안나푸르나 서킷 트레킹 중 가파른 사면을 오르는 트레커

1일 트레킹 시간과 높이

최근 네팔 히말라야 중산간 지역은 차량 통행이 가능한 도로가 많이 건설되고 있다. 따라서 트레킹 어프로치가 예전보다 편리해지고 있다. 히말라야 트레킹에서 하루에 걷는 시간은 대략 5~6시간 정도다. 오전과 오후에 각각 2~3시간씩 산행을 하며, 늦어도 오후 3~4시에는 그날 머무를 롯지에 도착하는 게 정석이다. 또 하루에 오르는 해발고도도 대략 300~500m 정도가 적당하다. 히말라야 트레킹에서 하루에 운행하는 거리는 크게 중요하지 않다. 우리나라에서 하는 산행처럼 그렇게 멀리까지 걷는 일은 거의 없다. 물론 평지나 길이 좋은 저지대에서는 긴 거리를 걸을 수도 있다. 하지만 적당한 거리를 쉬엄쉬엄 걸으며 풍경을 즐기는 것이 좋다. 다만, 고산병의 위험이 있는 고지대에서는 하루에 얼마만큼의 높이를 오르는가가 중요하다.

트레킹 난이도와 등급

트레킹 난이도에 따른 등급은 우리나라에서 산에 대한 난이도에 따라 상식적으로 매기는 등급기준과 유사하다. 다만, 산소가 희박한 높은 지대에서 트레킹을 해야 하는 히말라야의 특수성에 따라 좀 차이가 나는 것도 있다. 트레킹 등급은 1부터 5까지 구분한다. 1등급이 가장 쉽고, 5등급이 가장 어렵다. 등급을 나누는 기준은 ①트레킹 소요 기간 ②고지대(3,000m 이상)에 머무는 기간 ③하루에 올라야 할 최고 고도 ④지형의 난이도 ⑤일별 평균 트레킹 거리 ⑥최저 기온 ⑦숙박 형태 및 보온장비 필요 정도 등 7가지다. 이 기준에 따라 트레킹 난이도를 5등급으로 분류한다.

1등급 : 누구나 쉽게 올라 갈 수 있다.

2등급 : 조금 주의를 하면서 올라야 하고 사전 준비도 해야 한다.

3등급 : 일주일에서 열흘 정도의 장기 산행으로 사전 준비를 잘 해야 한다. 혼자 다니기보다 가이드나 포터를 동반하거나 동행자와 팀을 이뤄 가야 한다.

4등급 : 반드시 가이드를 동반해야 한다. 트레킹 장비도 철저히 갖추어야 한다. 일부 구간에서는 동계용 장비도 필요하다.

5등급 : 트레커들이 잘 가지 않는 험준한 코스로 5,000m 이상의 고개를 넘어야 한다. 일부 구간은 전문 등반을 하기도 한다. 트레킹 피크를 등반할 경우 가이드와 포터뿐만 아니라 전문 클라이밍 셰르파도 필요하다. 반드시 현지 에이전시를 통해 진행한다.

주관적인 관점에서 네팔 히말라야 트레킹 코스에 대한 등급을 부과하자면 아래 표와 같다. 1등급은 남녀노소 누구나 걸을 수 있으면 갈 수 있다. 숫자가 높아지면 난이도가 점점 올라간다. 가장 높은 5등급은 하루 8~10시간을 걸어야 한다. 또 해발 4,000m 이상의 고지대에서 트레킹을 하는 경우가 대부분이다. 이 등급은 날씨 등 특이사항을 고려하지 않은 것이다. 겨울시즌(12~1월)이나 바람이 불거나 기상 이변으로 눈이 내린다면 여기서 1~2등급을 더 높여야 한다.

〈네팔 히말라야 트레킹 코스별 등급〉

트레킹 코스	등급	코스 특징	특기사항
포카라 사랑꽃 (당일)	1	대부분 차량 이용 가능. 페와호수에서 사랑꽃까지 케이블카가 생겨 편리.	일출을 보기 위해 새벽 이른 시간에 산행하므로 보온이 되는 따뜻한 옷 필수.
나가르꽃(2일)	1	일몰과 일출을 보기 위해 1박 하는 것을 추천.	날씨가 나쁘면 설산을 볼 수가 없다. 사전 확인 필요.
담푸스, 오스트레일리안 캠프(2일)	1	당일도 가능하지만, 1박하는 것을 추천.	포카라–페디–담푸스 구간 버스 운행.
좀솜–묵티나트 (2~3일)	2	올라갈 때는 카크베니, 내려올 때는 루브 라를 경유해 좀솜으로 내려오는 것을 추천.	좀솜까지 항공편으로 간 뒤 당일 묵티나트까지 올라가면 고소 증세가 나타날 확률이 높다.
푼힐(2~3일), 푼힐–간드룩(4~5일), 푼힐–촘롱(5~6일)	2	고소 증세 없이 안나푸르나 풍광을 즐길 수 있는 무난한 코스. 나야풀에서 울레리까지 지프 도로가 개설되어 대부분의 트레커가 차량으로 이동한다.	울레리에서 티켓통가, 반단티 구간에 있는 3,400개의 돌계단을 오르는 것도, 내려가는 것도 다 힘들다.
푼힐 서킷(4~5일, 물데 뷰 포인트–코프라 단다–모하레단다)	2	푼힐을 가운데 두고 한 바퀴 도는 일정. 최근 트레커 사이에 입소문 나면서 유럽피언 트레커들이 많이 찾는다.	주요 조망 포인트가 다울라기리이며, 다울라기리 주변 산군 조망이 빼어나다. 전망대 세 곳 모두 비슷하면서도 조금씩 다른 풍광을 보여준다.
마르디 히말 (4~5일)	3	네팔인들의 국민 트레킹 코스로 소문난 곳. 대부분의 트레커가 네팔 청춘남녀.	숲길을 통과하는 구간이 많으며, 트레일은 대부분 급경사의 돌계단이다.
안나푸르나 BC (5~6일)	3	지누단다 직전 마큐까지 도로 개통. 차량을 최대한 이용하면 비교적 짧은 여정으로 ABC를 다녀올 수 있다.	데우랄리–마차푸차레 BC–안나푸르나 BC 구간은 고소 증세가 나타날 확률이 높음. 시누아 이후부터는 동물의 출입이 제한된다. 롯지 음식에 고기 없음.
푼힐+ABC (7~9일)	3	여유를 가지고 천천히 안나푸르나 설산 풍광을 즐길 수 있음. ABC를 다녀온 후 푼힐 방향으로 하산하면 험한 울레리 계단을 내려가게 되어 조금 수월하다.	트레킹 코스를 푼힐에서 ABC로 할지, 아니면 그 반대로 할지 결정해야 한다. 푼힐에서 시작하면 3,400계단을 올라가고, ABC에서 시작하면 계단을 내려간다.
안나푸르나 서킷 (7~10일)	4	안나푸르나 산군을 한 바퀴 도는 일정으로 쏘롱라(5416m) 고개 전후로 람중 히말라야에 사는 고산족과 무스탕 문화를 경험할 수 있음. 많은 트레커들이 차량을 최대한 이용해 비교적 짧은 일정으로 쏘롱라를 넘은 후 항공편이나 차량으로 포카라로 복귀한다.	일부 구간(마낭~쏘롱라~묵티나트)을 제외하고 도로가 생겨 차량 통행이 가능해짐에 따라 트레킹 출발점과 종착점에 많은 변화가 있다. 트레킹 중 고소적응을 위한 휴식일 필요. 시간이 허락되면 틸리초 호수나 아이스 호수를 다녀오기도 한다.
랑탕 밸리 (7~8일)	2	샤브루베시에서 캉진곰파까지 서서히 고도를 올려 비교적 고소 증세 없이 4,000m까지 갈 수 있는 코스. 여유가 되면 랑시샤카르가까지 다녀오자.	랑탕 밸리 초입부는 올라갈 때는 계곡, 내려올 때는 능선을 택하면 걷는 재미와 풍경을 보는 재미를 더할 수 있음.

트레킹 코스	등급	코스 특징	특기사항
고사인쿤드 (5~6일)	3	랑탕 밸리를 생략하고 둔체에서 신곰파를 거쳐 고사인쿤드를 다녀올 수 있는 코스.	둔체-신곰파 구간은 상당히 가파른 오르막이라 체력 소모가 많음.
랑탕 밸리- 고사인쿤트 (10~11일)	3	랑탕 밸리와 고사인쿤드 핵심을 두루 다녀올 수 있는 코스. 고사인쿤드는 네팔 힌두교의 중요 성지 가운데 하나.	캉진곰파에서 캉진리, 체르코리, 랑시샤카르카를 다녀올 수 있음.
랑탕 서킷 (13~14일)	4	랑탕 밸리와 고사인쿤드, 헬람부 등을 돌아보는 상당히 긴 장거리 트레킹. 기간이 2주 이상 소요됨.	라우레비나라를 넘어서 타레파티까지는 롤러코스터와 같은 상당히 힘든 구간임.
지리-루클라	2	과거 에베레스트 원정대가 다녔던 클래식한 코스. 낮은 고도에서 시작해 자연스럽게 고소적응이 됨.	버스와 지프를 이용 샐러리 지나 붑사까지 접근 가능. 이후 루클라까지 트레킹 2일 소요. 시간이 갈수록 찾는 트레커가 줄고 있어 때 묻지 않은 트레킹을 즐길 수 있음.
루클라- 남체바자르 (2일)	2	고교, 에베레스트 BC(칼라파타르), 임자체 BC로 가기 위한 기본 코스. 남체바자르에서 고소적응일을 갖는 게 일반적.	남체바자르에서 쿰중이나 샹보체 등 주변 마을로 고소적응 트레킹을 다녀올 수 있음.
루클라-고교 (6일)	4	빙하가 녹아서 만든 에머랄드빛 고교 호수와 고교리에서 보는 에베레스트 조망이 압권.	해발고도 5,000m 이상 오르기 때문에 고소 증세가 나타날 확률이 아주 높음.
루클라- 칼라파타르 (7일)	4	짧은 기간에 에베레스트를 가장 가까이서 조망. 쿰부 지역을 찾는 트레커들이 가장 많이 찾는 코스.	칼라파타르 정상은 에베레스트 조망이 좋음. 그러나 에베레스트 BC는 가이드나 포터를 동반해야 함(난이도 5).
루클라-추쿵 (6일)	3	임자체 BC로 가는 트레킹 코스. 칼라파타르로 가는 길에 고소적응 삼아 트레킹을 많이 함. 로체 방향으로 풍광이 아주 빼어남.	임자체 BC로 가는 코스는 난이도 4, 추쿵리는 난이도 5.
루클라- 칼라파타르- 촐라-고교(10일)	5	촐라(5545m)는 로부제에서 고교로, 혹은 그 반대 방향인 당낙에서 종라로 넘을 수 있음.	고줌바 빙하를 건널 때는 아주 조심해야 하며 가이드나 포터 동반이 필수.
쿰부 3패스 (15일)	5+	콩마라, 촐라, 렌조라 등 쿰부 히말라야의 고개 3곳을 넘는 코스. 쿰부 지역 주요 트레킹 코스를 연결한 것으로 초보자나 초행자는 매우 힘듦.	5,000m 이상의 고개를 3개 넘어야 하며, 하루 8~10시간 산행을 해야 함. 가이드나 포터 동행은 필수임.

고산병 및 안전사고 많이 발생하는 주의 구간

히말라야 트레킹은 시간적 여유를 갖고 안전수칙을 잘 따르면 큰 문제가 발생하지 않는다. 그러나 일부 구간은 5,000m 이상 고지대까지 올라야 하기 때문에 고소증을 비롯한 안전사고 위험이 높다. 또 상습적인 눈사태나 실족에 의한 추락 등의 위험이 도사리고 있는 구간도 있다. 이런 위험이 있는 곳을 지날 계획이면 미리 숙지하고 트레킹 시 안전사고에 대비해야 한다.

안나푸르나 지역

▲ 안나푸르나 생츄어리(ABC)

데우랄리에서 마차푸차레 베이스캠프(MBC) 구간은 신설이 내리면 눈사태 확률이 높다. 실제로 눈사태가 발생해 트레커들이 사망한 사례가 있다. 이 구간에 눈사태 가능성이 있을 때는 가능한 아침 일찍 통과해야 한다. 햇볕이 들면 경사면에 쌓여 있는 눈이 녹으면서 판상형 눈사태가 일어날 수 있다. 구간 통과 시는 조용하고 신속하게 한다.

▲ 마르디 히말

미들 캠프(바달단다)에서 하이 캠프 구간, 하이 캠프에서 뷰포인트 구간은 급경사의 산허리 길과 능선 위로 난 길을 지나는데, 자칫 방심하면 실족할 수 있는 위험이 있다. 특히, 바달단다 전후 풀숲이 무성한 정글 통과 시 주의해야 한다. 실제로 이 구간에서 실족사한 사례가 2건이나 있었다. 만일 일출을 보기 위해 새벽에 통과할 경우 반드시 헤드랜턴을 켜고 간다.

로우 캠프에서 시딩으로 하산하는 길은 매우 급한 경사를 이루고 있다. 무릎 관절에 무리가 올 수 있으니 스틱을 이용해 최대한 천천히 하산하도록 한다. 포레스트 캠프에서 시딩으로 하산하는 구간은 로우 캠프에서 하산하는 구간보다는 급경사는 적다. 하지만 사람들이 많이 다니지 않아 길의 흔적이 뚜렷하지 않은 곳이 많다. 경험 많은 가이드나 포터의 도움이 필요하다.

▲ 안나푸르나 서킷

레타르에서 쏘롱 페디 구간은 산사태나 눈사태가 일어날 수 있는 구간이므로 항상 조심해야 한다. 특히, 해발 고도가 4,000m를 넘기 때문에 고소증세로 신체를 가누기가 어려워 실족할 위험이 있다. 안나푸르나 서킷에서 가장 높은 쏘롱라(5416m)를 넘으면 묵티나트까지 긴 하산길이 이어진다. 체력 분배를 하면서 묵티나티까지 천천히 하산한다. 쏘롱라를 넘은 날 하산은 묵타나트까지밖에 못 가니 서둘지 말자. 물론 버스나 지프를 이용하면 좀솜까지 하산할 수도 있다.

쿰부 히말라야 지역

▲ 추쿵

딩보체에서 추쿵까지 가는 길은 대체로 무난하다. 임자체 BC를 다녀오는 길도 고소 순응만 잘 되면 크게 어렵지 않다. 단, 추쿵리(5546m) 가는 길은 가이드나 포터 없이 다녀오기가 쉽지 않다. 이 지역에서 가장 어려운 구간은 추쿵에서 로부제로 넘어가는 콩마라(5535m)다. 오르는 길도 만만치 않지만 고개를 넘은 후 호수 쪽으로 내려가는 길은 더욱 힘들다. 만약 눈이 내렸다면 쿰부 히말라야 3패스 중 최고 난이도가 되기도 한다. 콩마라는 가이드나 포터 없이 넘을 생각을 하지 말자.

▲ 칼라파타르

에베레스트 전망대 칼라파타르(5545m)를 다녀오는 길은 고락셉보다 로부제에서 아침 일찍 출발하는 것을 권한다. 고락셉(5160m)은 고도가 워낙 높아 고소 순응이 쉽지 않다. 숙박할 수 있는 공간도 적어 트레커가 몰리는 성수기에는 방 구하기가 어렵다. 일출을 보기 위해 칼라파타르에 오르는 경우 방한 준비에 각별히 신경 써야 한다. 겨울 시즌에는 칼라파타르의 기온이 영하 30도 이하로 떨어지기도 한다. 정상에는 바람을 피할 장소가 없다. 따라서 자신의 컨디션 확인 및 방한준비에 각별히 신경 써야 한다. 칼라파타르 정상에서 북쪽 방향 낭떠러지는 실족하지 않도록 조심해야 한다. 고소증세가 심하면 자신의 신체를 가누지 못하는 경우가 많다.

에베레스트 베이스캠프(EBC, 5340m)를 목표로 할 경우 거리가 멀어 어쩔 수 없이 고락셉에서 숙박할 수 밖에 없다. 그래도 가능하면 5,000m가 넘는 고지대에서는 오래 머물지 않는 것이 좋다. 많은 트레커들이 EBC를 다녀올 목적으로 쿰부 히말야 트레킹을 떠난다. 하지만 EBC에서는 에베레스트가 보이지 않는다. 또한, 트레킹 퍼밋으로는 EBC에 머물 수도 없다. 잠시 둘러보고 인증 샷을 찍은 후 가능한 로부제까지 내려오는 게 좋다.

▲ 고쿄

두글라에서 촐라(5420m)를 넘어 고쿄로 가는 트레커는 대부분 칼라파타르를 등정했거나 콩마라를 넘어왔다. 따라서 어느 정도 고소 순응이 되어 있다. 하지만 촐라는 생각보다 만만한 고개가 아니다. 가이드나 포터 없이 혼자 넘겠다는 생각은 안 하는 게 좋다. 가이드나 포터와 동행한다 하더라도 긴장의 끈을 늦춰서는 안 된다. 특히, 당낙으로 하산하는 길에 낙석에 의한 사고가 빈번하게 발생한다. 따라서 고개를 넘어 하산 길의 위험구간은 최대한 신속하게 통과하는 게 좋다.

당낙에 오후 2시 이전에 도착하면 고줌바 빙하를 건너 고쿄까지 갈 수 있다. 그래도 자신의 체력과 컨디션을 고려하여 무리하지 않도록 한다. 고줌바 빙하를 건너는 길은 매년 바뀐다. 경험 있는 가이드나 포터만이 제대로 길을 찾아 갈 수 있다는 것을 명심하자.

고사인쿤드에서 헬람부로 넘어가는 라우레비나라의 눈 쌓인 길을 넘어가는 트레커들

랑탕 히말라야 & 헬람부 지역

▲ 랑탕 밸리

랑탕 밸리 트레킹은 고도를 자연스럽게 높여 나가기 때문에 특별히 조심해야 할 구간은 따로 없다. 다만 샤브루베시에서 캉중을 거쳐 세르파강 코스로 간다면 고도가 높은 곳에서 실족에 유의해야 한다. 캉진곰파에서 캉진리(4600m)나 체르코리(4984m)를 오를 때는 가이드나 포터와 동행한다. 캉진곰파에서 랑시샤카르카를 다녀올 경우 왕복 8~10시간 걸린다. 장시간 트레킹을 하려면 보온장비와 간식을 잘 준비한다. 만일의 경우에 대비해 헤드랜턴도 준비한다.

▲ 고사인쿤드

툴루샤브루에서 신곰파를 거치지 않고 곧바로 촐랑파티로 가는 지름길 코스가 있다. 이 길을 선택할 경우 중간에 사람을 만날 확률이 거의 없다. 하지만 최근 간단한 차와 음료를 파는 롯지가 생겼다고 한다. 다만, 마을 사람들이 야크를 키우는 움막(야크카르카)으로 가는 길이 있어 중간에 길을 잘못 들 수가 있다. 혼자 가는 것보다 2인 이상이 가는 것을 추천한다. 가능하면 길을 잘 아는 가이드나 포터 동반을 권한다. 그 외의 코스는 특별한 어려움은 없다.

겨울 시즌에는 고사인쿤드 호수 주변의 날씨가 매우 춥다. 보온 대책을 철저히 하자. 고사인쿤드에서 라우레비나라(4600m)를 넘어 페디와 곱테를 거쳐 타레파티까지 하루에 가기에는 제법 먼 거리다. 아침 일찍 출발하거나 중간에 하루 머무르는 것이 좋다. 이 구간에서 포터와 가이드 없이 트레킹을 하다 안개에 방향 감각을 잃고 실종된 사례가 있다.

▲ 헬람부

헬람부 지역은 대체로 트레킹 코스가 무난하다. 다만, 산간마을까지 도로가 나면서 개발의 몸살을 앓고 있다. 차량이 다니는 마을까지 내려오면 당일로 카트만두 복귀가 가능하다. 하지만 길 사정은 썩 좋지가 않다. 굴반장에서 아침 9시 버스를 타면 저녁 5시는 되어야 카트만두에 도착할 정도다.

Nepal Himalaya Trekking Special

한국인 트레커를 위한 긴급 재난 대피소

한국인을 주요 고객으로 하는 여행사들로 구성된 네팔-한국 트레킹 관광 협회(Korea Tour & Trekking Operator Association of Nepal; KTTOAN)는 재난 발생 시 한국인 트레커 보호 등의 활동을 한다. 2018년 3월 네팔 정부에 정식 NGO로 등록한 KTTOAN은 ①트레킹을 위해 네팔을 방문하는 한국인의 안전 확보와 보호대책 강구 ②지진, 산사태, 홍수, 눈사태 등 재난 발생 시 사상자 확인 및 구조 지원 ③네팔 국민들의 한국 관광 활성화 ④양국 국민 간 소통 및 이해 증진사업을 위한 공동 기획 및 정보 공유 등을 주요 사업으로 하고 있다.

이 가운데 긴급 재난 대피소는 안나푸르나와 쿰부 히말라야, 랑탕 등 주요 트레킹 지역에 11개가 있다(표 참조). 긴급 재난 대피소는 롯지 같은 숙소를 대상으로 지정했으며, 평상시는 트레킹 코스 및 여행 정보 안내 등을 하고, 응급 상황이 발생 시 응급처치 및 헬기 후송, 조난이나 사망자 발생 시 구조팀 지원 등의 역할을 한다. 만약을 위해 자신이 가려는 트레킹 지역에 긴급 재난 대피소가 있는지 확인하자. 긴급 재난 대피소는 2년 마다 주네팔 한국대사관과 KTTOAN이 지정한다.

〈네팔 히말라야 긴급 재난 대피소〉

지역	위치	긴급재난 대피소	담당자	연락처
안나푸르나 생츄어리 (ABC)	고라파니 (2880m)	Hotel Peace & Excellent View	Ram Pun	+977 984 4095 +977 6 941 0030
	촘롱 (2170m)	Kalpana Guest House	Iman Shing Gurung	+977 984 608 6194
	마차푸차레 베이스캠프 (MBC, 3700m)	Fishtail Guest House	Dilip Gurung / Man Psd Gurung	+977 974 608 9377 +977 984 603 7924 +977 6 162 0500
안나푸르나 서킷	차메 (2650m)	Royal Garden Hotel	Chhiring Dorje Lama	+977 985 604 9111 +977 6 644 0143
	마낭 (3520m)	Hotel Yak	Bikaram Gurung	+977 984 622 9731 +977 984 146 1082
	묵티나트 (3710m)	Hotel Grand Shambala	Namgya Wangdi Gurung	+977 984 143 7371 +977 985 118 7371
쿰부 히말라야 (EBC & 고쿄)	루클라 (2840m)	Everest Mountain Home	Rakpe Chiring Sherpa	+977 980 106 8671 +977 38 55 0030
	남체 (3440m)	Hotel Sherpa Land	Nima Noru Sherpa	+977 980 124 9901 +977 38 54 0107
	로부제 (4910m)	Hotel 8000 Inn	Nima Noru Sherpa	+977 980 124 9901 +977 985 102 2001
	고쿄 (4790m)	Gokyo Namaste Lodge	Tenzing Sherpa	+977 984 151 8183 +977 981 399 9483

네팔 히말라야 날씨

히말라야 트레킹에 관해 가장 많이 묻는 질문 중 하나는 자신이 가고자 하는 계절의 히말라야 날씨와 그에 대한 준비(신발, 복장, 침낭 등)다. 그만큼 날씨에 대한 이해가 필요하고, 이에 따른 준비물을 잘 갖춰가는 것이 필요하다는 뜻이다. 그러나 같은 날씨라도 추위를 느끼는 정도는 사람마다 개인차가 있어 조금씩 다를 수 있다. 또한, 복장이나 장비는 기후의 특성상 항상 예외적인 경우가 있을 수 있어 이를 감안해 준비하는 것이 좋다.

네팔의 기후대

네팔의 위도는 북위 27~30도다. 우리나라 국토 최남단 마라도가 북위 33도인 것을 가정하면 네팔은 우리나라보다 훨씬 더 적도에 가깝다. 미국 마이애미나 이집트 카이로와 같은 위도라 계절별 날씨도 예를 든 도시와 비슷하다. 정리하면 네팔은 우리나라보다 훨씬 따뜻한 아열대 몬순 기후대다. 이것은 해발고도가 같아도 우리나라가 훨씬 더 춥다는 이야기다. TV에서 방영되는 히말라야 관련 다큐멘터리나 히말라야 원정대의 등반 장면을 보고 그곳이 엄청 추울 것이라 지레짐작하는 이들이 많다. 그러나 과장된 면이 많다. 네팔은 높이에 따라 다양한 기후를 보인다.

네팔은 해발 150m인 테라이 지방부터 세계 최고봉 에베레스트까지 다양한 높이로 구성되어 있다. 히말라야 트레킹은 중산간지대인 1,000~5,000m 구간에서 이루어진다. 5,000m가 넘으면 생명체가 살 수 없는 툰드라 지역이다. 안나푸르나 서킷의 쏘롱라(5416m), 쿰부 히말라야의 고쿄리(5430m), 촐라(5420m), 칼라파타르(5545m) 등은 툰드라 지대로 일교차가 극심하면서 극한의 기온을 보인다. 이곳은 '신의 영역'이다. 따라서 5,000m가 인간과 신의 경계인 셈이다.

1. 겨울철 히말라야 트레킹은 동계 의류 및 장비가 필수다 **2.** 3~5월에 트레킹을 하면 야생화가 천상화원을 이룬 풍경과 마주할 수 있다

우기에 해당하는 몬순에는 잦은 비로 길이
끊기는 일이 많다

계절별 날씨와 히말라야 트레킹 풍속도

9월 몬순이 끝나고 나면 본격적인 트레킹 성수기다. 10월과 11월은 시원하고 하늘이 맑
아 히말라야의 파노라마 뷰가 잘 보인다. 비행기와 호텔은 예약이 꽉 차고 인기 있는 롯
지들도 붐빈다. 가을철 산속의 밤은 춥지만 낮에는 강렬한 햇빛이 추위를 지워 상쾌하다.
1,000~3,000m는 낮 기온이 20도, 밤에는 5도까지 떨어진다. 더 높은 지대는 최고 기온이
20도, 최저 기온은 영하 10도 정도다. 아침은 대체로 청명하다. 낮에는 복사열로 따뜻해지면
서 구름이 하늘로 올라가지만 밤에는 다시 걷혀 장엄한 별빛의 하늘을 드러낸다. 겨울은 낮 기
온이 10도에 불과할 정도로 춥다. 10월 중순부터 12월 중순까지는 비 오는 날을 모두 합해도
2일을 넘지 않는다. 그러나 때때로 기상이변으로 폭설이 내리기도 한다.

12월 초는 겨울철 비수기에 접어드는 길목으로 트레킹 루트 상의 롯지들은 대체로 조용하다.
하지만 추위에 대한 약간의 준비만 한다면 트레킹 하기에 좋은 때다. 크리스마스 시즌은 춥지만
연휴라 많은 여행자들이 비행기와 호텔을 차지한다. 12월에서 2월까지의 겨울은 밤에는 춥고
이른 아침에는 안개가 낀다. 낮에 눈이 내리는 경우도 있지만 대부분 맑고 상쾌하다. 12월 말
부터 3월까지 고지대의 고개(안나푸르나 서킷의 쏘롱라, 쿰부 서킷의 꽁마라, 촐라, 렌조라, 고
사인쿤드의 라우레비나라 등)는 폭설로 인해 잠깐씩 폐쇄되기도 한다. 하지만 좀 기다리면 다시
개통된다. 12월에서 2월 사이에는 눈 덮인 히말라야의 설경을 원 없이 감상할 수 있다. 하지만
높은 지역으로 갈수록 상당히 춥다. 눈사태나 폭설에 대한 대비도 필요하다. 그렇지만 추위에
대한 준비만 잘하면 트레킹 비시즌이라 호젓한 트레킹을 즐길 수 있다. 트레킹 고수들에게는 매
력적인 기간이다.

2월은 여전히 춥다. 봄 트레킹 시즌인 3월과 4월에 비해 찾는 이가 적다. 중산간 지방, 특히 포
카라 주변은 4월과 5월에는 먼지와 안개로 가득하다. 그러나 고산지대는 비교적 청명하다. 3월
부터 5월까지의 봄은 따뜻하다. 겨울 동안 건조했던 대기로 시야가 흐리지만 각양각색의 꽃들
이 피어나는 시기인 만큼 따스한 봄날의 정취를 느낄 수 있다. 특히 랑탕 밸리는 야생화가 지천
으로 피어나 '천상화원으로의 초대'라는 말이 실감난다. 가장 더운 달은 우기가 시작되기 전인 5

월이다. 5월이 되면 고산지대를 제외하고는 트레커들이 점점 줄어든다.

뱅갈 만의 몬순은 날씨의 패턴을 지배한다. 몬순은 6월부터 8월(기상 이변으로 넓게 잡으면 5월 중순부터 9월 중순)까지 우기를 만든다. 몬순 기간에는 습도가 높고 무더우며, 집중 호우로 강물이 불어나 다소 위험스러운 상황이 생길 수도 있다. 거의 매일 비가 내리지만 대부분 오후나 밤에 한 차례 내리고 곧 그치기 때문에 트레킹이 불가능하지는 않다. 이 기간 동안 대부분의 네팔 트레킹은 어렵고 불편한 것이 사실이다. 높은 산은 구름에 가리고, 길은 질퍽거린다. 숲에는 거머리(주가)가 만연해 트레킹을 할 때는 이에 대비해야 한다. 트레킹 비수기에는 폐쇄하거나 철수하는 롯지도 있다. 따라서 숙박한 곳에서 다음 롯지의 오픈 여부를 사전에 체크해야 한다. 몬순 기간에도 루클라(에베레스트와 고쿄), 줌라(네팔 서부 돌포 지역), 좀솜(무스탕&안나푸르나 서킷)으로 가는 비행기는 운항한다. 이곳으로 바로 날아가면 거머리 서식지를 피해 트레킹을 할 수 있다. 특별허가가 필요한 제한지역은 대부분 여름철에 트레킹 하기 좋다. 무스탕과 시미코트, 돌포 지역은 부분적으로 히말라야에서 강수량이 적은 곳들이다. 대부분의 제한지역은 겨울철 트레킹이 아예 불가능하다.

〈네팔 히말라야의 계절별 날씨와 특징〉

구분	기온	강수량	특징
봄 (3~5월)	연중 가장 덥다. 30도를 넘을 때도 있다. 특히, 4월과 5월이 가장 덥다.	몬순이 다가오므로 구름이 자주 낀다. 가끔 소나기가 내리기도 한다.	전반적으로 따뜻한 날씨다. 먼지가 많고, 안개가 끼는 날이 많다. 네팔의 국화 랄리구라스가 장관을 이루는 시기다.
여름 (6~8월)	설산과 초록의 조화가 좋으며 신록이 우거지고 푸르다. 구름이 설산을 가리는 날이 많다.	연중 강수량의 2/3 정도가 이 기간에 내린다.	거의 매일 오후나 밤에 비가 내린다. 고지대에서는 눈이 내리기도 한다.
가을 (9~11월)	춥지도 덥지도 않아서 트레킹하기에 적당한 날씨다.	비는 거의 내리지 않는다.	구름이 사라지고 하늘이 청명하며 맑은 날이 계속된다.
겨울 (12~2월)	밤에는 춥고 아침에 안개가 짙게 낀다. 오후와 밤에는 청명하고 맑다.	비는 거의 오지 않는다. 2월에도 3,500m 이상에서 눈이 올 때가 가끔 있다.	쌀쌀하고 건조한 날씨지만 설산의 파노라마를 보기에는 가장 좋다. 추위에 대한 준비를 철저히 해야 한다.

1. 몬순 기간에는 계곡물이 불어나 곳에서 따라 짧은 도강을 하기도 한다 2. 서스펜션 브리지를 삼켜버릴 듯이 위협적인 우기의 계곡

밤과 낮, 높이에 따른 극단적인 날씨 변화

'산이 높으면 골이 깊다'는 말이 있다. 골짜기가 깊으면 해가 늦게 뜨고 일찍 진다. 물론 일출 시간이 늦어지는 것은 아니다. 다만 해가 높은 산을 넘다보니 햇살이 늦게 비추는 것이다. 히말라야에서는 오전 10시가 되어야 햇살이 골짜기까지 비춘다. 오후 3시면 해가 넘어가는 곳들도 있다. 여름이라도 산에서는 밤이 되면 춥다. 히말라야도 마찬가지다. 여름철 히말라야 트레킹은 여름용 침낭으로 준비하면 된다고 생각하는 이들이 있다. 그러나 3,000m 이상 고지대의 밤은 생각보다 훨씬 춥다. 여름용 침낭을 가져가면 밤새 추위에 떨 수 있다. 반드시 겨울용 침낭(다운 함량 1,300g 이상)으로 가져갈 것을 권한다.

상식적인 이야기지만 산은 해발 100m 올라가면 기온이 0.65도씩 떨어진다. 해발 850m인 포카라의 여름 기온이 최고 30도, 최저 20도라면, 해발 4,130m의 안나푸르나 베이스캠프 최저기온은 영하 1.45도다. 무려 21.5도의 기온 차이가 난다. 아무리 더운 계절이라도 안나푸르나 베이스캠프는 영하의 날씨다. 여기에 바람이라도 불면 체감온도는 훨씬 더 떨어진다. 이쯤되면 어떤 복장을 준비해야 하는지에 대한 감이 잡히리라 본다. 단, 낮에는 아주 덥다. 특히 직사광선이 매우 따갑다. 자외선 차단크림을 바르지 않으면 화상을 입을 정도다. 한겨울에도 3,000m 이하에서는 긴팔 셔츠만 입고도 운행이 가능하다. 문제는 해가 지고 난 후부터 다음 날 해 뜰 때까지다. 이 시간에 필요한 복장도 준비해야 하는 것이다.

히말라야 트레킹에서 한 가지 더 고려해야 할 것은 네팔인들의 생활습관이 우리와 다르다는 것이다. 우리나라는 옛날부터 온돌문화가 발달되어 왔다. 하지만 네팔은 난방이라는 개념이 없다. 트레킹 주요 무대인 히말라야 중산간 마을의 롯지에는 난방 시스템 자체가 없다. 불은 오직 요리할 때만 사용하는 것이 네팔 사람들의 오래된 생활 방식이다. 최근 일부 롯지에서는 거실 dining room에 난로를 설치하기도 한다. 그래도 잠자는 방에는 난방 시설을 해놓지 않는다. 따라서 아무리 고지대라 할지라도 잠자는 동안에는 자신의 체온으로 보온하는 방법밖에 없다. 스스로 보온을 하는 것은 침낭의 역할이 절대적이다. 따라서 침낭의 중요성은 아무리 강조해도 지나치지 않다.

카트만두와 포카라의 날씨

카트만두는 표에서 알 수 있듯이 연중 온난한 날씨다. 여름에는 햇살이 따갑지만 습도가 높지 않다. 그늘 속으로 들어가면 선선해서 선풍기나 에어컨 없이도 생활할 수 있다. 한겨울이라도 결코 영하로 내려가지 않는다. 카트만두에서는 눈이 내리는 것을 볼 수가 없다. 겨울의 낮 시간은 따뜻해 가벼운 셔츠 차림으로도 여행할 수 있다. 하지만 해가 진 이후부터 다음날 해가 뜰 때까지는 쌀쌀하므로 방한 재킷이 필요하다. 카트만두는 '안개의 도시'라고 할 정도로 안개가 많이 낀다. 겨울에는 새벽부터 오전 내내 안개가 도시를 뒤덮어 항공기 이착륙이 불가능할 정도다. 오전 11~12시는 되어야 해가 떠올라 지상의 안개를 걷어낸다.

눈 속에 파묻힌 안나푸르나 베이스캠프의 롯지

포카라는 카트만두에 비해 해발이 약 500m 가량 더 낮아 연중 따뜻하다. 한겨울이라도 가벼운 옷차림으로 생활할 수 있다. 그 외의 계절은 대체로 더운 편이다. 4월과 5월은 폭염이다. 몬순에는 비가 정말 많이 내린다. 마치 우리나라의 장마철에 폭우가 쏟아지듯이 장대 같은 비가 짧은 시간에 엄청 퍼붓는다. 비가 오지 않더라도 습도가 높아 후덥지근한 날씨의 연속이다. 특별히 추위를 많이 타는 체질이 아니라면 겨울이라고 해도 해발 3,000m 이하 지역은 긴팔 셔츠 차림으로 트레킹이 가능하다. 해발 3,500m 이상 지역도 가벼운 재킷 정도만 입어도 추운 줄 모르고 트레킹 할 수 있다.

〈네팔 주요 지역의 기온과 카트만두의 일출일몰 시각〉

구분	카트만두 (1400m)				포카라 (850m)		남체바자르 (3450m)		좀솜 (2760m)		랑탕 (3430m)	
월	최고	최저	매월 15일 기준		최고	최저	최고	최저	최고	최저	최고	최저
			일출	일몰								
1월	17	2	6:26	17:00	19	7	7	-8	12	-3	2	-10
2월	19	4	6:11	17:24	21	9	6	-6	13	-1	3	-10
3월	24	7	5:44	17:42	26	12	9	-3	16	2	7	-4
4월	27	12	5:09	17:58	30	16	12	1	20	4	14	-2
5월	28	16	4:45	18:15	29	18	13	4	23	7	17	2
6월	28	19	4:37	18:31	30	20	14	6	25	12	18	7
7월	27	20	4:47	18:32	29	21	15	8	25	14	19	9
8월	27	20	5:04	18:13	29	21	15	8	25	14	18	8
9월	26	18	5:19	17:40	28	20	14	6	23	11	16	7
10월	25	13	5:33	17:06	26	17	12	2	19	5	15	2
11월	22	8	5:54	16:42	23	12	9	3	15	1	9	-8
12월	18	3	6:16	16:41	19	8	7	-6	13	-2	8	-10

계절별 날씨에 따른 준비물

네팔은 그리 큰 나라는 아니지만 고도차가 큰 관계로 날씨가 아주 다양하다. 여행이나 트레킹을 가는 목적지에 따라 기후가 다 다르다. 같은 시기라도 위치에 따라, 높이에 따라 다양한 날씨를 연출한다. 같은 날이라도 남부 테라이 지방은 열대성에 가까운 반면 북부 고산지대는 툰드라를 연상할 만큼 혹독하다. 따라서 계절과 높이, 날씨 등을 고려해 필요한 장비들을 갖추고 가야 한다.

몬순이 트레킹 비수기인 이유

네팔의 기후는 건기와 우기로 구분된다. 매년 차이가 있지만 보통 우기는 6월부터 9월까지, 건기는 10월부터 다음해 5월까지다. 기상 이변으로 인해 계절이 앞당겨지기도 하고 늦춰지기도 한다. 네팔에서는 우기를 몬순이라고 한다. 네팔의 계절을 몬순 전, 몬순, 몬순 후, 건기로 분류하는 방법도 있다. 몬순 기간은 비가 매일 오는데, 우리나라 장마철과는 좀 다르다. 비가 오더라도 하루 종일 오는 경우는 드물다. 보통 오전에 맑다가 오후가 되면 구름이 몰려오고 국지성 소나기가 내리는 경우가 많다. 비가 오는 것은 사전에 대비를 하면 큰 문제가 되지 않는다. 하지만 구름이 몰려와 설산을 가린다는 것이 문제다. 몬순이 트레킹 비수기에 해당되는 것은 이 때문이다. 몬순에는 히말라야 설산이 3~4일씩 구름에 가려 있다가 잠시 얼굴을 내미는 경우도 있다. 아무리 좋은 설산의 풍광도 구름에 가려 볼 수 없다면 트레킹의 묘미가 그만큼 반감된다. 몬순이 트레킹 비수기인 이유는 또 있다. 잦은 비로 인한 도로 유실 등의 교통상황이 나쁘기 때문이다. 트레킹 출발지까지 차량으로 이동해야 하는데, 지반이 약한 곳이 비에 무너져 내려 길 자체가 유실되는 경우가 있다. 네팔은 도로를 복구할 장비나 차량이 절대적으로 부족하다. 따라서 한 번 길이 막히면 복구하는 데 며칠씩 걸리기도 한다. 이처럼 네팔은 도로 사정이 열악해 트레킹 출발지까지 접근하는 데 애로 사항이 많다. 한 마디로 몬순은 트레킹하기에 부적당한 시기라고 할 수 있다. 예외적인 곳도 있다. 무스탕이나 돌포, 쿰부 히말라야의 4,000m 이상 고지대에서는 몬순의 영향을 크게 받지 않는다. 몬순 기간 저지대에서 비가 오면 고지대에는 눈이 내린다. 몬순이 끝나면 구름이 사라지고 하늘은 청명해 트레킹하기 적당한 날씨가 된다. 눈이 시리도록 새하얀 설산과 코발트빛 우주 같은 하늘의 스카이라인은 네팔 히말라야가 아니면 볼 수 없는 멋진 장관을 연출해준다.

〈카트만두 연중 기온과 강수량〉

	1월	2월	3월	4월	5월	6월	7월	8월	9월	10월	11월	12월
최고(℃)	17	19	24	27	28	28	27	27	26	25	22	18
최저(℃)	2	4	7	12	16	19	20	20	18	13	9	3
평균강수(mm)	13	14	10	29	70	129	325	239	175	67	7	8

〈계절에 따른 히말라야 날씨와 준비물〉

구분		날씨	준비물
봄 Pre Monsoon	3월	겨울의 끝과 봄이 만나는 달이다. 날씨는 서서히 따뜻해지고, 3,500m 이상 고지대에서는 눈이 자주 온다. 일교차가 커 감기에 걸리기가 쉽다.	고어텍스 등산화가 유용하다. 바지 아랫단 보호를 위해 스패츠가 있으면 좋다.
	4월	정상적인 날씨라면 가장 더운 계절이다. 대기의 오염이 거의 없는 히말라야에서는 직사광선이 매우 따갑다. 이에 대한 대비가 요구된다.	쿨토시와 햇빛차단용 챙이 넓은 모자와 마스크, 선블럭 크림, 입술 연고, 선글라스가 필수이다.
	5월	4월에 이어 가장 더운 계절이며 서서히 몬순이 나타나기 시작한다. 오전에 맑다가 오후에 구름이 몰려와 소나기가 올 확률이 점점 높아진다.	비에 대한 준비가 필요하다. 든든한 우산이 있으면 요긴하다.
여름 Monsoon	6월	본격적으로 몬순에 접어든다. 서서히 거머리도 등장한다. 트레킹 환경이 나빠지면서 트레커들이 급격하게 줄어든다. 낮 시간에는 아주 덥다. 비가 온 이후에는 서늘하다.	비에 대한 철저한 준비가 필요하다. 배낭 커버보다는 배낭 안에 비닐을 넣어 방수하는 게 더 확실하다. 거머리 방제용 소금 주머니가 필요하다.
	7월	구름에 가려서 히말라야 설산을 구경할 수 없다. 간혹 아침 일찍 구름 사이로 설산의 일부분을 볼 수도 있다. 트레커들이 거의 없는 시기다.	고산지역에서는 비 대신 눈이 내리기도 한다.
	8월	강수량이 많아져 계곡물이 급격하게 불어나고, 산사태 등 악재가 나타나 트레킹을 불편하게 한다.	무스탕과 쿰부 지역의 해발 4,000m 이상 고지대는 트레킹에 별 지장이 없다.
가을 Post Monsoon	9월	몬순 끝부분이라 아직은 트레킹하기에 좋은 계절은 아니다. 하지만 확실히 몬순과는 구별이 된다. 아침저녁으로 서서히 쌀쌀해지는 날씨다.	고지대의 밤 시간은 춥다. 긴팔 재킷이 필요하다.
	10월	춥지도 덥지도 않아 트레킹하기에 가장 적절한 달이다. 하지만 트레킹 최성수기라 복잡함은 감수해야 한다.	고지대의 밤은 기온이 많이 떨어진다. 따뜻한 침낭이 필수다.
	11월	히말라야 설산의 파노라마를 감상하기에 가장 좋은 달이다. 낮과 밤의 일교차가 크다. 가벼운 복장에서 방한 복장까지 모두 준비해야 한다.	4,000m 이상 고지대는 밤에 많이 춥다. 따뜻한 옷이 필수다.
겨울 Dry season	12월	건기의 한 복판이라 눈이나 비가 올 확률은 낮다. 햇살이 비치는 낮에는 따뜻하지만 해가 지면 기온이 급속히 떨어진다.	다운재킷이 필수이며 동계용 침낭이 없으면 밤시간이 괴롭다.
	1월	가장 추운 계절이다. 하지만 공기가 맑아서 멀리까지 히말라야의 파노라마를 볼 수 있다.	가장 추운 계절로 방한용 의류가 필수다.
	2월	1월과 함께 가장 추운 계절이다. 가끔 눈이 내리기도 한다. 고지대는 폭설로 고개를 넘을 수 없는 경우도 있다.	겨울에서 봄으로 넘어가는 계절이라 일기가 불순한 편이다.

날씨에 따른 히말라야 트레킹 준비물

01 미약한 인간이 대자연의 날씨를 마음대로 조정할 수는 없다. 다만 사전 준비를 철저히 해 히말라야 날씨에 적응해야 한다. 또 히말라야 날씨는 가변성이 워낙 크기 때문에 획일적으로 어떻다고 말할 수가 없다. 같은 계절, 같은 장소라고 할지라도 매번 날씨는 다를 수 있다. 그래서 늘 여유 있게 준비하는 것이 좋다.

02 해발고도가 100m 올라갈수록 기온은 0.65도씩 떨어진다. 여기에 바람이 분다면 체감온도는 훨씬 더 떨어진다. 해가 있는 낮 시간과 해가 진 이후의 밤 시간에는 기온차가 많이 난다. 사람의 체온은 36.5도다. 어느 곳(혹독한 영하의 날씨)에 있더라도 늘 이 체온을 유지하는 것이 아주 중요하다. 사람이 동사하는 것은 얼어 죽는다는 뜻이 아니다. 정상 체온에서 5~6도만 잃어도 생명을 유지하기 어렵다.

03 단순히 여행을 가는 경우라면 복장은 융통성이 있다. 하지만 트레킹을 가는 경우는 다르다. 다양한 일기 변화에 대비해야 한다. 어느 계절에 트레킹을 가더라도 여름옷부터 겨울옷까지 다 준비하는 것이 좋다. 추위에 대비한 옷을 준비해 갔는데 생각보다 춥지 않을 수 있다. 그러면 안 입거나 그냥 걸치고 다녀도 된다. 그러나 준비를 하지 않았는데 생각보다 날씨가 추우면 더 이상 보온할 옷이 없다. 이때 문제가 발생한다. 산행이나 트레킹의 경우에는 항상 최악의 경우나 만약의 사태에 대비해야 한다. 하지만 많이 가져갈 필요는 없다. 반팔과 긴팔 티셔츠는 하나면 족하다. 트레킹을 가는 것이지 히말라야에 패션쇼 하러 가는 것은 아니다. 만에 하나 부족한 것이 있다면 현지에서 저렴하게 구입하면 된다.

04 트레킹 복장은 우리나라 산에서 입는 복장과 별반 다르지 않다. 한여름이라도 여름용 긴 바지와 반팔 셔츠에 팔 토시가 유용하다. 봄, 가을에는 얇은 긴 팔 셔츠가 좋다. 짧은 셔츠나 반바지는 자외선이 강한 직사광선으로부터 피부를 보호하지 못한다. 봄이나 여름에는 가벼운 복장부터 초겨울 정도의 추위에 대비할 수 있는 재킷이나 보온 의류가 필요하다. 가을이나 겨울에는 가벼우면서도 따뜻한 긴 팔 셔츠와 바지, 그리고 추운 밤 시간에 입을 수 있는 동계용 의류가 필요하다. 보온은 다운재킷이 최고다. 또 트레킹을 할 때 직사광선이 아주 따갑다. 이때 팔 토시를 활용하면 햇볕으로부터 피부를 보호하는 데 유용하다. 햇빛 가리개용 모자와 선글라스, 입술 크림, 선블록은 계절에 관계없이 늘 필요한 것들이다.

05 롯지의 방은 난방이 전혀 안 된다. 체온은 스스로 지켜야 한다. 상식적으로 옷을 많이 껴입고 자면 숙면을 취할 수가 없다. 그래서 좋은 침낭이 필요하다. 다운 함량이 1,300g 이상 되는 동계용 침낭을 권한다. 여름용이나 3계절용 침낭으로 가능한가를 묻는 이들이 많은데, 겨울용 침낭으로 가져가길 권한다. 한여름이라도 비가 온 이후에는 서늘하고 고지대의 밤은 춥다. 아주 추운 날에는 뜨거운 물을 물통(날진 수통이 좋음)에 넣어 수건(물병 커버가 더 좋음)으로 감싼 다음 침낭 안에 넣고 자면 좋다. 다음날 아침 미지근한 물로 간단한 세수 및 양치를 할 수 있다.

06 등산용 의류의 소재로 면은 적당하지 않다. 건조시간이 오래 걸리기 때문이다. 신소재의 쿨맥스 계통은 흡수성과 건조성이 좋아 땀을 흘려도 금방 마른다. 청바지가 등산복으로 적당하지 않다는 것은 두말 할 필요가 없다. 카트만두 타멜이나 포카라 레이크사이드의 장비점에 가면 저렴한 등산의류를 구매할 수 있다. 정품은 아니지만 트레킹 하는 데 별 문제는 없다.

07 등산용 모자는 종류가 다양하다. 날씨가 더워지는 봄 시즌에서 여름 시즌까지는 털모자가 필요치 않다. 물론 해발 4,000m가 넘는 곳으로 갈 경우에는 만약을 위해 준비해야 한다. 하지만 일반적으로 트레킹 중에는 햇빛으로부터 얼굴을 보호할 수 있는 챙이 넓은 모자가 필요하다. 요즘에는 햇빛 차단용 얼굴 마스크를 준비하는 여성들도 제법 많다. 날씨가 추운 가을 시즌부터 겨울 시즌에 고지대로 가는 트레커들은 고소 모자나 털모자를 지참해야 한다. 털모자의 경우 현지에서 저렴하게 구입하는 것도 괜찮다.

08 속옷은 두 벌이 적당하다. 많이 가져가는 게 다 좋은 것은 아니다. 깔끔한 스타일이라면 여벌로 두 벌까지는 괜찮다. 속옷은 매일 빨아서 잠자는 롯지의 방에 널어놓으면 습도 조절도 된다. 만일 당일 다 마르지 않는다면 배낭 뒤에 널고 운행하면 오전 중으로 다 마른다.

09 등산화는 발목을 감싸주는 것이 가장 무난하다. 가벼운 경등산화라고 트레킹이 불가능한 것은 아니다. 하지만, 등산로 상태가 아주 다양하므로 발목을 보호해주는 것이 좋다. 등산화는 방수와 발수 성능이 뛰어난 고어텍스 소재를 사용했는가보다 발목을 감싸주는가가 더 중요하다. 물론 고어텍스 신발이 유용한 것은 사실이다. 하지만 가격대비 효용성이 높다고는 할 수 없다. 등산화는 평상 시 자주 신어서 발에 길들여진 것이 좋다. 새로 산 신발은 발이 적응하는 동안 불편함을

감수해야 한다. 운이 나쁘면 물집이 잡혀 고생할 수도 있다. 트레킹을 하며 롯지에서 신을 가벼운 슬리퍼는 반드시 필요하다. 양말은 쿨맥스 소재로 된 등산용 양말 세 켤레 정도면 적당하다.

10 침낭에 대한 고민도 많다. 우선, 한국에서 사용하던 것을 가지고 갈지, 아니면 현지에서 빌릴 것인지 결정해야 한다. 자신의 것을 가져가는 게 가장 좋다는 데 이론의 여지는 없다. 문제는 침낭이 부피가 크고 무게가 많이 나간다는 것이 고민이다. 물론 침낭은 다운 함량이 1,300g 이상 되는 것을 추천한다. 다운 함량이 1,000g 이하의 3계절용으로는 아무래도 부족하다. 봄이나 여름 시즌에 푼힐 정도를 2박3일에 다녀온다면 그것으로 버틸 수 있을지 모른다. 하지만, 3,000m가 넘는 지역은 아무리 따뜻한 계절이라고 해도 밤 시간에는 춥기 때문에 단단히 준비해야 한다. 설악산 대청봉도 한여름의 밤은 제법 춥다. 따라서 대청봉보다 두 배 이상 높은 곳은 상상 이상으로 춥다.

11 어느 계절을 막론하고 바람막이 재킷(윈드 재킷)은 필수품이다. 기능성 재킷이 꼭 필요한가를 묻는 이들이 많은데, 있으면 좋지만 없다고 해서 트레킹이 불가능한 것은 아니다. 따라서 고가의 재킷에 너무 목매지 말자. '숨 쉬는 천'으로 불리는 고어텍스는 선전하는 만큼 완벽한 기능을 발휘하지 못하는 경우가 많다. 고어텍스 소재가 아닌 재킷이라도 필요에 따라 쉴 때 옷을 입고, 출발할 때 벗는 수고를 해주면 고어텍스만큼 충분한 역할을 한다.

12 장갑은 두 종류를 준비하면 좋다. 봄이나 여름에는 그냥 막 사용할 수 있는 등산 장갑이나 목장갑만으로도 무난하다. 하지만 4,000m 이상 고지대를 갈 경우에는 보온력이 좋은 장갑을 가져가야 한다. 특히, 가을이나 겨울 시즌 4,000m 이상 고지대는 손발이 매우 시리다. 털장갑보다는 눈에도 견딜 수 있는 방수방풍 기능이 있는 등산용 장갑이 유용하다. 등산화에 눈이 들어가지 않게 해주는 스패츠(게이터)도 눈이 오는 계절에는 꼭 필요한 장비이다. 비가 올 때는 바짓가랑이가 더럽혀지지 않도록 해준다. 안나푸르나 서킷이나 촐라처럼 5,000m 이상 고지대를 넘는 쿰부 히말라야 트레킹을 할 경우에는 아이젠도 필수품이다. 체인 아이젠이 아주 유용하다.

13 여름 몬순에 트레킹을 간다면 비에 대비한 준비를 철저히 해야 한다. 비옷도 좋고, 우산도 좋다. 배낭도 비에 대비해 배낭 커버를 마련한다. 배낭 속 내용물도 비닐(김장용 비닐이 좋음)로 패킹해야 한다. 포터를 고용할 경우 포터가 지는 배낭이나 카고백을 덮을 수 있는 비닐을 사 주어야 한다.

14 추위를 많이 타는 사람은 핫팩을 준비하면 유용하다. 핫팩은 종류가 다양하다. 몸에 붙이는 것도 있고, 주머니에 넣는 것도 있다. 기온이 많이 내려가는 가을이나 겨울 시즌 4,000m 이상 고지대에서도 침낭 안에 핫팩을 2개 정도 넣고 자면 따뜻한 숙면을 취할 수 있다. 핫팩은 아침까지 따뜻한 온기가 남아 있다. 외국 트레커들은 우리나라에서 만든 핫팩을 몹시 부러워한다. 친환경 제품은 사용 후 흙에 뿌리면 자연으로 돌아간다.

1. 원정대 캠프가 차려진 에베레스트 베이스캠프 전경 2. 히말라야 고산지대는 한여름에도 폭설이 내릴 수 있어 항상 보온에 대비해야 한다 3. 쿰부 히말라야 빙하 위를 걷는 트레커

Tip

트레킹 고수들은 최소의 장비와 복장으로 최대의 효과를 본다. 하지만 이들도 극한 상황이나 결정적인 순간에 대비해 용도에 맞춰 꼭 필요한 장비들은 항상 지니고 다닌다. 초보 입장에서 완벽한 준비가 어렵겠지만 대충의 개념을 파악하면 어느 정도 윤곽이 나오리라 본다. 추위에 대한 것은 개인차가 있으므로 각자의 여건에 맞추어서 준비하면 된다. 적재적소에 필요한 장비와 복장을 준비하는 요령은 몇 번의 시행착오를 거치면서 완성된다. 불필요한 것들을 하나씩 줄여가는 지혜를 터득하기를 바란다.

히말라야 트레킹 언제 가면 좋을까?

히말라야 트레킹은 언제 가는 것이 가장 좋을까? 라는 질문에는 다음 두 가지 사항을 고려해야한다. 하나는 날씨이고, 다른 하나는 번잡함이다.

히말라야 트레킹하기 가장 좋은 때는 10월부터 11월까지다. 이 기간에 트레킹을 가면 히말라야 설산의 파노라마와 코발트빛 하늘이 조화를 이루는 환상적인 풍광을 볼 수 있다. 밤에는 수많은 별들이 반짝이며 펼치는 황홀한 우주쇼에 초대받기도 한다. 겨울이 끝나고 몬순이 시작되기 전인 3월과 4월도 나쁘지 않다. 반면 몬순 시즌인 6~9월은 트레킹하기에 가장 부적합한 비수기다. 이때는 비가 잦고, 고온다습한 날씨를 보인다. 몬순 기간에는 거의 매일 비가 내리지만 우리나라 장마철과는 좀 다르다. 비가 하루 종일 혹은 몇 날 며칠씩 오는 것은 아니다. 매일 오후나 저녁에 비가 내렸다가 새벽녘이나 오전에는 비가 오지 않는 특징이 있다. 그렇지만 거의 하루 종일 구름이 끼여 설산의 풍광은 제대로 볼 수가 없다.

날씨와 함께 고려해야 할 것이 번잡함이다. 날씨가 가장 좋은 10월에서 11월까지는 전 세계에서 몰려온 트레커들로 가는 곳마다 북적거린다. 롯지는 방을 구하기도 어렵고, 방값도 올라간다. 방이 없어 거실에서 혼숙을 해야 할 수도 있다. 가이드나 포터도 구하기가 어렵다. 트레킹을 시작하는 마을까지 가는 교통편도 사전 예약이 없다면 힘들 수가 있다. 또 이때는 네팔 최대축제 '더사인'과 '띠하르' 기간과 겹쳐 많은 업소들이 문을 닫고 정상적인 영업을 하지 않는다.

〈트레킹 성수기와 비수기의 장단점〉

시기	장점	단점
10~11월 (최성수기)	몬순이 끝나 청명한 날씨로 인해 히말라야 설산의 뷰가 깨끗하며 춥지도 덥지도 않아 산행하기에 알맞다.	많은 여행자와 트레커들로 인해 숙소 방값이 올라간다. 특히, 트레킹 중 숙소 구하기가 어려워진다.
12~2월 (비수기, 코리언 성수기)	한적한 트레킹이 가능하다. 롯지 방값이 할인되거나 무료로 제공되기도 한다. 단, 식비는 고정되어 있다.	트레커가 많지 않은 한적한 코스에 있는 롯지는 문을 닫기도 한다. 고도가 높은 곳의 밤은 몹시 춥다.
3~5월 (준성수기)	야생화가 온 산천에 지천으로 피는 시기다. 네팔 국화 랄리구라스의 붉은 색이 온 산을 물들인다. 추위는 물러가고, 낮 기온이 가장 높은 시기다.	네팔에서 최고 더운 시즌이다. 특히, 낮과 밤의 일교차가 커서 감기에 걸리기 십상이다. 먼 설산의 뷰는 가을 시즌보다 못하다.
6~9월 (비수기, 몬순)	트레커들이 거의 없는 시즌이라 손님 대접을 제대로 받을 수 있다. 가격 흥정이 가능하고, 저렴하게 투숙할 수 있다.	구름이 하늘을 가려 설산을 잘 볼 수 없다. 거머리 '주가'가 설쳐 철저한 대비가 필요하다. 스패츠와 우의를 준비해야 한다.

1. 해발 4,000m 이상의 고지대는 겨울에 폭설이 내리기도 한다 2. 폭우로 불어난 계곡과 그 위에 놓인 나무 다리

그렇다면 호젓하게 트레킹을 즐길 수 있는 기간은 언제일까? 당연히 비수기인 6월부터 9월까지다. 이때는 성수기의 불편함이 없다. 그러나 트레킹 환경은 아주 불편해진다. 산사태로 인해 도로가 유실되기도 하고, 비로 인해 차량 통행이 안 될 때도 있다. 숲이나 정글로 들어가면 네팔거머리 주가의 공격에 시달려야 한다. 주가는 나무에 매달려 있다가 사람이 지나가면 어깨 위에 떨어져 몸의 피를 빨아먹는다. 비가 내릴 때 우의를 걸치고 산행을 하면 여러 가지로 불편하다. 비를 맞으면 금방 추위를 느낀다. 또 금방 피곤해져 운행에 차질을 주기도 한다.

자, 그러면 언제 트레킹을 가는 게 좋을까? 성수기를 선택할 것인가? 비수기를 선택할 것인가? 이는 오직 트레커 자신의 판단에 달려 있다. 조금 번잡하더라도 쾌적한 날씨에 좋은 풍광을 보면서 트레킹을 하고 싶다면 당연히 성수기에 가야 한다. 히말라야 트레킹이 처음이라면 성수기에 가는 게 정석일 것이다. 반면, 호젓한 것을 좋아하고, 히말라야 트레킹 경험이 풍부하다면 비수기도 좋은 대안이 될 수 있다.

한편, 히말라야 트레킹은 '코리언 성수기'가 별도로 있다. 한국의 트레커들은 12월부터 2월까지 동계 시즌에 많이 찾는다. 이는 겨울방학이나 휴가 등이 이 시기에 몰려 있는 한국의 상황 때문이다. 동계 시즌은 날씨가 춥고, 그에 따른 등반장비 등 준비물도 많이 필요하다. 하지만 맑은 날씨가 보장되고, 번잡함도 없어 준비만 철저히 하면 성수기 이상의 즐거움을 누리면서 트레킹을 할 수 있다.

몬순 시즌 트레킹 노하우

대부분은 몬순 시즌에는 트레킹을 하지 않는다. 첫 번째 이유는 구름이 설산을 가려서 히말라야의 멋진 스카이라인을 보기가 어렵기 때문이다. 비가 오는 것은 그 지역의 특성이라 어쩔 수 없지만 사전에 대비를 하면 어느 정도 감당할 수 있다. 하지만 히말라야를 찾는 가장 큰 이유, 설산의 장관을 볼 수 없는 것은 트레커의 준비나 노력으로는 해결할 수 없다. 이것이 몬순 시즌에 트레킹을 망설이게 하는 가장 큰 딜레마다.

문제는 한국의 휴가문화 특성상 몬순 시즌에만 시간을 낼 수 있는 트레커도 있다는 것이다. 이런 경우 앞에서 열거한 여러 가지 불합리한 조건에도 불구하고 몬순 시즌에 히말라야를 찾기도 한다. 슬픈 현실이지만, 그렇다고 너무 절망하기에는 이르다. 네팔의 몬순은 한국의 장마처럼 하루 종일 혹은 며칠씩 계속 비가 내리지 않기 때문이다. 네팔의 몬순에는 일정한 패턴이 있다. 일반적으로 비는 아침이나 오전에는 내리지 않는다. 오후부터 내리기 시작해 몇 시간 혹은 밤까지 계속되다가 새벽에는 그치는 경우가 대부분이다. 그래서 아침에 잠시 구름이 비켜난 사이 설산의 멋진 조망을 보여주는 경우도 있다.

네팔은 그리 큰 나라가 아니지만 지역에 따라 몬순의 영향을 덜 받는 곳들이 있다. 비교적 해발고도가 높은 무스탕 지역이나 쿰부 히말라야 지역은 안나푸르나, 랑탕 지역 같은 곳보다 몬순의 영향을 덜 받는 편이다. 여기에 몇 가지 장점이 더 있다. 몬순 시즌에는 트레커가 거의 없어 롯지의 방이 남아돈다. 히말라야의 짙푸른 여름 풍광을 즐기면서 한적하고 여유로운 트레킹을 즐길 수 있다. 따라서 사전에 현명한 준비를 하면 몬순 시즌에도 트레킹은 할 수 있다.

1 사전 준비를 철저히 하자

방수 재킷과 속건성의 속옷과 양말, 티셔츠 등 통기성이 좋은 의류는 트레킹을 쾌적하게 해준다. 간헐적으로 내리는 비는 판초우의가 효과적이다. 배낭에 쉽게 꺼낼 수 있는 곳에 넣고 다닌다. 일부 트레커는 우산을 선호하기도 한다. 우산은 긴 것보다 작게 접히는 3단 우산이 편리하다. 튼튼한 우산을 준비해야 파손되지 않고 트레킹 내내 사용할 수 있다.

2 모기와 거머리에 대한 예방책을 준비하자

몬순 시즌에는 모기와 거머리(주카)가 최대의 장애물이다. 이들은 따뜻하고 습한 환경 속에 트레커의 동반자가 되어 일정 내내 트레커를 괴롭히기도 한다. 저지대에서는 모기 기피제나 방충제와 거머리에 대한 사전 준비가 필요하다. 모기가 싫어하는 기피제나 방충제는 한국에서 준비하는 것이 좋다. 특히, 거머리는 트레커의 목덜미, 양말이나 등산화 틈새를 파고드는 것에 아주 능숙하다. 양말에 기피제나 방충제를 뿌리고, 숲이나 나무 밑을 지날 때는 항상 조심한다. 만약 거머리가 몸에 붙었을 때는 억지로 떼어내지 말고 소금 주머니를 문질러서 떼어내도록 한다.

3 방수는 배낭 커버와 비닐 패킹이 유용하다

비를 맞으며 트레킹을 하면 배낭이 젖는다. 배낭이 젖으면 그 안의 내용물도 젖고, 무게도 무거워진다. 그래서 배낭이 젖지 않도록 하는 것이 중요하다. 그러나 방수가 되는 배낭은 가격이 만만치 않다. 배낭 커버를 준비하는 게 경제적이다. 김장 비닐을 준비해 배낭 안쪽에 있는 모든 짐을 패킹하면 아무리 비가 내려도 끄떡없다. 습기에 민감한 장비는 지퍼 팩이나 드라이 팩에 보관하는 것도 좋은 방법이다. 몬순 시즌에는 젖은 옷을 보관하기 위해 여분의 비닐 팩을 준비하면 좋다.

4 젖은 등산화는 말려 신자

요즘 나오는 대부분의 등산화는 방수기능을 갖추고 있다. 하지만 제 아무리 고어텍스 등산화라도 비가 내릴 때 장시간 트레킹을 하면 필연적으로 젖게 마련이다. 이럴 때는 숙소에 도착해서 신문지와 같은 종이를 구해 신발 안에 구겨 넣어둔다. 종이가 습기를 빨아들여 아침이면 제법 많이 마른다.

5 자연에 순응하고 현지인 말을 경청하자

몬순 시즌의 폭우는 산사태를 일으키는 경우가 많아 오지를 트레킹 하는 경우 경험 많은 가이드나 포터를 고용하는 것이 좋다. 또 현지인들은 산사태가 발생하기 쉬운 지역에 대해 잘 알고 있어 그들의 말을 경청할 필요가 있다. 현지인들이 특정 구간에서 산사태 예방을 위한 조치를 취하고 있을 경우 반드시 그들의 지침에 따른다.

6 아침 일찍 트레킹을 시작하자

네팔의 몬순은 우리나라 장마와 유사하지만, 하루 종일 비가 내리는 일은 거의 없다. 특히, 이른 아침부터 비가 올 확률은 거의 없는 편이다. 대체로 아침보다는 주로 오후에 비가 내린다. 따라서 몬순 시즌에는 아침 일찍 트레킹을 시작해서 점심 무렵인 오전 12시 전후로 하루 여정을 마무리하는 짧은 일정을 추천한다.

7 예비일을 두고 융통성 있게 운행하자

몬순 시즌에는 일기가 불순해 항공기가 정상 출발하기 어려울 때가 많다. 육로로 이동할 때도 폭우로 길이 끊기거나 산사태로 도로가 유실되는 경우도 가정해야 한다. 이처럼 몬순 시즌은 여러 가지 변수로 일정에 차질이 생기거나 정상적인 트레킹이 불가능할 수가 있다. 따라서 예비일을 충분히 두는 게 좋다. 또 사고가 언제든지 발생할 수 있음을 고려해 현장 상황에 따라 여유를 갖고 기다리거나 중도에 포기하는 용기도 필요하다. 트레킹에서 가장 중요한 것은 첫째도, 둘째도, 셋째도 안전이다.

트레킹 불청객 '주카' 퇴치법

몬순 시즌 트레킹을 힘들게 하는 것은 날씨와 함께 거머리를 꼽을 수 있다. 몬순 시즌에 비가 내릴 때 나무와 풀이 우거진 숲길(현지인들은 정글이라 부른다)에는 사람에게 달라붙어 피를 빨아먹는 주카Jukha라는 무시무시한 거머리가 살고 있다. 이 거머리는 한국의 거머리처럼 물속에 사는 것이 아니라 나뭇잎이나 풀숲에 숨어 있다.

주카는 비가 와서 습기가 많아지면 바깥으로 나온다. 주카는 풀이나 나뭇잎에 붙어 있다가 사람이나 동물이 지나가면 체온을 감지하고 귀신같이 빠르게 달라붙는다. 등산화 끈의 구멍이나 양말, 얇은 나일론 소재 의류 등을 쉽게 파고들어 피를 빨아 먹는다. 문제는 주카가 피부에 달라붙어 피를 빨아 먹어도 전혀 통증을 느끼지 못해 쉽게 발견할 수 없다는 것이다.

주카는 건조한 공기를 싫어한다. 비가 내리지 않을 때는 숨어버려 별 문제가 없다. 주카가 가장 많이 출몰할 때는 비가 많이 내린 다음 날 이른 아침이다. 풀과 나뭇잎에 물기가 많은 이 시각이면 숲 속 곳곳에 주카가 포진해 있다. 주카는 히말라야 현지인들조차 아주 귀찮아하는 골칫거리이다.

주카 출몰 지역을 지날 때는 미리 모기, 진드기 퇴치용 크림을 손과 발, 다리, 목덜미 등에 바른다. 양말과 등산화 끈 구멍 주위에는 주카 기피제를 뿌려준다. 배낭 멜빵 포켓에는 모기, 진드기용 액체 스프레이(에어졸은 항공기 기내수송 불가)를 준비해 주카의 공격에 대비한다. 국내에서 주카 기피제를 준비하지 못했다면 현지인들이 사용하는 소금 주머니를 이용하는 것도 방법이다. 주카는 모기나 진드기 퇴치용 스프레이를 분사하면 바로 죽는다. 소금 주머니로 몇 번 두드려도 즉각 퇴치가 가능하다.

풀이 우거진 숲길을 지날 때는 막대기나 등산 스틱 등으로 풀잎과 나뭇잎을 두들겨서 주카를 떨어뜨린 후 지나간다. 특히, 물기가 많은 풀숲이나 숲길을 지날 때는 팔다리나 신발, 목덜미 등에 주카가 붙어 있는지 자주 확인한다. 국내에 시판하는 모기, 진드기 퇴치용 의약품의 효능은 아주 우수하다. 크림 타입 기피제를 발라줘도 웬만해선 주카의 공격을 받지 않는다

트레킹 예상 비용

네팔 히말라야 트레킹을 처음 가는 경우 여행 경비를 어떻게 산출하는가도 고민이다. 네팔은 세계에서 가장 가난한 국가 중에 하나다. 이를 다른 관점에서 본다면 가장 저렴한 경비로 여행이 가능한 나라라고 할 수 있다. 하지만 현실은 조금 다르다. 밀려드는 여행객에 의해 여행자 물가가 어느정도 인플레이션 되어 있다. 로컬 위주로 여행을 하지 않으면 아주 저렴하다고는 할 수 없다. 그럼에도 불구하고 아직까지는 다른 동남아시아에 비해 저렴한 비용으로 여행할 수 있는 나라다.

네팔 여행이나 히말라야 트레킹은 대부분 자유배낭여행이라 예산을 스스로 계획하고 집행해야 한다. 예산은 절대적인 기준이 없다. 개인차가 커 정확하게 얼마라고 단정 지어 말할 수도 없다. 다만 자신의 경제적인 상황을 고려해 다음 내용을 참고하면 예상 경비를 책정하는 데 도움이 될 것이다. 현지 물가는 고정적이지 않다. 해마다 조금씩 오른다는 것도 감안하자. 특히, 네팔에서는 모든 가격이 흥정에 따라 결정된다는 점을 명심하도록 하자.

국제선 항공료

국제선 항공료는 네팔 여행이나 트레킹에 있어서 가장 큰 비용을 차지한다. 카트만두로 가는 항공료는 조건에 따라 아주 큰 차이를 보인다.

우선 직항이냐 경유이냐가 중요하다. 중국 항공사들이 내놓는 중국 경유 항공권은 상상하기 힘들 정도로 저렴하다. 간혹 60만원 대 항공권도 있다. 반면 대한항공에서 운영하는 카트만두 직

카트만두로 가는 항공기에서 바라본 히말라야. 카트만두는 네팔 히말라야로 가는 관문이다

항 항공권은 가장 비싸다. 성수기의 경우 200만~250만원 한다. 이는 인천-카트만두 구간을 독점 운항하는 유일한 직항이기 때문이다. 그렇다 해도 다른 노선과 비교해 보았을 때 시간과 거리에 비해 상당히 비싼 편이라는 데는 이견의 여지가 없다. 중국 말고 태국 방콕이나 인도 델리, 카타르 도하를 경유해 카트만두로 가는 노선도 있다. 이밖에 홍콩이나 싱가포르, 쿠알라룸푸르 등 동남아시아 허브 공항을 이용해 카트만두로 갈 수 있다.

시기도 중요하다. 성수기와 비수기는 항공료 가격차가 크다. 발권 시기도 중요하다. 성수기에 간다고 하더라도 몇 달 전에 발권하면 좀 더 저렴한 가격에 항공권을 구입할 수 있다. 저렴한 항공권은 인터넷에서 발품을 많이 팔면 어느 정도는 해결이 가능하다. 그러나 반드시 저렴한 항공권이 좋다고 말할 수는 없다. 여행자의 일정에 맞지 않으면 아무리 저렴한 항공권도 무의미하다. 보통 경유하는 항공편은 경유지에서 반나절에서 최대 하루 정도 머물러야 한다. 왕복을 가정하면 하루에서 이틀을 오가는 데 소비하는 셈이다. 카트만두에 도착해서 다시 트레킹 시발점까지 오는 시간도 감안해야 한다. 따라서 경유 항공권을 이용하면 자칫 트레킹 일정보다 오가는 데 더 많은 시간을 허비할 수도 있다. 특히, 장기간 휴가를 낼 수 없는 한국의 특성상 하루나 이틀만 더 늘어나도 히말라야 트레킹이 여의치 않을 수 있다. 이 때문에 어쩔 수 없이 비싼 항공료를 지불하면서 직항편을 이용하기도 한다.

정리하면, 시간에 여유가 있고, 저렴한 항공료를 원한다면 경유편을 선택하자. 일정에 여유가 없다면 직항편을 이용하는 게 좋다. 판단은 여행자나 트레커 각자의 몫이다.

항공권 가격 비교 사이트

스카이 스캐너 www.skyscanner.co.kr

트립닷컴 www.trip.com

네팔의 관문 트리뷰반 국제공항

〈인천-카트만두 운항 항공사〉

항공사	경유지	운항 스케줄&특이 사항
대한항공	직항	비행시간은 6시간이지만 독점 노선이라 항공료가 비싸다. 주 2~3회 운항(수요에 따라 운항 편수 조절).
네팔에어라인	델리, 두바이, 봄베이, 홍콩, 방콕, 쿠알라룸푸르, 도하, 방글로레	최근 에어버스 기종을 새로 도입했다. 인천공항에서 직항편은 없다. 도시별 경유 스케줄에 따라 운항.
타이항공	방콕	방콕 스톱 오버 때 좋음. 매일 운항.
캐세이 퍼시픽	홍콩	홍콩 스톱 오버 때 좋음. 매일 운항.
말레이시아항공	쿠알라룸푸르	쿠알라룸푸르 스톱 오버 때 좋음. 매일 운항.
싱가포르항공	싱가포르	싱가포르 스톱 오버 때 좋음. 매일 운항.
에어인디아	델리	델리공항의 까탈스러운 검문검색이 불편하지만 항공료가 비교적 저렴해 배낭여행자들이 많이 이용한다.
중국남방항공	광저우	코로나 19로 전면 중지되었다 운항을 재개했다. 경유 항공편 중 가장 저렴하다. 단, 경유지에서 1박을 해야 하며, 수하물은 경유지에서 찾아 다시 부쳐야 한다. 매일 운항.
중국동방항공	상하이/쿤밍	경유지에서 1박을 해야 하며, 수하물은 경유지에서 찾아 다시 부쳐야 함. 매일 운항.
중국국제항공	청두	

네팔 비자 발급비

네팔은 비자가 필요한 나라다. 비자 발급 비용은 체류 일정에 따라 다르다. 15일 이하는 30달러, 30일 이하는 50달러, 31일 이상 90일까지는 125달러다. 비자는 한국에서 받아갈 수도 있고, 현지 공항에 도착해서 받아도 된다. 한국에서 사전에 비자를 발급 받는 경우 발급 비용이 더 비싸고, 신청한 후 다시 받으러 가야 하는 등 번거롭다. 따라서 도착해서 비자를 받는 게 유리하다. 카트만두 공항에 도착하면 각자 필요한 체류 일수에 따라 비자 신청을 하면 된다. 네팔은 1년에 최대 5개월까지 체류 가능하다. 3개월 초과부터는 추가 체류일을 계산해 출입국관리소에 비용을 납부하고 비자 연장을 받아야 한다. 그렇지 않으면 공항 출국 시 페널티를 받게 된다. 비자 연장 비용은 최초로 발급한 비자 체류기간에서 초과 일부터 하루에 3달러씩 부과된다. 그러나 초과 일수가 1~2일에 불과하더라도 연장 날짜는 최소 15일부터 가능하다. 따라서 현지에서 비자를 연장하려면 최소 45달러 이상의 비용이 발생한다. 만약 비자 연장 없이 체류하면 추가 연장 비용과 페널티 비용을 동시에 물어야 하므로 훨씬 비싸다.

공항 픽업 서비스

해외여행이 처음이고, 아는 사람 한 명도 없는 타국의 공항에 내려 숙소로 가는 일은 그 자체가 커다란 모험일 수 있다. 카트만두는 공항에서 시내(타멜)로 가는 공식적인 대중교통이 없다. 택시의 경우 협정 요금이 없어 개별적으로 흥정해야 하는데, 여러모로 불편한 것은 사실이다. 공항 청사를 나오면 택시 기사와 호객꾼들이 한꺼번에 달려들어 정신을 쏙 빼놓는다. 해외여행 경험이 없는 사람이라면 목적지까지 어떻게 가야 할지 막막하기만 할 것이다. 밤에 도착했다면 입이 바짝 바짝 마르고 등에 식은땀이 흐를 수도 있다. 그러나 너무 걱정할 필요는 없다. 타멜에 소재한 많은 숙소와 여행사들은 예약을 하면 별도의 비용을 받고 공항 픽업 서비스를 해준다. 비용도 그리 비싼 편은 아니다. 네팔과의 첫 만남이 당혹스럽지 않으려면 픽업 서비스를 이용하는 것이 좋다. 일부 숙소는 숙박 예약자에 한해 무료로 픽업해 주기도 한다.

유료 픽업 요금은 업소에 따라 약간씩 다르다. 보통 1~3명은 10달러, 4~10명은 20달러 정도 한다. 여행 첫날부터 공항에서 현지인들에게 시달리며 흥정하는 게 싫다면 픽업 서비스를 이용하자. 대중교통을 이용하는 것에 비해 조금 더 비싸지만 편안하게 숙소까지 갈 수 있다. 보통 중급 정도의 숙소는 대부분 픽업 서비스를 해 주고 있다. 입국 수속을 마친 후 짐을 찾아 청사 밖으로 나오면 입구에 자신의 이름을 적은 종이를 든 픽업 기사가 기다리고 있다.

1. 트리뷰반 국제공항의 청사 2. 네팔 국내선 카운터 3. 트리뷰반공항에서 픽업 버스를 타고 카트만두 시내로 가는 관광객들

카트만두 호텔 숙박료

카트만두에는 화려한 5성급 호텔부터 배낭여행자를 위한 저렴한 게스트하우스까지 다양한 숙소들이 즐비하다. 호텔은 각자 예산에 맞추어 선택하면 된다. 보통 가성비가 좋은 숙소는 먼저 다녀온 여행자들의 입에서 입으로 전해진다. 아고다, 부킹닷컴, 구글 맵, 트립어드바이저 같은 사이트에서 호텔과 레스토랑 이용 후기를 보고 찾는 것도 방법이다. 물가가 저렴한 카트만두에서는 다른 도시보다 비교적 저렴하게 머물 수 있다. 대로변에서 조금만 들어가거나 중심가에서 조금만 외곽으로 나가면 선택의 폭이 넓어진다.

여행자 거리 타멜에서 가장 저렴한 게스트하우스 도미토리 숙박료는 300~500루피(2~4달러) 정도 한다. 포카라도 이와 비슷하다. 싱글 룸이나 트윈 룸을 희망하면 1,000루피 정도 내야 한다. 중급 게스트하우스는 1,500~2,500루피(12~20달러) 정도 한다. 이런 곳은 시설이 썩 뛰어난 것은 아니다. 하루 이틀 지낼 정도의 수준이다. 3성급 호텔은 성수기와 비수기에 따라 가격 차이가 있지만 대략 2,500~5,000루피(20~40달러) 정도다. 정해진 가격에서 20%, 혹은 그 이상 할인받을 수 있어 흥정은 필수다.

트레킹 퍼밋

히말라야 트레킹을 하려면 퍼밋(허가증)을 받아야 한다. 퍼밋은 국립공원이나 네팔 정부가 지정한 보존지역, 제한구역 등을 여행하려는 이들에게 발급해주는 허가증이다. 이 허가증을 소지하지 않으면 트레킹을 할 수 없다. 퍼밋의 비용과 발급 장소는 각기 다르다. 안나푸르나 보존지역(ACAP) 퍼밋 발급비는 3,000루피다. ACAP 퍼밋은 각 트레킹 입구의 체크 포스트에서 현장 발급도 가능하다. 만약 퍼밋을 발급받지 않고 트레킹을 하다 발각되면 발급비의 2배를 패널티로 내야 한다. 그 외 제한지역(무스탕, 마나슬루, 돌포, 칸첸중가 등)은 따로 특별 허가를 받아야 한다. 에베레스트는 몬조에 있는 사가르마타 국립공원 사무소에서 발급받을 수 있다. 랑탕은 둔체의 국립공원 사무소에서 발급받을 수 있다. 여권 복사본과 입장료 3,000루피를 내면 즉시 발급해 준다.

만약 여행 일정이 짧아 퍼밋을 발급하러 네팔관광청으로 직접 갈 시간이 없거나 네팔 여행이 처음이라면 현지 여행사의 발급 대행 서비스를 이용하는 것도 좋은 방법이다. 영문이름, 생년월일, 여권번호, 성별, 여권사진(jpg 파일)을 이메일로 보내주면 된다. 여권 사본을 이메일로 보내면 한 번에 해결된다. 업소에 따라 약간의 대행료를 받는 경우도 있지만 직접 가는 수고스러움에 비하면 큰 비용이 아니다.

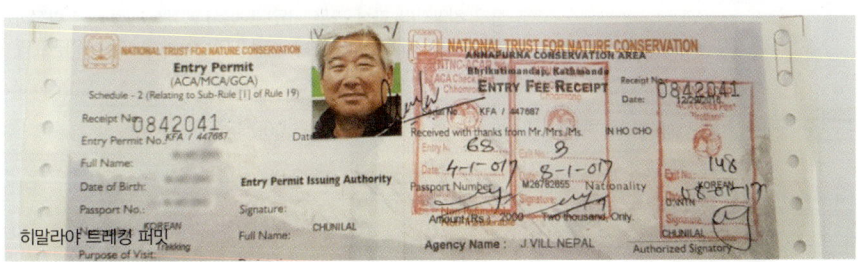

히말라야 트레킹 퍼밋

TIMS 카드

트레킹 퍼밋과 함께 TIMS 카드도 같이 발급받아야 한다. 2008년 1월 1일부터 네팔트레킹협회 (TAAN) 주관으로 시작된 TIMS(Trekker's Information Management System)는 트레커의 신변안전과 트레킹 중 혹시 발생할지 모르는 가이드와 포터의 상해나 위험에 대비한다는 명목으로 만들어졌다. 현장의 TIMS 체크 포스트는 국립공원이나 각 보존 지역 체크 포스트와 별도로 TAAN에서 운영하고 있다. 그러나 현실은 인력 부족과 여러 가지 복합적인 사정으로 갈팡질팡하고 있다. 네팔 상황을 볼 때, 이런 규정은 언제 또 어떻게 변할지 모르니 트레킹 출발 전 현지 상황을 꼼꼼히 체크할 필요가 있다. TIMS 카드는 현지 에이전시를 통해 발급받을 수 있다. 발급비는 2,000루피다. TIMS 카드를 발급받으면 트레킹 중 가이드나 포터에게 불상사가 생기면 이 책임을 여행사가 지게 된다. 여행사는 의무적으로 가이드나 포터의 보험 가입을 해야 한다.

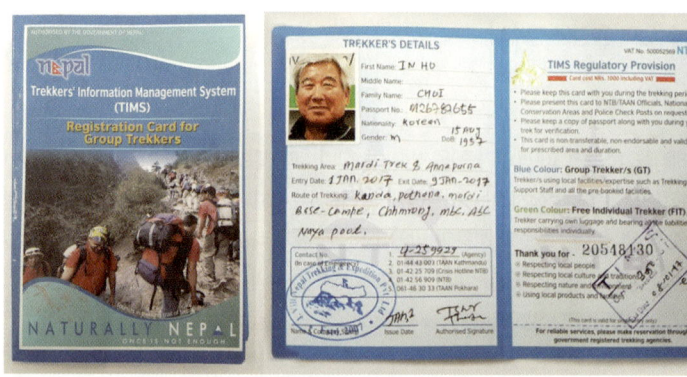

트레킹 퍼밋과 함께 같이 발급받아야 하는 팀스 카드

〈국립공원 입장료와 퍼밋〉

퍼밋 종류	비용 및 특징
쿰부 히말라야 지역 발전비	쿰부 히말라야 파상 라무 커뮤니티에서 자체적으로 지역 발전비 명목으로 2,000루피를 징수하고 있다. 이는 국립공원 입장료와 별개다.
국립공원 입장료(에베레스트, 랑탕)	3,000루피
안나푸르나 보호구역 퍼밋	3,000루피
치트완 입장료	1,500루피

1. 안나푸르나 트레킹의 관문 포카라공항 2. 네팔 국내선에 이용되는 프로펠러 여객기

국내선 항공

네팔에 입국한 후 트레킹 지역으로 이동하려면 항공이나 버스를 이용해야 한다. 카트만두에서 운항하는 네팔 국내선은 포카라(안나푸르나), 루클라(쿰부), 룸비니, 치트완 등이다. 무스탕 트레킹의 시발점 좀솜의 경우 포카라에서 갈아타야 한다. 네팔은 항공 사정이 열악한 편이다. 기상 상황에 따라 결항하거나 지연 출발하는 일도 잦다. 만약 이런 일이 발생해도 흥분할 필요가 없다. 네팔에서는 흔하게 발생하는 일이라 대부분 문제의식을 느끼지 않는다. 따라서 흥분하면 본인만 손해다. 참고 기다리는 지혜가 필요하다. 만약 카트만두나 포카라부터 항공편으로 가이드나 포터를 동반해서 간다면 이들의 항공료는 고용한 트레커가 지불해야 한다. 다만, 현지인들의 항공료는 외국인에 비해 훨씬 저렴(60% 정도)하다.

〈네팔 국내선 운항정보〉

운항구간	가격	시간
카트만두-포카라	104달러	07:30, 08:00, 08:30, 09:00, 09:30, 10:10, 12:30, 13:50, 14:10, 15:40(카트만두 출발 45분 후 포카라 출발)
카트만두-바랏푸르 (치트완)	133달러	10:10, 10:50, 13:50, 14:40 (바랏푸르에서는 카트만두 출발 45분 후 출발)
카트만두-네팔군지	136달러	08:45, 16:10 (네팔군지에서는 카트만두 출발 1시간 15분 후 출발)
카트만두-루클라	237달러	06:15부터 수시로 있음
카트만두-바이라하와 (룸비니)	86달러	09:00, 13:00, 16:40(룸비니에서는 카트만두 출발 50분 후 출발)
포카라-좀솜	170달러	06:30분부터 아침에만 운항
마운틴 플라이트	239달러	항공기를 타고 1시간 동안 쿰부 히말라야(에베레스트 포함) 감상

*2025년 9월 기준 항공사 공식 가격. 국내선 항공료는 분기별로 재책정되며 수시로 변동된다. 여행사를 통해 발권하면 공식 요금보다 조금 더 저렴하게 구입할 수 있다.

1. 2. 히말라야 트레킹은 교통편이 열악한 곳이 많다. 대중교통을 이용하기도 하지만 지프나 승합차를 빌려 트레킹 출발지까지 가기도 한다. 트레킹을 마친 후에도 같은 방법으로 하산한다. 이때 요금 흥정은 필수다. 최대한 많은 트레커를 태우기 위해 배낭은 차량 위에 올린다.

전세 차량

네팔은 한국처럼 대중교통이 편리하지 않다. 간혹 택시 운전기사와 요금으로 인해 실랑이를 벌여야 하고, 로컬 버스를 이용할 때는 비좁은 버스 안에서 장시간 동안 혹독한 경험을 할 수도 있다. 이런 연유로 가격은 좀 비싸지만 지프나 승합차 같은 전세 차량을 이용하기도 한다. 전세 차량은 여러 명이 이용할 때는 1/N로 계산하면 큰 부담은 아니다. 아래는 주요 구간의 전세 차량 비용이다. 네팔 물가가 계속 상승 중이라 실제로는 조금 더 비쌀 수 있다. 택시나 지프, 승합차 등 전세 차량은 흥정하기 나름이다. 흥정을 잘 하면 비용을 줄일 수 있다.

목적지	비용
카트만두 시내관광(6시간)	100달러(승용차, 2~3명 기준), 120달러(승합차, 8명)
카트만두−나가르곳, 둘리켈 왕복	65~85달러(승용차 기준)
포카라−나야풀 (안나푸르나 트레킹 출발지)	택시/자가용 2,500~4,000루피, 승합차 5,000~7,500루피, 지프 3,500~5,500루피
포카라−담푸스	택시/자가용 2,500~3,500루피, 승합차 6,000~9,000루피, 지프 4,500~6,500루피
포카라−카레(오캠 입구)	택시 3,500루피
포카라−지누단다(촘롱 방향)	지프 대절 7,500~9,000루피, 지프 합승 1,400~1,800루피
포카라−반단티(고라파니 방향)	지프 대절 8,000루피
카트만두−베시사하르 (안나푸르나 서킷 출발지)	로컬 버스 900루피, 택시 9,000~12,000루피, 지프 대절 18,000~20,000루피
카트만두−샤브르베시 (랑탕 트레킹 출발지)	로컬 버스 800~1,100루피(버스에 따라 다름), 지프 대절 18,000~20,000루피
카트만두−살레리(쿰부 트레킹 육로)	지프 합승 2,500~3,500루피, 지프 대절 270~320달러

대중교통

네팔의 대중교통은 대체로 불편한 편이다. 특히, 장거리 노선의 경우 혼잡한 버스에서 장시간 시달릴 것을 각오해야 한다. 그래도 현지인들의 삶과 정서를 느끼고 싶다거나 비용을 절약하고 싶다면 이용해보는 것도 괜찮다. 카트만두-포카라 구간, 그리고 카트만두나 포카라에서 주요 트레킹 출발지까지는 버스 편이 있다.

카트만두에서 안나푸르나 트레킹의 베이스캠프이자 네팔 최고의 관광도시인 포카라까지는 다양한 버스 편이 있다. 투어리스트 버스는 오전 7시 칸티파스 투어리스트 버스정류장에서 출발한다. 버스정류장은 딱히 건물이 있는 것은 아니고 그냥 도로변에 차들이 대기하고 있다. 마음에 드는 버스를 골라 타면 된다. 예약을 하지 않아도 된다. 로컬버스는 칸티파스 시외버스터미널에서 07:00~14:00까지 운행한다.

카트만두 트리뷰반 공항에서 시내까지도 버스를 이용할 수 있다. 하지만 중간에 버스를 갈아타야 하는 등 많이 불편해서 이용하는 여행자는 거의 없다. 택시의 경우 목적지까지 대략적인 요금을 알고 있어야 하며, 항상 흥정을 해야 한다. 트리뷰반 공항에서 타멜까지는 대략 600~800루피 선에서 흥정이 된다.

〈주요 구간 버스 요금〉

구간	요금 및 특징
카트만두-포카라	로컬 버스: 750~900루피(공가부 버스 파크), 투어리스트 버스: 1,500루피(소라쿠테 버스 스테이션), 자가담바: 1,600루피(바트바트니 쇼핑몰 입구)
카트만두-샤브루베시	800~1,100루피(공가부 버스 파크)
카트만두-베시사하르	800~1,200루피(공가부 버스 파크)
카트만두-살레리	버스 1,500루피, 지프 합승 2,500~3,500루피(차바힐 버스 파크)
트리뷰반 공항-타멜	택시 600~800루피(흥정에 따라), 프리페이드 1,200루피(정찰제)

〈케이블카 요금〉

케이블카	내국인	인도인	SAARC 회원국	중국인	기타 외국인
마나카마나 케이블카	편도 450루피, 왕복 770루피	편도 400루피, 왕복 670루피	편도 6달러, 왕복 10달러	편도 6달러, 왕복 10달러	편도 11달러, 왕복 20달러
찬드라기리 케이블카	편도 415루피, 왕복 700루피	없음	편도 644루피, 왕복 1,120루피	편도 9달러, 왕복 15달러	편도 13달러, 왕복 22달러
안나푸르나 케이블카	편도 400루피, 왕복 700루피	없음	편도 700루피, 왕복 1,000루피	편도 700루피, 왕복 1,000루피	편도 8달러, 왕복 12달러

1. 안나푸르나 베이스캠프 트레킹 시 많이 이용하는 시와이 버스정류장 2. 안나푸르나 산군이 배경으로 펼쳐진 포카라 투어리스트 버스파크

가이드와 포터

히말라야 트레킹에서 믿을 수 있는 가이드나 포터와 동행하는 것은 아주 중요하다. 어떤 가이드와 포터를 만나는가에 따라 트레킹이 즐거운 추억될 수도 있고, 또 유쾌하지 못한 추억으로 남을 수도 있다. 길거리에서 만나거나 아니면 숙소, 식당, 등산장비점에서 소개해 주는 사람들 중에는 문제를 야기하는 가이드나 포터가 있을 수 있다. 비용을 조금 절약하려고 하다가 트레킹 내내 호흡이 맞지 않아 아주 힘든 경우가 종종 있다.

가이드 비용은 하루에 25~30달러 정도다. 한국어 사용이 가능한 가이드는 조금 더 비싸다. 이들 대부분은 과거 한국에서 노동자로 근무하면서 한국어를 습득한 경우이거나 한인 업소에 근무하면서 쌓은 한국어 실력을 바탕으로 수익이 좋은 가이드로 진출한 경우다. 그러나 이들은 정식 가이드 자격증이 없는 경우가 많다. 네팔에서 정식 가이드 라이선스를 취득하려면 정부에서 시행하는 테스트에 통과해야 한다. 이는 비용도 많이 들고 그 과정 자체가 쉽지 않다. 따라서 가이드 고용 시 정식 라이선스 소지 여부를 꼭 확인해야 한다. 포터 비용은 정해진 가격이 없을 정도로 다양하다. 보통 15~20달러 정도. 현지 여행사 몇 군데를 방문하면 대략 가격이 나온다. 길거리에서, 혹은 누군가의 소개로 만나면 조금 더 저렴하게 고용할 수도 있다. 하지만 그 이후에 발생하는 문제는 모두 고용한 트레커의 책임이다. 따라서 여행사를 통해 정당한 비용을 지불하고 정식 라이선스를 가진 가이드와 포터 계약을 맺고 고용하는 것이 중요하다.

네팔 루피 환율

네팔에서는 달러와 현지 화폐인 루피가 혼용되어 쓰일 때가 많다. 보통 로컬들이 이용하는 것은 대부분 루피를 쓴다. 따라서 달러와 루피, 한화와 루피의 환율을 대략 알고 있어야 흥정할 때 편리하다. 2025년 10월 현재 환율은 1달러가 대략 136루피 정도다. 1루피는 한화 10원 정도. 현지에서 흥정하거나 물가 계산할 때 1달러는 130루피, 1루피는 10원으로 생각하면 쉽다. 환율에서는 약간의 차이가 있지만 현지에서는 크게 의미가 없다. 오히려 흥정을 잘해서 바가지를 쓰지 않는 게 더 중요하다.

관광지 입장료

네팔 물가에 비하면 관광지 입장료는 상대적으로 비싼 편이다. 그렇다고 귀한 시간과 돈을 들여서 그곳까지 갔는데 구경을 안 하고 올 수는 없다. 카트만두에는 유네스코 세계문화유산으로 지정된 유적지들이 많다. 이곳 모두 가볼 수도 있고, 취향에 따라 취사선택해서 방문할 수도 있다. 일부 여행자의 경우 입장료를 아끼려고 몰래 들어갔다가 발각되어 국제적인 망신을 사기도 한다. 여행은 항상 정당한 대가를 지불하고 즐겨야 한다는 사실을 명심하자.

〈관광지 입장료〉

목적지	비용
카트만두 두르바르 광장	1,000루피
파탄 두르바르 광장	1,000루피
박타푸르 두르바르 광장	2,000루피
스와얌부나트 사원	200루피
파슈파티나트 사원	1,000루피
보우더나트 사원	400루피
창구 나라얀	1,000루피
나라얀 히티 궁전 박물관	1,000루피
가든 오브 드림스	400루피

*네팔 관광지 입장료는 외국인과 SAARC(남아시아 경제협력기구) 회원국(인도, 파키스탄, 방글라데시, 스리랑카, 부탄, 몰디브, 아프가니스탄) , 중국, 네팔리(자국민), 기타 외국인의 가격이 다르다.

트레킹 숙박비

트레킹을 하며 트레커들이 숙박하는 롯지는 성수기(10~11월)에는 방을 구하기가 어려울 정도로 붐빈다. 다이닝 룸인 거실에서 다른 사람들과 함께 자야 하는 경우도 많이 있다. 이때 혼자 여행하는 트레커는 환영받지 못하는 경우가 있다. 그룹으로 움직이는 트레커들이 매상을 많이 올려주기 때문이다. 혼자 오는 트레커에게는 방이 없다고 하는 경우까지 있다. 성수기에는 가능한 일찍 트레킹을 마치고 방부터 확보해야 하는 이유이기도 하다. 하지만 비수기에는 방이 남아돈다. 입맛대로 골라 투숙해도 된다. 방값을 깎아 달라고 해도 금방 받아들이는 경우까지 있다. 방 구하기가 어려운 성수기에는 고용한 가이드나 포터를 먼저 보내 친분 있는 롯지를 예약하는 게 좋다. 그러나 지금은 가이드나 포터들도 스마트폰을 가지고 있어 전화로 예약하는 게 일반적이다.

롯지 숙박비는 성수기를 제외하고 300~500루피 정도 한다. 최근에는 시설이 좋아지면서 가격도 조금씩 올라가고 있다. 성수기와 길목이 좋은 곳에 자리한 롯지들은 생각보다 훨씬 높은 가격을 요구하기도 한다. 이 역시 수요와 공급의 법칙이 따른다고 보면 된다. 최근 신축하는 롯지 가운데 편의시설이 좋고 전망 좋은 곳은 1,000루피 이상 하는 곳도 있다. 롯지는 숙박료는 저렴하면서도 대체로 균일한 요금을 받는 반면 음식 값은 고도에 따라 달라진다. 당연히 높은 곳에 있는 롯지의 식사비는 비싸다. 저렴한 방값으로 트레커를 유치하고, 그 트레커에게 음식을 팔아 수익을 올리는 개념이다. 롯지에서는 음식을 조리해 먹을 수가 없다. 특별히 쿠킹 차지를 지불하면 간단한 요리 (라면을 끓여주는 정도)를 해 주기도 한다.

 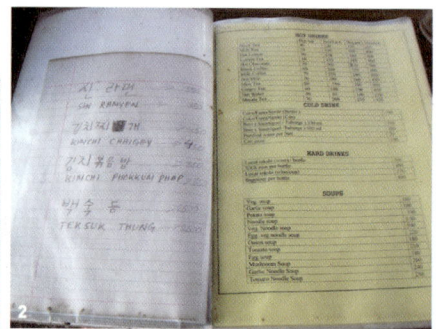

1. 롯지에서 휴식을 취하고 있는 트레커들 2. 롯지 식당의 메뉴판. 원하면 한국 요리도 가능하다

장비 구입 및 대여료

히말라야 트레킹을 계획하는 사람 중에는 평소 등산을 즐기는 사람도 있고, 그렇지 않은 사람도 있을 것이다. 등산 마니아라면 웬만한 장비는 다 가지고 있어 부담이 없다. 하지만 그렇지 못한 사람들은 히말라야 트레킹을 위한 장비를 준비해야 하는 부담감이 있다. 우리나라에서 판매하는 소위 메이커 제품들은 가격이 비싸다. 초보 트레커나 대학생, 배낭여행을 가는 알뜰한 여행자에게는 당연히 비싼 장비 마련이 고민거리가 된다. 그러나 미리 걱정하지 않아도 된다. 네팔은 배낭여행자들의 천국인 만큼 저렴하게 여행이나 트레킹을 할 수 있는 방법을 찾을 수 있다.

히말라야 트레킹 이후에도 자주 사용할 생각이라면 장비를 구입하는 것도 괜찮다. 자기 장비만큼 좋은 것은 없다. 하지만 그렇지 않을 경우에는 카트만두 타멜이나 포카라 레이크사이드의 장비점에서 대여를 해도 된다. 트레킹에 꼭 필요한 장비 가운데 스틱이나 다운재킷 등은 대여하면 된다. 대여료는 장비점(타멜이나 레이크사이드 거리 전부 다 장비점일 정도로 무수히 많다) 몇 군데 둘러보면 대략 가격을 알 수 있다. 발품을 많이 팔수록 가격 대비 성능 좋은 것을 찾는다. 네팔에서는 정찰제를 기대해서는 안 된다. 어디서나 가격 흥정은 필수다.

장비는 대부분 모조품이거나 조금은 엉성한 '메이드 인 네팔' 제품들이다. 하지만 트레킹 하는 데는 크게 문제가 되지 않는다. 대략적인 구매 가격은 침낭 4,000~6,000루피(3계절용은 2,000~4,000루피), 다운재킷 3,000루피, 윈드재킷 1,500루피, 파일재킷 1,000루피, 당일용 배낭 1,300루피, 대용량 배낭 3,000루피, 카고백 450루피, 등산양말 200루피, 트레킹 지도

400~600루피, 물병 300루피다. 장비 대여료는 1일 기준 침낭 100~150루피, 다운재킷 40루피, 텐트 150루피, 스틱 50루피 전후로 한다. 참고로 위에 제시한 가격과 대여료는 절대적인 가격이 아니다. 가격은 물건의 질에 따라 천차만별이다. 또한, 흥정을 통해서 얼마든지 더 저렴한 가격으로 구입할 수도 있다. 다만, 흥정을 할 때도 적정한 가격대를 알고 해야 바가지를 쓰지 않는다. 대부분의 장비점은 대여료 외에 보증금을 요구한다. 예산 계획을 세울 때 이 부분도 고려해야 한다. 보증금은 트레킹을 마친 후 장비를 반납할 때 대여한 장비에 이상이 없으면 100% 돌려받을 수 있다. 등산화도 빌릴 수는 있다. 하지만 트레킹의 대부분이 산길을 걷는 것이기에 등산화는 아주 중요하다. 이것만큼은 한국에서 평상 시 신던 것을 준비하자.

장비 구입 및 대여점

카트만두 타멜이나 포카라 레이크사이드에 있는 수많은 등산장비점에서 트레킹에 필요한 장비를 구입하거나 대여할 수 있다. 가격도 담합을 한 것처럼 비슷하다. 자신이 빌리려는 장비가 마음에 들면 약간의 흥정과 함께 결정하면 된다. 에이전시를 통해 트레킹을 추진하는 경우 에이전시에 의뢰하면 편하게 안내받을 수 있다.

소냐스 알파인 렌탈 Shona's Alpine Rental
영국인 앤디 그리핏과 티베트 출신 부인이 운영하는 등산장비 전문 렌탈숍. 자체 공장이 있어 제품을 직접 생산한다. 세탁을 잘해 침낭과 다운 재킷 관리가 잘 되어 있다.
위치 타멜 거리에 있는 Kilroy's Restaurant 맞은편 **전화** 01-4265120
이메일 shonasrentals@hotmail.com

기타 모험 스포츠 비용

• 마운틴 플라이트(히말라야 관광 비행) : 239달러
• 탠덤 패러글라이딩(포카라) : 80달러(시즌에 따라 가격 상이)
• 번지점프 : 7,500루피
• 스윙 : 7,500루피
• 래프팅&카약킹 : 30~60달러
• 정글 사파리 : 30달러
• 마운틴 바이크 : 40~60달러

식비 및 간식비

트레킹 중 롯지에서 먹는 음식의 종류는 매우 다양한 편이다. 네팔인들의 정식인 달밧을 비롯해 티베트 음식, 피자, 파이 등 인터내셔널 음식까지 천차만별이다. 음식 가격은 종류에 따라 다양하다. 네팔(혹은 티베트) 메뉴를 선택해 먹는다면 한 끼에 300~400루피면 가능하다. 인터내셔널 음식이라면 보통 500~700루피 정도면 한 끼 해결이 가능하다. 물론 아주 높은 고지대에서는 이보다 훨씬 더 비싸진다. 예를 들어 안나푸르나 생츄어리 트레킹 중 촘롱의 음식 가격과 안나푸르나 BC에서의 가격이 같을 수는 없다. 안나푸르나 라운딩 최고 높이에 위치한 쏘롱 페디 하이캠프 롯지에서는 달밧 가격이 800루피나 한다. 그래도 그 높이에서 따뜻한 음식을 먹을 수 있는 것 자체만으로도 감사해야 한다. 쿰부 지역은 안나푸르나 지역에 비해 음식 가격이 상대적으로 더 비싼 편이다. 모든 식재료를 운반하는 데 많은 시간과 물류비가 소요되기 때문이다.

버너와 코펠을 지참해 간단한 식사를 직접 해결하려고 한다면 비용은 훨씬 더 든다. 롯지의 다이닝 룸 벽에는 식사를 직접 해먹으면 숙박비를 하루 2,000루피씩 받겠다거나 일반 숙박비의 10배를 청구하겠다는 경고문이 적혀 있으며, 실제 적용하기도 한다. 이는 대부분의 롯지가 숙박비 보다 식비로 수입을 올리기 때문이다. 만약 한국에서 가져간 라면을 끓여 먹으려면 반드시 주방에서 끓여주기를 주문해야 하고, 조리 비용을 지불해야 한다. 조리 비용은 지역에 따라 다르지만 대략 300~500루피 정도다. 조리 비용을 지불하고 끓여 먹는 것이나 롯지에서 파는 라면을 주문하여 먹는 것이나 가격이 비슷하다.

보통 숙박과 식사, 간식, 음료(따뜻한 물이나 밀크티 혹은 블랙티 정도다. 코크나 탄산음료수 등은 좀 비싼 편이다)를 포함한 1일 숙식비용은 20~25달러면 가능하다. 경제적인 여행을 지향하는 트레커의 경우 하루 10~15달러로도 버티기도 하지만 바람직한 것은 아니다. 식비에는 물류비가 아주 크게 작용하기 때문에 고지대로 올라갈수록 비싸지는 것은 당연하다. 일반적으로 랑탕과 안나푸르나 지역은 25달러, 쿰부 지역은 35달러 정도를 하루 예산으로 잡으면 적당하다. 물론 이 경비는 트레킹 중 숙박과 식사에 드는 기본적인 생활비만 해당된다. 대체로 음료수와 술값은 비싼 편이다.

1. 롯지에 구비되어 있는 한국 라면 **2.** 히말라야 고산족의 부엌

선물 구입

네팔에서 선물용으로 구입할 고가의 물건은 거의 없는 편이다. 파탄 지역의 장인들이 그리는 탕가(탱화)나 산양털로 만든 파시미나, 야크 털로 짠 돗자리 등이 비싼 특산품인데, 진품을 가리기가 쉽지 않다. 나머지는 대부분 저렴하고 조잡한 것들이라서 선물용으로 적당하지 않다. 간혹 등산장비점에서 원정대에서 사용했던 중고를 파는 것을 볼 수 있는데 잘 고르면 괜찮은 것을 저렴하게 구입할 수도 있다. 티베트 불교 음악이나 명상 음악 CD 등은 선물용으로 괜찮다. 그 외 파시미나, 히말라야 립밤, 히말라야 차, 작은 손가방이나 숄 등도 잘 고르면 가성비가 높다. 히말라야 석청은 우리나라 식약청에서 맹독을 함유하고 있다는 이유로 식용불가 판단을 내렸기에 식용이나 선물용으로 구입해서는 안 된다. 야크 치즈는 밀봉된 것에 한해 반입이 가능하지만 품질이 썩 우수한 것은 아니다. 최근 히말라야 오가닉 커피가 알려지면서 커피 애호가들이 선물용으로 많이 구입한다.

비상금

카트만두나 포카라에서는 ATM을 이용해 현금인출이 가능하다. 현금지급기에서 현금은 1회 최대 35,000~40,000루피(히말라얀 뱅크)까지 인출이 가능하다. 네팔 히말라얀뱅크 SBI은행에서는 최대 4만루피까지 인출 가능하다. 수수료는 1회에 650루피가 부과되므로 한 번 인출할 때 최대한 많이 인출하는 게 유리하다. 환전할 때는 현금이나 여행자 수표가 좋다. 미국 달러의 경우 100달러 고액권이 환율이 좋은 편이다. 단, 환전을 할 때 조심하지 않으면 환전사기를 당할 수 있다. 가능한 은행에서 환전을 하고, 영수증을 보관하면 나중에 출국할 때 남은 돈을 다시 달러로 재환전이 가능하다.

카트만두와 포카라에서 신용카드 사용은 거의 불가능하다고 보면 된다. 설사 가능한 고급 식당이나 호텔이 있더라도 카드 수수료를 사용자가 지불해야 하기 때문에 훨씬 비싸게 된다. 신용카드보다는 체크카드를 가지고 가 ATM에서 루피를 인출하는 방법이 좋다. 위에서 언급했지만 1회당 수수료가 650루피 들어간다는 것을 명심하고 가능하면 한 번에 큰 금액을 인출하는 게 좋다.

트레킹 중에 신용카드 사용은 불가능하다. 카트만두나 포카라 등에서 환전 시 한화도 가능하지만 환율이 좋지 않다. 대부분의 여행자들은 달러로 환전해 가서 현지에서 루피로 환전을 하거나 아니면 체크카드로 현지 화폐를 인출해 사용하는 게 보편적이다. 트레킹을 갈 때는 일반적인 예산을 제외하고 비상금으로 200달러 정도 가지고 가면 어느 정도 여유가 있다. 만약을 위해 신용카드도 한 장 정도는 지참하는 게 좋다.

1. 카트만두 대형 마트의 생필품 코너 2. 롯지에서 파는 음료수

여행 경비 산출 기준

여행경비는 각자의 예산, 취향, 인원, 일정에 따라 다양하다. 따라서 그 많은 유형별 비용을 일일이 제시할 수는 없다. 다만, 1일 예산에 따라 대략적인 여행 스타일을 제시할 수는 있다. 아래 표를 참고해 각자에 맞는 현지 여행 예산을 작성해 보자.

〈예산에 따른 여행 스타일〉

1일 예산	여행 스타일
15~20달러	과거에는 네팔에서 하루에 5달러로도 생활이 가능했다. 그러나 물가가 많이 올랐다. 또 여행자의 입장에서 너무 궁핍하면 여행 자체가 위축된다. 조금 여유 있게 15~20달러 정도 생각하면 최저생활로 지낼 수 있다. 숙박은 도미토리(200~300루피)에서 한다. 이동 시 가까운 거리는 걷고, 좀 먼 거리는 로컬버스를 이용한다. 식사는 네팔 현지인들이 저렴하게 이용하는 현지식 위주로 먹는다. 트레킹할 때 대부분의 장비는 가지고 가며, 부족한 장비에 한해 대여한다. 동행이 있을 경우 제반 경비는 1/N로 처리한다. 장거리 이동 시 로컬버스나 나이트 버스를 탄다. 이러한 스타일의 여행은 그야말로 짠돌이 여행자에게만 해당된다. 배낭여행에 대한 내공이 어느 정도 있어야 가능하기에 일반적이라고 볼 수는 없다.
30달러	최저 생활보다는 조금 여유가 있는 여행이다. 예산에 너무 얽매이지 않으며 나름대로의 여행을 즐길 수 있다. 숙박은 게스트하우스의 싱글 룸, 트윈 룸을 주로 이용한다. 이동은 릭샤와 버스, 택시를 혼용한다. 현지인들이 이용하는 로컬 식당이나 한국 음식을 파는 식당에서 비교적 저렴한 메뉴를 선택한다. 동행이 생겨 같이 식사를 할 때는 더치페이로 계산한다. 선물은 저렴한 것 위주로 간단하게 구입한다. 트레킹할 때 포터만 고용한다. 롯지에서 음료수 정도는 가끔 사 먹는다. 장거리 이동 시 투어리스트 버스를 탄다. 한국 배낭여행자들이 가장 많이 이용하는 예산 수준이다. 주로 트레킹이나 힐링 위주의 여행자들에게 어울리는 예산이라고 볼 수 있다. 물론 예비비를 책정해 생각지 않은 지출에도 대비해야 한다.
50달러	여행자 거리에 있는 저렴한 호텔이나 괜찮은 게스트하우스를 이용하며 숙박은 싱글 룸 또는 트윈 룸에서 잔다. 이동은 주로 택시를 이용한다. 식사는 한식을 위주로 먹고, 가끔 유명한 음식점을 가거나 맛있기로 소문난 네팔 음식점을 찾는다. 선물은 적당한 가격에서 구입한다. 트레킹을 할 때는 가이드 또는 포터를 고용한다. 장거리 이동 시 지프 쉐어와 네팔 국내선 비행기를 번갈아 이용한다. 롯지에서 생수와 음료수 등을 즐기기도 한다. 중년 이상의 연세를 가진 분들이 조금 여유 있게 여행할 수 있는 예산 수준이다. 부부가 함께 하는 여행이거나 친구나 선후배들이 어울려서 여행을 할 경우에 적당한 예산이라고 볼 수 있다. 네팔은 고지대로 갈수록 물류비에 따라 물가가 많이 비싸지므로 그런 것까지 감안해 예산을 잡는다.
100달러	숙박은 3성급 이상 호텔에서 잔다. 한식과 양식을 먹는다. 선물 또한 마음에 드는 것을 구입한다. 트레킹할 때는 가이드와 포터를 함께 고용한다. 한식이 가능한 전문 요리사를 대동하고, 숙박은 롯지와 캠핑을 번갈아 한다. 장거리 이동 시 대절 차량이나 국내선 비행기를 탄다. 트레킹에 필요한 물품은 처음부터 포터들이 가지고 간다. 대부분 그룹 트레킹의 경우에 해당된다. 트레킹 이외에도 마운틴 플라이트나 번지점프, 래프팅, 패러글라이딩 등 모험적인 레포츠도 할 수 있다. 신혼여행이나 은퇴기념 여행 등 특별한 이벤트로 여행하는 분들이 고려할 수 있는 예산이다. 장기간 여행하는 사람들에게는 어울리지 않는 예산이다.

히말라야 트레킹 스타일

어떤 형태의 트레킹을 하든지 반드시 꼭 이렇게 해야 한다는 절대적인 법칙은 없다. 그것은 단순히 개인의 취향 문제이므로 각자의 사정에 따라 적절하게 선택하면 된다. 트레킹도 여행이나 우리네 인생살이와 같이 각기 추구하는 바가 다른 10인 10색이기 때문이다.

트레킹 스타일에 따른 구분

네팔 히말라야 트레킹은 다음 두 가지 요소를 감안해 자신에게 적합한 스타일을 선택하면 된다. 첫째 비교적 저렴한 경비로 가이드와 포터를 고용할 수 있다. 둘째, 대부분의 트레킹 지역(일부 특별제한구역 제외)에서는 롯지를 이용할 수 있다. 이 두 가지 요소를 감안해 트레킹 스타일을 나누면 백패킹Backpacking, 롯지 트레킹Lodge trekking, 자체 계획 트레킹Self arranged trekking, 여행사 이용 트레킹Treks with a trekking company 등 크게 네 가지로 분류할 수 있다. 이들 트레킹 방법은 많은 부분 서로 겹친다. 그 이유는 각 트레킹 스타일의 많은 요소가 다른 트레킹의 요소로 넘어가기 때문이다. 호텔에 며칠 머무는 배낭여행 트레킹은 롯지 트레킹의 속성을 많이 지니고 있다. 포터를 쓰는 롯지 트레킹은 자체 계획 트레킹의 시작이다. 네팔에서 현지 트레킹 여행사를 통한 자체 계획 트레킹은 여행사 이용 트레킹과 비슷하다.

홀로 히말라야 트레킹을 하고 있는 트레커. 그러나 히말라야에서 가이드와 포터를 고용하지 않고 혼자 트레킹을 하는 것은 현행 규정상 불가능하다.

1. 2. 모든 짐을 배낭에 넣어 지고 가는 백패킹 스타일은 짐의 무게에 눌려 히말라야의 아름다운 풍광을 즐기지 못한다. 또한, 네팔 경제에도 도움이 되지 않는다

▲ 백패킹

트레킹에 필요한 모든 장비를 배낭에 넣어가는 트레킹이다. 그러나 히말라야 트레킹에서 텐트와 음식, 스토브 등 모든 짐을 다 가져가는 배낭여행은 정말로 바람직하지 않다. 롯지에서 대부분의 음식을 사 먹을 수 있기 때문에 트레킹에 필요한 것을 모두 준비해가는 것은 어리석은 일이다. 이것은 4,500m 이상 고지대를 제외하고 네팔 전체 트레킹 코스에서 해당한다.

가이드 혹은 포터 고용은 필수 사항이고, 트레킹에서 중요한 비중을 차지하는 것은 부인할 수 없다. 과거에는 포터를 고용하지 않고 자신이 직접 배낭을 메고 트레킹을 할 수 있었지만, 현재는 규정이 바뀌어 불가능하게 되었다. 따라서 가이드나 포터 가운데 반드시 한 명은 고용해야 트레킹이 가능하다. 여러 명이 단체로 트레킹 하더라도 가이드나 포터 중 최소 한 명은 고용해야 한다. 포터를 고용하더라도 자신이 직접 배낭을 메고 트레킹을 나설 경우 고산병에 걸릴 확률이 높다. 해발 3,000m가 넘어서면 공기가 점점 희박해지고 체력은 급격히 떨어진다. 한국의 산에서 20kg의 배낭을 가볍게 지고 다녔다 할지라도 히말라야에서는 결코 쉽지 않음을 명심해야 한다. 여행 기간 내내 어깨를 짓누르는 무게의 고통으로 인해 트레킹이 엉망으로 끝날 수도 있다. 진취적인 젊은이들은 자신의 짐을 지고 '무소의 뿔처럼 혼자서' 꿋꿋이 트레킹을 하기도 하지만 초보자일 경우에는 신중을 기해야 한다.

백패킹 여행자 대부분은 네팔 여행에서 중요한 두 가지 실수를 한다. 첫째는 스스로 모든 것을 조달하기 때문에 네팔 산간마을의 경제에 도움이 되지 않는다는 것이다. 둘째는 장비를 지고 가 캠프를 설치하는 데 시간과 힘을 다 소진해 현지인들과 소통할 수 없고, 히말라야의 뛰어난 풍광을 누리지 못한다. 체력이 떨어지면 만사가 귀찮아진다. 또 높이 오를수록 백패킹은 더욱 힘이 든다. 네팔에서 이런 스타일로 여행하는 트레커는 거의 없다.

▲ 롯지 트레킹

가장 일반적인 트레킹 방법으로 롯지에서 롯지로 이동하는 여행이다. 숙소는 쿰부(에베레스트), 랑탕, 안나푸르나 등 트레킹이 일반화된 모든 지역에서 구할 수 있다. 이 지역에서는 롯지를 이용해 최소한의 장비만을 가져가 트레킹을 할 수 있다. 하루 숙식비로 최소 20달러 정도가 든다. 숙식비의 정도는 얼마나 간단하게 먹고 자느냐에 달렸다. 아주 외딴 지역이거나 고지대에서는 값이 더 비싸진다. 롯지 트레킹은 숙소와 음식을 현지에서 조달함으로써 자신의 속도로 움직이고 자신의 일정을 세울 수 있다. 다른 사람보다 빠르게, 또는 천천히 움직일 수 있고, 대규모 그룹에서는 불가능한 사이드 트레킹도 할 수 있다. 산이나 야생화, 현지인들이 살아가는 모습을 사진을 찍으며 하루를 보낼 수도 있고, 하루 종일 아무것도 하지 않고 힐링하면서 빈둥거릴 수도 있다.

롯지는 세계 각국에서 모인 트레커들에게 특별한 만남 장소를 제공한다. 그들로부터 얻은 정보에 따라 트레킹 허가 범위 내에서 자유롭게 계획을 변경할 수 있다. 히말라야 산간 지방에서는 사람들이 어떻게 살고, 무엇을 먹는지 알 수 있는 좋은 기회를 가지게 될 것이다. 또한 적어도 몇 가지 초보적인 네팔 말을 익히게 될 것이다. 대부분의 트레킹이 이런 스타일로 이루어진다. 트레커 1명당 포터 1명을 고용할 경우 포터는 보통 20kg의 짐을 메고 이동한다. 웬만한 무게의 짐은 힘들지 않게 날라주기 때문에 트레킹 준비물을 챙길 때 너무 고민하지 말고 넉넉하게 챙기면 된다.

▲ 자체 계획 트레킹

자체 계획 트레킹이란 셰르파, 포터, 음식과 장비를 모아 모든 편의시설과 함께 조직화된 트레킹을 떠나는 것이다. 트레킹 동안 롯지를 이용하거나 텐트에서 야영한다. 포터들은 장비를 나르고, 셰르파들은 캠프를 세우고 쿡은 요리를 한다. 트레커는 단지 물병, 카메라, 그리고 윈드 재킷만 들어 있는 배낭을 멘다. 이러한 방식을 택하는 트레커들은 소수의 친구나 가족, 동호인 그룹에 해당한다. 트레킹 질은 풍요로우며 즐길 만한 여행이 된다.

자체 계획 트레킹은 네팔에 있는 트레킹 여행사를 통해 준비물의 일부, 또는 모든 것을 마련할 수 있다. 네팔의 일부 트레킹 여행사는 장비도 임대해 준다. 셰르파와 포터도 준비시켜 주는 곳도 있다. 트레킹을 위한 모든 준비를 떠맡아 해주는 여행사도 있다. 자체 계획 트레킹에 나설 때는 팀원들의 산행 능력을 고려해 가이드를 2명 고용하는 것이 좋다. 트레킹 도중 고산병이나 체력이 떨어져 혼자 혹은 일부가 하산해야 할 상황이 생길 수 있기 때문이다. 이런 경우 가이드를 올라가는 팀과 내려가는 팀, 둘로 나눠서 배치하면 원활하게 진행할 수 있다.

▲ 여행사 이용 트레킹

트레킹 전문 여행사의 패키지 상품을 이용한 트레킹이다. 트레킹 전문 여행사는 네팔 히말라야 트레킹 여행을 출국에서 입국까지 도와준다. 패키지 투어는 일반적으로 미리 준비된 계획에 따라 명확한 일정을 지켜야 한다. 이 의미는 개인적으로 마음에 드는 사이드 트레킹이나 축제가 있더라도 참가할 수 없고, 이미 계획된 일정대로 움직여야 한다는 뜻이다. 날씨나 건강, 돌발변

수 때문에 일정이 조정되어야 할 때 그룹의 리더와 의견이 맞지 않을 수도 있다. 또 몸이 불편하더라도 다른 사람들과 보조를 맞춰 움직여야 한다. 처음 만나는 사람들과 함께 트레킹을 하면서 강한 우정으로 발전하기도 하지만, 다시 만나고 싶지 않은 사람이 생기기도 한다. 패키지 투어의 이런 불편함 때문에 그룹 트레킹 참여를 꺼리는 이들도 있다.

여행사를 통한 패키지 트레킹은 시간이 없는 사람에게는 상당히 도움이 된다. 여행사는 트레킹에 최적화된 일정을 짜주며, 트레킹에 필요한 음식, 잠자리, 포터, 가이드 등 모든 것을 제공한다. 홀로 갔을 때 할 수 없는 많은 것을 제공받을 수 있다. 반면, 여행사 패키지 트레킹은 대체로 많은 비용이 든다. 또한, 위에 언급한 것처럼 단체 스케줄에 따라야 하기 때문에 개인 계획을 덧붙일 수 없다. 이 때문에 행동이나 체험에 제약을 받을 수 있다.

트레킹 구성원에 따른 분류

히말라야 트레킹은 누구와 어떻게 가느냐도 중요하다. 트레킹을 혼자 가더라도 가이드나 포터 중 한 명은 반드시 고용해야 한다. 그러나 2023년 8월 현재 쿰부 히말라야 지역에서는 이 규정이 적용되지 않고 있다. 네팔의 행정력이 못 미치기 때문으로 볼 수 있다. 그렇다 하더라도 규정이 언제 어떻게 변할지 모른다. 트레킹 가는 시점에 철저한 확인이 필요하다.

▲ 솔로 트레킹

네팔 트레킹 규정이 변경되어 가이드와 포터 없이 혼자 하는 솔로 트레킹은 불가능해졌다. 혼자 트레킹을 하더라도 가이드와 포터 가운데 한 명은 반드시 고용해야 한다. 트레킹 경험이 많은 여행자라면 포터 한 명만 고용해도 트레킹이 가능하다.

여럿이 함께 트레킹을 하면 안전하고, 또 즐거움도 배가 된다

▲ 가이드만 동반한 트레킹

포터 없이 가이드만 동반하는 트레킹이다. 한국의 트레커들 중에 이렇게 가는 사람은 거의 없다. 하지만 유럽의 트레커들 중에서는 종종 볼 수 있는 스타일이다. 자신의 짐은 자신이 진다는 사고방식이 습관화되었기 때문이다. 이들은 가고자 하는 대상지에 대한 안내와 설명만 필요로 한다. 이런 트레킹의 장점은 트레킹 일정 내내 가이드로부터 보호를 받고, 친절한 안내와 설명을 들을 수 있어 오로지 트레킹 자체만 즐길 수 있다는 것이다. 단점이라면 5,000m 이상의 고지대로 가거나 극한 트레킹에서는 체력적으로 힘들어 장기 트레킹에는 적절하지 않다.

▲ 포터만 동반한 트레킹

가이드 없이 포터만 고용한 트레킹이다. 한국인이 가장 선호하는 스타일의 트레킹이다. 가이드까지는 필요치 않고(그중에서는 가이드 비용에 대한 부담도 있을 수 있다), 무거운 짐을 대신 지고 가 체력적인 부담을 덜어줄 포터만 필요로 한다. 이런 경우 트레킹 에이전시 소속의 웬만한 포터들이 어느 정도 서바이벌 영어가 가능해, 필요하면 길 안내 정도는 받을 수 있다는 판단도 작용한다. 포터만 동반한 트레킹의 장점은 짐으로부터 자유로워진다는 것이다. 무거운 짐은 포터에게 맡기고 천천히 히말라야 설산의 풍광을 즐기며 걸을 수 있다. 단, 자신이 가고자 하는 대상지에 대한 사전 공부가 필수다. 단점은 히말라야 트레킹이 처음이거나 여성 혼자일 경우 질 나쁜 포터를 만나 트레킹 자체가 엉망이 될 수도 있다.

▲ 가이드와 포터 둘 다 동반한 트레킹

경제적인 여유만 있다면 가장 좋은 방법이다. 무거운 짐은 포터에게 맡기고, 트레킹에 관한 모든 것은 가이드와 의논하면 된다. 나이가 많은 트레커나 그룹 트레킹이 주로 이런 스타일의 트레킹을 추구한다. 장점으로는 가이드와 포터가 하나에서 열까지 모든 것들을 알아서 챙겨줘 트레커는 히말라야 설산을 감상하면서 트레킹 자체만 즐기면 된다. 단점으로는 자칫 자신의 스타일로 트레킹을 하지 못하고 가이드에게 끌려가는 트레킹이 될 수도 있다. 특히, 혼자 트레킹하면서 가이드와 포터를 모두 고용하게 되면 비용 부담이 크다.

1. 꽃이 만발해 천상의 화원이 된 히말라야를 걷는 트레커들 2. 네팔의 국화 랄리구라스가 만개한 나무 밑을 걷는 트레커들

가이드와 포터 고용

가이드와 포터는 히말라야 트레킹의 숨은 조력자들이다

히말라야 트레킹을 하는 데 가이드와 포터 고용은 과연 필수불가결한 문제일까? 이는 트레킹을 가고자 하는 사람의 목적과 스타일에 따라 다를 것이다. 예를 들어 여러 명이 그룹으로 트레킹을 할 경우 가이드가 없으면 불편한 점이 많다. 가이드를 공동으로 고용하기 때문에 경비 문제에 대한 부담이 없다. 이런 저런 자질구레한 일들도 가이드에게 일임하면 편리하다. 당연히 가이드와 포터를 고용하는 게 유리하다.

2023년 4월부터 시행되고 있는 가이드 혹은 포터 의무 동반 규정이 아니더라도 가이드나 포터가 동행이 되면 말동무도 되고 힘든 구간에서는 힘이 되어준다. 물론 비용에 대한 부담이 따르는 것도 분명히 있다. 그럼에도 불구하고 가이드나 포터 고용을 권하고 싶다. 그 이유는 우리가 히말라야 트레킹을 떠나는 것에서 찾을 수 있다. 트레커는 히말라야 고봉을 등반하는 원정대가 아니다. 히말라야의 아름다운 풍광을 마음껏 심취하면서 재충전과 힐링을 하기 위해 트레킹을 가는 것이다. 이렇게 하려면 육체적으로 고달프지 않아야 한다. 히말라야는 우리나라의 산과 환경이 전혀 다르다. 3,000m 이상 고지대에서는 같은 무게라도 훨씬 더 체력적인 부담을 준다. 한국에서 거뜬하게 매고 가는 10kg의 배낭도 며칠씩 히말라야 트레킹을 하다보면 상당한 부담으로 다가온다. 몸이 힘들면 마음에 여유가 없다. 제 아무리 좋은 풍광도 남의 일이 되어버린다.

서양의 트레커들은 우리와는 조금 다르다. 그들은 대체로 가이드와 포터 없이 직접 짐을 지고 지도를 가지고 다니면서 트레킹을 한다. 그러나 이런 스타일의 여행은 몸으로 체질화된 그들의 문화다. 우리는 그들과 문화가 다르다. 그러니 꼭 그들 방식이 좋다고 말할 수는 없다. 영어를 자유롭게 사용하는 나라의 사람들은 전 세계 어디를 가든 여행하기가 아주 편리하다. 자신을 상대하는 사람들이 모두 영어로 응대해줘 언어적인 제약을 받지 않는다. 또 어디를 가도 서양 요리가 있어 음식에 대한 부담도 없다. 하지만 우리는 그들보다 더 열악한 환경에서 트레킹을 해야 한다. 영어도 잘 안 되고(물론 개인차는 있을 수 있다), 음식도 입맛에 맞지 않는 경우가 많다. 아마도 자국의 음식을 싸 가지고 다니면서 트레킹을 하는 경우는 한국인이 거의 유일할 것이다.

일반적으로 원정대나 여행사 패키지를 이용한 트레킹은 일반 트레커들보다 훨씬 많은 포터를 고용한다. 그 이유는 짐이 많아서다. 원정대의 경우 등반장비와 식량 등 짐이 많다. 정상 등정을 목표로 하기 때문에 불필요한 체력 소모는 줄여야 한다. 또 원정기간이 최소 한 달에서 두 달씩 되기 때문에 식량도 엄청나다. 당연히 요리를 전담하는 쿡과 키친보이도 대동해야 한다. 여행사 패키지 트레킹은 많은 수의 트레커가 참가한다. 여행사에서 주관하기 때문에 최대한 여행객의 편리를 도모하기 위해 일반 트레커보다 훨씬 많은 짐을 가져간다. 당연히 가이드와 포터가 필수다.

고된 노동에 시달리는 로컬 포터

히말라야에는 트레커의 짐을 나르는 게 아닌 현지인들의 생필품을 수송하는 로컬 포터가 있다. 트레킹을 하다보면 이들과 조우하는 일이 종종 있는데, 그들은 우리가 너무 호사스러운 트레킹을 한다는 자책감이 들 정도로 무거운 짐을 운반하고 있다. 한마디로 최고 열악한 환경에서 최저의 임금으로 일한다. 그러나 그보다 더 불행한 것은 그것마저도 일감이 늘 있지 않다는 것이다. 일하는 방식도 그들  이 무거운 짐을 질 수밖에 없게 만든다. 로컬 포터들은 무게에 따라 일당을 받는다. 몇 kg이라도 더 지고 가야 돈을 더 받을 수 있으니 무리해서 많은 짐을 지는 것이다. 보통 로컬 포터들은 60kg 이상의 짐을 지고 간다고 한다. 이들이 지고 가는 짐도 쌀자루처럼 편한 게 아니다. 큰 각목, 베니어합판, 철근, 지붕으로 사용될 양철판 등 대부분 부피가 큰 건축자재들이다. 네팔관광청에서 권하는 트레킹 포터 1인당 짐의 무게는 최대 20kg이다. 그러나 히말라야에서는 네팔리 아줌마들도 기본으로 20kg은 지고 다닌다. 20kg은 보통 쌀 한 포대의 무게다. 그러나 그까짓 것이라고 생각하면 큰 코 다친다. 그것을 하루 종일 지고 다닌다고 생각해 보라. 한마디로 끔찍하다는 말밖에 나오질 않는다.

단독 트레킹의 위험성

이전에는 가이드나 포터 없이 단독 트레킹을 해도 문제가 되지 않았다. 단독으로 극기 훈련에 가까운 트레킹을 하는 젊은이들도 있었다. 그러나 지금은 규정이 바뀌어 가이드나 포터 중 한 명은 반드시 탄(TANN) 소속 에이전시를 통해 고용해서 트레킹을 해야 한다. 따라서 단독 트레킹을 하고 싶다면 가이드나 포터 중 한 명을 고용해 무소의 뿔처럼 당당히 가는 것도 괜찮다. 젊어서 고생은 사서 한다고도 했으니 죽도록 고생해 보는 것도 인생수업이 될 수 있다. 단, 사전에 철저히 공부하고 준비하고 가야 한다. 또한, 무모한 행동이나 욕심을 내서는 절대 안 된다. 히말라야에서는 매년 수십 명의 트레커들이 원인도 모른 채 행방불명 된다. 또한, 급하게 서두르다 고산병에 걸려 위험에 처하는 경우가 부지기수다. 철저히 준비하고, 무리하지 않는 일정으로 트레킹을 해야 한다.

30대 이상의 연령이거나 체력적인 뒷받침이 부족하다면 가이드나 포터 등을 적절히 고용해서 가길 권한다. 체력적으로 자신이 있더라도 히말라야에서의 상황은 우리나라하고는 많이 다른 곳이라는 사실을 명심해야 한다. 히말라야에서는 우리나라에서 말하는 그런 종류(철인 3종 경기 완주, 백두대간 완주, 마라톤 풀코스 몇 회 완주)의 체력은 무용지물이 되기도 한다. 고소와 체력은 전혀 별개의 것이다. 고소에 대해 우습게 생각하다가는 아주 혹독한 대가를 치를 수도 있다. 심할 경우에는 이 세상과 영원히 이별할 수도 있다. 해발 4,000m 이상 올라갈 계획이라면 고소에 대해 미리 공부하고, 현지에서는 신중히 대처해 나가길 권한다.

가이드 고용은 보험

나이가 들수록(40~60대) 가이드와 포터의 필요성은 당연한 것이다. 가이드와 포터를 동시에 고용하는 게 좋은 이유는 우선 체력적인 면에서 포터의 고용은 필수다. 가이드 고용은 선택사항이지만 가이드는 보험적인 측면이 강하다. 즉, 고용하면 여러모로 편리하다. 40대 중반의 남자라면 대부분 한 가정의 가장이다. 직장에서는 중요한 직책을 맡고 있을 것이다. 이래저래 내 몸이 나의 것

1. 트레커의 장비를 메고 가파른 계단을 오르는 포터. 포터에게 맡길 수 있는 짐의 최대 무게는 20kg이다 2. 도코(바구니)와 남도(매는 끈)를 이용해 생필품을 운반하는 로컬 포터

트레커의 짐을 메고 가는 포터와 트레커. 트레커는 꼭 필요한 짐만 가볍게 가져가 무게에 대한 부담을 줄이는 게 트레킹 요령이다

만이 아니다. 또한, 뒤도 돌아보지 않고 줄곧 앞만 보고 달려온 인생이라 충분히 지쳐 있을 것이다. 그런데 히말라야까지 와서 피곤하게 트레킹을 해야 할 이유가 있을까?

흔히 가이드 고용을 보험이라고 말한다. 가이드는 길을 안내하고 주변 상황에 대하여 설명하는 그런 역할 말고도 해야 할 일들이 아주 많다. 만약 아무런 연고가 없는 히말라야에서 돌발사고가 발생한다면 아주 곤혹스러울 것이다. 물론 영어가 유창하고 상황 대처 능력이 뛰어나다면 자체 해결이 되어 별 문제가 안 될 수도 있다. 하지만, 네팔의 정서나 문화에 대한 인식이 짧은 상태일 때, 우리의 상식과 잣대로는 전혀 해결이 불가능한 일이 벌어졌을 때 가이드가 없다면 곤경에 처할 수 있다. 가이드는 트레커를 위해 존재한다. 그들은 트레커를 대신해 모든 일을 알아서 처리한다. 물론 자신이 결정할 사항이 아니면 사전에 고용주인 트레커와 상의한다. 이처럼 트레커의 손발이 되어주고, 위급한 상황을 헤쳐 나갈 수 있게 도와주는 역할을 하기에 가이드 고용을 보험 드는 것이라고 한다. 그러니 돈 몇 푼 아끼려다 고생하지 말고 가이드 고용을 권한다.

가이드와 포터의 차이

가이드와 포터 고용 시 한국인이 선호하는 스타일이 있다. 바로 포터가 가이드의 역할까지 겸하는 '가이드 겸 포터'다. 하지만 네팔관광청에서는 '가이드 겸 포터'라는 라이선스는 발급하지 않는다. 가끔 네팔노동자협회 소속 가이드라고 하며 이런 종류의 라이선스를 보여주는 경우도 있다. 하지만 이 라이선스는 네팔정부에서 발행한 공식 라이선스는 아니다. 그렇다고 불법도 아니다. 그게 네팔의 현실이다. 이들 대부분은 프리랜서로 뛰는 포터로 짐작된다.

일부 가이드 중에는 일거리가 없는 겨울철 비수기에 생계유지 차원에서 포터 일까지 하는 경우도 있다고 한다. 물론 그럴 수는 있다. 하지만 대부분의 가이드는 일거리가 없다고 포터의 일인 짐 지는 일까지 침범하지는 않는다. 맹수의 왕인 사자가 아무리 먹을 것이 없더라도 초식동물의 먹이인 풀을 뜯어 먹지 않는 것과 같다. 네팔에서 가이드와 포터의 신분은 하늘과 땅 차이보다 더 크다. 모든 포터들의 꿈은 가이드가 되는 것이다. 그러나 가이드가 되는 길은 쉽지 않다. 가이드로 활동하려면 공식 라이선스가 있어야 한다. 이 라이선스를 얻으려면 자격시험을 통과해야 한다. 외국어도 필수다. 이 과정이 비용도 많이 들고 아주 어렵다.

자신을 가이드 겸 포터라고 소개하는 사람들이 누구인지는 대충 미루어 짐작할 수 있다. 아마도 라이선스는 아직 취득하지 못했지만 포터로서 이골이 났고, 서바이벌 영어도 가능해 트레킹 가이드를 하기에 충분하다고 판단한 노련한 포터들일 것이다. 만일 이런 종류의 가이드 겸 포터를 만나게 되면 잘 판단해야 한다. 이를 잘 활용해 트레킹을 성공적으로 마무리한다면 나쁠 것도 없다. 그만큼 비용을 줄이며 효율적으로 활용할 수 있기 때문이다. 하지만, 이들은 공식 라이선스 소지자가 아니다. 따라서 트레킹 중 어떤 문제가 발생하면 그에 대한 책임은 트레커 본인이 져야 한다. 이런 위험부담을 감수하고라도 그들을 고용하겠다면 그렇게 하면 된다. 네팔에서는 절대적인 기준이란 존재하지 않는다. 늘 흥정을 통해 가격을 결정하듯이 무엇을 어떻게 하든 그것은 트레커 본인의 결정에 달렸다.

가이드와 포터의 비용

가이드와 포터 고용 비용은 성수기와 비수기에 따라 차이가 난다. 수요와 공급의 원칙이 적용되기 때문이다. 가이드도 라이선스 보유 여부와 여행사 소속이냐 아니냐에 따라 차이가 난다. 포터도 카트만두에서 고용해 처음부터 끝까지 데리고 다니느냐, 아니면 현지에서 고용하느냐에 따라 비용 차이가 난다.

가이드 고용 비용은 지역에 따라 조금씩 다르지만 대부분 1일 기준 25~30달러다. 포터는 1일 기준 20달러다. 가이드 겸 포터의 경우 20~22달러 선이다. 가이드와 포터 고용 비용 계산은 트레커와 함께 출발하는 날을 시작으로 가이드나 포터가 다시 출발지에 도착하는 날까지로 한다. 일정은 카트만두의 여행사 대부분이 정해 놓은 일반적인 루트와 일정표에 의해 책정된다. 만약 10일 일정을 7일로 단축해 달라거나 위험구간 운행 등을 요구할 경우 비용 역시 상향될 수 있다.

〈가이드와 포터 1일 고용 비용〉

트레킹 지역	가이드	포터	가이드 겸 포터
안나푸르나	25~30달러	20달러	22~25달러
랑탕	25~30달러	20달러	22~25달러
쿰부	25~30달러	25달러	30~35달러

*2025년 9월 기준

일정 변경에 따른 비용 지불

트레커 개인의 사정(고산병, 체력 저하, 사고, 단순 변심, 일정 변경 등)으로 인해 예정된 일정보다 앞당겨 트레킹이 종료될 경우 처음 계약한 날짜까지 일당을 지불해야 한다. 반대로 트레커 개인의 사정(고산병, 체력 저하, 사고 등)에 의해 예정된 일정보다 날짜가 늘어날 경우에도 추가된

날만큼 일당을 더 지급해야 한다. 트레커의 개인 사정이 아닌 외적인 환경 요인(날씨, 등산로 폐쇄 등)으로 앞당겨 종료될 경우 3일 이상은 환불이 가능하다. 그 반대로 날짜가 늘어날 경우에는 일당을 추가 지급해야 한다.

가이드나 포터의 사정으로 인해 트레킹 일정이 앞당겨 종료되거나 트레킹에서 이탈하는 경우 날수만큼 환불받을 수 있다. 가이드나 포터의 역할에 미흡한 부분이 있다면 즉시 여행사에 보고해 시정조치(가이드나 포터 교체) 받을 수 있다. 또한 여행 만족도에 따라 팁을 아예 주지 않거나 아니면 더 많이 줄 수 있다. 트레커는 사전에 트레킹 종료가 예상되는 날짜를 미리 정해 놓아야 한다. 포터나 가이드도 그 트레킹 이후의 다른 일정을 섭외해야 하기 때문에 적어도 정해진 날짜만큼은 보장해 줘야 한다.

가이드와 포터의 팁

트레킹을 마치고 마지막으로 계산할 때 총액의 10~15%를 팁으로 주는 것이 관례다. 때로 이보다 더 많이 주는 경우가 있는데, 꼭 좋은 것은 아니다. 트레킹 동안 너무 정이 들었다는 이유로 관례보다 더 많이 주게 되면 다음 트레커에게는 인플레이션이 되어 돌아올 수 있다. 즉, 더 많은 팁을 주게 되는 악순환이 계속된다. 또 앞선 트레커가 더 많은 팁을 주면 다음에 가는 트레커가 정상적인 팁을 줘도 고맙다는 이야기를 들을 수 없게 된다.

만약, 가이드나 포터가 나에게 특별히 잘해서 고마운 마음으로 팁을 더 주고 싶다면 그 이유를 분명히 알려줘야 한다. 즉, 관례로 지급하는 팁 이외에 이런저런 부분을 잘 했기에 특별히 더 준다는 것을 분명히 해야 한다. 하지만 이러한 모든 상황(특별하고 특수한 상황 포함)에 대한 감사의 표시가 팁이기 때문에 따로 이중으로 성의를 표시하지 않아도 된다. 한국인들은 정이 많아 너무 과하게 팁을 주는 경향이 있다. 팁에 대해서는 자제력을 지켜줄 필요가 있다.

1. 포터의 팁은 수고한 만큼 주며, 더 많이 줄 때는 그 이유를 분명히 말해준다 2. 포터들의 쉼터인 초우타라

단체 트레킹에 나선 트레커들의
짐을 지고 가는 포터들의 힘겨운
여정

가이드와 포터 대우와 책임

가이드와 포터는 네팔 히말라야 트레킹 경험이 없거나 이런 여행을 자주 해보지 않은 사람들에게
는 아주 많은 도움이 된다. 그들은 길을 안내하거나 무거운 짐(장비, 음식물 등)을 운반해 준다.
이들은 카트만두 혹은 포카라에 있는 여행사에 문의하면 쉽게 구할 수 있다. 트레킹 노선에 있는
큰 마을에서도 원하면 쉽게 구할 수 있지만, 이들은 대부분 공식 라이선스가 없는 현지 주민이다.
포터나 가이드를 고용하면 트레커는 그들의 고용주가 되며 그들에 대한 모든 책임을 져야 한다.
충분한 옷과 신발 같은 트레킹에 필요한 장비들을 가져가야 하며, 그들이 필요한 장비를 빌리는
것도 고용인의 의무다. 만약 트레킹을 하는 동안 그들이 아프면 의료품으로 그들을 보호해 주어
야 한다. 많은 포터들이 카트만두나 포카라처럼 해발고도가 낮은 곳에서 고용된다. 이들이 고지대
에서 트레킹을 할 때 발생할 수 있는 문제에 대해 모를 수도 있다는 것을 알아야 한다. 하지만 실
제로는 가이드나 포터의 장비까지 준비하는 트레커들은 거의 없다. 가이드와 포터들도 각자 알아
서 준비해 온다. 다만, 장비가 빈약하거나 충분치 않은 경우가 많다. 따라서 고용 시 미리 그들에
게 장비를 갖추라고 요구하는 것이 좋다. 트레킹 에이전시를 통해 고용할 때는 이러한 것을 명확
히 하는 것이 만약에 있을지도 모를 문제나 시빗거리에 대한 대비가 된다.

가이드와 포터는 반드시 에이전시를 통해 고용

가이드와 포터 고용에 대한 가장 정직한 답은 현지 트레킹 에이전시에서 구하는 것이다. 트레킹
에이전시라고 해서 뭐 대단한 것은 아니다. 카트만두 타멜이나 포카라의 레이크사이드에서 흔하게
볼 수 있는 트레킹 상품을 취급하는 여행사를 말한다. 이곳에서는 항공권을 비롯해 버스표 예매,
가이드 및 포터 알선, 숙소 소개 등 트레킹에 관한 모든 것을 취급한다. 하지만 여행사가 다 똑같
지는 않다. 좋은 여행사를 잘 선택해야 하는데, 트레킹 초보자 입장에서는 그것이 쉽지 않다. 먼
저 트레킹을 다녀온 사람들이 소개하는 트레킹 에이전시가 비교적 괜찮을 것이다. 그러나 그것도

완전히 믿지는 말고 그냥 참고 정도만 하면 된다. 가장 좋은 방법은 발품을 파는 것이다. 몇 곳만 다녀보면 어느 정도 윤곽이 나온다.

일단 트레킹 에이전시(여행사)를 운영하는 사람들은 프로 장사꾼들이다. 그것도 산전수전 공중전까지 다 경험한 닳고 닳은 장사꾼들이다. 이들을 상대로 아마추어 트레커가 합리적인 계약을 하기란 쉽지 않다. 그들은 어떻게 해서든지 한 건 올리려고 갖은 수단과 방법을 동원해서 바가지를 씌우려 할 것이다. 합리적인 가격에 최대한 가깝게 가려면 위에서 언급한 것처럼 우선 발품을 많이 팔아야 한다. 그 전에 가이드북이나 네팔 트레킹 동호인들이 정보를 주고받는 인터넷 카페에서 사전에 대략의 개념을 파악하고 가는 것이 필요하다. 여행사 견적을 받을 시 터무니없이 저렴한 가격을 제시하는 곳은 일단 재껴두자. 여행사마다 차이는 있겠지만 대략적인 가격대는 있다. 너무 싼 곳은 분명 문제의 소지가 있을 것이다.

가격이 적당하고 만족스런 조건을 제시하는 여행사가 있어 계약을 할 경우에는 반드시 서류로 작성하는 게 좋다. 영수증이 필요하면 영수증도 발급받는다. 나중에 엉뚱한 소리를 하지 못하도록 해야 한다. 자신들이 불리하면 그런 말 한 적이 없다고 오리발을 내미는 여행사도 많아 계약 자체를 명확히 할 필요가 있다. 팁에 관해서도 분명히 해야 한다. 특히, 한국인 식당이나 숙소를 통해 가이드나 포터를 고용할 경우에는 더더욱 팁에 대해 분명히 해야 한다. 팁은 가이드나 포터가 고용한 기간 동안 트레커에게 봉사한 것에 대한 감사의 표시로 주는 것이다. 무조건 주어야 할 의무는 없다. 트레킹 내내 트레커를 피곤하게 하거나 말을 잘 듣지 않았다면 꼭 팁을 줄 필요는 없다. 만약 이런 경우가 생긴다면 가이드와 포터에게 그 이유를 분명하게 이야기하고 팁을 주지 않아도 된다. 다만, 계약할 때 이 부분을 분명히 해둘 필요가 있다.

가이드와 포터를 트레킹 에이전시에서 고용하지 않는 것은 현행 네팔 트레킹 규정 상 위법이다. 따라서 만에 하나 있을 수 있는 불미스러운 일을 사전에 예방하려면 개별적인 가이드와 포터 고용을 자제하는 것이 좋다. 트레킹을 다녀온 후 자신과 함께 트레킹 한 가이드나 포터를 소개하는 사람들이 많이 있다. 자신과 함께 했던 그 가이드나 포터가 너무 좋았기에 다른 사람에게 소개해 주는 것이다. 그러나 지인이나 인터넷 상에서 소개되는 가이드나 포터를 고용할 경우라도 반드시 그 가이드와 포터가 소속된 트레킹 에이전시를 통해서 문서로 계약하고 고용하기를 권한다. 지인이나 혹은 현지 식당, 게스트하우스, 장비점 등에서 소개해 주는 가이드나 포터를 고용했다가 나중에 문제가 발생해도 소개시켜 준 곳에 책임을 물을 수가 없다. 이게 별게 아닌 것 같지만, 문제가 생겼을 때는 아주 중요한 근거가 된다는 것을 명심해야 한다.

뜨내기 가이드와 포터의 위험성

트레킹을 할 때 가이드와 트레커, 혹은 포터와 트레커의 호흡은 상대적이다. A라는 트레커와 호흡이 잘 맞아 쾌적한 트레킹을 하게 해준 가이드나 포터가 B라는 트레커와도 호흡이 잘 맞으리라는 보장은 없다. 트레커와 가이드, 포터의 관계는 늘 상대적이다. 항상 같을 수는 없다는 이야기다. 자신의 잣대에서 좋았는지 모르겠지만, 또 다른 사람의 잣대에서는 안 맞을 수도 있다. 즉 '케이스 바이 케이스'다.

히말라야 트레킹을 다녀온 많은 분들이 가이드나 포터를 소개한다. 그러나 이런 분들은 대부분 히말라야 트레킹이 초행이거나 초보자다. 트레킹 경험이 많은 트레커는 자신과 동행한 가이드나 포터를 함부로 소개하지 않는다. 한두 번의 트레킹으로 가이드나 포터의 속마음까지 다 알 수 없기 때문이다. 따라서 남을 소개하는 것은 신중해야 한다.

현행 네팔 법에는 네팔트레킹여행사협회(Trekking Agency Association Nepal)에 소속된 여행사의 가이드와 포터만 고용할 수 있도록 규정하고 있다. 그 제도가 바로 팀스(TIMS, Trekker's Information Management System)다. 팀스가 생긴 근본 취지는 트레커가 가이드나 포터를 개별적으로 고용하는 것을 막고 자기들의 이익을 지키기 위해서다.

만약, 트레커가 프리랜서 가이드나 포터를 고용하면 여행사 소속 가이드나 포터를 소개할 수 없게 된다. 이렇게 되면 여행사 입장에서는 알선 소개료 수입이 줄어든다. 또한, 일거리를 보장할 수 없어 가이드와 포터를 안정적으로 관리하기 어렵다. 물론 그들은 팀스 제도를 만든 것이 트레커의 안전을 보장하고 가이드와 포터의 책임을 명확하게 하기 위한 것이라고 말한다. 그러나 이 말을 액면 그대로 받아들이기에는 설득력이 부족하다.

문제는 개별적으로 아는 사람을 통하거나 혹은 인터넷 사이트에서 소개된 가이드와 포터를 고용했을 경우 그 책임을 전적으로 트레커가 져야 한다는 것이다. 만약 트레킹 중 가이드나 포터에게 사고가 발생하면 그에 관한 책임은 온전히 트레커의 몫이다. 뜻하지 않는 사고는 여러 가지 유형으로

그룹을 따라 나선 포터들은 트레커와 동행하지 않고 포터들끼리 이동한다

발생할 수 있다. 포터가 트레커의 짐을 가지고 도주할 수도 있다. 일부 가이드나 포터 중에는 혼자 온 여성 트레커에게 흑심을 갖고 치근덕거리는 경우도 있다. 운행 도중 눈사태나 낙석, 고산병으로 부상당하거나 심하면 사망하는 사고도 생길 수 있다. 이 외에도 우리와는 사고방식과 문화가 다른 그곳 사람들과 이런 저런 마찰이 있을 수 있다. 이런 문제가 발생하면 모든 책임은 트레커에게 돌아온다. 뜨내기 가이드나 포터에게 그 책임을 물을 수 없다.

에베레스트가 있는 쿰부 히말라야로 가는 트레커 가운데 가이드나 포터의 항공료를 아끼기 위해 카트만두가 아닌 루클라공항에서 가이드나 포터를 구하는 경우가 많다. 이 경우 능구렁이 같은 가이드나 포터를 만날 확률이 아주 높다. 물론 그런 이들을 만나면 트레킹이 엉망이 될 확률도 높아진다. 귀한 시간과 돈을 투자해 평생 소원하던 트레킹을 왔는데, 돈 몇 푼 아끼려다가 트레킹 전체를 망치는 경우가 허다하다.

네팔은 항공료나 버스요금 같은 교통수단에 대해 외국인과 내국인의 요금을 차등해서 적용한다. 즉, 같은 항공기나 버스를 이용해도 외국인이 훨씬 비싸다. 카트만두에서 루클라공항을 오가는 항공편의 경우 가이드와 포터의 항공료는 외국인의 60%밖에 되지 않는다. 이 비용을 아끼려고 현지에 도착해 가이드와 포터를 고용하려다 닳고 닳은 프리랜서 가이드를 만나는 것이다. 만약 이들을 만나 트레킹을 망치게 되면 가이드와 포터 고용시 아끼려고 했던 돈보다 수십 배나 많은 경비를 투자하고 귀한 시간을 내서 온 트레킹이 너무 억울하지 않겠는가? 말 그대로 소탐대실이 될 수 있음을 명심하자.

여행사 소속 가이드와 포터는 해당 여행사에 일정 금액의 수수료를 지불해야 한다. 이들은 여행사에 수수료를 지불하는 대신 안정적인 일감을 보장받는다. 이들이 여행사에 내는 수수료가 얼마인지는 정확하게 알 수는 없다. 다만, 우리가 짐작하는 수준 이상이라는 것은 분명하다. 간혹 히말라야 트레킹 관련 인터넷 카페 게시판에 포터를 소개한다면서 휴대폰 번호를 알려주는 경우가 있다. 추측하건데 이들은 여행사에 수수료를 내지 않고 트레커와 직거래를 원하는 프리랜서 가이드나 포터일 것이다. 프리랜서 가이드와 포터들은 한국인 트레커를 만나면 자신을 다른 트레커에게 소개시켜 달라면서 휴대폰 번호 혹은 이메일을 가르쳐 준다. 이런 방법을 통하지 않고 프리랜서 가이드나 포터가 개별적으로 일감을 구하기는 하늘의 별따기처럼 어렵다. 그러나 명심할 것은 에이전시를 통하지 않을 경우 사고가 발생하면 법적인 보장받을 수 없고, 트레킹 중 발생하는 모든 책임이 트레커에게 있다는 점이다.

〈트레킹 계약서 항목〉

공항 픽업	1~2인	2~3인	4~7인	8인 이상	그룹
숙소 예약	100달러 이상	50달러	20달러	10달러 (게스트 하우스)	숙소 명시
항공권 예약	포카라 편도	포카라 왕복	루클라 편도	루클라 왕복	기타 지역
버스표 예약	포카라	베시사하르	샤브루베시	룸비니	기타 지역
가이드/ 포터 고용	가이드만	포터만	가이드 겸 포터	가이드와 포터 둘 다	쿡/키친 셀파
퍼밋(허가증)	안나푸르나	랑탕	쿰부	마나슬루	기타 제한 구역
특별 사항					
특약 사항	1. 트레킹 기간은 표준 일정에 준한다. 실제 트레킹 기간이 표준 일정보다 짧았더라도 수당은 표준 일정에 준하여 지불한다. 2. 트레킹 출발지까지 가이드와 포터의 교통 경비는 트레커가 지불한다. 또 처음 출발지가 아닌 곳에서 트레킹이 종료되면 최초 트레킹 출발지까지 가이드와 포터의 교통 경비를 트레커가 지불한다. (ex:포카라에서 대동한 포터와 함께 좀솜 트레킹을 마친 후 좀솜에서 트레커 혼자 항공편으로 포카라로 돌아올 경우 포터에게 포카라까지 돌아오는 교통비와 식비를 트레커가 지불해야 한다. 물론 가능하다면 트레커가 가이드나 포터와 함께 같은 교통편으로 포카라로 돌아오는 것이 가장 좋다.)				

가이드, 포터와의 관계 설정

가이드와 포터, 트레커의 관계는 상대적이다. 즉 트레커가 가이드나 포터를 상대하기에 따라 천차만별이란 뜻이다. 트레커가 가이드나 포터를 어떻게 대하느냐에 따라 가이드나 포터들도 처신을 달리하는 경우가 많다. 트레커가 무거운 짐을 지고 자신을 위해 봉사하는 포터에게 측은한 마음이 들어 호의를 베풀었다고 치자. 어떤 포터는 너무 착해서 어쩔 줄 몰라 한다. 반면 어떤 포터는 착각 및 오버해서 트레커를 우습게 여기기도 한다. 따라서 정답은 없다. 상황에 따라 밀고 당기는 적당한 관계를 잘 유지해야 한다.

대부분의 가이드와 포터는 순박하고 착하다. 하지만 경험이 많아질수록 때가 묻어 다루기가 쉽지 않다. 다른 말로 표현하자면 산전수전, 공중전까지 다 경험한 그들이 초보 트레커를 가지고 놀 수도 있다는 것을 알아야 한다. 여행사 소속의 가이드나 포터들은 길거리에서 구하는 가이드나 포터에 비해 어느 정도 신뢰성이 있는 편이다. 하지만, 이것 또한 절대적이지 않다. 따라서 그들을 잘 다룰 수 있는 기술(?)이 필요하다.

포터들은 대략 세 가지 스타일로 분류할 수 있다. 하나는 트레커가 누구든지 신경 안 쓰고 오로지 자신의 일만 묵묵히 하는 순박한 포터다. 다른 한 부류는 트레커의 눈치를 살피면서 최선을 다하지만 중간 중간에 살짝 살짝 요령을 피우면서 약간 오버하는 스타일이다. 마지막은 서바이벌 영어가 가능하고 경력이 아주 많은, 즉 산전수전 다 겪은 능구렁이 포터다. 간혹 포터가 자신의 주제를 착각하거나 아니면 트레커를 초보로 생각해 자신이 가이드인 양 행세하는 경우가 있다. 심하면 자신의 역할을 잊은 채 트레커에게 요구나 지시를 하는 포터들도 있다. 특히, 혼자 가는 초보 트레커나 여성 트레커들에게 이런 일이 많다. 따라서 포터의 성향을 빨리 파악한 후 그에 맞게 대처해야 한다.

사람을 다루는 것은 우리나라나 네팔에서나 다 비슷하다. 대부분의 포터들은 처음에는 순박했을 것이다. 많은 트레커들을 상대하면서 점점 때가 묻은 것이다. 정도의 차이야 있겠지만 대부분의 포터가 어느 정도는 때가 묻었다고 보는 편이 정확하다. 여행이나 가이드 업을 하게 되면 관록이 붙으면서 요령도 생긴다. 그게 좋은 쪽으로 발전해야 하는데, 미래에 대한 희망이나 개념이 별로 없는 포터들은 우선 눈앞에 있는 약간의 이익에 눈이 어둡다. 금방 들통 날 거짓말을 하거나 갖은 핑계를 대면서 자신의 행위를 합리화하거나 하는 일이 종종 있다. 저녁마다 술을 먹고서 횡설수설하는 포터들도 많다. 따라서 롯지에 도착하고부터는 포터들과 같이 자리를 하지 않는 것이 좋다.

가이드나 포터를 고용하면 첫 대면이 아주 중요하다. 우선 가이드나 포터의 라이선스를 확인하길 권한다. 고용인과 피고용인의 관계를 따지라는 게 아니다. 트레킹을 어떻게 운영할지에 대한 의견을 분명하게 제시하기 위해서다. 포터가 영어를 전혀 할 줄 모른다면 그를 소개시켜준 에이전시를 통해서 금전적인 문제를 포함해 전체적인 고용 관계를 명확히 알려주어야 한다. 가이드나 포터를 고용할 때는 처음 고용 관계를 맺을 때 전체 금액의 20~30%를 지불한다. 나머지는 트레킹이 끝나고 지불하는 게 일반적이다. 설령 여행사를 통해 가이드와 포터를 고용했더라도 사전에 전액을 지불해서는 안 된다. 돈을 미리 다 지불하고 나면 가이드와 포터에게 주도권을 빼앗기게 된다.

가이드와 포터 둘 다 고용했다면 포터에게는 전혀 신경 쓰지 않아도 된다. 모든 지시는 가이드가 알아서 하기 때문이다. 하지만 가이드에게는 포터보다 훨씬 더 많은 신경을 써야 한다. 숙소인 롯지를 정하는 것부터 그날그날의 운행 일정을 결정하는 일까지 매번 가이드와 의논해야 하는데, 트레커의 요구보다는 그들의 관행과 이해관계에 의해 결정되는 경우가 대부분이다. 만일 트레커가 가이드 의견을 무시하고 자신의 뜻대로 운행하게 되면 그때부터 서로 불편해진다. 가이드나 포터들은 대부분 그들이 늘 다니는 롯지로 트레커를 데리고 가려고 한다. 그들이 굳이 그곳을 고집하는 데는 분명 이유가 있을 것이다. 친척 집일 수도 있고, 늘 다니던 편한 단골집일 수도 있다. 아니면 다른 곳과 달리 별도의 편의(?)를 제공하는 곳일 수도 있다. 이런 경우 가급적 가이드의 의견

트레킹에 동행하는 포터에게는 최소한의 장비와 의류를 지급해야 한다

을 따라주는 게 좋다. 그러나 가이드가 안내한 롯지가 시설이나 환경 등이 확실히 나쁘거나 마음에 들지 않을 경우에는 분명하게 의사표시를 해야 한다. 롯지를 옮겨야 할 이유를 설명한 후 단호히 거부할 필요가 있다.

포터만 고용했을 경우 애로사항은 더욱 많아진다. 일단 영어로 의사소통이 원활하지 않다. 문화적인 차이로 인해 서로 오해하는 경우까지 생길 수 있다. 때로 여성 트레커가 포터가 안쓰럽고 측은해 조금 관심을 보이거나 따뜻하게 대해 주면 자신에게 호감을 가졌다고 착각하는 경우도 있다. 따라서 여성 트레커는 가이드와 포터를 대할 때 매사에 분명하게 할 필요가 있다. 어떠한 일이 있어도 가이드나 포터를 자신의 롯지 방에 들여서는 안 된다. 특히, 다른 트레커가 없는 외진 롯지에서는 더욱 문단속을 잘해야 한다. 물론 대부분 우려하는 그런 일은 발생하지 않는다. 하지만 만사 불여튼튼이라고 했으니 조심해서 손해 볼 일은 없다.

가이드 겸 포터, 어느 것도 완벽하지 않다

쿰부 히말라야로 트레킹을 가는 대부분의 트레커들은 카트만두에서 루클라까지 항공편으로 이동한다. 쿰부 히말라야의 트레킹 코스는 대부분 4,000m 이상 고지대다. 쿰부 지역 트레킹 전진기지라고 할 수 있는 남체바자르도 3,460m나 된다. 따라서 트레커들은 가이드나 포터를 동반해 트레킹을 하려고 한다. 문제는 항공료다. 카트만두에서 포터를 대동하게 되면 포터의 항공료까지 지불해야 한다. 이 때문에 금전적인 부담을 느끼는 트레커들은 루클라공항에 도착해서 포터를 구할 수 있는 방법을 찾는다. 그러나 혼자서 트레킹하는 많은 한국인 트레커들은 가이드와 포터 둘 다 고용하는 것을 부담스러워 한다. 포터가 약간의 가이드를 해주면서 동시에 자신의 짐을 져주는 가이드 겸 포터를 선호한다.

가이드 겸 포터는 유별나게 한국인 트레커들이 많이 원한다. 물론 앞으로 중국이나 기타 트레킹 후진국(트레킹 경험이 별로 없는 나라) 트레커들이 몰려오면 그러한 요구들이 일반화될지도 모르겠다. 그러나 세상에는 싸고 좋은 물건은 없다. 물론 간혹 그와 유사한 물건이 있을 수 있겠지만, 일반적으로 물건 가격이 저렴한 데는 반드시 그 이유가 있다. 그렇다고 무조건 비싼 것이 다 좋은 것은 아니다. 다만 비싼 것은 비싼 이유가 있다고 보면 된다. 싸면서도 품질이 우수하다는 것은 논리적으로 이율배반이다. 가이드는 가이드 역할만 하고, 포터는 포터 역할만 하는 것이 표준이다. 한 사람에게 두 가지의 일을 요구하면 한 가지 일을 할 때보다 잘 할 수 없는 것은 상식이다. 가이드 겸 포터는 없다. 네팔여행사협회(TAAN. Trekking Agency Association of Nepal)와 네팔관광국에서는 가이드 라이선스와 포터 라이선스만 발급한다. 가이드 겸 포터 라이선스는 없다. 다시 말해서 정식으로 국가에서 인정하는 라이선스가 아니라는 뜻이다.

많은 트레커들이 루클라공항에서 포터를 고용하는 것을 선호한다. 이런 트레커의 마음을 포터들이 모를 리 없다. 루클라공항 청사를 빠져 나오면 수많은 포터들이 자신이 고용되기를 간절히 희망하면서 트레커를 기다리고 있다. 문제는 그 수많은 포터 중에서 자신의 입맛에 딱 맞는 포터를 찾는 일이다. 나이가 어리고 왜소해 보이는 포터부터 체격 조건도 좋고 영어가 어느 정도 통하는 포터까지 천차만별이다. 자, 어떻게 하면 이 많은 포터들 중에서 괜찮은 포터를 구할 수 있을까? 가이드가 있다면 가이드가 알아서 할 일이지만 트레커가 직접 선택할 경우에는 참으로 난감한 일이다. 결론적으로 말하자면 정답은 없고 약간의 트레킹 내공이 필요하다고 볼 수 있다.

루클라공항 밖에서 대기하고 있는 포터들은 대부분 프리랜서다. 즉 여행사 소속이 아니고 개인적으로 일거리를 찾아서 모여든 뜨내기다. 이들 대부분은 쿰부 히말라야 골짜기 마을에 사는 젊은이들이다. 따라서 쿰부 지역에 대해 잘 알고 있다. 간혹 외지에서 일거리를 구하러 온 포터들도 있다. 그들도 어느 정도는 이 지역의 지리에 밝은 편이다. 즉, 쿰부 지역의 대부분 코스는 한두 번 이상 트레킹 경험이 있다. 문제는 이들 가운데는 트레커를 상대로 사기를 치는 프로 포터들이 많다는 것이다.

간혹 포터들 중에는 트레커와 계약을 맺고 하루 정도 트레킹을 같이 한 후 갖은 이유(아버지가 위중하다거나 집에 아기가 아프다는 등)를 대며 더 이상 같이 트레킹을 할 수 없다고 말하는 경우가 있다. 그리고는 친구를 소개해 줄 테니 그와 함께 트레킹을 하라고 권한다. 트레커 입장에서는 황당하지만 이미 루클라를 벗어난 데다 어디에 하소연할 수도 없다. 어쩔 수 없이 포터의 요구를 따를 수밖에(고용 비용을 선금으로 다 주면 안 되는 이유이기도 하다) 없다. 그는 얼마간의 알선 수수료를 챙기고 트레커에게 다른 포터를 소개시켜 줄 것이다. 새로운 포터는 이전의 포터에게 알선 수수료를 주었기 때문에 일반적인 포터 비용보다 훨씬 적은 돈을 받으며 일한다. 여기서 루클라공항에서 트레커와 계약을 맺은, 영어가 약간 가능하고 입안의 혀처럼 괜찮아 보이는 포터는 트레커를 전문적으로 낚는 프로 포터일 가능성이 아주 높다. 실제로 이렇게 당한 이야기가 많다.

마을의 롯지나 가게를 통해 가이드 겸 포터를 소개받는 경우(카트만두와 포카라, 루클라 다 비슷하다)도 불안하기는 마찬가지다. 이 경우에도 약간의 금액 차이가 있을 뿐 포터는 소개를 해준 사람에게 알선 수수료를 지불한다. 이렇게 알선 수수료를 제하고 나면 자신에게 떨어지는 몫이 적어진다. 당연히 트레커에 대한 서비스의 질도 떨어질 수밖에 없다. 물론 트레커를 전문적으로 낚는 프로 포터들도 처음에는 순박한 네팔인이었을 것이다. 다만, 오랜 시간 포터로 일하면서 수많은 트레커를 상대하다 보니 닳고 닳아 프로 포터가 된 것이다.

가이드와 포터는 트레킹의 조력자

이제 가이드나 포터의 의미와 고용 관계에 대한 개념이 어느 정도 파악되었으리라 본다. 그러나 세상의 모든 법칙이 그렇듯이 가이드와 포터 고용에 대해 반드시 이렇다는 정답은 없다. 모든 것이 다 '케이스 바이 케이스'다. 같은 가이드와 포터지만 A 트레커와 함께 했을 때와 B 트레커와 함께 했을 때가 다를 수 있다. 가이드와 포터, 트레커의 궁합은 무수히 많은 변수가 있다. 이 가운데서 중심을 잡아야 하는 사람은 고용주인 트레커다. 다시 한 번 더 강조하지만 가이드와 포터는 히말라야 트레킹의 조력자다. 그들이 조력자로서 자신의 역할을 충실히 할 수 있도록 유도하고 조정하는 것은 트레커의 몫이다. 어쩌면 이것이 트레킹보다 더 어려운 것일 수도 있다.

── 가이드와 포터 고용 시 한 번 더 생각해 볼 것들 ──

트레킹의 최종 목표는 출발한 곳으로 무탈하게 돌아오는 것이다. 생사를 넘나드는 히말라야 원정대가 아니기에 여유 있게 유유자적하는 트레킹이 되어야 한다. 그것을 도와주는 게 가이드와 포터다. 다음은 가이드와 포터 고용 시 한 번 더 생각해 봤으면 하는 것들이다.

01 가이드와 포터는 여행사를 통해 고용한다. 카트만두 타멜이나 포카라 레이크사이드에 가면 수많은 여행사들이 있다. 두세 곳을 둘러보면서 견적 및 제반 사항을 물어보고 가장 적당한 곳과 계약한다. 계약을 할 때는 세세한 항목까지 분명히 확인한 후 문서로 남긴다. 다음에 말을 바꾸거나 딴소리를 하지 못하게 하기 위해서다. 신뢰성이 담보되는 여행사를 찾는 것이 관건이지만, 일단 여행사 몇 곳을 방문해 견적을 받아 보고 결정하면 큰 실수는 없다. 너무 저렴한 가격을 제시하는 곳은 사기일 가능성이 있으므로 배제하는 것이 좋다.

마니석을 쌓아 만든 불탑 옆을 지나가는 트레커. 마니석이나 초르텐을 통과할 때 왼쪽(시계방향)으로 통과해야 한다

02 롯지나 가게, 식당 등을 통해 가이드와 포터를 고용할 경우 향후 발생할 수 있는 사고에 대해 법적인 책임이 트레커 자신에게 있다는 것을 명심해야 한다. 특히, 한국인이 운영하는 업소에서 소개해주는 경우가 많은데, 만에 하나 트레킹 중 어떤 문제가 발생할 경우 가이드나 포터를 소개한 민박집이나 식당에 책임을 물을 수가 없다. 그들은 네팔정부의 허가를 받은 정식 에이전시가 아니기 때문이다. 지인의 소개로 가이드나 포터를 고용할 경우에도 마찬가지다. 금전적인 측면에서 어느 정도 저렴할지는 모르겠지만 위험부담이 있다. 하지만 여행사 소속이 아닌 프리랜서 가이드나 포터들은 트레커에게 직접 고용되기를 희망한다. 설령 여행사 소속이라 해도 알선 수수료를 내지 않고 고용비의 100%를 자신이 갖기 위해 트레커의 직접 고용을 원한다. 그러나 네팔정부는 트레킹 중 가이드나 포터에게 문제가 생기면 그를 고용한 트레커에게 책임을 묻는다. 트레킹 중에는 뜻하지 않은 많은 일이 발생한다. 포터가 고산병이나 과로로 죽는 경우도 간혹 발생한다. 그런 일이 나에겐 절대로 생기지 마라는 법은 없다. 이럴 때 네팔여행사협회(TAAN) 소속 여행사에서 가이드나 포터를 고용했다면 어느 정도 안전 대책이 될 수 있다. 가이드와 포터를 고용한 경비 중에 보험료가 포함되어 있기 때문이다. 이것은 아주 중요한 문제이므로 가볍게 생각하면 안 된다.

03 트레킹 중 갑자기 필요성이 생겨 포터를 고용할 경우 그가 그 지역 마을 사람이라는 것을 알고 고용해야 한다. 이들은 대부분 정식 포터 라이선스가 없다. 루클라공항 밖에서 대기하는 포터들도 신원을 보장할 수 없다. 간혹 나이가 너무 들어 힘든 포터 일을 하기 곤란한 사람도 있다. 가능하면 그런 사람은 고용하지 않는 게 좋다. 너무 어려도 곤란하지만, 노쇠한 포터가 무리를 하다 사고가 나면 무자격 포터를 고용한 트레커에게 책임이 있다. 돈 좀 아끼려다가 트레킹 전체가 엉망이 될 수 있다. 귀한 시간을 만들어 소원하던 트레킹을 왔는데 사소한 일로 트레킹을 망쳐서는 안 된다.

04 가이드와 포터를 고용하지 않고 트레킹 하는 것도 숙고해 봐야 한다. 모험적이고 도전적인 측면은 있지만 네팔 히말라야 트레킹에 대해서 잘 알지 못한다면 그리 권할 사항은 아니다. 히말라야에서는 매년 수십 명의 트레커가 실종된다. 네팔 히말라야는 우리나라의 설악산이나 지리산과 같은 곳이 아니다. 지리와 고도가 다르고, 언어와 문화가 다르다. 사는 방식이 다른 곳으로 산행을 가는 것이기에 매사에 조심 또 조심해야 한다. 트레킹은 극기 훈련이나 익스트림 스포츠가 아니다. 절대 무리하지 않아야 한다. 네팔 히말라야 트레킹에서는 노 가이드, 노 포터가 결코 자랑스러운 것이 아니다.

05 여성 혼자는 가이드나 포터 한 명만 고용해 트레킹 하는 것을 가급적 피하는 게 좋다. 만약 어쩔 수 없이 혼자서 가이드와 포터 가운데 한 명만 고용해 트레킹을 해야 하는 상황이라면 처음부터 확실히 해둘 것이 있다. 우선, 가이드나 포터는 반드시 정식 라이선스를 가진 에이전시를 통해 고용한다. 계약 시 가이드나 포터가 트레커에게 성적인 접근을 하지 못하도록 분명하게 요청하고 가급적 문서화 한다. 또한, 트레킹 도중 조금이라도 의심스러운 말이나 행동을 할 경우 즉각 에이전시에 강력하게 항의하고, 가이드나 포터 교체를 요구한다.

추천 한국인 전문 트레킹 에이전시

히말라야 축제 트레킹 에이전시
Himalaya Festival Trekking Agency

한국인 트레커와 여행자들의 도우미로 널리 알려진 포카라 축제 홈 '걸리안'이 운영하는 에이전시. 카트만두에는 옛 축제 레스토랑 맞은편 골목에 에이전시만 남기고, 포카라 국제공항 근처에 '포카라 축제 집(Pokhara Festival Home)'을 운영하며 숙박과 식사 (취사 가능한 공용 주방 운영) 및 트레킹 에이전시도 같이 운영해 트레킹 관련 토털 서비스를 받을 수 있다.

휴대전화 +977-98626-76204(포카라), +977-98414-19433(카트만두) **카톡** kalyangc123
이메일 kalyangc11@gmail.com

렛츠고 하이킹 에이전시
Lets Go Hiking Nepal Treks & Expedition

이용한 여행자와 트레커의 입에서 입으로 연결되는 평판이 좋은 곳이다. 사무실은 카트만두 타멜(Paknajol Thamel, Kathmandu Nepal)에 있다.

홈페이지 www.letsgohikingnepal.com
전화 +977-98418-24140(한국어 가능)
카톡 sud4140(한국어 가능)
이메일 goinghikingnepaltrek@gmail.com

산 여행사 San Trekking Explore Dream Discover

카트만두 타멜에 있는 네팔리(나라연, 니쿤)가 운영하는 현지 에이전시. 한국어 상담이 가능하다. 여성 가이드와 포터도 소개해 준다.

홈페이지 www.santrekking.com,
cafe.naver.com/trekking8848
휴대전화 977-98417-39141 **카톡** pandey892
이메일 himalsan8848@gmail.com

히말 트레킹 에이전시
Himal Trekking & Tour Pvt. Ltd

히말라야 트레킹에 필요한 모든 업무 처리가 가능하고 이용한 사람의 만족도가 아주 높다.

휴대전화 +977-98513-16908, +977-98400-23208 **카톡** himaltrekking or tourguidek
이메일 himaltrekking3@gmail.com

제이빌 네팔 에이전시
J.Vill Nepal Trekking & Expedition Agency

제이빌은 트레킹과 투어 에이전시 라이선스를 모두 가지고 있는 현지 여행사다. 한국에서 근로자로 일한 경험이 있는 형제가 운영하며 한국말을 유창하게 구사한다. 한글로 작성한 이메일로도 상담이 가능하다. 트레킹을 다녀온 한국인 트레커들로부터 비교적 꾸준히 신뢰를 받고 있다.

홈페이지 www.jvillnepal.com
전화 01-4260966 **휴대전화** 98511-04389
인터넷폰 070-8235-0752 **카톡** Jvillnepal
이메일 info@jvillnepal.com

사랑꽃 트레킹 에이전시(포카라)
Sarangkot Treks & Expeditions Pvt ltd)

포카라 할란 촉에서 도보 5분 거리에 있는 '헤리네 게스트하우스'로 더 많이 알려진 곳에 자리한 에이전시. 사우지 '헤리'는 한국에서 근로자로 일한 경험이 있어 한국인의 정서를 잘 이해하고, 한국어 소통도 원활하다. 숙박과 식사, 트레킹 관련 모든 서비스를 받을 수 있어 시즌에는 늘 한국인 트레커로 북적거린다.

전화 061-453900 **휴대전화** +977-98460-56804
카톡 hottelavocado **이메일** harry884839@gmail.com

트레킹에 필요한 장비

트레킹에서는 모든 장비들이 다 중요하다. 특히, 히말라야 트레킹에서는 등산화와 배낭, 침낭, 이 3가지는 아주 중요하다. 다른 것은 몰라도 이 장비들만큼은 꼼꼼하게 신경 써서 준비하는 게 좋다.

▲ 등산화

트레킹에서 가장 중요한 장비다. 트레킹은 걷는 게 전부인 아웃도어다. 발이 편해야 걷는 게 편하다. 트레킹화는 운동화에서부터 중등산화까지 다양한 종류가 있다. 이 가운데 어느 게 가장 좋다고 말할 수는 없다. 각자의 취향에 따라서 조금씩 차이가 있기 때문이다. 일반적으로 히말라야 트레킹은 발목까지 덮어주는 등산화가 가장 무난하다. 히말라야 트레킹 중에 걷는 길은 지역과 날씨에 따라 다양하게 변할 수 있다. 거친 계곡의 자갈길이나 먼지 풀풀 나는 흙길을 걸을 수도 있다. 겨울에는 눈이 내려 발목까지 푹푹 빠지는 길도 만날 수 있다. 봄에는 내린 눈이 녹으면서 길이 질퍽거리기도 하고, 몬순인 여름에는 늘 비가 온다. 이런 다양한 조건을 감안하면 발목을 잡아주는 중등산화가 적당하다. 가능하다면 방수 투습 기능이 있는 제품이 좋지만 꼭 고기능성 등산화가 아니더라도 괜찮다.

▲ 배낭

기본적으로 트레킹은 포터를 고용하는 것이 일반적이다. 따라서 모든 짐을 다 본인이 지고 가지 않아도 된다. 보통 트레커가 지는 배낭에는 물과 간식, 추위에 대비한 윈드 재킷과 장갑, 카메라 등을 수납하는 정도다. 그렇다 하더라도 배낭 역시 몸에 잘 맞고, 오래 지고 걸어도 몸에 무리를 주지 않는 것을 골라야 한다. 히말라야 트레킹에서 트레커가 지는

개인 배낭은 남자 40리터, 여자 30리터 정도 크기가 적당하다.

모든 짐을 자신이 직접 짐을 다 지고 갈 경우라 해도 배낭 무게는 몸무게의 20%를 넘지 않도록 한다. 평상 시 산행을 많이 해서 체력에 자신이 있다고 할지라도 고소에서는 평지에서의 체력이 별 소용이 없을 수 있다. 우리나라는 높은 산이 없어 고산병 경험이 없고, 고산병을 대수롭지 않게 여길 수 있다. 하지만, 고소 증세가 나타나면 빈 몸으로 올라가는 것도 무리가 될 정도다. 트레킹은 결단코 모험 등반이 아니다. 여유롭게 히말라야 중산간 지역을 유람하는 것임을 잊지 말자. 배낭 커버도 준비하면 좋다. 비가 올 때는 물론 차로 이동할 때 먼지를 막을 수 있어 유용하다.

▲ 침낭

침낭은 숙면으로 하루의 피로를 푸는 데 있어 가장 소중한 장비이다. 히말라야 롯지의 객실에는 나무로 만든 침상과 그 위에 얇은 스펀지 매트리스만 있다. 자신의 체온만으로 보온을 해야 한다. 이런 곳에서 따뜻한 밤을 보내려면 두터운 다운 제품의 침낭이 필요하다. 여름 시즌에 굳이 두꺼운 침낭이 필요할까? 하며 묻는 사람들이 많다. 우리나라의 산은 높이가 2,000m도 안 되지만 여름밤에는 생각보다 꽤 춥다. 하물며 히말라야 4,000~5,000m의 밤은 오죽할까. 우리나라 겨울 날씨라고 봐야 할 정도다. 그래서 여름이고 겨울이고 다운 함량

이 1,300g 이상인 동계용 침낭을 권한다. 개인적으로 가지고 있는 침낭이 있다면 한국에서 가져 가도 된다. 하지만 부피가 큰 침낭을 굳이 가져갈 것 없이 포카라나 카트만두의 등산 장비점에서 대여(1일 100루피 정도로 저렴한 편)하는 게 나을 수도 있다. 아니면 중저가의 가성비 좋은 침낭을 구입할 수도 있다.

▲ 고어텍스 재킷

방풍방수의 고어텍스 원단을 이용해 만든 재킷. 고어텍스 최대 장점은 공기는 통하나 물은 통과하지 못한다는 점이다. 비가 내려도 젖지 않고, 땀은 빠르게 밖으로 배출한다. 이런 기능은 악천후에 트레커의 체온을 유지시켜 주고 쾌적한 환경을 제공한다. 단점은 가격이 비싸다는 것이다. 물론, 고어텍스 재킷이 없어도 트레킹을 할 수 있다. 건기(10~5월)에는 비가 자주 오지 않는다. 이때 트레킹을 한다면 고어텍스 재킷을 일부러 살 필요는 없다. 우기에는 고어텍스 재킷 대용으로 얇은 비닐로 된 우의를 준비해도 된다. 카트만두 타멜의 장비점에는 정품은 아니지만 트레킹을 하는 데 별 지장이 없는 고어텍스 모조품을 저렴한 가격으로 판매한다.

▲ 윈드 재킷

고어텍스 재킷이 있다면 필요 없다. 하지만 없다면 바람을 막아주는 가벼운 윈드 재킷이 필요하다. 히말라야에는 바람이 부는 때가 많다. 쉴 때 윈드 재킷을 걸치고 있으면 보온효과가 있다. 하지만 계속 입고 운행하는 것은 좋지 않다. 수고스럽지만 운행 중에는 벗어 배낭에 넣었다가 체온유지가 필요한 쉴 때 다시 꺼내 입는다.

▲ 다운 재킷

트레킹 도중 묵을 롯지의 객실은 난방이 전혀 없다. 네팔이나 인도는 난방이라는 개념 자체가 없는 나라다. 따라서 보온은 항상 트레커 스스로 해결해야 한다. 걸어갈 때는 모르지만 고지대의 경우 하루의 일정을 마치고 나면 으슬으슬 춥다. 이때 부피가 작은 다운 재킷이 있으면 아주 좋다. 한국에서 준비해도 되고 네팔 현지에서 빌리는 방법도 있다. 품질은 당연히 한국에서 가지고 가는 게 우수하다. 패딩 재킷으로 대체 가능하다. 동계에는 다운 함량이 높은 다운 재킷을 준비해야 한다.

▲ 폴라텍

등산(트레킹) 의류에 있어 가장 중요한 것은 가볍고 따뜻해야 한다는 것이다. 제아무리 따뜻해도 무거우면 짐이 된다. 투습성도 중요하다. 투습성이 좋으면 땀이 차도 바로 배출되어 체온을 빼앗기지 않는다. 이런 요구에 맞춰 개발된 특수섬유가 폴라텍이다. 트레킹 중에는 상하의로 한 벌 있으면 유용하다. 일반적인 폴라텍은 가볍고 따뜻하고 투습성이 좋은 대신, 바람에 약하다. 또 방수가 되지 않는다. 이처럼 취약한 방수방풍 기능을 보완해 주는 것이 고어텍스 원단을 이용한 윈드스토퍼다. 단, 윈드스토퍼 제품은 가격이 비싸다.

▲ 바지

히말라야 트레킹에는 등산용 바지가 필요하다. 면 제품은 등산에 있어서 청바지 다음으로 피해야 한다. 쉽게 땀이 배어들고, 한 번 배어들면 오랫동안 마르지 않아 저체온증을 유발하기 쉽다. 그래서 속건성이 뛰어난 등산 전문용 바지가 필요하다. 보통 등산용 바지는 신축성이 뛰어나 걸을 때 몸에 부담을 주지 않는다. 겨울 시즌에는 보온력이 탁월하면서 신축성이 있는 기모바지를 입는다.

▲ 속옷

쿨맥스(또는 서플렉스) 기능이 있으면 좋다. 앞에서도 말했지만 면으로 된 제품은 땀 배출이 느려 몸을 쉽게 피곤하게 한다. 극단적인 경우 저체온증을 불러와 위험할 수도 있다.

트레킹에 필요한 의류 및 장비

속옷은 상하 2벌이면 충분하다. 너무 많은 여벌옷은 짐이다. 필요하면 롯지에서 빨아 입으면 된다. 쿨맥스 소재는 가격이 비싸다. 유사한 성능을 지닌 스포츠용 속옷도 괜찮다.

▲ 선글라스

히말라야 트레킹에서 선글라스는 꼭 필요하다. 히말라야의 눈 덮인 설산에서 반사된 강렬한 빛은 눈을 부시게 한다. 현지인은 적응이 되어 괜찮을 수 있다. 하지만 트레커는 선글라스를 쓰지 않으면 설맹에 걸려 고생할 수도 있다. 선글라스는 렌즈의 색상이 가능한 진한 것일수록 눈이 편하다. 새로 구입할 필요는 없고 평상 시 한국에서 사용하던 것을 가지고 가면 된다.

▲ 모자

히말라야는 자외선이 강하다. 이 자외선으로부터 얼굴을 보호하기 위해서는 창이 큰 트레킹 모자(끈이 달린 것)가 필요하다. 또 고산지대에서 추울 때 쓸 보온성이 좋은 털모자도 필요하다. 겨울에 4,000m 이상 고산지대를 트레킹할 때는 갑작스런 추위나 악천후에 대비해 얼굴 전체를 가릴 수 있는 바라클라바도 준비하기를 권한다.

▲ 자외선 차단 크림

히말라야는 대기에 오염 물질이 거의 없다. 이 때문에 자외선이 아주 강하다. 이런 곳에서는 피부가 햇빛에 노출되면 금방 타버린다. 자외선 차단 크림을 매일 출발 전에 부지런히 발라야 피부를 보호할 수 있다.

▲ 스카프, 버프, 토시

바람이 심하게 불 때는 모자 대신 스카프를 두르는 것이 훨씬 좋다. 안나푸르나 서킷 트레킹 후반부의 칼리간다키강의 바람은 악명 높기로 유명하다. 특히, 모래바람이 휘몰아칠 때는 눈을 뜨기가 어려울 정도다. 이때를 위해 스카프와 버프를 필히 가져가야 한다. 또 오전 시간대는 항상 맞바람을 맞으며 걷는데, 속도도 잘 나지 않고 눈을 뜰 수가 없어 선글라스도 필수품이다. 반팔 티셔츠를 입고 트레킹을 할 때 토시를 챙겨 가면 아주 유용하게 사용할 수 있다.

▲ 장갑

가벼운 하이킹용 장갑과 털장갑(고산지대용)이 필요하다. 해발 3,000m 이상 고지대로 가면 손이 시리다. 안나푸르나 서킷 트레킹의 하이라이트 쏘롱라(5416m) 고개는 보통 새벽에 넘는다. 이곳은 10월 초순이라도 기온이 영하 10도까지 내려간다. 털장갑이 꼭 필요하다.

▲ 양말

면양말 두 켤레와 조금 두꺼운 등산양말 세 켤레 정도면 된다. 면양말 위에 등산양말을 겹쳐 신으면 발이 편하다. 등산양말은 통기성과 보온, 투습성이 좋은 쿨맥스(또는 서플렉스) 기능이 있는 것으로 신어야 항상 발을 뽀송뽀송하게 유지해 준다. 또 비상 시 2~3일 동안 빨지 않아도 냄새가 많이 나지 않아 불쾌감을 덜어준다.

▲ 수통

트레킹을 할 때는 1리터짜리 날진 수통 하나면 충분하다. 수통은 따뜻한 잠자리를 위해서도 유용하다. 수통에 뜨거운 물을 받아 침낭 안쪽 발이 닿는 곳에 넣으면 밤새도록 따스한 훈기를 느낄 수 있다. 단, 마개를 꼭 닫아야 낭패를 보지 않는다. 또 수통에 뜨거운 물을 담으려면 보온 케이스가 있어야 편리하다. 보온 케이스가 없다면 타월로 감싸면 된다.

▲ 스틱

무릎이 좋지 않은 사람은 스틱이 필수품이다. 스틱은 현지에서 저렴하게 구입하거나 대여도 가능해 반드시 가져가기를 권한다. 스틱을 사용하면 전체 무게의 25%를 분산시켜 준다. 양손에 하나씩, 두 개를 같이 써야 효과가 있다. 평소 무릎 관절이 좋지 않다면 가벼운 스틱을 사용하는 것이 큰 도움이 된다. 항공사나 공항에 따라 기내에 가지고 탈 수 없을 수도 있다.

▲ 카메라

히말라야 트레킹을 하다보면 산모퉁이를 돌 때마다 멋진 설산의 풍광에 넋을 잃을 때가 많다. 그런 풍경을 보고 나면 사진으로 담고 싶은 마음이 간절해진다. 그러나 노출 차이가 워낙 심해서 자동카메라로 찍으면 사진이 엉망이 될 수 있다. 좋은 사진을 얻고 싶으면 디지털 일안 리플렉스digital single lens reflex카메라를 가지고 가야 하지만 카메라 무게 때문에 망설이게 된다. 소형 콤팩트 카메라 정도면 크게 문제될 것은 없다. 요즘은 스마트폰의 카메라 기능이 많이 좋아져서 스마트폰만 가져가도 된다.

▲ 번호 자물쇠

롯지에서 식사나 산책을 나가는 등 외출할 때 방문을 잠그는 용도로 요긴하게 사용한다. 롯지의 방마다 자물쇠가 있지만 열쇠를 간수하는 일이 꽤나 신경 쓰인다. 하지만 번호 자물쇠는 그런 신경을 쓸 필요가 없어 편리하다. 등산용품점에 가면 가벼운 것이 있다. 포터에게 짐을 맡길 때도 번호 자물쇠로 카고 백을 잠그면 서로간의 불신을 막을 수 있어 좋다.

▲ 헤드랜턴(손전등)

트레킹 도중 머무는 마을은 열악한 산악지대라 전깃불이 안 들어오는 곳이 많다. 랜턴은 기왕이면 헤드랜턴이 좋다. 야간산행을 할 일은 없지만 사람의 일이란 알 수 없다. 밤에 화장실 갈 때, 또 새벽 일찍 떠나지 않으면 안 되는 안나푸르나 서킷 트레킹에서 쏘롱라 고개를 넘을 때는 그 진가를 발휘된다. 히말라야 트레킹의 필수품이다.

▲ 비옷(우산)

몬순 시즌에 트레킹을 할 경우 비옷이나 우산이 필요하다. 몬순에는 매일 한 차례씩 비가 온다. 비에 젖지 않고 통기성이 좋은 비옷이나 작은 우산 하나 준비하면 여러모로 편리하다. 배낭을 방수 포장할 비닐봉지도 준비하면 먼지나 습기로부터 자유롭다.

▲ 컵

스테인리스 혹은 티타늄으로 된 개인용 컵을 항상 하나 휴대하는 것이 좋다. 현지 세면장에는 수도꼭지만 있다. 양치를 할 때 사용하면 편리하다. 또 가지고 간 커피나 차를 마실 때도 필요하다.

▲ 세면도구

히말라야 트레킹을 하면서 샴푸와 바디 클렌저를 사용할 일은 없다. 물 사정도 나쁘고, 자칫 찬물로 머리를 감거나 목욕을 했다가는 감기 걸리기 십상이다. 작은 세수 비누 정도만 가져가 얼굴과 발을 닦을 때 쓴다. 빨래 비누는 잘라서 가져가면 부피도 줄이고 빨래하기에 편하다. 매끼마다 양치는 해야 하므로 치약과 칫솔은 자신의 배낭에 보관한다.

▲ 빨랫줄과 빨래집게

롯지에서 빨래나 수건 등을 말릴 때 필요하다. 등산장비점에 가면 가늘고 튼튼한 로프를 살 수 있다. 5m 길이로 준비하면 여러모로 쓸모가 많다. 야외에서 말릴 때는 빨래집게를 이용해야 빨래가 날아가지 않는다. 고무장갑은 고소적응을 위해 쉬는 날 밀린 빨래를 할 때 유용하다. 사용한 뒤 현지인들에게 주면 아주 좋아한다.

▲ 구급약

1회용 밴드, 지사제, 진통제, 감기약, 항생제 연고, 요오드팅크, 항생연고 등이 필요하다. 특히, 감기약은 반드시 준비하는 것이 좋다. 약품이 열악한 현지 사정을 감안해 처방전 없이 구입 가능한 것은 조금 여유 있게 준비하면 현지인들에게 도움을 줄 수도 있다. 현지인들은 트레커들이 비상약품을 가지고 다니는 것을 잘 알기 때문에 도움을 청하는 일이 종종 있다.

▲ 슬리퍼

샤워를 할 때와 숙소에서 머물 때 반드시 필요하다. 현지에서 '쪼리 슬리퍼'라 부르는 것을 저렴하게 구입할 수 있다.

▲ 밑반찬

여행자는 여행지의 음식에 적응하는 것이 원칙이지만 입이 까다로운 사람들은 밑반찬을 조금 준비하는 것이 좋다. 포터가 짐을 지고 가니 무게에 대한 부담은 없다. 튜브로 된 고추장은 필수다. 장아찌, 김치팩, 김 등을 가지고 가면 식사시간이 즐거울 것이다. 네팔 사람들의 주식인 달밧을 시키면 밥은 얼마든지 리필이 된다. 단, 쌀의 품질은 인도보다 못하다는 사실을 미리 알고 있는 것이 좋다. 특히 4,000m 이상 올라가면 고소 증세로 입맛이 없다. 이때 한국에서 가져간 밑반찬이 많은 도움을 준다.

▲ 차&커피

롯지에는 약간의 돈을 받지만 끓인 물이 항상 준비되어 있다. 인스턴트 커피나 티백, 한방차를 준비해 가면 식사 후 즐거운 티타임을 가질 수 있다.

▲ 여행용 휴지

현지의 휴지는 질도 떨어지고 가격도 비싸다. 휴지를 넉넉하게 가져가는 게 좋다. 두루마리 화장지의 속 마분지를 빼고 꾹꾹 눌러 밀폐용 비닐에 넣어가면 오래 사용할 수 있다. 물에 젖지 않도록 잘 보관해야 한다.

1~5. 히말라야 트레킹은 장비도 중요하다. 침낭을 비롯해 등산화와 보온 의류, 트레킹 안내도 등 트레킹에 필요한 장비를 꼼꼼하게 준비해야 낭패를 보지 않는다.

트레킹 중 식사

트레킹도 산행의 일종이므로 잘 먹어야 하는 것은 당연한 일이다. 카트만두나 포카라 등 도시에서는 음식의 선택 폭이 넓다. 한식부터 인터내셔널 음식, 로컬 음식 등 다양한 요리를 제공하는 식당들이 즐비해 크게 고민하지 않아도 된다. 하지만 산에서는 선택의 폭이 크지 않다. 가격 또한 만만치 않다. 트레킹 지역은 식자재 및 물품을 수송하는 데 많은 물류비용이 든다. 음식 값에는 이 비용이 포함되어 있다. 높이에 따라 가격이 비싼 것은 당연하다.

네팔 사람들의 식습관

네팔 사람들은 하루 두 끼를 먹는다. 하루 세 끼가 기본인 우리와는 다르다. 네팔 사람들은 아침에 눈 뜨면 따뜻한 찌아(홍차에 우유를 넣고 끓이는 것으로 인도의 짜이와 유사하다)를 한 잔 마시는 것으로 하루를 시작한다. 아침식사는 보통 오전 10시에서 11시 전후로 한다. 특별한 상황이 아니라면 거의 달밧을 먹는다. 점심에는 간식거리가 있으면 조금 먹는 정도로 간단하게 먹는다. 그 다음이 저녁이다. 해 질 녘에 먹는 저녁은 달밧을 푸짐하게 먹는다. 그리고 일찍 취침을 한다. 이것이 네팔인들의 기본 식습관이다.

여기서 중요한 것은 트레킹을 할 때 가급적 네팔인들의 식습관을 배려해 주자는 것이다. 가이드와 포터는 대부분 아침을 안 먹고 출발한다. 이들은 오전 10시에서 11시 사이에 아침 겸 점심을 먹는다. 따라서 아침을 먹고 출발해 배가 고프지 않더라도 이 시간이 되면 이른 점심을 먹어주는 게 좋다. 굳이 점심을 먹을 생각이 없더라도 가이드나 포터가 아침식사를 할 수 있도록 차를 마시거나 간식을 먹으면서 오래 쉬어주는 게 좋다. 이때는 삶은 달걀이나 감자 같은 간단한 음식을 주문해야 롯지 주인의 눈치를 받지 않는다.

아침을 안 먹는 것이 습관이 된 트레커는 포터와 식사 스케줄을 맞추면 좋다. 그러나 트레커가 아침을 안 먹으면 롯지에서 별로 좋아하지 않는다. 롯지는 음식을 팔아서 수입을 올려야 하는데 트레커가 아침을 거르면 그만큼 수입이 줄어들기 때문이다. 그래서 아침으로 간단한 차, 아니면

1. 2. 트레커에게 음식을 만들어 제공하는 롯지의 부엌

계란 프라이나 삶은 계란 정도는 팔아주는 것이 좋다. 일부 롯지의 경우 음식을 먹지 않으면 방 값을 더 많이 받는 경우도 있다. 만약 아침을 거를 계획이라면 롯지에 들어가기 전에 그러한 사항을 체크해 이후 시비거리가 생기지 않도록 한다.

롯지의 음식

히말라야에는 세계 각국에서 트레커들이 온다. 대부분의 롯지는 이들을 위해 다양한 스타일의 음식을 준비하고 있다. 물론 한식은 안 되지만 라면 정도는 어디를 가도 쉽게 구할 수 있다. 히말라야 트레킹은 유럽이나 북미 등에서 온 서양 트레커의 비중이 높다. 따라서 롯지에는 양식이 비교적 많은 편이다. 피자, 스파게티, 애플파이, 토스트, 샌드위치 등은 기본적으로 어느 롯지에서나 주문이 가능하다. 한국인은 티베트 음식을 선호하는 편이다. 티베트 음식은 모모(만두와 유사함), 뗀툭(고기 수프를 이용한 수제비와 유사함), 툭바(굵고 평편한 면발을 사용하는 칼국수와 유사함), 티베탄 브레드(밀가루 반죽을 기름에 튀긴 빵), 초우멘(볶음 국수) 등이 있다.

네팔 로컬 음식은 대체로 저렴하다. 음식 재료가 준비되어 있어 언제든지 주문이 가능하다. 쌀밥과 수프, 간단한 밑반찬이 하나의 식판에 담겨 나오는 달밧떠꺼리를 비롯해 구릉 브레드, 로컬 라면 라라, 포리지(죽 종류) 등 다양한 선택이 가능하다. 삶은 감자를 먹어보는 것도 색다른 경험이 될 것이다. 육류는 수쿠티라는 것이 있다. 버펄로 고기를 부엌의 화로 위에 걸어두어 훈

1. 네팔인들의 주식 달밧떠꺼리
2. 만두와 유사한 티베트 음식 모모

네팔의 주식 달밧떠꺼리

달밧떠꺼리는 우리나라의 된장찌개와 같은 네팔 사람들의 가장 기본적인 요리다. 달은 콩으로 만든 수프, 밧은 밥을 지칭한다. 떠꺼리는 채소나 감자로 만든 카레나 반찬을 말한다. 대부분의 네팔 사람들은 밥에 수프를 부은 뒤 손으로 비벼서 먹는다. 물론 오른손을 이용한다. 왼손은 화장실에서 뒷일을 보는 것과 같은 불결한 일을 할 때만 사용한다. 절대로 왼손으로는 음식을 먹지 않는다. 네팔 사람들은 밥을 수프에 비벼 먹기 때문에 밥이 질면 안 된다. 밥은 압력밥솥을 이용해 짓는다. 밥이 다 익어갈 때쯤 김을 빼버려 찰기가 없는 밥을 짓는다. 기본적으로 안남미를 먹기 때문에 찰기가 처음부터 적다. 이처럼 찰기가 없어야 수프를 비벼도 질지 않게 된다.

제시킨 것으로 엄청 질기다. 간식으로 사모사(만두 튀김과 유사함)나 파파드 등이 있으며 우리나라 꽈배기 튀김처럼 생긴 줄레비도 있다. 후식으로 많이 먹는 주주더우는 걸쭉한 요구르트다. 시큼하면서도 영양이 풍부해 간식으로 먹을 만하다. 음료로는 주로 차 종류가 많다. 가장 많이 마시는 차는 찌아다. 홍차 티백을 우려낸 다음 설탕과 우유를 적당히 넣어서 섞은 것으로 마살라 티라고도 한다. 티베트 문화권에서는 긴 대나무통에 홍차, 소금, 버터를 넣어 여러 번 저어 만든 셰르파 티가 일반적이다. 여기에 구운 보리가루 짬바를 넣어 먹기도 한다.

롯지에서는 주류도 상당히 다양하게 구비하고 있다. 네팔은 유럽의 선진 주류회사와 라이선스 계약을 맺어 제법 괜찮은 맥주들이 생산된다. 투보그, 산 미구엘, 칼스버그 등이 있다. 현지 맥주로는 에베레스트와 고르카, 네팔 아이스 등이 있다. 이밖에 똥바, 럭시, 창 같은 네팔 전통술과 쿠쿠리 럼이나 백파이퍼 등의 위스키도 있다.

한국에서 준비해 가면 좋은 밑반찬과 간식

트레커가 아무 음식이나 잘 먹는 스타일이라면 별로 고민하지 않아도 된다. 하지만, 힘든 산행을 하고 나면 입맛 또한 없어지게 마련이다. 이 때 음식의 간이 맞지 않거나(네팔 음식은 대체로 많이 짜다), 식재료가 신선하지 못하다거나 하면 배가 고파도 음식이 넘어가지 않는다. 특히, 고산병 증세 중 하나가 입맛이 떨어지는 것이다. 이처럼 트레킹 중 입맛을 잃는 경우를 대비해 한국에서 즐겨 먹던 음식을 밑반찬으로 준비하면 아주 유용하다. 예를 들어 트레킹 중에 먹는 누룽지는 환상적이다. 그렇게 맛있었던 기억이 없을 정도로 맛있다. 그렇다고 한국 음식을 바리바리 싸가지고 가는 것은 권하지 않는다. 트레킹의 참 맛을 떨어뜨릴 수 있다. 고산병에 대비해 조금만 준비해 가자. 라면 정도는 히말라야의 롯지 웬만한 곳에 다 준비되어 있어 굳이 가지고 가지 않아도 된다. 밑반찬을 가져가면 입맛이 없을 때 유용하다. 그러나 음식은 사람의 기호에 따라 천차만별이다. 몇 가지를 가려 추천하는 것이 조심스럽다. 그래도 보편적인 한국인의 입맛을 고려하면 고추장, 마늘, 깻잎, 고추와 같은 장아찌, 오징어, 조개, 명란 등 젓갈류가 고산병에 대비한 밑반찬으로 좋다. 물만 부으면 요리가 완성되는 인스턴트 국이나 밥도 비상식으로 유용하다. 트레킹 중에 허기가 오면 쉽게 먹을 수 있는 고열량의 행동식도 필요하다. 스니커즈나 자유시간 같은 초콜릿 바, 사탕, 젤리, 육포 등도 기호에 따라 준비하면 아주 유용하다.

1. 조리도구 가지런히 걸린 롯지의 정갈한 부엌 2. 트레킹 코스에 있는 롯지. 최근에는 롯지 대신 호텔이란 표현도 많이 쓴다 3. 트레킹에 필요한 간식이나 밑반찬은 개인 기호에 따라 준비한다. 간식은 초콜릿이나 육포, 사탕처럼 부피가 적으면서 열량이 높은 것으로 준비한다

3대 메이저 코스 주요 숙소

안나푸르나 베이스캠프(ABC)

지역	숙소명	연락처
지누단다 Jhinu Danda	Namaste	98462-67024
란드룩 Landruk	Laliguras	98462-31572
오스트레일리아 캠프 Australian Camp	Hotel Angel	0616-21685
반탄티 Banthanti	Machapuchare	97467-20930
고라파니 Ghorapani	Ghoripni Hungry Eye	0694-10001
	Excellent View	98465-74095
타다파니 Tadapani	Tadapani Magnificent	97460-46778
촘롱 Chomrong	Heaven View	98464-49051
로우 시누와 Lower Sinuwa	Sherpa	97560-00407
어퍼 시누와 Upper Sinuwa	Sinuwa	97460-28007
밤부 Bamboo	Bamboo Green View	98462-57879
히말라얀 호텔 Himalayan Hotel	Himalayan Hotel	97560-00208
데우랄리 Deurali	Deurali	97460-05200
	New Panorama	97460-28014
마차푸차레 BC MBC	Fishtail	97460-89377
안나푸르나 BC ABC	Annapurna	99461-00001
	Paradise	97460-31374

안나푸르나 서킷

지역	숙소명	연락처
베시사하르 Besishar	Gateway Himalayan	0665-21301
	Hotel Gangapurna	0666-20342, 98464-27806
참제 Chyamje	Lamjung Tibet Lasha Hotel	0666-90527, 98466-08505
탈 Tal	Potala	98493-44270, 98494-86762
다라파니 Dharapani	Heaven	98463-20046, 98461-62214
다나규 Danague	Manang New Trekkers Apple Garden Hotel	98437-60051
차메 Chame	New Tibet Hotel	98417-48637
	Potala	0664-40225, 98463-52919

두크레 Dhukure	Pokhari-Hotel Gangapurna	98431-94590, 98436-44634
로우 피상 Lower Pisang	Tilicho Hotel	98493-81192, 98465-24205
	Pisang Peak Hotel	98462-29605
어퍼 피상 Upper Pisang	Hotel Manang Marsyngadi	98490-28136, 98134-32745
훔데 Humde	Airport Maya Lodge	98463-11586, 98607-85796
마낭 Manang	Hotel North Pole	98465-27515
야크카르카 Yak Kharka	Manang Gangapurna Lodge	9946-60008
묵티나트 Muktinath	Eureka Inn	98476-82128, 98141-95223
	High Camp	9936-64505
쏘롱 Thourong	Phedi Lodge	9936-64535
	Hotel Grand	98511-87371, 98138-34630
좀솜 Jomsom	Tilicho Hotel	98576-50004
마르파 무스탕 Marpha Mustang	Hotel Marpha Palace	0694-00050, 98560-41300
타토파니 Tatopani	Hotel Trekkers Inn	98512-31014, 98492-45433

쿰부 히말라야 (에베레스트 베이스 캠프&고쿄)

지역	숙소명	연락처
루클라 Lukla	Sherpa Lodge	0385-50166, 98133-30395
타도코시갼 Thadokoshigaon	Holliday Inn Lodge	98418-44271, 98131-10536
팍딩 Phakding	Trekkers Lodge	98510-51077
	Phakding Star Lodge	98187-08883
몬조 Monjo	Mount Kailas	98183-34928, 98492-97825
남체바자르 Namche Bazar	Sona Lodge	0385-40089, 98428-67989
텡보체 Thengboche	Hotel Himalayan	98035-80230, 98084-55852
데보체 Deboche	Paradise Lodge	98036-86323, 98411-95456
팡보체 Pangboche	Highland Sherpa Resort	0385-40027, 98414-88807
딩보체 Dingboche	Everest Resort	98189-60423, 98429-37946
페리체 Pheriche	Pumari Hotel	98491-48496
로부제 Lobuche	Hotel Oxygon	98036-08342
고락셉 Goraksep	Hotel Snowland	98085-53272
	Yeti Resort	98130-78037

랑탕

지역	숙소명	연락처
둔체 Dhunche	The Himalaya Legend	01-0540112, 98419-03912
	Himalaya Mountain View	01-0540236, 98418-93042
샤브루베시 Syaphrubesi	Sky Hotel	01-0541019
	Malla Hotel	01-0541055
라마 호텔 Lama Hotel	Friendly Guest House	98417-37788, 98183-65212
	Lama Guest House	01-0670456
탕샵 Thangsyabu	Tashi Delak Hotel	01-0670463
랑탕 Langtang	Flavour Hotel	97413-43531
	Sunrise	97510-08188, 98412-17247
	Peaceful	01-0670473, 97412-37165
캉진곰파 Kyangjin Gompa	Norling Kyangjin Gompa	01-6922729, 97412-87318
	Lovely	97413-08288
툴로샤브루 Thulo Syaphru	Blue Star Hotel	01-0670444
신곰파 Shin Gompa	Yak and Nak Hotel	01-0670160, 97412-03099
라우레비나야크 Laurebina Yak	THULO Hotel	01-0540210
고사인쿤드 Gosain Kund	HOTEL LAKE SIDE	97411-86939
	PEACE FULL	01-0680303
곱테 Ghopte	NAMASTE Hotel	98417-39398, 96110-32374
쿠툼상 Kutumsang	Dorje Lakpa Hotel	98003-955958

고소증에 대한 이해와 대비

고소증이란?

고소적응은 히말라야 트레킹의 성패를 좌우하는 가장 중요한 일이다. 우리 신체가 한 번도 경험한 일이 없는 새로운 환경, 즉 고소에 얼마만큼 잘 적응하느냐에 따라 트레킹이 행복한 추억이 될 수도 있고, 악몽이 될 수도 있다. 따라서 히말라야 트레킹에서는 고소증에 대한 충분한 이해와 대비가 필수다.

고소증은 평상 시 생활하던 해발고도보다 훨씬 높은 3,000m 이상의 고도에서 산소 결핍과 저기압 등 갑자기 달라진 외부환경에 적응하지 못해 신체에 발생하는 여러 불편함을 총괄해 일컫는다. 고소 증세가 미미한 경우 시간이 지나면서 자연스럽게 새로운 환경에 적응해 별 문제없이 극복된다. 하지만, 고소적응에 어려움을 겪으면 다양한 부작용이 발생한다. 우선 손과 발, 얼굴이 붓는다. 머리가 기분 나쁘게 아파 오기도 하고, 조금만 움직여도 쉽게 숨이 가빠온다. 정신없이 잠이 쏟아지거나 소변이 자주 마려운 현상이 나타나기도 한다. 입맛이 떨어지기도 하고, 어지럽기도 하다. 이처럼 고소증은 사람에 따라 다양한 형태로 나타나 증세에 따라 신중하게 조취를 취해야 한다.

고소증에 대한 정보를 제공하는 하이 알티튜드 메디신 가이드 사이트(www.high-altitude-medicine.com)에서는 고소를 크게 3단계로 분류한다. 1단계(High Altitude)는 1,500~3,500m, 2단계(Very High Altitude)는 3,500~5,500m, 3단계(Extreme Altitude)는 5,500m 이상이다. 일반 트레커들이 갈 수 있는 높이는 대략 5,500m까지다. 쿰부 지역의 고개 3곳(콩마라, 촐라, 렌조라), 안나푸르나 쏘롱라 등이 여기에 해당된다. 5,500m 이상은 전문 산악인들의 영역이라 할 수 있다.

고소증의 원인

고소증은 산소 부족과 저기압 등 다양한 요인으로 발생한다. 산소는 해발고도가 높을수록 줄어든다. 5,000m에서는 공기 중의 산소가 해수면보다 절반으로 줄어든다. 8,000m에서는 거의 1/3 수준까지 떨어진다. 이처럼 산소가 부족하기 때문에 고산을 등반하는 산악인들은 산소통을 사용하기도 한다.

고소증은 산소 부족이 부분적인 원인이지만 고소증 발생 이유의 전부는 아니다. 현재까지 알려진 의학적 소견은 고소증의 발생 원인을 한 마디로 규정하지 못한다. 고소증은 산소부족, 낮은 기압, 추위, 피로, 영양결핍, 그리고 알 수 없는 고소의 '그 무엇'이 복합적으로 작용해 발생한다. 예를 들면 고소증 환자에게 산소를 공급해도 증상이 호전되지 않는 경우가 흔하다. 하지만, 그 환자를 고소증 증세가 나타나지 않았던 지점까지 하산시키면 아무런 조치를 취하지 않아도 고소증은 대부분 말끔히 낫는다. 이것은 고소증이 산소 결핍과 저기압 외에 다른 무엇이 결합된 복합적인 현상이라는 것을 의미한다.

고소 증세는 3,000m 이상 높은 지대로 올라가면 누구에게나 나타날 수 있다

산소가 부족하면 숨이 가쁘다. 공기 중에 산소량이 적기 때문에 같은 활동을 하더라도 호흡을 훨씬 빨리 하기 때문이다. 즉, 부족한 산소를 더 빨리 보충하기 위해 호흡이 빨라지는 것이다. 해발고도가 높은 고소에서는 10m를 이동하고도 쉬어야 할 만큼 우리 몸이 필요로 하는 산소를 정상적으로 공급하기가 어렵다.

저기압도 고소증을 악화시켜 심각한 위험을 초래한다. 고지대에서 저기압은 어떻게 나타날까? 높은 산에서는 기압이 낮기 때문에 밥이 설 익는다. 또 밀봉된 라면이나 과자봉지가 빵빵하게 부풀어 오른다. 봉지 안쪽의 압력은 일정한데 비해 바깥쪽은 상대적으로 기압이 낮기 때문에 부풀어 오르는 현상이 발생한다. 그 상태에서 계속 고지대로 이동하면 자연스럽게 터져 버리기도 한다. 우리 몸도 이와 똑같다. 고산지대에 오르면 우리 몸 속 세포와 혈관이 기압차로 인해 부풀어 오르는 현상이 나타난다. 이것을 보고 손발이 부었다, 혹은 얼굴이 퉁퉁 부어올랐다고 한다. 이런 상태를 방치하고 계속 높은 지대로 오르면 어떻게 될까? 혈관이 터지거나 폐와 뇌에 이상 현상이 발생할 수 있다. 만약 이 지경까지 이르렀다면 심각한 상황이다. 처치가 늦으면 사망할 수도 있다.

〈고도에 따른 산소량〉

고도	산소량과 기압
해수면	100%
3,000m	68%
4,000m	60%
5,000m	53%
6,000m	47%
7,000m	41%
8,000m	36%

어떤 사람이 고소에 잘 걸리나?

고지대에 오르면 누구나 고소증에 걸릴 수 있다. 또한 고소증은 연령, 성별, 신체의 단련 정도, 이전의 고소경험 등의 영향을 받지 않는다. 즉, 이런 것들과는 무관하게 고소증에 걸릴 수 있다. 그렇다면 고소증에 가장 직접적인 영향을 주는 것은 무엇일까? 걷는 속도다. 우리 몸이 아직 고소에 적응할 준비가 되지 않은 상태에서 급하게 걷거나 호흡에 무리를 주면 고소증에 걸릴 확률이 높다. 이밖에도 걸을 때 보온을 게을리 하거나 찬물로 머리를 감거나 하는 등으로 감기에 걸리면 고소증이 올 확률이 높다. 또 충분히 물을 마시지 못하거나 변비에 걸리는 등 신진대사가 원활하지 않을 때도 고소증에 걸리기 쉽다.

체질적으로 고소증에 잘 걸리는 사람이 있을 수 있다. 반면에 8,000m를 오르도록 '웬 고소'하며 고소증에 끄떡없는 사람도 있다. 그러나 분명한 것은 누구에게 고소증이 올 지는 아무도 모른다는 것이다. '나는 평소 체력이 강하니까 고소에서도 끄떡없을 것'이라는 생각은 착각이다. 고소에서 잘 견디는지, 그렇지 못할지 아는 방법은 딱 하나다. 본인이 직접 고소가 발생하는 고지대에 올라가 보는 것뿐이다.

고소증에 잘 걸리는 사람들은 체질적인 요인보다 성격이나 평소의 습관이 문제가 되는 경우가 많다. 날씨가 따뜻하다고 옷을 가볍게 입고 촐랑거리면서 산행하는 유럽의 젊은 청년들, 히말라야 설산 감상은 안중에도 없고 짧은 일정으로 목적지까지 가는 데만 급급해 죽기 살기로 트레킹하는 사람들, 신체에서 이상 신호를 보내는데도 불구하고 이 정도에서 고소 증세가 나타나면 체면 구긴다고 무조건 침묵하는 사람들. 이런 성격이나 유형의 사람들에게서 고소증이 일어날 확률이 높다.

난생 처음 히말라야 트레킹을 간다면 가장 조심해야 할 것이 바로 고소증이다. 고소증은 트레킹의 성공과 실패는 말할 것도 없고, 생과 사의 갈림길까지 갈 수 있기에 아무리 강조를 해도 지나치지 않다.

안나푸르나 베이스캠프 트레킹 중 마지막 구간을 힘겹게 오르는 트레커들. 고산병이 왔을 때는 옆에 동행인이 반드시 있어야 한다

고소증의 함정

'고소증은 체력이나 정신력과 무관하다'는 말은 매우 중요한 의미를 가지고 있다. 많은 사람들이 고소증에 불편을 겪으면서도 '이것도 못 참으면 체면이 말이 아니다'라는 생각으로 입을 굳게 다무는 경향이 있다. 이런 쓸데없는 자존심이야말로 고소증이 가장 좋아하는 함정이다. 대부분은 고소증에 걸려도 별일 없이 넘어간다. 하지만, 무서운 속도로 고소증이 진행 되어 손을 쓸 수 없는 지경까지 치닫게 되고, 급기야 비상용 헬기를 타고 내려오는 경우도 있다. 따라서 고소 증세가 나타나면 절대로 숨겨서는 안 된다. 주변의 동료에게 알리고, 그때부터는 더욱 더 조심하면서 고소증 예방 수칙을 잘 지켜야 한다. 이렇게 하면 정말 별 것 아닌 것처럼 극복할 수 있는 게 고소증이다.

고소증 증상은 사람에 따라 다양하게 나타난다. 다양한 증상만큼이나 그것들이 내포하는 의미 또한 다양하다. 그냥 견뎌도 되는 상태가 있는가 하면, 반드시 조치를 해야 하는 경우가 있다. 물론 그것을 구별하는 일은 의사나 전문가의 몫이다. 하지만 본인이나 동료에게서 고소 증세의 수상한 기미를 발견하면 이를 방치해서는 안 된다. 고소증 예방은 가장 먼저 주변 사람에게 알리는 것부터 시작해야 한다.

정상적인 고소적응과 신체 반응

신체는 산소가 부족하고 기압이 낮은 고지대에 가게 되면 누구에게나 아래와 같은 몇 가지 정상적인 생리적 변화가 일어난다. 이는 우리 몸이 고소에 적응하는 단계라고 보면 된다.

- 호흡 증가에 의한 혈중 탄산가스 감소와 갈증 현상이 나타난다.
- 활동을 할 때 숨이 가빠진다. 심지어 신발 끈을 묶는 데도 숨이 차다.
- 소변 양이 많아지면서 자주 보게 된다. 자다가 소변 보려고 몇 번씩 잠을 깬다.
- 수면 중에 호흡이 불규칙하면서 가슴이 답답해진다.
- 숙면을 취하지 못하고 자다가 자주 깬다.
- 평상 시 꾸지도 않던 괴상한 꿈을 꾼다.

높은 지대로 올라갈수록 대기압이 낮아지고 한 번 호흡에서 취하는 산소의 양이 점점 적어진다. 우리 몸은 산소를 더 얻기 위해 스스로 노력한다. 우선 호흡이 빨라진다. 이러한 현상은 언덕을 오를 때처럼 힘든 활동을 할 때 분명히 드러난다. 힘든 활동을 할 때 극도로 숨이 차는데, 쉬면 바로 숨 가쁜 것이 사라진다. 이런 상태는 정상적인 것이다.

폐 안의 산소량이 감소하면 혈액이 산소를 흡수해 나르는 효율이 점점 나빠진다. 이것은 고지대에서는 우리가 아무리 빨리 호흡해도 저지대처럼 혈중 산소농도를 정상적인 수준으로 유지할 수 없다는 것을 의미한다. 희박한 산소를 취하기 위해 계속되는 호흡증가는 혈중 탄산가스의 농도를 과도하게 낮춘다. 혈중의 탄산가스 농도는 우리 몸이 호흡을 하도록 뇌에 보내는 핵심 신호다. 산소가 부족하다는 것은 아주 약한 신호이자 마지막 안전밸브 같은 것이다.

고산병에 걸린 환자를 태우러 온 헬기. 비상 헬기를 호출할 때는 보증할 수 있는 에이전시가 필요하다

고소순응 과정 중에는 우리 몸의 화학작용과 수분의 균형에 큰 변화가 일어난다. 고지대에 있으면 우리 몸의 삼투압 관장 센터는 혈액의 농도를 높게 조절한다. 이 때문에 신장이 많은 수분을 배출하게 되어 고소 이뇨증(비뇨 과다)의 원인이 된다. 우리 몸이 이와 같이 혈액의 농도를 높게 조정하는 이유는 밝혀지지 않았지만, 혈액의 적혈구 농도를 높여 혈액의 산소공급 능력을 일정 정도 개선한다. 따라서 고소에서는 밤에 여러 번 오줌을 누는 것이 정상이다. 그렇지 않다면 탈수증에 걸렸거나 고소순응을 못하고 있는 것이다.

수면 중 불규칙한 호흡도 고소증 증세 가운데 하나다. 우리 몸은 깨어 있는 동안에는 숨을 쉬어야 한다는 것을 인식하는 데 아무 문제가 없다. 하지만 수면 중에는 다르다. 뇌에 있는 두 개의 다른 호흡 관장 센터의 지속되는 상충작용으로 비정상적인 호흡 양상(간헐적 호흡)을 보인다. 간헐적 호흡은 정상 호흡-호흡 멈춤-가쁜 호흡이 반복되는 것이다. 호흡 멈춤은 10~15초간 지속될 수 있다. 간헐적 호흡 증상에 대한 자각은 호흡이 멈춘 상태에서 깨어나 숨을 멈추었다는 것을 알게 되는 경우다. 또 자다가 깨어보니 옆의 동료가 간헐적 호흡을 하고 있는 것을 발견하기도 한다. 이렇게 간헐적 호흡 증상이 나타나면 트레커들은 불안하다. 간헐적 호흡 증상이 혹시 폐수종(HAPE)이 아닌가 의심하게 되는 것이다. 하지만 이런 경우에도 대부분 몇 분이 지나면 정상적인 호흡으로 돌아온다. 간헐적 호흡은 고소순응이 되면 약간 좋아지지만, 저지대로 내려가지 않으면 없어지지 않는다. 만약 간헐적 호흡 증세가 문제라면, 아세타 졸라마이드(이뇨제) 복용이 도움이 될 수 있다. 네팔 대부분 약국에서 저렴하게 구입할 수 있다.

고소증 증상

▲ 가벼운 증상

두통 : 머리가 욱신욱신 무겁게 아프다. 다쳤을 때 아픈 것과는 양상이 다르다. 특히, 잘 자고 난 아침에 머리가 아프다면 고소증이다. 10명 중 7명이 겪는 증상이니 '왜 나만 이럴까?'하는 생각은 버리기 바란다.

식욕부진 : 입맛이 없다. 거친 여행에 잘 적응하지 못하는 분들은 고소증이 아니라도 입맛이 떨어지게 되어 있다. 하지만, 고소증의 경우 대개 오심(토하려는 느낌)을 동반하고 심하면 구토까지 일으킨다.

수면장애 : 잠이 잘 오지 않는다. 자다가 자주 깨고, 아침에 일어나도 개운하지가 않는다. 그러나 수면 장애 자체는 심각한 문제가 아니다. 그저 불편할 뿐이다. 잠을 잘 못 잔다고 수면제를 함부로 복용하면 안 된다. 특히, 술과 함께 수면제를 복용하는 것은 절대 금물이다.

호흡단축 : 숨이 가쁘다. 산을 오르는 과정에 숨이 가쁜 것은 자연스러운 일이다. 하지만, 휴식 시간에도 '쌕~쌕~쌕~' 가쁜 숨을 쉬는 것은 고소 체질이 아니라는 것이다. 가슴이 아주 답답한 경우도 있다. 숨 가쁨은 정도에 따라 아주 심각하게 다루어야 할 것도 있다.

말초부종 : 손, 발, 얼굴이 붓는다. 붓는 위치 및 정도에 따라 의미가 다르다. 대개 손이 먼저 붓는다. 그 이유는 여러 시간 동안 팔을 흔드는, 즉 평소에 안 하던 짓을 했기 때문이다. 배낭 끈이 조여서 그럴 수도 있다. 어쨌든 손이 붓는 것은 고산증과 관계없는 경우가 대부분이다. 다음에 눈 주위가 붓는다. 여기서부터 고산증이다. 심하면 얼굴 전체가 퉁퉁 붓는다. 얼굴이 붓는 증상은 예방이 어렵다.

불규칙호흡 : 특히 밤에 잘 관찰된다. 잠을 자는데 4번 정도 호흡을 한 후 10~15초 동안 숨을 쉬지 않는 것이다. 무호흡증과 같은 현상으로 실제로 보면 엄청 긴 시간이다. 그래도 놀라지 마라. 그 자체로는 아무 일도 일어나지 않는다.

트레킹 중 고소 증세가 나타나면 주변 동료에게 알려서 항상 관심을 갖게 해야 한다

▲ 심각한 증상

기침 : 단순한 감기 기침은 문제가 아니지만, 고소에 의한 기침이라면 심각한 일이다. 그 둘은 반드시 구별되어야 한다. 고소증에 의한 기침은 평상시 감기와 달리 쌕쌕거리는 것이 포함된 기침이다. 또 가슴이 답답함을 넘어 뻑뻑하기 시작한다.

구토 : 배탈 난 것이 아닌데 토한다면 좋은 징조가 아니다. 뇌에 이상이 있다는 것을 암시하기 때문이다. 참을 수 없을 정도로 두통이 심해지는 것도 같은 맥락이다. 더구나 원인이 어찌 되었든 구토는 그 자체가 사람을 탈진시키므로 즉각 조치해야 한다.

쇠약 : 다리가 무거운 정도는 가벼운 증상이다. 아무것도 할 수 없을 정도로 기운이 없는 것이 고소 쇠약의 특징이다.

소변량 감소 : 소변량은 고소순응의 상태를 알 수 있는 좋은 지표다. 예를 들어 머리가 지끈지끈 아프더라도 소변량이 충분하다면 일단 걱정스러운 상태는 아니다. 반면 별다른 증상이 없더라도 소변이 충분치 않으면 아주 조심해야 한다.

권태 : 이건 심각하다. 믿어지지 않을 만큼 사람이 무기력하거나 못쓰게 되어 버리는 것이다. 우리는 흔히 '고소에 맞았다'고 말한다. 식사 때 일어날 생각을 않고, 말대답을 않으며, 심지어 용변을 해결할 의지도 보이지 않을 만큼 사람이 게을러지는 것이다. 이런 증세가 나타나면 비상 사태다. 일단 가벼운 증상으로 분류해 두었던 두통, 숨이 가쁨, 부종 따위도 그 정도가 심해지면 심각한 것이다. 요는 그런 경지에 이르지 못하도록 미리 조치하는 것이 중요하다. 어쨌거나 고소증이 다행스러운 이유는 '해결책이 있다'는 것이다. 하산하기만 하면 만사 오케이다. 그러나 '머리가 아프니까 하산, 입맛 없다고 하산' 해서야 언제 산을 오르겠는가. 그래서 정작 어려운 것은 하산 여부, 하산 시기를 결정하는 것이다.

안나푸르나 서킷 트레킹 중 가장 높은 쏘롱라(5416m). 5,000m 이상 고지대로 오르면 대부분의 트레커는 고소증으로 힘겨워 한다

고소증으로 인한 심각한 상황과 조치

▲ 뇌부종

고소증의 가장 심각한 증상 중에 하나가 뇌부종(HACE, High Altitude Cerebral Edema)이다. 이것은 뇌가 부어서 정상적으로 기능하지 못하는 것이다. 일단 뇌부종이 나타나면 신속히 진행되고, 몇 시간 안에 조치를 취하지 못하면 치명적이 될 수 있다. 이 증세의 환자들은 흔히 사고(思考)가 혼동되어 자신에게 질환이 일어난 것을 알아채지 못한다.

뇌부종을 가장 잘 나타내는 징후는 정신상태 또는 사고력의 변화다. 혼동, 이상한 행동, 무관심, 권태 등을 보일 수 있다. 그러나 이보다 더 알기 쉬운 것은 운동실조증Ataxia이라 불리는 평형감각 및 운동조정능력 상실 증상이다. 이것은 술에 취한 사람의 걸음걸이와 같이 비틀거리는 것으로 나타난다. 이것을 테스트하는 방법은 일직선으로 걷게 하는 것이다. 땅 위에 일직선을 긋고, 그 선을 따라서 걷게 하는데, 한 발 바로 앞에 다음 발을 놓도록 하고, 앞발의 뒤꿈치가 뒷발의 발가락 바로 앞에 놓이도록 한다. 이 테스트를 하려면 평지에서 배낭을 벗고, 크고 무거운 등산화를 신지 않도록 한다. 정상적인 상태라면 어려움 없이 이 테스트를 통과할 수 있을 것이다. 그러나 만일 공중줄타기 하듯이 애를 쓰거나 선을 벗어나는 경우, 또는 넘어지면 테스트를 통과하지 못한 것이다. 이는 뇌부종으로 간주해야 한다.

뇌부종으로 의심되면 취해야 할 조치는 즉각 내려보내는 것이다. 이것은 촌각을 다투는 비상사태라 아침까지 기다리면 안 된다(그러나 불행하게도 뇌부종은 통상 밤에 주로 발생한다). 지체하는 것은 치명적인 결과를 초래한다. 일행 중 뇌부종 증세를 보이면 그 순간부터 랜턴, 도와줄 사람, 포터, 환자를 내려보내는 데 필요한 것들을 챙겨 즉시 하산해야 한다.

뇌부종 환자를 내려보내는 일은 쉽지 않다. 환자의 비정상적인 정신 상태와 비틀거림 때문에 여러 사람의 도움이 필요하다. 그렇다면 얼마나 낮은 곳까지 하산시켜야 할까? 최소한 환자가 아침에 고소 증세 없이 편안히 일어난 마지막 캠프까지 내려간다. 뇌부종 환자의 거의 대다수가 고소 증세를 가지고 등반을 계속한 케이스라는 사실을 감안하면, 아마도 2일 전에 잠을 잔 고도까지 내려가야 할 것이다. 확신이 서지 않으면 우선 500~1,000m 아래의 고도까지 내려간다.

신속하게 저지대로 내려간 뇌부종 환자는 대부분 목숨을 구하고 정상적으로 회복된다. 환자가 완전히 회복되어 증상이 전혀 없으면 세심한 주의와 관찰을 하며 다시 트레킹을 계속할 수 있다.

▲ 폐수종

고소증 가운데 또 하나의 심각한 증세는 폐수종(HAPE, High Altitude Pulmonary Edema)이다. 폐부종이라고도 하는 폐수종은 폐에 체액이 과도하게 쌓여 호흡이 곤란해지는 질환이다. 폐수종은 흔히 고소증과 같이 일어난다. 하지만, 이 두 가지가 서로 연관되어 있다고 볼 수는 없다. 폐수종은 고소증의 전형적인 증상이 없을 때도 발생할 수 있다. 폐수종의 증세는 극심한 피로감, 휴식 중에도 숨이 가쁨, 기침(경우에 따라 거품이나 핑크색 객담이 나온다), 거친(쿠르릉~) 소리를 내며 숨 쉬기, 가슴이 조이면서 밀집된 느낌, 입술과 손가락 주위가 푸르고 검게 변하는 청색증 등이다.

폐수종은 뇌부종과 마찬가지로 비상상황이다. 따라서 폐수종으로 의심되는 환자에 대한 조치도

고산병에 걸린 환자를 이송하는 헬기. 고산병은 야간에 더 심하게 발전되며, 상태가 심각하다면 밤에라도 낮은 지대로 내려가야 한다

뇌부종과 동일하다. 즉각적으로 하산해야 한다. 지체하면 치명적인 결과를 초래한다. 얼마나 낮은 곳까지 내려보내야 할 것인가도 뇌부종과 같은 원칙이 적용된다. 환자가 아침에 고소 증세 없이 편안히 일어난 마지막 캠프까지 내려간다.

폐수종 환자를 내려보내는 일은 뇌부종 환자를 내려보내는 것처럼 힘들다. 폐수종 환자는 극도의 피로감을 느끼는 것과 함께 뇌에 충분한 산소를 공급하지 못하기 때문에 비정상적인 정신상태를 보인다. 폐수종 역시 밤에 발생하는 것이 흔하다. 또 힘든 활동을 하면 악화된다. 중증의 폐수종 환자는 이어서 뇌부종도 흔하게 발병한다. 그 이유는 지속적으로 빠르게 고도를 높이는 경우와 같이 혈중 산소농도가 극히 낮은 수준이 되기 때문이다.

폐수종은 고소증과 마찬가지로 저지대로 내려가면 증상이 빠르게 없어진다. 그러나 완전한 회복을 위해서는 저지대에서 충분히 휴식하는 것이 필요하다. 고소증과 마찬가지로 완전히 회복되어 증상이 전혀 없으면 세심한 주의와 관찰을 하며 다시 트레킹을 계속할 수 있다.

고소증 병원 및 진료소

히말라야 주요 트레킹 코스에는 고소증 환자를 위한 병원과 진료소가 있다. 솔루 쿰부 히말라야에서는 지리, 루클라, 남체바자르, 쿤데, 페리체, 안나푸르나 지역에는 좀솜, 마낭에 있다. 진료소에는 가모우백(저지대와 같은 기압으로 유지시켜주는 휴대용 응급 고소증 완화 기구)이 설치되어 있다. 이곳에 있는 병원이나 진료소는 대부분 시즌에만 오픈한다. 또 전문의가 아닌 봉사하러 온 의사가 있는 정도다. 따라서 대단한 치료를 기대할 수 없다. 간단한 약물치료와 함께 저지대로 내려가는 방법(도보가 어려운 경우 헬리콥터를 부를 수 있다)을 제안하는 정도다. 따라서 고소증은 예방이 가장 중요하다. 고소증은 몸의 이상 신호를 무시하고 바쁘게 트레킹을 하면 누구나 걸린다. 고소증은 젊음이나 체력과는 전혀 상관이 없다. 또 고소증 경험자와 무경험자를 나누는 것도 의미가 없다. 마찬가지로 남녀의 차이도 없다. 누구에게나 나타날 수 있다. 따라서 스스로 예방수칙을 지키며 트레킹을 하는 것이 중요하다.

고소증 예방 십계명

1. 낮은 곳부터 단계적으로 서서히 올라라

고소증을 예방하는 중요한 열쇠는 등반속도를 알맞게 조정해 우리 몸이 고소에 순응할 시간을 주는 것이다. 히말라야에서는 거리보다는 높이의 개념이 중요하다는 사실을 명심해야 한다. 또 사람마다 고소에 순응하는 속도가 달라서 절대적인 기준을 말할 수는 없다. 다만, 일반적으로 다음의 권장사항을 지키면 고소증에 걸리는 것을 막을 수 있다.

• 차량이나 헬기 등을 이용해서 오르지 말고 3,000m 이하부터 서서히 걸어서 올라가라.
• 3,000m 이상의 고도에서는 수면고도를 하루에 300m 이내로 한다. 최대 500m를 절대 초과하지 마라.
• 해발고도 1,000m 오를 때마다 고소순응을 위해 하루씩 쉬어간다. 보통 4,000m에서 1일 휴식, 5,000m에서 1일 휴식하는 식으로 진행하는 것이 일반적이다.
• 고소적응일에는 숙소에 머물러 있지 말고 움직여라. 낮에는 가까운 곳으로 짧은 트레킹을 하는 것이 좋다. 좀 더 높은 곳까지 올라갔다가 내려와 낮은 곳에서 자라.

2. 신체적인 컨디션이 좋도록 하며, 절대 과로하지 마라

• 몸과 마음을 편하게 하고, 즐겁고 긍정적으로 생각하고 행동한다.
• 배낭은 될 수 있는 한 가볍게 하는 것이 좋다. 체력이 떨어지면 고소적응이 더 어렵다. 하지만 고산지대의 날씨는 아무도 장담할 수 없기 때문에 따뜻한 옷가지는 꼭 챙겨가야 한다.
• 절대로 뛰거나 숨을 가쁘게 하는 짓을 삼가라. 초반에 체력이 남는다고 무리하면 고소적응에 실패할 확률이 높다. 천천히, 똑같은 걸음으로, 안정된 호흡을 유지하며, 처음부터 끝까지 같은 체력을 유지할 수 있도록 하라.
• 고소에서 머리를 감거나 샤워를 하지 마라. 머리 쪽으로 피가 쏠리게 되면 고소가 올 확률이 높다. 신발끈을 묶기 위해 머리를 숙이는 것도, 화장실에서 변을 보기 위해 힘을 주는 것도 고소에서는 좋지 않은 행동이다.
• 추위에 대비하고 보온을 철저히 하라. 특히 머리와 목 부분의 보온에 신경을 쓰자. 절대 한기가 들지 않도록 하자. 트레킹 도중 쉴 때 땀이 식어서 오한이 들지 않도록 재킷을 입고 벗는 수고를 게을리 하지 마라.

3. 물은 억지로라도 최대한 많이 마셔라

• 탈수는 고소증의 최대 적 가운데 하나다. 하루에 2~3리터 정도의 많은 물을 마시는 것이 좋다. 고소에서는 숨 쉬는 것만으로도 하루 1~2리터의 수분이 증발한다. 또한, 갈증에 대한 반응이 늦어져 목마를 때 찾아 마시는 정도로는 탈수를 면하기 어렵다.
• 차, 주스, 과일, 음식의 국물도 가능한 자주 많이 섭취한다.
• 하루 1.5리터의 소변량을 유지하도록 한다. 그렇게 하려면 하루에 2~3리터의 수분을 섭취해야 한다. 수시로 물을 마실 수 있도록 빨대가 있는 수낭이나 배낭에 넣어 다니는 작은 수통을 준비한다.

4. 음주와 흡연을 하지 마라

• 알코올은 탈수, 과로와 함께 고소순응을 방해하는 요소다.

• 음주를 한 상태에서 잠을 자면 고소순응이 잘 안 되는 것을 느낄 수 있다.

• 고산에서 담배를 피우는 것은 고소증을 재촉하는 것과 같다. 당연히 담배는 안 가지고 가는 게 좋다. 가이드나 포터 중에서 담배를 피우는 사람은 찾아 볼 수가 없다.

5. 무엇이든지 잘 먹고, 잘 자고, 잘 배설하라

• 음식은 가리지 말고 골고루 다 잘 먹는 게 좋다. 아무튼 먹기 싫어도 끼니는 거르지 말고 꼭 챙겨 먹는다. 일단 고소 증세가 나타나면 식욕이 떨어져 아무 음식도 먹지 못하는 경우가 생긴다. 식욕이 있을 때 배탈이 안 날 정도로 많이 먹는 것이 좋다. 그러나 저녁에는 식사량을 줄여야 한다. 자는 동안에도 소화를 시키기 위해 산소가 필요하므로 저녁에는 위장을 쉬도록 해 주는 것이 좋다.

• 지방이나 단백질은 신진대사과정에서 탄수화물보다 많은 산소를 필요로 한다. 지방, 단백질은 트레킹 전에 충분히 섭취하도록 한다.

6. 쓸데없는 자존심은 버려라

• 공연한 경쟁심으로 빨리 오르는 일, 약을 먹지 않고 버티는 일, 아파도 증상을 숨기는 일 등이 모두 고소증을 부르는 쓸데없는 자존심이다.

• 과거의 경력에 자만하지 마라. 예전에 괜찮았으니 이번에도 괜찮을 것이란 착각이 화를 부른다. 일반적으로 고소적응의 유효기간은 6개월이다. 그러나 이것도 개인차가 있어서 누구에게나 적용되지 않는다. 고소에서 자유로울 수 있는 사람은 아무도 없다.

• 트레킹 유경험자의 경우 예전에는 같은 고도에서 이상이 없었는데 고소증이 오는 경우도 있다. 전문가의 말을 빌리면 과거의 경험을 믿고 자만한 결과다. 술을 많이 마셨거나, 몸이 피곤한 상태에서 무리하게 산행을 했거나, 무섭게 빠른 속도로 걸었거나, 일정을 당겨 빨리 진행한 결과다. 하여튼 '하지 말라'는 것을 했기 때문에 발병한 것이다.

7. 고소 증세가 보이면 즉각 약물 요법을 써라

• 약은 고소증을 치료하는 것이 아니다. 사전에 우리 몸을 조심시켜 주고, 또 신체에 증상이 나타났을 때 조금 완화시켜 주는 역할을 하는 보조제일 뿐 치료약이 아님을 명심해야 한다.

• 제일 먼저 아스피린이나 타이레놀 같은 두통약을 보편적으로 많이 먹는다.

• 이뇨제인 다이아목스(아세타졸라마이드)를 복용하는 것은 고소증 예방에 도움이 된다. 다이나목스를 먹으면 소변이 많아진다. 따라서 그만큼 많은 물을 마셔줘야 한다. 다이아목스는 현재 우리나라에서는 생산이 중단되어 구할 수 없다. 네팔 현지에서는 약국에서 쉽게 구할 수 있다. 섭취 방법은 자기 전에 한 번, 낮에 한 번 등 하루에 2회 복용한다. 약은 통상 250mg으로 나오는데, 한 번에 반 알씩(125mg) 먹는다. 반 알을 먹는 것이 한 알을 먹는 것과 비교해 효과는 좋고 부작용은 적다.

• 혈액순환 개선제인 징코바일로바(은행잎 추출물로 징코민, 기넥신 등)도 고소증 예방을 위해 추천한다. 이 약은 몇 달 전부터 꾸준히 먹으면 좋다. 아직 의학적으로 증명이 된 바는 없지만 동상 예방에도 도움이 된다고 한다. 이 약은 고혈압 치료 및 예방약으로 사용되는 것인데, 처방전이 있어야 구입 가능하다.

• 비아그라도 고소증 예방 내지는 치료제로 쓰인다. 시알리스와 국산 자이데나도 같은 효과를 낸다고 한다. 이 약들은 혈관 확장제로 혈액 순환을 원활하게 해줘 고소 증세를 완화시켜 준다고 알려져 있다. 다만 중국산 짝퉁 비아그라는 주의해야 한다. 검증이 제대로 안 된 약품은 피하는 것이 좋다. 비아그라는 고소 증세가 조금이라도 나타나면 곧장 복용한다.

8. 고소 증세가 나타나면 절대로 더 오르지 마라

고소증은 낮에 얼마나 높이 올라갔느냐는 큰 문제가 되지 않는다. 중요한 것은 수면고도다. 수면고도sleeping elevation는 잠자는 곳의 높이를 말한다. 낮에 높이 올라갔더라도 잠자는 곳의 고도가 낮으면 고소증에 걸릴 확률은 낮아진다. 하지만 잠자는 곳의 높이를 전날에 비해 급격히 높이면 고소증에 걸릴 확률이 높아진다. 고소 증세가 심각해지는 것은 주로 밤이다. 일단 고소 증세를 느끼면 그 고도 이상 절대 더 올라가서는 안 된다. 또 그 고도에서 상태가 호전되지 않는다면 즉시 하산하라. 어쩌면 생사의 갈림길 일지도 모른다.

9. 상태가 나빠지면 즉시 내려간다

• 고소 증세가 있는데도 계속 오르면 증세가 악화된다. 자칫 치명적인 위험에 처할 수도 있다. 고소 증세가 악화되면 내려가는 것이 제일 좋다. 그것보다 더 좋은 대처 방안은 없다. 고소 증세가 없어지는 지점까지 내려가기만 하면 증세는 금방 호전된다.

• 고소 증세가 심하면 아침까지 기다리지 마라. 한밤중에라도 지체 없이 하산하라. 고소 증세 없이 아침에 편안히 일어난 마지막 롯지까지 내려간다. 즉 고소 증세가 나타나지 않는 곳까지 내려간 다음 상태를 살펴보아야 한다.

10. 절대로 혼자 있게 하지 마라

• 고소 증세를 보이는 동료는 상태가 더 나빠질 수 있다. 즉시 내려가야 할 경우도 있다. 때로는 자신의 증세가 악화되고 있는 것을 인식하지 못할 때도 있다. 따라서 상황을 판단해 조치를 취해 줄 사람이 반드시 같이 있어야 한다. 아니면 동료를 죽도록 방치하는 결과가 될 수도 있다. 가이드나 포터를 동반해야 하는 이유 중에 하나이기도 하다.

결론적으로 고소증에 걸리지 않으려면 예방 수칙을 잘 지키는 게 중요하다. 고산 트레킹이 처음이라면 반드시 경험자와 동행하자. 트레킹을 하면서 항상 서로 관찰하고 신경을 쓰자. 고산에서도 우리 몸의 순환기, 호흡기 계통이 정상적으로 돌아가면 큰 문제가 없다. 그래서 잘 먹고, 잘 자고, 잘 버리는 것이 중요하다.

Nepal Himalaya Trekking Special

히말라야 트레킹 꿀팁

히말라야 트레킹에는 여러 가지 일반적인 기준이나 원칙들이 있다. 물론, 반드시 이렇게 해야 하는 강제 규정은 아니다. 그래도 이 기준이나 원칙에서 크게 벗어나지 않는 범위 안에서 각자의 사정에 맞추어 트레킹을 하는 게 좋다. 기본과 원칙에 충실한 트레킹만이 안전을 보장할 수 있다.

01 트레킹은 오전 7~8시에 시작해 오후 3~4시 전에 마치는 것이 일반적이다. 계절에 따라 다르겠지만 상대적으로 햇살이 뜨겁지 않은 오전에 일찍 출발하고, 해가 남아 있는 시간에 도착하는 것이 좋다. 보통 휴식 및 점심시간을 포함해 하루에 짧게는 3~5시간, 길게는 6~8시간 정도 걷는다고 보면 된다. 히말라야 트레킹에서는 하루에 얼마만큼 걷는가는 중요하지 않다. 얼마만큼 고도를 높였느냐가 중요하다. 가능한 1일 최대 500m를 넘지 않도록 한다.

02 처음 히말라야 트레킹을 가는 경우 가지고 갈 짐을 챙기는 일이 생각보다 쉽지 않다. 어떤 것이 필요하고 불필요한지 판단하기가 어렵다. 포터를 고용해 트레킹을 한다면 너무 고민하지 말고 필요하다고 생각되는 것들을 모두 가져가면 된다. 포터가 짐을 운반하기 때문에 본인이 직접 그 많은 짐을 메고 올라갈 일은 없다. 반면 망설이다 빼놓고 온 장비가 트레킹 시에 꼭 필요하게 되면 상당한 낭패. 약간이라도 쓰임새가 있을 것 같으면 그냥 가지고 가면 된다. 단, 포터가 지고 갈 카고백(배낭)의 무게는 최대 20kg까지다.

03 포터에게 맡기는 카고백(배낭)은 가급적 자물쇠를 채우는 것이 서로에게 좋다. 여기에서 말하는 서로에게 좋다는 의미는 만약 물건이 없어졌을 때 손님은 포터를 의심하지 않아서 좋고, 포터는 손님으로부터 그런 의심을 받을 필요가 없어서 좋다는 것이다. 그런 이유로 포터들도 손님들이 짐에다 자물쇠를 채우기를 원한다. 롯지에서도 본인 방문에다 자물쇠를 채우는 습관을 갖는 것이 좋다.

04 본인이 메고 가는 25~40리터의 소형배낭 안에는 여행경비, 항공권(또는 버스표), 트레킹 허가증(퍼밋), 트레킹 지도, 사진기, 선글라스, 선크림, 윈드 재킷(또는 폴라텍 재킷), 식수, 기호식품, 랜턴, 필기구, 장갑, 모자, 스카프, 비옷(여름), 휴지, 입술연고, 도중에 복용할 상비약, 기타 중요 물품을 넣는다. 포터는 다음 목적지까지 짐을 날라다주는 일을 하는 사람이므로 손님들과 함께 걸어야 할 의무는 없다. 포터들은 자신들이 원하는 장소에서 쉬고 또한 그들만의 속도로 걸어 다음 목적지까지 손님의 짐을 날라다 주는 게 일반적이다. 포터들이 항상 트레커 옆에서 걸어가기를 희망하면 사전에 포터와 협의해야 한다.

05 트레킹 도중 만나는 아이들에게는 사탕이나 초콜릿을 주지 않는 것이 좋다. 산골 아이들은 양치질을 잘 하지 않는다. 사탕이나 초콜릿을 먹으면 도시 아이들에 비해 충치가 생길 확률이 높다. 이것은 네팔치과의사협회에서 관광객들에게 협조해 달라고 요청한 사항이기도 하다. 또 사진을 찍을 때 사람을 대상으로 한다면 반드시 사전에 허락을 받고 찍어야 한다. 그리고 사진을 찍는 조건으로 무엇인가를 주면 안 된다. 만약 사진 찍는 대가로 무엇을 주게 된다면 다음에 찍는 사람은 반드시 무엇인가를 주어야만 사진을 찍을 수 있기 때문이다.

06 침낭은 가장 중요한 트레킹 장비이다. 트레커들이 머무는 롯지의 숙소에는 난방시설이 없다. 그래서 따뜻한 침낭이 없으면 숙면을 취할 수 없다. 침낭이 부실해 밤새 차가운 방안에서 떨어본 경험이 있는 사람은 침낭의 중요성을 잘 알 것이다. 침낭의 다운 함량은 여름 1,000g, 봄과 가을, 겨울은 1,300g이 좋다. 얇은 침낭에 핫팩을 넣는다거나 수통에 뜨거운 물을 담아 침낭의 보온력을 높일 수는 있지만 이런 것들은 어디까지나 보조적인 수단이다. 가성비 높은 침낭의 필요성은 아무리 강조해도 지나치지 않다. 숙소에 도착하면 침낭을 꺼내어 침대 위에 펴놓는다. 그래야 다운이 잘 부풀어 보온력이 좋아진다. 수통에 뜨거운 물을 담아 침낭에 넣고 자면 다음날 미지근하게 식는다. 이 물을 식수나 양치질 할 때 사용하면 좋다.

07 등산용 스틱은 없는 것보다 있는 게 훨씬 좋다. 스틱이 있으면 네 발로 걷는 효과를 볼 수 있어 체력 소모가 70% 수준으로 줄어든다. 눈길이나 물에 젖은 돌길에서는 미끄러짐을 방지해 준다. 참고로 스틱은 2개 1쌍을 사용해야만 그 효과를 제대로 누릴 수 있다. 카트만두 타멜의 장비점에서 파는 짝퉁의 경우 트레킹 도중 스틱이 망가지는 경우가 종종 있다. 한국에서 준비해 가는 게 좋다. 등산화는 가능하면 발목을 보호해 주고 오래 걸어도 발의 피로가 적은 발목이 있는 등산화를 추천한다.

1. 롯지의 방에서 휴식하는 트레커들. 롯지에서는 자신의 체온을 이용해 보온한다 2. 화장실과 세면장은 롯지 건물 밖에 있어 밤에 화장실 가는 게 귀찮고 힘들다

롯지의 마당에서 히말라야의 아름다운 풍광을 감상하며 쉬고 있는 트레커들. 히말라야 트레킹은 충분히 휴식하면서 가급적 천천히 걸어야 실패하지 않는다

08 슬리퍼는 트레킹 준비물 중에서 손에 꼽는 필수품이다. 하루 여정을 마치고 롯지에 도착하면 바로 발을 씻어야 하는데, 이때 슬리퍼가 아주 유용하다. 또한, 슬리퍼를 신고 있으면 피곤해진 발이 금방 정상 컨디션을 찾는다. 네팔식 슬리퍼(쪼리 슬리퍼)는 트레킹 시작하기 전에 카트만두 타멜이나 포카라 레이크사이드에서 구입한다. 도중에 만나는 큰 마을에서도 구입할 수 있다.

09 트레킹 지도나 개념도를 챙기는 것도 잊지 말자. 지도는 여행자의 소중한 동반자인 동시에 트레킹 후 소중한 추억의 물건이 될 수도 있다. 가이드북에 있는 자그만 개념도를 활용할 수도 있겠지만, 산에 들어가는 순간 상세한 지도의 필요성을 절실히 느끼게 된다. 전문 트레킹 지도가 있으면 산의 모습이 한 눈에 들어오기도 한다. 일부 가이드 겸 포터들 중에는 산의 정확한 이름이나 높이를 모르는 경우가 제법 있다.

10 트레킹을 하면서 현지의 관습과 문화를 존중해야 한다. 트레킹 도중 불탑과 마니석 등을 지날 때에는 왼쪽으로(시계 방향) 돌아가는 것이 예절이다. 물건을 주고받을 때에는 항상 오른손을 사용하는 것이 좋다. 공동으로 마시는 물병의 물을 마실 때는 입을 대지 않고 마셔야 한다. 먹고 있던 숟가락을 사용해 다른 사람에게 음식을 나눠주면 안 된다. 롯지의 부엌에 들어갈 때는 먼저 주인에게 물어보고 허락을 받은 후에 들어간다. 일부 부족은 가족이 아닌 사람이 자기 집 부엌에 들어오는 것을 반기지 않는다. 안나푸르나와 랑탕 지역의 트레킹 루트에는 온천이 몇 개 있다. 네팔어로 '타토파니'라 부르는 온천에 들어갈 경우 남자는 사각 반바지를 입어야 한다. 삼각팬티는 절대 사절이니 참고하시라. 여자는 수영복이나 숏 팬티를 입어야 한다.

11 롯지는 히말라야 산 속에 있는 산장을 의미한다. 이곳에서 여행자들은 식사와 숙박을 모두 해결한다. 식사는 주로 네팔식과 서양식이며 메뉴판에 있는 음식을 주문하면 1시간 정도 걸린다. 롯지에서는 음식비용을 흥정할 필요가 없다. 이곳에선 항상 메뉴판에 적혀 있는 정해진 가격만 받는다. 숙소는 보통 2인 1실로 되어 있고, 침대에는 베개와 매트리스가 준비되어 있다. 롯지의 숙소는 난방이 안 된다. 숙소비용은 성수기와 비수기에 따라 약간의 흥정이 가능하기도 하다. 비용은 높이, 지역에 따라 조금씩 달라진다. 방 1개에 300~500루피 정도 한다. 식사는 네팔식 백반 달밧떠끼리 기준으로 한 끼에 300~500루피 정도 한다. 높은 곳으로 갈수록 가격이 비싸지는 것은 어쩔 수 없다.

12 히말라야 트레킹 중에는 물과 차, 그리고 스마트폰 충전까지 모든 것이 유료다. 이런 비용을 포함해서 하루 평균 20달러 정도 소요된다. 롯지에서 식사를 하지 않을 경우 방값은 위치와 지역에 따라 다르지만 10~20달러 정도 한다. 또한 개별 취사를 위해 부엌을 사용할 경우 부엌 사용료를 별도로 내야 한다. 방에서 몰래 가스버너를 사용하다 적발되면 강제퇴실을 당해 트레킹을 망칠 수 있다. 요즘은 디지털 카메라나 스마트폰 배터리 충전도 롯지에서 가능하다. 하지만 특정 지역에서는 전기가 없어 충전이 불가능할 수도 있다는 것을 항상 염두에 두어야 한다. 트레킹 도중 충전할 수 있는 롯지는 대략 80%선이다. 나머지 20% 롯지에서는 충전을 할 수 없다. 추운 곳에서는 배터리도 빨리 소모된다. 롯지에서 일반 AA 사이즈 건전지 구입도 가능하다.

13 롯지에 도착하면 가장 먼저 씻고 옷을 갈아입는다. 샤워는 안 하는 게 좋다. 2,500m 이상 고지대는 날씨가 춥고 건조해 샤워를 하면 체온이 급격히 떨어져 감기나 몸살에 걸릴 확률이 높아진다. 뜨거운 물이라 해도 샤워는 하지 않는 것이 좋다. 고산에서는 체온이 떨어지면 회복이 잘 안 된다. 샤워 대신 대야에 물을 받아 온몸을 구석구석 닦는 정도로만 한다. 만약 땀에 젖은 옷을 그대로 입고 있으면 십중팔구 감기에 걸린다. 고산에서 감기에 걸리면 대부분 고산병으로 진행된다. 따라서 트레킹 시 입는 옷과 취침 시 입는 옷을 따로 준비한다. 롯지에 도착하면 마른 수건으로 건포마찰을 하고 바로 롯지용으로 별도로 구분해 놓은 양말, 속옷, 셔츠, 바지 등으로 갈아입는다. 트레킹을 할 때 입은 옷은 숙소의 옷걸이에 걸어 말린다. 이 옷은 다음날 트레킹을 시작하기 전에는 다시 갈아입는다. 옷을 갈아입은 후 침낭을 펴놓는다. 그 다음 저녁 식사시간과 희망하는 메뉴를 주문하고 휴식을 취한다.

14 트레킹 도중 무엇을 먹을까? 한국인이 좋아하는 음식은 달밧(네팔식 백반), 삶은 감자, 볶음밥, 토스트, 계란 프라이, 삶은 계란, 오믈렛, 티베트 빵, 피자, 핫케이크, 마늘수프, 닭백숙 등이다. 참고로 아침식사는 전날 메뉴와 식사시간을 미리 주문해 놓는 게 좋다. 그래야 제 시간에 먹을 수 있다. 롯지에서 가져간 한국 라면을 끓여 먹을 수 있다. 롯지 주인에게 부엌 사용료를 지불하고 롯지 주방에서 끓여 달라고 하면 별 거부감 없이 끓여준다. 함께 간 가이드에게 부탁해도 된다. 단, 주의할 것이 있다. 롯지의 다이닝룸과 방 안에서는 개인 취사행위가 금지되어 있다. 가스버너를 사용할 때는 주인에게 허가를 받은 후 외부에서 사용해야 한다. 가져간 밑반찬은 식사 때 꺼내놓고 먹을 수 있다.

15 롯지에서는 같은 음식을 주문해도 외국인보다 네팔 현지인이 저렴하다. 보통 음식을 주문하면 가격이 비싼 외국인 것이 먼저 나오고, 이후에 가이드, 포터 순서로 나온다. 만약 가이드와 포터에게 음식을 사주고 싶다면 그들에게 따로 주문하라 시킨 후 나중에 상대적으로 저렴한 음식값을 그들에게 직접 주는 것이 좋다. 트레커가 가이드나 포터 것까지 직접 계산을 하면 모든 음식을 외국인 가격으로 적용해 영수증을 가져오는 경우가 많다. 점심 때 롯지에서 포터와 동시에 식사한 후 함께 출발하려고 하면 시간이 많이 걸린다. 가급적 따로따로 식사를 하는 것이 좋다. 보통 트레커는 가이드와 1시간 이내의 간단한 점심식사를 한 후 먼저 출발한다. 포터와 같이 먹고 출발하려면 2시간 정도를 허비한다. 롯지에서 음식 값을 계산할 때는 가이드에게 시키지 말고 본인이 직접 한다. 일반적으로 네팔인들은 계산에 약하다. 한국인은 금방 암산할 수 있는 숫자를 갖고도 몇 분씩 씨름하는 경우가 종종 있다. 그리고 영수증 금액도 가끔 틀린다. 먹지 않은 품목이 올라가 있을 수도 있다. 간혹 가이드와 서로 오해하는 감정을 갖게 되는 경우가 발생할 수도 있으므로 항상 계산은 직접 하는 것이 좋다.

16 히말라야에서는 밤이 무척 길다. 네팔 사람들은 보통 저녁 8시가 되면 잠자리에 든다. 롯지 사람들도 예외는 아니다. 문제는 잠을 일찍 깰 수 있다는 것이다. 히말라야는 공기가 무척 맑다. 이 때문에 3~4시간만 잠을 자도 피로가 쉽게 풀린다. 그래서 잠이 금방 깨는 것이다. 어떤 날에는 밤 11시 경에 깨어 다음날 아침 6시까지 침낭 속에서 동이 트기를 기다리는 고역을 경험할 수도 있다. 이런 때에는 책을 보는 것이 큰 도움이 된다. 그래서 책을 1~2권 챙겨가는 것이 좋다. 롯지의 숙소에서는 소등 이후부터는 절대로 떠들지 말아야 한다. 각 숙소를 구분해주는 칸막이가 너무 얇아 옆방에서 소곤거리는 소리까지도 들린다. 그러므로 밤 9시가 넘으면 방에서 이야기하는 것을 삼가는 것이 좋다. 늦은 시각까지 떠들다가는 옆방으로부터 항의를 들을 수도 있다. 밤에는 떠들지 않는 것이 예의다.

17 가이드와 포터는 돈을 주고 부려먹는 사람이라 생각해서는 안 된다. 이들은 히말라야 트레킹에 나선 트레커를 도와주는 고마운 사람들이라 생각해야 한다. 그들의 고마운 도움이 필요해서 일정액의 비용을 지불하는 것이라고 생각하자. 그래야 서로에게 믿음이 간다. 가이드나 포터를 한국적인 방식(?)으로 순종케 하지 말고 자발적으로 그들이 도움을 줄 수 있도록 유도하는 게 좋다. 가이드는 평소에 있어도 그만, 없어도 그만인 그냥 여행의 동반자 성격으로 비춰질 수도 있다. 하지만 사고가 나거나 위험에 직면하면 가장 큰 도움을 준다. 일종의 보험과 같다. 그러나 가이드와 포터가 받는 것에만 익숙하지 않게 해야 한다. 네팔의 3대 수입원 중 하나가 다른 나라에서 도와주는 원조다. 그래서 네팔인들은 받는 것에 상상 외로 익숙해져 있다. 받는 것에 익숙해지면 스스로 일어서야 하는 자립정신이 사라져 버린다. 따라서 가이드와 포터에게는 정당한 대가를 지불해야 하고, 비용을 지불할 때는 그 이유를 분명히 알려줘야 한다. 한국인만 만나면 손을 벌리는 산마을 아이들에게도 함부로 무언가를 줘서는 안 된다.

18 가이드와 포터는 믿을 수 있는 에이전시를 통해 고용해야 한다. 그래야 중간에 딴소리를 하지 않는다. 트레킹 도중 가이드나 포터가 상식 밖의 행동을 하면 여행 자체가 망가질 수도 있다. 보통 싼값에 뜨내기 포터를 고용하면 그들로부터 중간에 딴소리를 듣는 경우가 많다. 가장 확실한 방법은 여행사를 통해 고용하는 것이다. 물론 여행사를 통해 고용할 경우 조금 더 비쌀 수 있겠지만 그래도 약간의 보험적인 성격이 있다. 트레킹 도중 가이드나 포터가 상해 또는 불의의 사고를 당했을 때에도 트레커가 그에 대한 책임을 지지 않는다. 트레킹 출발 지점에 도착하면 포터에게 짐을 묶을 끈과 커다란 비닐커버를 사주어야 한다. 끈으로는 자신의 짐과 트레커의 짐을 묶는다. 비닐 커버는 포터의 비옷이면서 동시에 폭우로부터 손님의 짐을 보호해 주는 역할을 한다.

19 어떤 복장으로 트레킹을 갈까? 히말라야 트레킹은 최소한 해발 3,000m 이상 올라간다. 따라서 계절에 관계없이 기본적으로 겨울복장을 따로 챙겨야 한다. 해발 3,000m 이상에서는 날씨가 언제, 어떻게 악천후로 변할지 아무도 모른다. 쉽게 말해 기본적인 트레킹 복장은 봄가을 스타일로 입는다. 여기에 우모복, 내복, 방한모, 윈드 재킷, 장갑 등 겨울복장을 따로 챙긴다. 여름에는 우모복을 제외한 나머지만 챙긴다. 트레킹 도중에 양말, 속옷, 티셔츠 정도는 빨아 입을 수 있다. 반면 부피가 큰 긴 바지나 폴라텍 재킷은 빨지 않는 것이 좋다. 비누는 웬만한 롯지에서 구입할 수 있다. 빨래는 롯지의 방에 널어서 말린다. 날씨가 건조해 습도 조절 역할을 해준다. 다만, 추운 겨울에는 잘 마르지 않기도 한다. 양말은 배낭에 매달고 트레킹을 하면 금방 마른다. 옷을 넉넉히 챙겨가지 못했다면 고산족 마을에서 보충할 수도 있다. 에베레스트는 남체바자르, 안나푸르나 BC는 촘롱, 안나푸르나 서킷은 마낭에서 보충할 수 있다. 이런 마을의 잡화점에서는 배터리, 랜턴, 선글라스 등을 팔기도 한다.

임자체 베이스캠프와 트레킹 피크로 이름 높은 임자체

쿰부 히말라야 3대 패스 가운데 하나인 촐라를 오르는 트레커들. 촐라는 몬순에는 눈이 거의 없지만 늦가을부터 봄까지는 눈이 많다

20 고산병 예방의 최선책은 천천히 걷는 것이다. 여기서 말하는 '천천히 걷는다'에 대한 속도는 걸을 때 호흡이 흐트러지지 않는 정도를 의미한다. 그럼 호흡이 흐트러지지 않을 정도의 속도란 과연 무엇일까? 할머니가 손자 손을 잡고 동네 산책하는 걸음걸이를 상상하면 된다. 그리고 해발 3,000m 이상에서 고산병 증상인 호흡 곤란, 두통, 어지러움 증상이 나타나면 복식호흡, 심호흡으로 바꿔 공기가 최대한 허파 속으로 들어가게 만들어 준다. 고산병은 산소가 부족해 나타나는 증상이 크므로 깊은 호흡을 하여 산소가 우리 몸에 많이 들어갈 수 있도록 해줘야 한다.

21 히말라야에는 '고산병 함정'이라는 것이 있다. 보통 해발 3,000~3,500m에서 나타나는데, 어느 한 순간부터 갑자기 몸이 가뿐해지거나 힘이 불끈 솟는 자각 증상이 온다. 이때 초보자들은 본인이 히말라야 고산 체질이라는 착각에 빠져 걷는 속도를 더 빨리하게 된다. 그렇게 빨리 걷다 보면 고소적응에 실패하게 되며, 십중팔구 고산병에 걸린다. 해발 3,000m가 넘는 곳에서 갑자기 위와 같은 증상이 나타나면 '아, 고소적응 지역이구나!'라고 생각하며 오히려 걷는 속도를 줄여야 한다.

22 흔히 '고산병 약'이라 불리는 약들이 있지만, 그것이 특효약은 절대 아니므로 100% 믿으면 안 된다. 단지 어느 정도 선에서 예방과 치료를 해준다고 생각해야 한다. 두통, 호흡곤란, 얼굴이 붓게 되면 아스피린이나 다이아목스를 바로 복용하는 것이 좋다. 또한 몸의 컨디션이 갑자기 나빠져 고산병 위험이 커지게 될 경우에도 미리 예방 차원에서 다이아목스를 복용할 수 있다. 최근에 발표된 자료에 의하면 비아그라가 고산병에 효과적이라고 한다. 비아그라를 복용하면 폐동맥으로 흐르는 혈액의 양을 늘려 신체에 원활한 산소 공급을 도와주고 이로 인해 고산병 증상이 완화된다고 한다. 한국에서는 비아그라 구입 시 의사 처방전이 필요하다. 그러나 다이아목스는 네팔 약국에서 처방전 없이 구입 가능하다.

저지대부터 해발 4,000m가 넘는 고지대까지 두루 볼 수 있는 안나푸르나 베이스캠프 트레킹에 나선 트레커들

23 감기 증상 비슷하게 머리가 아프고, 춥고, 무기력한 증상이 오면 고산병 초기 증세라고 생각해야 한다. 고산병 초기 증상이 느껴지면 가장 먼저 방한모를 쓰고 따뜻한 우모복을 입어야 한다. 이런 증상이 올 때는 뜨거운 마늘수프를 먹는 것도 큰 도움이 된다. 또한, 고산병 증세가 느껴질 때 바늘로 손끝을 따주면 즉효를 보는 경우가 많다. 체해서 고소가 올 수도 있고, 고소가 와서 체할 수도 있다. 동전의 양면 같은 효과다. 트레킹을 할 때는 술과 담배를 멀리하는 것이 좋다. 특히, 술은 고산병을 일으킬 수 있는 문제의 음식이므로 해발 3,000m 이상에서는 마시면 안 된다. 히말라야에서는 술 때문에 헬리콥터에 실려 내려오는 일이 종종 일어난다.

24 비상약품을 잘 챙기는 것도 중요하다. 고산병 초기 증세가 오면 머리가 조금씩 아파온다. 이때는 아스피린이나 타이레놀 같은 두통약을 복용한다. 소화가 안 돼 속이 더부룩할 때는 소화제를 먹는다. 심한 설사에는 로페린을 복용하면 효과가 좋다. 신선한 야채가 부족한 고산에서는 먹는 비타민도 유용하다. 선크림은 자주 발라줘야 한다. 선크림은 자외선 차단지수(SPF) 25 이상이 적당하다. 얼굴, 목에 발라준 썬크림은 흐르는 땀에 씻겨 내려간다. 그렇게 되면 효과가 떨어지므로 2~3시간 간격으로 발라주는 것이 좋다. 참고로 히말라야는 고산지라 자외선이 도시에 비해서 훨씬 강하다. 입술 연고 또한 자외선 차단 효과가 있는 것으로 준비하는 것이 좋다.

25 여름철 안나푸르나 베이스캠프나 푼힐 전망대, 랑탕 히말라야에서 트레킹을 할 때는 거머리를 조심해야 한다. 거머리가 피부에 붙으면 소금 또는 모기약을 뿌린다. 산길을 걸을 때는 가끔 등산화에 거머리가 붙지 않았는지 살펴야 한다. 참고로 안나푸르나 서킷과 에베레스트 BC 트레킹에는 거머리가 거의 없다. 그리고 산길에서 당나귀, 말, 소, 야크 등을 만났을 때는 가축들이 지나갈 수 있도록 산쪽(길의 안쪽)으로 비켜준다. 자칫 벼랑쪽으로 피하다 보면 가축들과 충돌해 추락할 수 있다. 반바지를 입고 트레킹 할 때는 '시스누'라는 이름의 쐐기풀을 조심해야 한다. 잎과 줄기에 가시가 많은 이 풀은 살갗을 스치기만 해도 눈물이 찔끔 나올 정도의 아픔을 준다. 심하게 쏘이면 곪을 수도 있다.

히말라야 트레킹에 유용한 연락처와 사이트

푼힐 전망대에서 본 다울라기리 산군

네팔관광청 Nepal Tourism Board
주소 Tourist Service Centre Bhrikuti
Mandap, Kathmandu, **전화** 01-4256909
팩스 01-4256910 **이메일** info@ntb.org.np
홈페이지 www.welcomenepal.com

네팔출입국사무소 Nepal Immigration Office
주소 Kalikasthan, Dillibazar, Kathmandu
전화 01-4429659, 4429660
팩스 01-4433934
이메일 dg@nepalimmigration.gov.np,
mail@nepalimmigration.gov.np
홈페이지 www.nepalimmigration.gov.np

네팔트레킹여행사협회
Trekking Agencies' Association of Nepal(TAAN)
주소 Maligaun Ganeshthan, Kathmandu
전화 01-4427473, 4440920
팩스 01-4419245
이메일 taan@wlink.com.np, info@taan.org.np
홈페이지 www.taan.org.np

안나푸르나 지역 환경 보전 계획
www.ntnc.org.np

네팔산악협회
Nepal Mountaineering Association(NMA)
주소 Nagapokhari, Nexal, Kathmandu
전화 01-4434525, 4435442
팩스 01-4434578
이메일 office@nepalmountaineering.org,
peaks@nma.wlink.com.np
홈페이지 www.nepalmountaineering.org

네팔호텔협회 Hotel Association of Nepal(HAN)
주소 Subarna Shamsher Marg, Gairidhara,
Kathmandu **전화** 01-4412705, 4410522
이메일 han@ntc.net.np,
accounthan@ntc.net.np
홈페이지 www.hotelassociationnepal.org.np

네팔래프팅협회
Nepal Association of Rafting Agency(NARA)
주소 Thamel, Jyatha, Kathmandu, Nepal
전화 01-4700020, 4700212
팩스 01-4700212 **이메일** nara@mail.com.np,
info@raftingassociation.org.np
홈페이지 www.raftingassociation.org.np

네팔 히말라야 날씨 관련 사이트

네팔기상청 www.mfd.gov.np

히말라야 실시간 날씨 정보 www.mountain-forecast.com

안나푸르나(ABC) www.mountain-forecast.com/peaks/Annapurna/forecasts/3500

칼라파타르 www.mountain-forecast.com/peaks/Kala-Pattar/forecasts/5000

랑탕 www.mountain-forecast.com/peaks/Langtang-Lirung/forecasts/3500

파키스탄 카라코람 www.mountain-forecast.com/peaks/Baltistan-Peak/forecasts/4500

K2 www.mountain-forecast.com/peaks/K2/forecasts/5000

틸리쵸 www.mountain-forecast.com/peaks/Tilicho-Peak/forecasts/3500

푼힐 www.mountain-forecast.com/peaks/Poon-Hill/forecasts/2500

에베레스트(EBC) www.mountain-forecast.com/peaks/Mount-Everest/forecasts/5000

임자체 www.mountain-forecast.com/peaks/Imja-Tse

아마다블람 www.mountain-forecast.com/peaks/Ama-Dablam

로부제 이스트 www.mountain-forecast.com/peaks/Lobuche-East

메라피크 www.mountain-forecast.com/peaks/Mera-Peak

고쿄 www.mountain-forecast.com/peaks/Gokyo-Ri/forecasts/3500

얄라피크 www.mountain-forecast.com/peaks/Yala-Peak

히말라야 트레킹에 유용한 한국 사이트

네히트(네이버 인터넷 카페)
cafe.naver.com/trekking

야크존(다음 인터넷 카페)
cafe.daum.net/yakzone

네히트(다음 인터넷 카페)
cafe.daum.net/nepal-himalaya-news

안나푸르나 서킷 계곡에 자리한 탈 마을

히말라야에서 즐기는 아웃도어

네팔에는 트레킹 이외에도 즐길 수 있는 아웃도어 스포츠들이 아주 많다. 히말라야 설산을 배경으로 업다운이 극렬한 산악자전거 라이딩을 하거나 빙하가 녹아내린 계곡과 강에서 급류 래프팅과 카약킹을 할 수 있다. 좀 더 짜릿한 모험을 원한다면 보테코시강에서 번지 점프나 스윙 점프, 45m 폭포를 현수 하강하는 폭포 탐사에 도전할 수 있다. 패러글라이딩과 마운틴 플라이트도 비교적 저렴한 가격으로 즐길 수 있다.

마운틴 플라이트

마운틴 플라이트Mountain Flights는 에베레스트가 있는 쿰부 지역까지 가서 트레킹할 체력이나 시간이 없는 여행자들이 하늘에서 히말라야를 즐기는 방법이다. 카트만두 트리뷰반공항에서 출발하는 마운틴 플라이트를 이용하면 에베레스트를 비롯한 7,000~8,000m급 히말라야 설산의 풍광을 감상할 수 있다. 특히, 하늘에서 바라보는 세계의 지붕은 TV에서 보는 것과는 확연히 달라 사람을 몽환적으로 만든다. 비록 비용이 좀 들지만 꼭 한번 체험해 보기를 권한다.
네팔 히말라야에는 8,000m 이상 14좌 가운데 8개가 있다. 또 7,000m가 넘는 산은 100여 개에 이른다. 이처럼 세계 최대의 거봉들이 병풍처럼 펼쳐지는 히말라야 산맥을 1시간 동안 하늘에서 감상하는 감동은 상상 그 이상이다. 구름바다를 뚫고 솟아 있는 새하얀 설산과 빙하, 옥빛 호수와 강, 그리고 깊은 골짜기들의 향연이 끝없이 이어진다. 승객들은 조종실 창문과 개인 좌석 창문을 통해 이 멋진 장관을 감상한다.

하늘에서 히말라야를 감상할 수 있는 마운틴 플라이트. 구름 위에 솟은 히말라야 산군을 비롯해 에베레스트를 아주 가까이서 볼 수 있다

▲ 부다 에어 Buddha Air

부다 에어의 마운틴 플라이트는 아마다블람 북쪽을 지나 2만5,000피트 상공에서 쿰부 계곡으로 진입한다. 에베레스트에 거의 5마일까지 근접(기후 조건에 따라 상이할 수 있음)해 승객들은 에베레스트의 장관을 손바닥처럼 자세하게 볼 수가 있다.

전화 01-5542494 **홈페이지** www.buddhaair.com

▲ 예티 에어라인 Yeti Airline

아마다블람을 돌아 쿰부 계곡으로 들어서는 코스를 따른다. 날씨가 맑을 때는 세계의 최대 고봉 에베레스트에 5마일까지 근접한다. 오전 일찍 한 차례만 비행하기 때문에 사전 예약은 필수다. 비행을 마치면 마운틴 플라이트 인증서도 준다.

전화 01-4464878 **홈페이지** www.yetiairlines.com

래프팅

네팔은 히말라야 설산의 빙하 녹은 물이 급류를 이뤄 강은 거칠고 주변 경치가 빼어난 곳들이 많다. 당일치기 래프팅에서 며칠씩 강을 따라 내려오며 캠핑을 즐기는 캠핑 래프팅까지 강의 난이도에 따라 다양한 선택을 할 수 있다. 네팔의 강은 협곡을 타고 흘러내려 유속이 빠르고 변화가 심하다. 강의 하류는 넓은 밀림지대를 지나면서 빼어난 경관이 펼쳐진다. 안나푸르나, 쿰부, 랑탕 지역으로 트레킹을 계획한다면 래프팅을 해보는 것도 특별한 경험이 될 것이다. 카트만두 타멜이나 포카라 레이크사이드에 가면 길거리에 래프팅을 한다는 간판이 걸려 있는 여행사가 많다.

▲ 트리슐리강

트리슐리강Trisuli River은 네팔의 수도 카트만두에서 가깝고 위험도가 상대적으로 낮아 초급자들이 많이 찾는다. 건기에는 상류 바이레니에서 출발해 안나푸르나 방향에서 흘러내려오는 마르샹디강과 만나 남부 치트완 국립공원 근처 나라얀가트까지 3일간 래프팅을 한다. 포카라, 치트완, 테라이 지방을 연결하는 교통 요지 무글링을 중심으로 중간 중간 래프팅하기 좋은 지점에서 당일이나 1박2일 코스로 출발하는 프로그램을 많이 이용한다. 트리슐리강은 하류로 내려갈수록 완만하고 수량이 풍부하다. 하류 지역은 정글 사파리로 유명한 치트완 국립공원으로 연결되는데, 고도가 낮아 날씨는 무덥고 울창한 수림이 발달했다.

▲ 칼리칸다키강

칼리칸다키강Kali Gandaki River은 1950년 신의 영역이던 8,000m급을 최초로 등정한 안나푸르나1봉(8091m)과 다울라기리1봉(8167m) 사이를 흐른다. 마르샹디강과 만난 뒤 카트만두 북부에서 흘러온 트리슐리강과 합쳐져 인도로 흘러간다. 칼리칸다키강은 유명한 트레킹 대상지라 주변의 풍광이 아름답다. 다른 강에 비해 상대적으로 깊고 좁은 계곡을 따라 내려가는 계곡 탐사가 특징이다.

트리슐리강에서 즐기는 래프팅

▲ 보테코시강

보테코시강Bhote Koshi River은 카트만두에서 티베트로 가는 아미고 하이웨이(중국에서는 우정공로라 부른다)를 따라 가면 만난다. 카트만두에서 자동차로 약 3시간 30분 거리다. 보테코시강에 있는 26km 가량의 협곡은 급류가 심해 전문가들이 이용하기에 적합한 래프팅 및 카약 투어링 코스다. 네팔에서 가장 재미있는 모험 레저를 즐길 수 있다.

▲ 마르샹디강

'강의 보석'이란 뜻을 가진 마르샹디강Marshyangdy River은 칼리칸다키강과 함께 안나푸르나 지역의 유명한 트레킹 대상지를 포함하고 있다. 아름다운 경치와 좁은 계곡 탐사가 압권이다. 전체 일정은 4~6일 걸린다.

▲ 카트만두 래프팅 업체

드리프트 네팔 Drift Nepal (01-4700797, driftnepal@wlink.com.np)

에콰토르 익스페디션 Equator Expeditions (01-4700782, www.equatorexpeditionsnepal.com)

히말라야 엔카운터 Himalaya Encounters (01-4700426, raftnepal@himenco.wlink.com.np)

마운틴 리버 래프팅 Mountain River Rafting (01-4700770, www.raftnepal.com)

얼티메이트 디센트 네팔 Ultimate Descents Nepal (01-4701295, www.udnepal.com)

얼티메이트 리버 Ultimate Rivers (01-4700526, info@urnepal.wlink.com.np)

카약킹

네팔은 가파른 절벽과 흥분될 정도의 급한 물살로 인해 거칠고 스케일이 큰 카약킹Kayaking을 할 수 있는 곳으로 평판이 자자하다. 따뜻한 날씨, 아열대 기후, 그리고 빙하가 녹아서 흘러내리는 우윳빛 강은 다른 어느 곳에서도 경험할 수 없는 매력을 제공한다. 패들러의 메카라는 인식과 함께 네팔로 몰려드는 카약커들의 숫자는 점점 더 증가하고 있다. 카트만두와 포카라의 아웃도어 전문 여행사들은 카약커들이 탐험할 강에 배와 장비, 음식 등을 제공해 캠프를 차리고 카약킹을 즐길 수 있게 한다.

1. 2. 히말라야에서 발원하는 강과 계곡은 급류가 많아 카약킹을 하기 좋다

산악자전거

네팔만큼 산악자전거Mountain Bike를 타기 좋은 곳도 없다. 네팔은 도로 사정이 아주 나쁘다. 도로 사정이 나쁘다는 것은 산악자전거 마니아에게는 오히려 좋은 라이딩 코스가 된다. 여기에 산세도 험하다. 현지인들이 다니는 조그만 소로는 산악자전거를 타기에 그만이다. 물가도 저렴하다. 이 때문에 세계의 산악자전거 마니아들이 네팔로 몰려든다. 네팔에서 산악자전거를 즐기려면 본인이 평소에 즐기던 자전거를 가지고 가는 것이 가장 좋다. 카트만두에 있는 산악자전거 가게에서 대여해 주는 자전거는 대부분 질이 낮다. 부실한 자전거는 네팔처럼 거친 도로나 산길에서는 위험할 수 있다.

▲ 자전거 대여 여행사

바이크 네팔 Bike Nepal (01-4240633, www.bikenepal.com)

다운 틸 더스크 Down Till Dusk (01-4700286, www.nepalbiking.com)

히말라야 마운틴 바이크 Himalayan Mountain Bikes (01-4212860, www.bikingnepal.com)

마시프 마운틴 바이크 Massif Mountain Bikes (01-4700468, www.nassifmountainbike.com)

네팔 마운틴 바이크 투어 Nepal Mountain Bike Tours (01-4701701, www.bikehimalayas.com)

포카라 가스킷곳에서 날아오른 패러글라이딩이 착륙장이 있는 페와호수 끝 개활지로 내려오고 있다. 포카라는 세계 3대 패러글라이딩 포인트 가운데 하나다

패러글라이딩

포카라는 세계 3대 패러글라이딩 명소로 불린다. 마차푸차레와 같은 히말라야 연봉과 페와호수의 그림 같은 풍경을 보며 하늘을 나는 즐거움이 있다. 이를 반영해 페와호수 레이크사이드에는 패러글라이딩 전문점 여러 곳이 성업 중이다. 가격은 대부분 동일하다. 다만, 서비스와 관록에 있어서는 'AVIA'와 '선라이즈'가 유명하다. 시즌에 따라 가격이 유동적이다. 여러 명이 단체로 신청하면 약간 할인이 가능하다. 숙소로 픽업을 오며, 카스키곳까지는 전용 차량으로 이동한다. 준비물은 튼튼한 신발과 추위에 견딜 수 있는 재킷, 카메라 정도다. 활공장에서 간단한 비행교육과 주의사항을 듣고 안전복장을 착용하면 준비 끝! 나머지는 숙련된 파일럿이 주도해 누구든지 새가 되어 안나푸르나 히말라야의 파노라마를 감상할 수 있게 해준다. 사진과 동영상 촬영 파일을 휴대폰 혹은 USB에 넣어 준다.

블루 스카이 패러글라이딩 Blue Sky Paragliding 061-5343737, www.paragliding-nepal.com)

선라이즈 Sunrise 061-521174, www.nepal-paragliding.com)

모터 글라이딩

포카라공항에서 오전에 출발하는 비행기를 기다리다 보면 행글라이더에 모터를 붙인 이상한 비행기가 이륙하는 것을 볼 수 있다. 모터 글라이딩이다. 행글라이더에 모터를 장착하는 모터 글라이딩은 자유롭게 하늘을 날 수 있다. 시속 50~80km의 속도로 최고 높이 5,000피트까지 올라간다. 페와호수와 사랑곳 상공을 비롯해 다울라기리, 마차푸차레 등 히말라야 연봉을 감상할 수 있다. 포카라에는 패러글라이딩 업체는 여러 있지만 모터 글라이딩은 아비아 클럽 네팔Avia club nepal 한 곳밖에 없다. 사무실은 레이크사이드 한가운데 있다. 모터 글라이딩은 시간에 따라 비용이 다르다. 비수기에는 약간 할인해 준다. 아비아 클럽 네팔은 3~4대의 모터 글라이딩을 운영한다. 3명이 같이 예약하면 3대가 동시에 이륙해 편대비행을 할 수도 있다.

아비아 클럽 네팔 (www.aviaclubnepal.com)

트레킹 피크 등반

정상 등정을 목표로 하는 트레킹도 할 수 있다. 트레킹 피크Trekking peak는 전문 산악인들이 도전하는 험준한 산과 달리 전문 클라이밍 가이드를 동반하면 특별한 어려움 없이 정상 등정이 가능하다. 트레킹 피크 등반은 허가를 낼 때 가이드 동반이 의무사항이다. 따라서 트레킹 피크 전문 에이전시를 이용해야 한다. 현지 에이전시에 의뢰하면 하나에서 열까지 다 해결이 된다. 물론 장비 대여도 가능하다. 다운 재킷 같은 방한 의류도 대여해 준다. 트레킹 피크 대상지는 쿰부 히말라야에서는 메라피크(6476m), 임자체(6189m), 안나푸르나 지역에서는 피상피크(6091m), 텐트피크(5663m), 랑탕 히말라야는 얄라피크(5500m) 등이 있다. 네팔산악협회 홈페이지(www.nma.com.np)에 가면 좀 더 자세한 정보를 얻을 수 있다.

▲ 트레킹 피크 전문 에이전시

클라임 하이 히말라야 Climb High Himalaya (01-4372874, www.climbhighhimalaya.com)

에콰토르 익스페디션 Equator Expeditions (01-4700782, www.equatorexpeditionsnepal.com)

히말라얀 엑스터시 Himalayan Ecstasy (01-2012171, www.himalayaecstasy.com)

마운틴 모나크 Mountain Monarch (01-4361688, www.mauntainmonarch.com)

네팔 마운틴 리버 Nepal Mountain River (01-4700770, www.nepalmountain.com)

▲ 암벽등반 스쿨

파상 라무 클라이밍 월 Pasang Lhamu Climbing Wall (01-4370742, www.pasanglhamu.org)

쉬르반 락 클라이밍 네이처 캠프 Shreeban Rock Climbing Nature Camp (www.shreeban.com.np)

1. 트레킹 피크를 유명한 임자체 등반 2. 임자체 베이스캠프 전경

정글 사파리

네팔에는 7개의 국립공원과 3개의 야생동물 보호구역이 있다. 또 국토의 8%에 해당하는 넓은 지역이 자연보호구역으로 지정되어 있다. 그 중 테라이 평원에는 치트완과 버르디야 2개 국립공원이 있는데, 두 곳 모두 야생동물의 보고로 알려져 있다. 일반 여행자들이 가장 많이 찾는 곳은 치트완 국립공원이다. 치트완 국립공원은 동서로 80km, 남북으로 23km에 이르는 광활한 공원이다. 서쪽은 나라얀강, 북쪽은 랍티강, 동쪽은 퍼르사 야생동물 보호구역이 경계다. 남쪽 일부 지역은 인도 국경에 접해 있다. 넓은 지역에 걸쳐 풍부한 삼림과 아름다운 자연을 간직하고 있어 사파리 여행지로서 최적의 여건을 갖추고 있다.

예전부터 테라이 평원 일대는 아열대 식물이 빽빽하게 우거진 정글로 덮여 있어 코끼리, 호랑이, 코뿔소 등 많은 야생동물의 낙원이었다. 치트완에는 43종 이상의 야생동물이 살고 있다. 외뿔 코뿔소, 벵갈 호랑이, 갠지스 악어, 네 뿔 영양, 줄무늬 하이에나 등이 대표적인 동물이다. 또한 450종이 넘는 새들이 이곳에 서식하고 있어 야생조류의 낙원으로도 잘 알려져 있다. 치트완에서는 지프를 타거나 코끼리를 타고 야생동물들을 관찰할 수 있는 사파리가 인기다. 카누를 타고 정글의 강을 누빌 수도 있고, 걸어서 정글을 산책하거나 조류 탐사를 하며 시간을 보낼 수도 있다. 공연장에서는 이 지역 원주민 타루족의 춤과 노래를 구경할 수도 있다. 치트완 국립공원은 연중 내내 오픈하지만 아열대성 기후라 여름에는 상당히 덥다. 겨울철에 방문하는 것이 가장 좋다. 래프팅을 하면서 카트만두에서 치트완까지 갈 수도 있다.

1. 야생동물의 보고로 불리는 치트완 국립공원에 서식하는 외뿔 코뿔소 2. 치트완 국립공원에서 열리는 타루족 민속 공연 3. 치트완 국립공원에서 가장 흥미로운 코끼리 투어

산악 마라톤

히말라야에서는 극한의 마라톤 대회도 펼쳐진다. 에베레스트와 안나푸르나 등 걷기조차 힘든 고지대에서도 자신의 한계에 도전하려는 마라토너들의 경쟁이 벌어진다. 그 중 가장 인기 있는 것이 매년 5월 29일 열리는 '텐징 힐러리 에베레스트 마라톤'이다. 네팔정부에서 공식적으로 후원하는 이 대회는 1953년 5월 29일 뉴질랜즈 산악인 에드먼드 힐러리와 텐징 노르게이 셰르파가 세계 최고봉 에베레스트를 초등한 것을 기념해 개최되었다. 마라톤 코스는 에베레스트 베이스캠프(5364m)에서 시작해 남체바자르(3440m)까지 42.195km다. 이 대회에서 지금까지 최고기록은 3시간 28분 27초다. 외국인 최고기록은 4시간 51분 10초(여자는 5시간 02분 17초)다. 네팔 셰르파들은 보통 8시간대에 주파한다. 이 대회는 의사 소견서를 첨부하면 누구나 참가할 수 있다. 참가비는 트레킹 포함 2,500달러다. 에베레스트 마라톤보다 더 극한적인 산악 마라톤을 희망한다면 '안나푸르나 만달라 트레일Annapurna Mandala Trail'에 도전할 수 있다. 이 마라톤은 안나푸르나 서킷 출발지인 베시사하르에서 시작해 쏘롱라를 넘어 안나푸르나 생츄어리 코스의 담푸스까지 9일간 340km를 달린다. 이것보다 더 극한의 산악 마라톤도 있다. '히말 레이스Himal Race'는 22일 동안 안나푸르나 베이스캠프에서 에베레스트 베이스캠프까지 주파한다.

텐징 힐러리 에베레스 마라톤 대회 (www.everestmarathon.com)

번지 점프

세계에서 세 번째, 아시아에서 가장 높은 번지 점프대가 네팔에 있다는 것을 아는 사람은 많지 않다. 네팔과 티베트 국경 근처에 있는 '더 라스트 리조트'의 번지점프대 높이는 160m나 된다. 이 번지점프대는 보테코시강을 가로지르는 현수교에 설치되어 있다. 뉴질랜드 번지점프 전문 컨설턴트에 의뢰해 국제 표준에 따라 시공되어 안전은 크게 염려하지 않아도 된다. 최근에는 스윙 점프라는 것도 생겨 많은 여행자들이 리조트에 숙박하면서 즐긴다. 이곳까지는 카트만두에서 3시간 거리라 버스투어로 찾는 이들도 많다. 카트만두 타멜의 '카트만두 게스트하우스' 인근에 사무소가 있다. 최근 포카라 사랑곳 인근 계곡에도 43m 높이의 번지 점프대가 개장했다.

더 라스트 리조트(01-443-9525, www.thelastresort.com.np)

스마트폰과 유심카드, 와이파이

네팔 여행이나 히말라야 트레킹을 하면서 인터넷이나 SNS 등을 통한 소통은 대단히 중요한 일이다. 네팔은 세계에서 수많은 여행자와 트레커들이 방문하는 나라 인터넷 인프라가 생각보다 잘 발달되어 있다. 도시의 모든 숙박업소나 식당, 카페 등에서는 와이파이가 가능하다. 히말라야 중산간 마을도 인터넷이 터지는 곳이 점점 많아지고 있다. 비록 3G, 4G 정도지만 히말라야의 외진 곳에서 세계와 소통할 수 있다는 것만으로 기적 같은 일이다. 그러나 트레킹 도중 오지이거나 해발 4,000m 이상에서는 스마트폰은 거의 무용지물이다. 카메라 기능과 음악재생 정도만으로 만족해야 한다.

네팔 유심카드 사용

네팔에서는 스마트폰 유심카드을 교체하면 로밍을 하지 않고도 저렴한 가격에 보이스톡이나 데이터를 사용할 수 있다. 유심카드는 휴대폰 사용자의 개인정보가 담긴 카드로 스마트폰에 내장되어 있다. 이 유심카드만 네팔 유심카드로 교체하면 네팔에서도 자유롭게 스마트폰을 사용할 수 있다. 네팔 유심카드로 교체하려면 한국에서 미리 준비해 갈 것이 있다. 우선 스마트폰의 컨트리 락 Country lock 기능이 해제되어 있어야 한다. 본인 소유 스마트폰이 컨트리 락 해제 가능한 모델인지를 확인하자. 구체적인 방법 등은 통신사 고객센터에 전화해서 확인할 수 있다. 공항의 통신사 부스에서도 가능하다. 이밖에 여권 사본 1매와 사진 1매가 필요하다. 최신폰의 경우엔 유심 대신 이심(eSIM)을 이용하기도 한다.

네팔에 도착해 유심카드를 교체하려면 비자 사본 1매가 필요하다. 현지인을 통해 구매한다면 여권사본이나 사진 등의 서류는 필요 없다. 유심카드를 판매하는 일부 대리점도 서류를 요구하지 않는 곳도 있다. 네팔에는 Ncell과 NTC 2개의 통신사 유심이 있다. 가격은 천차만별로 최저 150루피에서 최대 1,000루피까지 한다. 유심카드를 교체한 후 충전카드를 구매해 요금을 충전하면 바로 사용할 수 있다. 충전카드는 50루피, 100루피, 200루피, 300루피 등 다양하다. 충전카드 대신 데이터 정액제를 요청해 사용할 수도 있다.

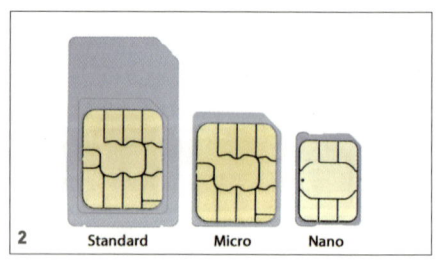

1. 네팔에서는 스마트폰 유심카드를 교체하면 로밍을 하지 않고도 저렴한 가격에 전화와 데이터를 이용할 수 있다 2. 다양한 크기의 네팔 유심 카드

1. 유심카드 교체하기

휴대폰을 끈 후 배터리를 분리한다. 기존의 유심카드를 빼낸 후 네팔에서 구매한 유심카드를 삽입한다(기존 유심카드는 절대로 잃어버리면 안 되므로 잘 보관할 것!). 최신 폰은 머리핀을 구멍에 삽입하면 유심카드 트레이가 튀어나온다. 마이크로 유심카드의 경우 크기에 맞게 자르면 사용 가능하다.

2. 요금 충전하기

충전카드를 구매하면 은색으로 가려진 부분이 있다. 이곳을 동전이나 손톱으로 쓱쓱 긁으면 16자리 숫자가 나온다. 이 16자리 숫자를 문자 메세지를 이용해 90012번으로 보내면 충전이 완료된다.
ex:문자에다 충전카드의 16자리 숫자(예:1572852112780572) 입력 후 90012번으로 문자전송.
Ncell (www.ncell.com.np/Mobile/Prepaid/Tariffs-and-Rates)

3. 데이터 정액 충전

충전카드 대신 데이터 정액을 충전해 사용할 수 있다. 데이터 정액은 25MB, 50MB, 100MB, 250MB, 500MB, 1GB, 5GB가 있다. 데이터 정액 충전은 원하는 용량을 선택한 후 문자로 용량을 입력하고 9009번으로 문자전송하면 된다.
ex:100MB 사용을 원할 시 문자 창에다 100MB 입력 후 9009로 문자전송

4. 잔액 확인하기|Balance Check

101#을 누른 후 통화버튼을 누르면 문자로 사용가능한 잔액을 알려준다.

와이파이 (Wi-Fi)

히말라야 트레킹에서도 와이파이를 사용할 수 있다. 도시나 큰 마을의 숙박업소, 식당, 카페 등에서는 대부분 와이파이가 가능하다. 트레킹 중 만나는 중산간 마을의 거점 마을 등에서도 가능한 곳이 있다. 쿰부 히말라야의 거점 남체바자르나 안나푸르나 서킷의 마낭, 랑탕 히말라야의 샤브루베시 같은 거점 마을에서는 인터넷과 와이파이를 사용할 수 있다. 대부분 3G 정도가 되다가안 되다가 하는 경우가 많다. 최근에는 일부 롯지에서 유료로 와이파이를 이용할 수 있게 해 실시간으로 한국의 지인들과 소통이 가능하다. 4,000m 이상 지역에서는 대부분 불통이다. 인터넷이 안 되는 곳에서는 대부분의 트레커들이 스마트폰을 카메라 대용으로 활용하거나 음악을 듣는 정도로 사용한다. 그러나 인터넷이 안 되는 것이 꼭 불편한 것만은 아니다. 오히려 무분별한 스마트폰 사용은 여행의 재미를 반감시킬 수 있다. 적어도 히말라야에서 만큼 스마트폰을 멀리하고, 히말라야 설산의 매력에 취해 보는 것도 좋지 않을까?
네팔에서 현지 통화용 유심(대체로 도심에서는 ncell이 잘 터지고 산에서는 NTC가 잘 터진다.)

을 장착하고, 쿰부 지역에서는 별도로 와이파이 카드를 구입해 사용하는 것을 추천한다. 쿰부 지역에서는 카트만두에서 구입한 현지 유심이 잘 터지지 않고 와이파이 카드가 잘 터진다. 단, 각해당 지역의 라우터가 설치된 곳에 한해서만 인터넷을 사용할 수 있다.쿰부 지역은 2014년도부터 에베레스트 링크(http://everestlink.com.np)라는 업체에서 와이파이 통신을 서비스 하고있다. 이들이 사용하는 방식은 선을 설치하지 않는 마이크로웨이브 통신 방식으로 우리나라에서도 도서 지역에서 사용한다. 쿰부의 주요 봉우리에는 태양열로 작동하는 마이크로웨이브 중계탑을 설치해 각 마을을 연결하고 있다. 그런데 마이크로웨이브라는 전파의 특성상 비, 구름, 안개등에 의해 전파가 감소되거나 산란되기 때문에 페이딩이 발생하고, 기상상태에 따라 전송 품질이변할 수 있다. 이 때문에 날씨가 나쁜 날에는 와이파이가 되지 않을 수도 있다. 와이파이 서비스지역은 쿰부, 메라, 어퍼 무스탕, 랑탕 등이다. 에베레스트와 고쿄 트레킹 코스가 지나는 주요마을(루클라, 팍딩, 몬주, 남체바자르, 텡보체, 딩보체, 로부제, 고락셉, 칼라파타르, 페리체, 캉줌마, 에베레스트 베이스캠프, 돌레, 포르체, 마체르모, 고쿄, 탕가)에서 이 서비스를 이용할수 있다. 패키지 카드 가격은 10GB 1,999루피, 20GB는 2,999루피다. 유효 기간은 30일이다. 카드 판매소는 카트만두, 루클라, 남체바자르, 딩보체, 고쿄에 있다.와이파이 통신이 유심과다른 점은 무선 엑세스 포인트 즉 AP가 있는 마을에서만 된다는 것이다. 마을과 마을 사이에서는 AP가 없으니 당연히 안 된다. 이런 점이 휴대폰의 LTE, 3G 방식 인터넷과 다르다는 것을 명심해야 한다. 또 해당 롯지에서 라우터를 끄면 이 역시 작동이 안 된다. 인터넷이 안 될 때는 이를 확인하고 롯지 주인에게 요구한다.

히말라야 트레킹에서 볼 수 있는 티베트 불교 상징물

네팔 히말라야 트레킹을 하다 보면 티베트 불교 상징물을 많이 보게 된다. 히말라야의 고산지대는 과거 티베트 문화권이이었으며, 지금도 일부 고산족들은 티베트 불교를 숭배하고 있다. 룽다Lungta와 타르초Tarcho는 히말라야에서 가장 많이 볼 수 있는 티베트 불교의 대표적인 상징물이다. 타르초는 티베트 불교 경전이나 진언을 적은 손수건만 한 크기의 깃발을 줄로 엮어 바람에 날리게 한 것을 말한다. 룽다는 타르초에 쓰이는 깃발을 장대에 세로로 매달아 세워 놓은 것을 가리킨다. 룽다와 타루초는 깃발을 줄로 엮느냐, 장대에 매다느냐가 다를 뿐 그것에 담긴 기원은 같다. 티베트 불교에서는 깃발이 바람에 나부끼면 불교경전이 바람을 타고 멀리 퍼져나간다고 한다. 룽다는 바람을 뜻하는 '룽wind'과 말을 뜻하는 '다horse'가 합쳐진 단어로, 불교경전이 바람을 타고서 말처럼 멀리 퍼져가라는 의미가 담겨 있다. 따라서 룽다의 깃발에는 반드시 말을 상징하는 문양이 들어가 있다. 깃발은 모두 다섯 가지 색으로 되어 있는데, 이는 티베트 불교에서 믿는 자연의 5원소를 의미한다. 노란색은 황토(땅), 파란색은 하늘, 초록색은 물(바

다), 흰색은 구름, 빨간색은 불을 상징한다. 룽다와 타루초는 마을 입구나 고갯마루, 산 정상, 다리 등에 세워진다. 타르초는 탑이나 건물, 고목, 큰 바위 등 의지할 곳을 시작으로 사방으로 깃발이 엮인 줄을 매달아 둔다. 타르초에 달린 깃발은 바람에 휘날리며 히말라야를 넘어 온 세상에 불교경전을 전한다.

곰파Gompa는 티베트 불교의 절이다. 남체바자르에서 에베레스트 베이스캠프 가는 길의 텡보체에 있는 곰파와 랑탕 밸리에 있는 캉진곰파가 대표적이다. 초르텐Chorten은 티베트 불교 스타일의 불탑이다. 대부분의 불탑에는 타르초가 매달려 있다. 마니석Mani stone은 티베트 불교의 경전 중 상징적인 문구나 단어를 적은 돌이다. 주로 '옴마니 밧메훔'이 적혀 있다. 마니월Mani wall은 마니석을 쌓아 만든 돌탑이다. 여기에도 타르초가 매달려 있는 게 일반적이다. 마니차Mani wheel는 불교 경전이 적혀 있는 원통형으로 된 경통을 말한다. 통의 바깥쪽에 만트라(옴마니 밧메훔)가 적혀 있다. 마니차는 손에 들고 돌리는 것부터 높이가 몇 미터씩 되는 것까지 크기까지 다양하다. 티베트인들은 마니차를 한 번 돌릴 때마다 경전을 한 번 읽는 것 같다고 믿는다.

네팔 히말라야 트레킹을 하다가 곰파나 초르텐 같은 티베트 불교유적을 만나면 반드시 왼쪽(시계 방향)으로 돌아가야 한다. 그것이 티베트 불교에 대한 예의다.

ANNAPURNA

안나푸르나 히말라야

푼힐 전망대·오스트레일리안 캠프·
안나푸르나 베이스캠프(ABC)·
안나푸르나 서킷·마르디 히말·좀솜

안나푸르나 지역 트레킹 개관

▲▲▲

네팔 최고의 휴양도시 포카라와 인접한 안나푸르나 히말라야는 지리적으론 중부 네팔에 해당된다. 안나푸르나 산군은 서쪽으로 칼리간다키강에서 동쪽으로 마르상디계곡까지 포함한다. 다울라기리(8167m), 닐기리(6940m), 틸리초(7134m), 안나푸르나 1봉(8091m)과 3봉(7555m), 강가푸르나(7455m), 마차푸차레(6933m) 등 7,000~8,000m급 히말라야 연봉이 병풍처럼 길게 늘어서 아름다운 경관을 자랑한다.

안나푸르나는 기간과 코스에 따라 다양한 트레킹 루트가 있어 트레커의 사정에 따라 적절한 코스를 선택할 수 있다. 짧은 곳은 2일 일정으로도 트레킹을 맛볼 수 있고, 안나푸르나 산군을 한 바퀴 도는 트레킹은 20일 이상 소요되기도 한다. 대부분의 코스는 트레킹 인프라가 잘 구축되어 있어 히말라야 트레킹을 처음 가는 사람도 큰 어려움 없이 할 수 있다. 특히, 안나푸르나 트레킹의 전진 기지가 되는 포카라는 세계에서 손꼽히는 휴양지다. 배낭여행자의 천국으로 불릴 만큼 완벽한 인프라를 자랑하며, 페와호수를 비롯한 아름다운 자연이 있어 휴식하기 좋다. 트레킹 전후로 포카라에서 휴식을 할 수 있는 것도 안나푸르나의 매력이다.

▲

안나푸르나 보존지역 계획(ACAP)

1986년 안나푸르나 지역의 자연보존을 위하여 킹 마헨드라 트러스트King Mahendra Trust의 지도 아래 설립되었다. 이 계획은 7,600㎢ 이상 되는 안나푸르나 전 지역을 포함한다. 환경보호를 위해 국립공원이라는 말 대신 보존지역Annapurna Conservation Area으로 지정했다. 이 계획에 따라 안나푸르나 지역을 트레킹하려는 모든 트레커는 카트만두에 있는 네팔관광청이나 포카라의 ACAP에서 트레킹 허가증(퍼밋)을 받아야 한다. 트레킹 허가증 발급비는 3,000루피다. 트레킹 허가증은 트레킹 코스에 있는 마을의 체크 포스트에서 검사를 하기 때문에 트레킹을 하는 동안 계속 지니고 다녀야 한다. 만약 트레킹 허가증 없이 트레킹 하다 체크 포스트에서 발각되면 벌금으로 발급료의 2배인 6,000루피를 내야 한다.

1. 네팔인들이 신성시 하는 영산 마차푸차레 2. 푼힐 전망대에서 바라본 다울라기리 산군

안나푸르나 지역의 트레킹 코스는 저마다 특징이 있다. 안나푸르나 베이스캠프(ABC) 트레킹은 울창한 숲 지대를 지나 점차 깊은 협곡을 통과해 마침내 웅장한 설산 품으로 들어가는 느낌이다. 푼힐 전망대 코스는 울레리의 수많은 계단을 오르는 고난(?)을 이겨낸 후 멀리 히말라야 고봉들이 아침 여명에 물들어 점차 황금빛으로 변하는 장관을 보는 게 매력이다. 안나푸르나 서킷 트레킹에서 만나는 묵티나트는 마치 외계 행성에 온 것 같은 황량한 대지를 걸으며 멀리 히말라야 설산을 지켜볼 수 있다. 마르디 히말은 정글과 같은 깊은 숲이 있는 능선을 걸으며 눈높이에 있는 안나푸르나 산간 마을을 조망하고, 마르디 히말과 마차푸차레의 눈부신 자태를 감상할 수 있다.

01
오스트레일리안 캠프
3~6일

안나푸르나 트레킹 코스 중 시간적으로 여유가 없거나 체력적인 부담으로 트레킹 맛만 보려는 이들이 찾는 곳이다. 당일 혹은 1박 2일이면 가능하다. 칸데(카레)에서 출발해 오스트레일리안 캠프, 담푸스를 거쳐 페디로 하산한다. 트레킹 퍼밋이 필요치 않으며 역방향의 트레킹 코스도 괜찮다.

02
푼힐 전망대
3~6일

오스트레일리안 캠프보다 더 트레킹의 묘미를 맛볼 수 있는 코스다. 푼힐 전망대에 서면 다울라기리와 안나푸르나, 히운출리를 한눈에 볼 수 있다. 최종 도달점이 해발 3,210m밖에 되지 않아 고산병 염려가 없는 비교적 편한 코스다. 포카라에서 2박3일이면 다녀올 수 있다. 차량을 최대한 이용하면 1박2일에도 가능하다.푼힐 전망대를 기본으로 간드룩으로 하산하는 코스와 촘롱까지 다녀오는 코스 등 다양한 조합이 가능하다. 트레킹 퍼밋이 필요하다.

03
안나푸르나 베이스캠프
5~10일

안나푸르나 베이스캠프까지 다녀오는 트레킹 코스다. ABC, 혹은 안나푸르나 생츄어리 트레킹이라고도 한다. 네팔 히말라야의 트레킹 코스 중 비교적 접근이 쉽고 경치가 빼어나 많은 트레커들이 찾는다. 숙박이나 편의시설이 잘 갖추어져 있어 쾌적한 트레킹을 즐길 수 있다. 트레킹 내내 마차푸차레, 히운출리, 안나푸르나 남봉 등 수려한 경치를 감상할 수 있다. 최종 목적지인 베이스캠프에서 보는 안나푸르나 1봉과 빙하, 마차푸차레는 트레킹의 힘든 여정을 단번에 상쇄시킨다. 이 코스는 히말라야 중산간 마을에 사는 네팔인들의 생활상을 체험하는 최고의 루트 중 하나다. 트레킹에 푼힐을 포함시켜 시계방향과 반시계방향, 최단 코스 등 각자의 사정에 따라 다양하게 코스를 짤 수 있다. 히말라야 트레킹 초보자들이 가장 많이 찾는 '베스트 오브 더 베스트' 트레킹 코스다.

안나푸르나 베이스캠프(ABC) 전경

04
안나푸르나 서킷
8~14일

안나푸르나 산군을 한 바퀴 일주하는 코스다. 베시사하르에서 출발해 5416m의 쏘롱라를 넘는 조금 힘든 여정으로 차량을 최대한 이용하면 8~14일 정도 걸린다. 베시사하르에서 출발해 풀코스 트레킹은 대략 2주일쯤 걸린다. 그러나 트레킹 코스 좌우로 도로가 개통되면서 트레킹 풍속도도 빠르게 변화되고 있다. 최근 도로가 개통된 마낭까지 차량 이동도 가능하지만 대부분의 트레커들은 고소적응 차원에서 차메나 탈에서부터 트레킹을 시작한다. 하산할 때 좀솜에서 항공편을 이용하면 일정을 단축할 수 있다. 타토파니-푼힐 전망대-촘롱-ABC-마르디 히말까지 연결하면 안나푸르나 그랜드 서킷 트레킹이 된다.

05
좀솜
3~5일

안나푸르나 서킷 후반부의 트레킹 코스다. 좀솜까지 항공편을 이용하면 접근이 수월하다. 트레킹을 마친 후 포카라로 복귀할 때도 차량 이용이 편하다. 기간에 따라 다양한 조합의 트레킹 구성이 가능하다. 좀솜에서 묵티나트까지 올라가는 코스를 제외하고, 하산 코스는 대체로 편하다. 다만, 칼리간다키강의 매서운 강바람을 피하려면 오전에 트레킹을 마치는 것이 좋다. 오후가 되면 운행에 지장을 줄 만큼 강바람이 강하다. 최근 네팔과 티베트를 잇는 도로공사가 한창이라 트레킹 환경도 급변하고 있다.

06
마르디 히말
4~6일

몇 년 전부터 각광받기 시작한 코스다. 안나푸르나 생츄어리나 안나푸르나 서킷 트레킹과 또 다른 맛이 있다. 네팔리들의 국민 코스로 알려질 만큼 네팔리들이 유독 좋아한다. 트레킹 코스는 계곡을 거슬러 올라가는 게 아닌 능선의 울창한 숲길을 따라 간다. 여기에 산간마을의 정취와 야생 정글, 안나푸르나 남봉과 히운출리, 마차푸차레, 마르디 히말의 파노라마 뷰 등 트레커가 감동할 멋진 요소를 골고루 갖추고 있다.

01
오스트레일리안 캠프

트레킹을 하기에 체력적으로 부담되거나 시간적인 여유가 없을 때 할 수 있는 가장 짧은 트레킹 코스다. 담푸스까지는 차량으로도 갈 수 있다. 오스트레일리안 캠프와 담푸스는 퍼밋 없이 다녀올 수 있다. 페디에서 담푸스 구간에는 급경사의 오르막이 있다. 이게 부담스럽다면 카레에서 시작해 페디로 내려오는 반대방향으로 코스를 잡으면 된다. 오스트레일리안 캠프나 담푸스에서 보는 풍광은 비슷하다. 트레킹 인프라는 담푸스가 발달되어 있다. 오스트레일리안 캠프는 최근 들어 주목받기 시작하고 있다. 숙박할 수 있는 롯지가 많지 않지만 계속 생기는 중이다.

안나푸르나 산군을 감상하는 가장 짧은 트레킹 코스인 오스트레일리안 캠프(일명 오캠)

○ **일정** 당일, 1박2일
○ **최고 고도** 1920m(오스트레일리안 캠프)
○ **코스** 페디→담푸스→오스트레일리안 캠프→카레
○ **난이도** ★

1Day

포카라 (850) → 페디 (1130) → 담푸스 (1700)

포카라에서 페디까지 버스로는 45분, 택시는 20분 정도 소요된다. 페디에서 트레킹을 시작해 급경사 길을 40여 분 올라가면 편안한 길이 나오고, 금방 마차푸차레 조망이 아름다운 담푸스에 도착한다. 페디에서 담푸스까지는 1시간~1시간 30분 정도 걸린다. 담푸스에는 시설이 괜찮은 롯지들이 많이 있다. 담푸스를 지나 오스트레일리안 캠프에 머물러도 괜찮다.

2Day

담푸스 (1700) → 오스트레일리안 캠프 (1920) → 카레 (1720) → 포카라 (850)

오스트레일리안 캠프에서는 왔던 길을 되돌아 갈 수도 있지만 다른 방법도 있다. 카레까지 내려가 버스를 타고 포카라로 복귀하거나, 나우단다를 경유해 페디로 내려가서 포카라로 복귀하는 방법(트레킹 2시간), 나우단다-카스키단다-사랑곳-페와호수로 내려오는 방법(트레킹 5시간)이 있다.

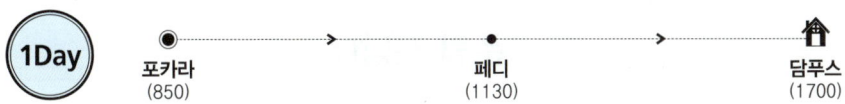
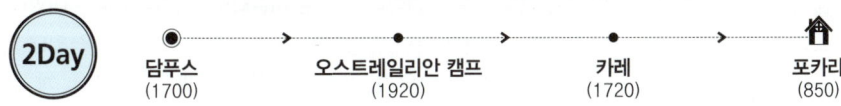

1. 오스트레일리안 캠프에서 제일 좋은 뷰포인트 2. 오스트레일리안 캠프에서 바라본 안나푸르나 산군 3. 오스트레일리안 캠프의 저녁노을을 감상하는 트레커들

Tip

● 1박2일 동안 좀 많이 걸으려면 포카라-페디-담푸스-나우단다-카스키단다-사랑곳-페와호수로 코스를 잡으면 된다. 숙박은 담푸스나 사랑곳에 있는 롯지를 이용한다. 겨울 시즌에는 포카라에서 침낭을 빌려가도록 한다.

● 몸이 불편해 걷는 것이 힘들다면 포카라에서 마차푸차레 뷰포인트인 담푸스까지 차량을 이용할 수 있다.

● 담푸스는 네팔인들의 영산이라 추앙하는 마차푸차레 조망이 아주 좋다. 안나푸르나 5대 뷰포인트 중 하나다. 참고로 안나푸르나 5대 뷰포인트는 담푸스, 촘롱, 간드룩, 타다파니, 고라파니(푼힐 전망대)다.

02
푼힐 전망대

푼힐 전망대Poon Hill는 짧은 시간에 다울라기리 히말라야와 안나푸르나 남봉의 파노라마를 조망할 수 있는 최고의 뷰포인트이다. 시간적인 여유가 없거나 트레킹 초보자들이 짧은 일정으로 찾아가는 만족도 높은 트레킹 코스다. 특히, 이른 아침 푼힐 전망대에서 바라보는 일출은 평생 잊지 못할 감동으로 다가올 것이다. 여명에 붉게 물드는 설산의 한없는 아름다움이 가히 몽환적이라고 말할 수 있다. 푼힐 전망대 코스는 히말라야 중산간에 사는 네팔리들의 삶도 체험해 볼 수 있다. 포카라에서 푼힐 전망대만 다녀오는 코스는 차량을 최대한 이용한다면 1박2일로도 가능하다. 하지만 여유 있게 트레킹 하려면 2박3일로 잡는 게 좋다. 푼힐 전망대를 비롯하여 모하레단다, 코프라단다, 물데 뷰 포인트 등을 연결하면 4~6일 트레킹도 가능하다.

1. 아침 일출을 보기 위해 푼힐 전망대를 오른 트레커들과 운해 너머 펼쳐진 다울라기리 산군 **2.** 아침 햇살에 환하게 빛나는 설산을 보며 환호하는 트레커

푼힐 - 간드룩

짧은 시간에 안나푸르나 히말라야의 아름다움을 만끽할 수 있는 코스다. 트레킹 상에 있는 푼힐, 타다파니, 간드룩은 최고의 전망을 자랑하는 뷰포인트다. 푼힐–간드룩 코스는 접근이 쉽고 경치가 빼어나다. 등산로가 잘 정비되어 있고, 구간별로 숙박시설이 잘 갖추어져 있어 쾌적한 트레킹을 할 수 있다. 무엇보다 고산병에 대한 위험이 거의 없어 가족 트레킹으로 적당하다. 안나푸르나, 다울라기리, 마차푸차레, 히운출리 등 수많은 히말라야의 고봉들이 연출하는 파노라마는 평생 잊지 못할 추억이 될 것이다. 2박3일 정도의 시간밖에 없다면 푼힐 전망대에서 왔던 길을 되짚어 내려와도 된다. 이 코스는 올라갈 때 2일, 내려올 때 1일 걸린다. 푼힐 전망대에서 포카라까지 하루 만에 내려오는 것이 빠듯하지만 충분히 가능한 일정이다. 푼힐 트레킹의 경우 울레리까지는 버스, 반탄티까지는 지프가 운행해 1박2일에도 다녀올 수 있지만 여유롭게 2박3일을 추천한다. 간드룩~포카라 구간은 버스가 운행한다.

푼힐 전망대 인증샷 포인트

○ **일정** 3박4일
○ **최고 고도** 3210m(푼힐 전망대)
○ **코스** 포카라→나야풀→울레리→반탄티→고라파니→타다파니→간드룩→나야풀→포카라(반탄티까지 차량 통행이 가능한 도로가 개설되어 있음)
○ **난이도** ★★

푼힐-간드룩
트레킹 안내도

트레킹 코스 가이드

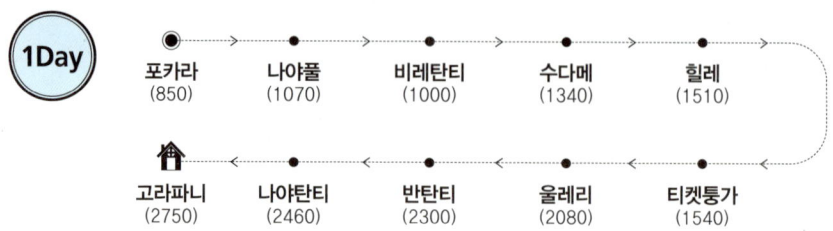

포카라에서 트레킹 출발지인 나야풀까지 버스는 2시간, 택시는 1시간 정도 걸린다. 나야풀에서 트레킹을 시작한다. 모디콜라계곡 상류를 향해 바자르를 지나 쭉 올라가면 비레탄티 다리가 나온다. 이곳에서 길은 두 갈래로 나뉜다. 갈림길에서 오른쪽 길로 가면 사울리바자르를 거쳐 간드룩과 뉴브리지로 간다. 왼쪽 길로 가면 티켓통가-울레리를 경유해 고라파니로 간다. 다리를 건너면 곧바로 ACAP 체크 포스트가 있다. 반탄티까지 지프가 다닐 수 있는 찻길이 개통되면서 오가는 차량으로 걷기 곤란할 정도로 먼지가 많이 난다. 그래서 이 구간을 걸어서 올라가는 트레커들은 거의 없다. 차량을 이용하면 하루에 고라파니까지 올라갈 수 있다.

울레리 마을 이후부터 경사가 완만해진다. 이곳에서 1시간 정도 완만한 오르막을 오르면 반탄티에 닿는다. 반탄티에서 1시간을 오르면 나야탄티, 다시 1시간을 오르면 오늘의 목적지인 고라파니가 나온다. 고라파니는 아랫마을과 윗마을로 구분한다. 아랫마을에는 새로 지은 롯지가 많지만 전망이 별로다. 반면, 윗마을은 시설이 좀 떨어지지만 안나푸르나 전망이 좋다. 대부분의 트레커들은 다음날 새벽 푼힐 전망대를 가기 위해 한걸음이라도 더 가까운 윗마을에 투숙한다.

푼힐 전망대에서 바라보는 히말라야의 일출은 평생 잊지 못할 추억이 된다. 일출 시각은 계절에 따라 다르다. 롯지 주인에게 물어보고 출발 시간을 정하도록 한다. 고라파니에서 푼힐까지는 40분에서 1시간가량 걸린다. 일출을 감상하며 푼힐에서 머무르는 시간은 대략 1시간 정도. 푼힐의 해발 고도는 3,193m, 전망대 타워에 올라가면 3,210m다. 고라파니에서 타다파니 가는 길은 오르막과 내리막이 반복되어 좀 힘든 구간이다. 산행시간은 약 4시간 정도 걸린다. 점심은 일찍 출발한 사람은 타다파니에서, 늦게 출발한 사람은 반단티에서 먹으면 적당하다. 타다파니는 안나푸르나 5대 뷰포인트 중 한 곳이다. 시간이 허락한다면 하루쯤 묵어갈 것을 권한다. 타다파니는 '별(타다)의 물(파니)'이란 뜻. 마을 이름처럼 우리나라에서 구경하기 힘든 많은 별을 볼 수 있다. 삼각대를 준비했다면 카메라 조리개를 최대한 개방하고 노출을 길게 주어 밤하늘의 별을 촬영해 보는 것도 좋겠다. 아침 일출의 여명을 받아 빛나는 안나푸르나 남봉과 히운출리, 마차푸차레를 보고 있으면 왜 이곳이 안나푸르나 뷰포인트인지 알게 된다.

1. 푼힐 전망대에서 일출을 기다리는 트레커들 2. 푼힐 전망대에 있는 보기 흉한 전망대 타워와 트레커들 3. 고라파니 마을 입구에 세워진 트레커 환영 대문 4. 구름 위로 떠오르는 태양. 푼힐 전망대를 찾은 트레커들이 가장 만나고 싶은 풍경이다

3Day

타다파니
(2710)

간드룩
(1990)

타다파니에서 길이 두 갈래로 나뉜다. 직진하면 구르중과 치울레를 거쳐 촘롱으로 간다. 오른쪽 길을 택하면 간드룩으로 내려온다. 가이드나 포터 없이 혼자 트레킹을 한다면 자칫 헷갈리기 쉬운 곳이다. 타다파니의 롯지에서 길을 확실하게 물어보고 출발하도록 한다. 타다파니를 지나 간드룩까지는 비교적 편안한 트레일이 연결된다. 간드룩은 안나푸르나 생츄어리 트레킹 코스에 있는 마을 중 가장 큰 자연 부락이다. 푼힐 코스나 안나푸르나 생츄어리 코스 주변에 살고 있는 대부분 주민들의 고향이기도 하다. 간드룩에는 시설이 훌륭한 롯지가 몇 곳 있다. 방 안에 온수 샤워가 가능한 욕실이 있는 곳도 있다.

4Day

간드룩
(1990)

사울리바자르
(1140)

비레탄티
(1000)

나야풀
(1070)

포카라
(850)

간드룩 이후 트레킹 구간은 전체적으로 편안한 내리막길이다. 하지만 오토바이나 차량 통행이 빈번해 엄청난 먼지가 발생한다. 대부분의 트레커들은 이 구간을 버스나 지프를 타고 포카라로 복귀한다. 굳이 이 구간을 걷는다면 점심은 비레탄티나 나야풀에서 먹는다. 이곳의 로컬 식당을 이용해 보는 것도 재미있는 추억이 될 것이다. 나야풀에서 포카라로 돌아올 때는 택시 흥정이 쉽지 않다. 네팔리들의 서민적인 삶을 엿볼 겸 로컬 버스를 타보는 것도 괜찮다. 간드룩에서 차량을 이용하면 쉽게 포카라로 복귀한 후 점심을 먹을 수 있다.

1. 푼힐 전망대의 타워와 트레커들 2. 하얗게 빛나는 일출의 다울라기리 산군 3. 4. 푼힐 전망대에서 일출을 기다리는 트레커들

● 푼힐-간드룩 코스는 짧은 시간에 히말라야 트레킹의 묘미를 만끽하고 싶은 트레커에게 적합한 코스다. 보통 하루에 5시간 정도 걷는 일정이라 어린이나 노약자를 동반한 트레킹으로 적당하다.

● 고라파니에서 푼힐 전망대를 오를 때는 깜깜한 새벽이다. 헤드랜턴이나 손전등이 필요하다. 겨울철 새벽은 무척 춥다. 보온 준비를 철저히 한다. 전망대에 간이 찻집이 있어 언 몸을 녹이면서 일출을 기다릴 수 있다. 푼힐 전망대에서 숙소가 있는 고라파니 윗마을까지 내려오는 데는 30분 정도 걸린다.

● 걸음이 좀 느리거나 체력적으로 부담이 되면 고라파니에서 타다파니까지 하루, 타다파니에서 간드룩까지 하루로 잡고, 그 다음날 포카라로 내려오는 일정을 잡으면 여유 있는 트레킹을 할 수 있다.

● 푼힐 전망대에서 왔던 길을 되짚어 포카라로 돌아갈 예정이라면 전날 저녁에 미리 아침식사를 주문해 놓는다. 그래야 푼힐 전망대 갔다 오는 동안 준비해 놓는다. 이틀 걸은 길을 하루 만에 내려가 포카라까지 가려면 힘든 여정이다. 가급적 아침부터 서두르는 것이 좋다.

● 트레킹을 마친 후 나야풀에서 버스를 이용해 포카라로 간다. 베니, 바그룽 등에서 출발해 나야풀을 거쳐 포카라로 가는 버스가 자주 있다. 택시는 담합해서 가격을 고정시켜 놓아 흥정이 쉽지 않다. 따라서 버스를 타고 포카라로 가는 것도 색다른 경험이 될 것이다. 포카라까지 택시는 1시간, 버스는 2시간 걸린다.

● 푼힐 전망대 트레킹 코스는 도로 공사가 진행 중이다. 2025년 9월 고라파니 방향은 반탄티까지, 촘롱 방향은 지누단까지 도로가 개통됐다. 도로 개통 구간은 차량이나 오토바이가 일으키는 먼지로 인해 짜증나는 트레킹이 될 수 있다. 가급적 차량이 운행되는 구간은 트레킹 코스에서 제외하는 게 좋다.

● 간드룩에서 포카라까지 지프 대절료는 흥정이 가능하다. 일행이 적으면 다른 트레커와 합세해 지프를 대절하면 비용을 줄일 수 있다. 자주 있는 편은 아니지만 버스를 이용하는 방법도 있다.

● 나야풀에서 반탄티까지 차량으로 이동한다. 내려올 때는 간드룩에서 나야풀, 혹은 포카라까지 차량을 이용한다. 이렇게 하면 2박3일이나 3박4일 일정으로 이 코스를 즐길 수 있다.

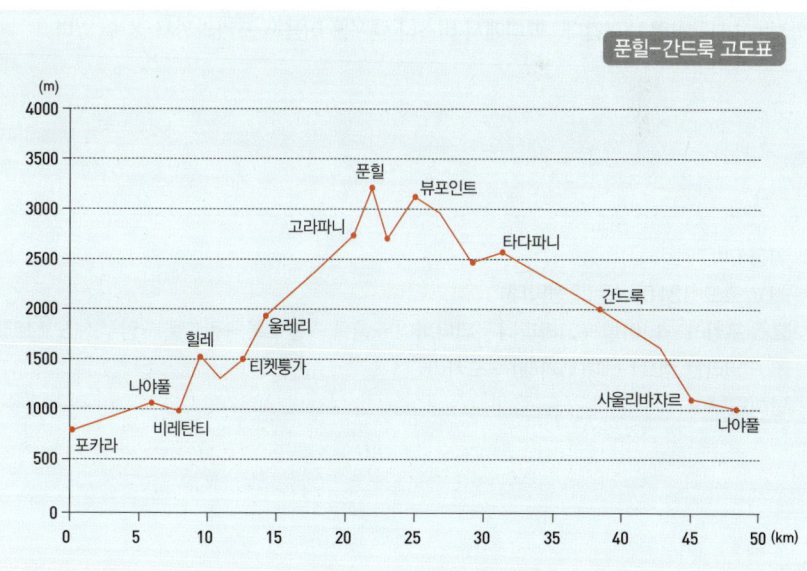

푼힐-간드룩 고도표

푼힐 - 간드룩 - 담푸스

안나푸르나 히말라야 5대 뷰포인트 전부를 아우르는 트레킹 코스다. 푼힐 전망대를 시작으로 타다파니-촘롱-간드룩-담푸스를 거쳐 포카라로 내려온다. 각각의 포인트마다 모양을 달리하는 안나푸르나 산군의 그림 같은 자태를 감상할 수 있다. 트레킹 시작과 마무리 구간에서 차량을 적극적으로 이용하면 하루나 이틀 정도 일정을 단축할 수 있다.

모디콜라계곡 가장 안쪽에 있는 간드룩은 원래 농사를 짓고 사는 구룽족의 자연부락이다. 안나푸르나 트레킹이 시작되면서 지금은 많은 롯지들이 들어섰다. 안나푸르나 생츄어리 트레킹 코스에 있는 대부분의 롯지 사우지(남자 주인)와 사우니(여자 주인)는 이곳 출신이다. 촘롱에는 한국에서 근로자로 일했던 네팔리가 운영하는 롯지(히말라야 뷰)가 있다. 이곳에서는 라면이나 김치찌개를 먹을 수 있다.

촘롱-간드룩 구간은 킴롱콜라계곡까지 내려갔다가 다시 올라간다. 거리는 짧지만 쉬운 코스는 아니다. 4~5시간 정도 소요된다. 만약, 트레킹 일정을 줄이려면 촘롱을 제외하고 타다파니에서 곧바로 간드룩으로 가는 코스를 택한다. 간드룩에서 마지막 뷰포인트인 담푸스로 가려면 모디콜라계곡을 건너가야 한다.

담푸스는 안나푸르나 5대 뷰포인트 중 한 곳으로 마차푸차레 조망이 아주 뛰어나다. 이곳에서 하루 머무르면서 일몰과 일출을 감상하고 느긋하게 다음날 오전에 포카라로 내려가길 권한다. 란드룩에서 지프 차량을 이용하면 쉽게 포카라로 복귀할 수 있다. 오스트레일리안 캠프에서 일몰과 일출을 감상한 뒤 카레를 거쳐 포카라로 복귀해도 된다. 담푸스에서 페디까지는 1시간이면 내려간다. 페디에서 버스나 택시를 이용해 포카라까지 갈 수 있다.

○ **일정** 6박7일
○ **최고 고도** 3210m(푼힐 전망대)
○ **코스** 포카라→나야풀→고라파니→타다파니→촘롱→간드룩→란드룩→담푸스(오스트레일리안 캠프)→페디(카레)→포카라
○ **난이도** ★★

트레킹 코스 가이드

일정	출발지	경유지	숙박지
1Day	포카라(850)	울레리(2080)-반탄티(2300)	고라파니 (2750)
2Day	고라파니(2750)	푼힐(3210)-데우랄리(2150)-반탄티(2606)	타다파니 (2710)
3Day	타다파니(2710)	구르중(2010)-치울레(2170)	촘롱 (2210)
4Day	촘롱(2210)	킴롱(1810)	간드룩 (1990)
5Day	간드룩(1990)	뉴브리지(1410)	란드룩 (1620)
6Day	란드룩(1620)	톨카(1700)-비촉데우랄리(2150)-포타나(1990)	담푸스(1170) 혹은 오스트레일리안 캠프
7Day	담푸스(1170) 혹은 오스트레일리안 캠프	오스트레일리안 캠프(1920)-카레(1720)-담푸스(1700)-페디(1130)	포카라 (850)

1. 푼힐 전망대로 올라가는 입구의 매표소 2. 운해 위에 솟은 다울라기리 산군

다울라기리 산군 조망하며 푼힐 한바퀴!
푼힐 서킷 Phunhill Circut

최근 푼힐 전망대를 가운데 두고 한바퀴 도는 푼힐 서킷 트레킹 코스가 인기다. 물데 뷰 포인트 Mulde View Point 코프라단다Khopra Danda, 모하레단다Mohare Danda 등 다울라기 산군 전망대를 연결하는 이 코스는 트레커들 사이에 입소문이 나면서 롯지 등 인프라가 빠르게 구축되고 있다. 특히, 유럽에서 온 트레커들에게 인기가 많다. 푼힐 서킷에는 세 곳의 전망대가 있는데, 다울라기리를 중심으로 그 주변 산군을 조망하기에 좋다. 4박5일의 짧은 트레킹 동안 3개의 전망대를 찾아가 다울라기리, 툭체, 닐기리, 안나푸르나 1봉, 안나푸르나 사우스, 히운출리, 마차푸차레를 감상한다. 전망대마다 조망은 비슷하면서 조금씩 다르다.

트레킹 코스는 어떤 방향으로 돌아도 크게 상관 없다. 다만 트레킹 방향에 따라 들머리와 접근 방법이 달라진다. 시계 방향으로 잡으면 들머리는 울레리 혹은 반탄티다. 시계 반대 방향은 타다파니에서 트레킹을 시작하는데, 일단 간드룩이나 킴롱까지 가야 한다. 두 군데 모두 지프 이동이 가능하다. 간드룩까지는 버스로도 갈 수 있다. 간드룩에서 타다파니까지는 2시간~2시간 30분 걸린다.

○ **일정** 4박5일
○ **최고 고도** 3660m(코프라단다)
○ **코스** 포카라(차량 이용)→간드룩→타다파니→도바토→코프라단다→스완타→모하레단다→반탄티(차량 이용)→포카라
○ **난이도** ★★★

푼힐 서킷 4day, 5day 코프라단다에서 스완타를 거쳐 모하레단다까지는 먼 거리다. 하루에 가기에는 무리다. 스완타나 풀바리에서 하루 쉬어가는 것이 좋다. 풀바리에 있는 그린 뷰 게스트하우스 Green View Guest House는 주인이 한국에서 근로자로 일한 경험이 있어 조금은 한국적(?)인 서비스를 받을 수 있다. 푼힐 서킷 코스에 있는 대부분의 롯지는 시설이나 음식이 그리 좋은 편이 아니다. 또 다른곳에서는 쉽게 만날 수 없는 '커뮤니티 롯지'로 운영되는 곳도 있다. 커뮤니티 롯지는 개인 소유가 아닌 마을 사람들이 돌아가면서 운영하는 롯지다. 공동 운영이다보니 시설 투자는 인색하고 자신이 운영할 시기에 최대한 수익을 남기는데 목표를 둔다. 따라서 롯지 환경이 좋지 않다. 하지만 아직까지는 롯지가 많이 부족해 아쉬워도 이용할 수밖에 없다. 다만, 트레킹 코스가 다른 곳처럼 트레커들로 북적거리지 않아 호젓한 트레킹을 할 수 있어 좋다.

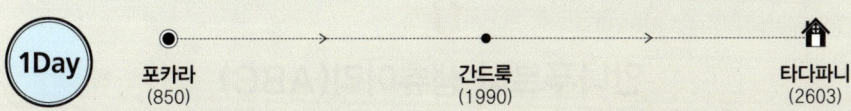

1Day 포카라(850) — 간드룩(1990) — 타다파니(2603)

포카라 바글룽 버스파크에서 로컬버스로 간드룩까지 4시간 소요. 보통 간드룩에 점심을 먹은 후 트레킹 한다. 간드룩에서 타다파니까지는 3시간쯤 걸린다.

2Day 타다파니(2603) — 도바토(3420) — 물데 뷰 포인트(3630) — 도바토(3420)

도바토Dobato는 물데 뷰 포인트를 다녀오는 마을. 도바토에서 물데 뷰 포인트까지는 20분 올라가야 한다. 날씨가 좋다면 일출과 일몰의 멋진 광경을 만날 수 있다.

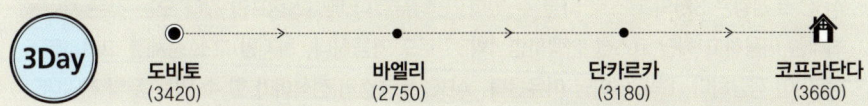

3Day 도바토(3420) — 바엘리(2750) — 단카르카(3180) — 코프라단다(3660)

도바토에서 코프라단다까지는 670m를 내려갔다가 910m를 다시 올라가야 하는 험난한 여정이다. 푼힐 서킷에서 가장 힘든 구간이다. 바엘리에서 단카르카Dankharka 사이에는 롯지나 카페도 없다.

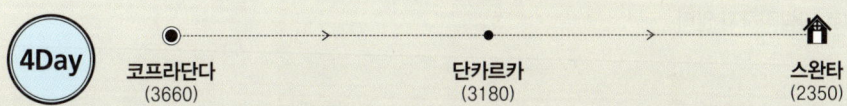

4Day 코프라단다(3660) — 단카르카(3180) — 스완타(2350)

코프라단다에서 스완타까지는 거의 내리막길이다. 단카르카에서 계곡에 있는 롯지까지 1시간 30분 걸린다. 이 롯지에서 스완타까지도 1시간 30분쯤 걸린다. 이날은 스완타 롯지에서 머무른다.

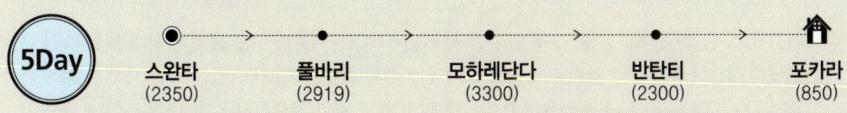

5Day 스완타(2350) — 풀바리(2919) — 모하레단다(3300) — 반탄티(2300) — 포카라(850)

스완타에서 풀바리Phulbari를 거치지 않고 곧장 푼힐에서 모하레단다로 가는 방법도 있다. 모하레단다에는 커뮤니티 롯지가 있고, 그 아래 코케단다에 각국 국기가 게양된 아파 롯지가 있다. 이곳에서 한참 내려오면 반탄티와 울레리 갈림길이 나온다. 지프 이용자는 반탄티로, 로컬버스 이용자는 울레리로 간다.

03
안나푸르나 생츄어리(ABC)

안나푸르나 생츄어리 트레킹은 4,130m의 안나푸르나 남쪽 베이스캠프(원정대는 북쪽 베이스캠프를 이용한다)까지 다녀오는 코스다. 흔히 ABCAnnapurna Base Camp 트레킹이라고 부른다. ABC 트레킹 코스는 계단식 밭이 끝없이 펼쳐진 저지대 히말라야에서 빙하와 만년설에 덮인 히말라야 고봉까지 높이에 따른 다양한 풍경을 볼 수 있다. 트레킹 최종 목적지 안나푸르나 베이스캠프에서는 히운출리, 안나푸르나 남봉, 안나푸르나 1봉과 3봉, 글레이셔돔, 강가푸르나, 마차푸차레 등 장엄한 히말라야 고봉 12개를 볼 수 있다. 특히, ABC 트레킹은 쿰부 히말라야처럼 항공기 결항으로 인한 일정 변경 같은 문제가 없다. 오르막과 내리막길에 계단이 비교적 많고, 급경사 코스도 있지만 트레킹 자체는 크게 어렵지 않다.

ABC 트레킹은 3개의 코스로 나눌 수 있다. 안나푸르나 베이스캠프만 갔다 오는 것은 차량을 최대한 이용하고 최단 코스를 선택하면 4박5일로도 가능하다. 하지만 고소 증세를 고려하면 5박6일이 적당하다. 6박7일이면 여유롭다. ABC 트레킹의 정석이라 할 수 있는 푼힐 전망대와 연계한 코스는 7박8일(8박9일)이면 가능하다. 여기에 오스트레일리안 캠프가 있는 담푸스 코스나 마르디 히말까지 연계해 코스를 짤 수 있다. 이 경우 12일 정도 걸린다. 경험 많은 트레커는 이 일정에서 하루나 이틀 정도 줄일 수 있다. 또 차량을 최대한 활용해 최단시간에 트레킹을 마치는 사람들도 있다. 그러나 고산병 위험을 감안할 때 무리하게 일정을 단축하는 것은 결코 바람직하지 않다.

겨울에는 눈사태 조심

트레킹 코스 중 히말라야 호텔–데우랄리–마차푸차레 BC는 겨울과 이른 봄에 눈사태 위험이 있는 구간이다. 트레킹 당일 날씨를 고려해 길이 안전한지 확인한 후 가능한 한 오전 중으로 일찍 통과하도록 한다. 가이드나 포터들의 이야기를 잘 따르면 결코 위험하지 않다. 히말라야는 최근 들어 이상 기후의 영향으로 건기에도 폭설이 내리고 날씨가 갑작스럽게 돌변하곤 한다. 이 때문에 조난사고가 빈번하게 발생하고 있다. 결코 만만한 코스로 쉽게 생각하지 않기 바란다. 드물지만 조난사고로 인해 생명을 잃는 일도 가끔 발생하고 있다.

1. '물고기 꼬리' 라는 뜻을 가진 마차푸차레의 위용. 네팔인들이 신성시 하는 산이다 2. 마차푸차레 BC에서 데우랄리로 가는 길

안나푸르나 베이스캠프(ABC)

안나푸르나 베이스캠프까지 다녀오는 최단 코스이다. 일반적으로 6일 일정이 적당하다. 만약 시간을 단축하고 싶다면 하루 정도는 줄일 수 있다. 그러나 더 이상 일정 단축은 무리다. 고산병에 걸릴 확률이 아주 높다. 일정 단축은 ABC에서 하산할 때 가능하다. 안나푸르나 베이스캠프에서 시누와까지 하루, 그 다음날 지누단다를 거쳐 차량을 이용하면 포카라까지 복귀할 수 있다.

석양에 물든 마차푸차레. 보는 각도에 따라 산의 모양이 제각각이다.

○ **일정** 5박6일
○ **최고 고도** 4130m(안나푸르나 베이스캠프)
○ **코스** 포카라(차량 이용)→지누단다→촘롱→시누와→데우랄리→ABC→시누와→지누단다(차량 이용)--→포카라
○ **난이도** ★★★

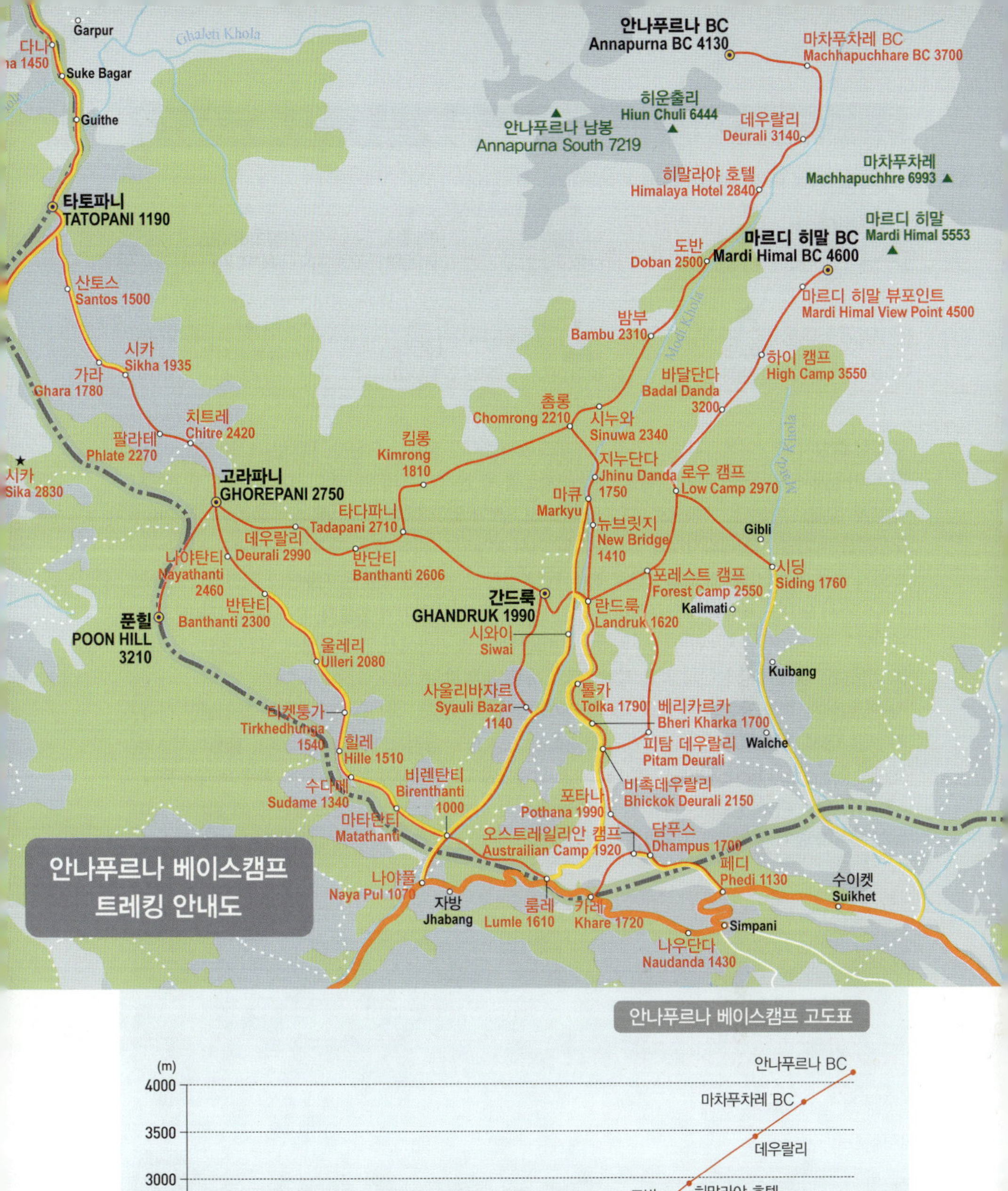

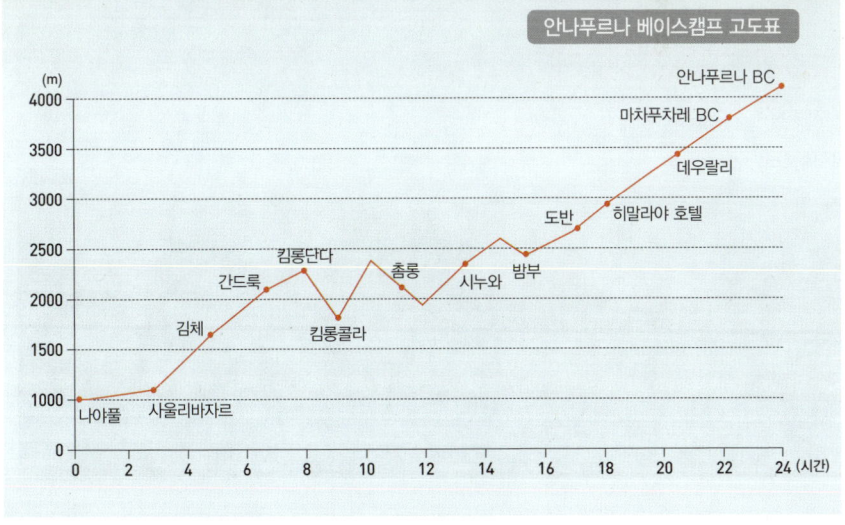

안나푸르나 베이스캠프
트레킹 안내도
Garpur
Ghalen Khola
다나
Dana 1450
Suke Bagar
Guithe
타토파니
TATOPANI 1190
산토스
Santos 1500
시카
Sikha 1935
가라
Ghara 1780
치트레
Chitre 2420
팔라테
Phlate 2270
시카
Sika 2830
고라파니
GHOREPANI 2750
데우랄리
Deurali 2990
나야탄티
Nayathanti 2460
반탄티
Banthanti 2300
푼힐
POON HILL 3210
울레리
Ulleri 2080
티켓퉁가
Tirkhedhunga 1540
힐레
Hille 1510
수다메
Sudame 1340
마타탄티
Matathanti
비렌탄티
Birenthanti 1000
나야풀
Naya Pul 1070
자방
Jhabang
룸레
Lumle 1610
카레
Khare 1720
나우단다
Naudanda 1430
Simpani
페디
Phedi 1130
수이켓
Suikhet
담푸스
Dhampus 1700
오스트레일리안 캠프
Austrailian Camp 1920
포타나
Pothana 1990
비촉데우랄리
Bhickok Deurali 2150
피탐 데우랄리
Pitam Deurali
베리카르카
Bheri Kharka 1700
톨카
Tolka 1790
란드룩
Landruk 1620
포레스트 캠프
Forest Camp 2550
Kalimati
Kuibang
Walche
시딩
Siding 1760
Gibli
로우 캠프
Low Camp 2970
뉴브릿지
New Bridge 1410
마큐
Markyu
지누단다
Jhinu Danda 1750
시누와
Sinuwa 2340
촘롱
Chomrong 2210
킴롱
Kimrong 1810
타다파니
Tadapani 2710
반단티
Banthanti 2606
간드룩
GHANDRUK 1990
시와이
Siwai
사울리바자르
Syauli Bazar 1140
바달단다
Badal Danda 3200
하이 캠프
High Camp 3550
Mardi Khola
Modi Khola
밤부
Bambu 2310
도반
Doban 2500
마르디 히말 BC
Mardi Himal BC 4600
마르디 히말 뷰포인트
Mardi Himal View Point 4500
마르디 히말
Mardi Himal 5553
히말라야 호텔
Himalaya Hotel 2840
마차푸차레
Machhapuchhre 6993
데우랄리
Deurali 3140
히운출리
Hiun Chuli 6444
안나푸르나 남봉
Annapurna South 7219
안나푸르나 BC
Annapurna BC 4130
마차푸차레 BC
Machhapuchhare BC 3700

안나푸르나 베이스캠프 고도표
(m)
4000
3500
3000
2500
2000
1500
1000
0
0 2 4 6 8 10 12 14 16 18 20 22 24 (시간)
나야풀
사울리바자르
김체
간드룩
킴롱단다
킴롱콜라
촘롱
시누와
밤부
도반
히말라야 호텔
데우랄리
마차푸차레 BC
안나푸르나 BC

1Day

포카라 (850) → 나야풀 (1070) → 비레탄티 (1000) → 사울리바자르 (1140)

시누와 (2340) ← 촘롱 (2210) ← 지누단다 (1750) ← 뉴브리지 (1410)

트레킹 출발지인 나야풀까지는 포카라 버스파크에서 2시간 정도 소요된다. 택시는 1시간 정도 걸린다. 나야풀에서 모디콜라 계곡 상류를 향해 바자르를 쭉 올라가면 비렌탄티 다리가 나온다. 이곳에서 길이 두 갈래로 나뉜다. 왼쪽으로 ACAP 체크 포스트가 있고 이후 울레리를 거쳐 고라파니로 간다. 오른쪽으로 가면 사울리바자르와 뉴브릿지를 거쳐 지누단다 방향이다. 도로가 개설되기 전에는 뉴브릿지 혹은 지누단다까지 트레킹으로 하루 동안 걸렸다. 그러나 지금은 지누단다 직전까지 도로가 개통되면서 오가는 차량이나 오토바이로 인한 먼지로 트레킹 하기가 힘들다. 이 때문에 대부분의 트레커들은 포카라에서 지누단다까지 차량으로 이동한다. 포카라에서 일찍 출발해 지누단다까지 차량을 이용하면 촘롱에서 점심을 먹고 시누와까지 하루 만에 갈 수 있다.

지누단다에서 계곡으로 20분 정도 내려오면 노천 온천이 있다. 하산길이라면 한번 들러볼만 하다. 지누단다에서 촘롱까지는 ABC 트레킹 코스에서 가장 심한 급경사가 기다리고 있다. 촘롱에서 시누와까지 이동은 모디콜라 강바닥까지 내려가서 그만큼 다시 올라야 하기에 무척 힘든 여정이 된다. 시누와는 아랫 마을인 로우 시누와와 윗 마을인 어퍼 시누와가 있다. 당연히 높은 곳에 위치한 윗마을의 풍광이 좋지만 첫날부터 무리하지 않으려면 아랫 마을인 로우 시누와에서 머무는 것이 좋다.

1

1. 타다파니에서 고라파니 가는 길목의 전망대에서 바라본 다울라기리 산군 2. 어퍼 시누와 마을 롯지의 가판대와 트레커들
3. 밤부에서 히말라야 호텔 올라가는 길의 계단길. 안나푸르나 생츄어리 트레킹은 계단의 연속이다 4. 생필품을 나르는 마방
행렬. 시누와 마을 아래까지만 마방이 다닐 수 있다

2Day

| 시누와 (2340) | 밤부 (2310) | 도반 (2500) | 히말라야 호텔 (2840) | 데우랄리 (3140) |

시누와에서 보면 밤부가 가깝게 보인다. 그러나 실제로 가보면 거리가 제법 멀다. 길 또한 만만치 않다. 그렇다고 특별히 어려운 구간은 없다. 데우랄리까지는 1~2시간마다 중간중간 롯지들이 계속 있다. 간식이나 차를 마시며 쉬어가기 적당하다. 점심은 히말라야 호텔에서 먹고, 잠은 데우랄리에서 자도록 한다. 컨디션이 좋지 않으면 히말라야 호텔에서 머물도록 한다. 어차피 다음날 안나푸르나 베이스캠프까지 가는 여정이라 시간적으로는 충분하다. 히말라야 호텔에서 약 40분 정도 올라가면 거대한 바위에 자리한 힌쿠동굴이 있다. 이곳은 비박하기에 적당하다. 이른 시간에 데우랄리에 도착했더라도 마차푸차레 베이스캠프(MBC)까지 가는 것은 자제하는 게 좋다. 하루에 너무 많이 고도를 올리면 고산병에 걸릴 수 있다. 서둘러 MBC까지 올라갔다가 밤새도록 고소 증세에 시달린 후 다음날 안나푸르나 BC도 못가고 하산하는 경우가 비일비재하다. 참고로 고도차는 시누와~데우랄리 890m, 시누와~MBC 1,360m다. '빨리빨리'는 버리고 '비스타리(천천히)'가 절대적으로 요구된다. 데우랄리는 윗마을과 아랫마을이 있다. 두 곳은 약 100m의 고도차가 난다. 겨울에는 두 곳 중 한 곳만 오픈한다. 만약 인원이 넘치면 추가로 나머지 롯지를 오픈한다.

3Day

| 데우랄리 (3140) | 마차푸차레 BC (3700) | 안나푸르나 BC (4130) |

데우랄리를 지나면서 서서히 고도가 높아진다. 이곳부터는 절대 무리하지 않는 것이 중요하다. 데우랄리에서 마차푸차레 BC, 안나푸르나 BC까지 거리는 얼마 되지 않는다. 다만, 높이가 급격히 높아지므로 천천히 운행해야 한다. 이 구간에서 무리하면 고산병에 걸려 트레킹을 중도에 포기할 수도 있다. 데우랄리에서 마차푸차레 BC는 안나푸르나 생츄어리 트레킹 코스에서 눈사태가 일어날 확률이 가장 높은 위험 구간이다. 특히, 히말라야 호텔부터 마차푸차레 BC까지는 왼쪽 산비탈에 쌓여 있는 눈을 늘 조심해서 지나야 한다. 신설이 내린 다음날에는 가능하면 아침 일찍 이 구간을 통과하는 게 좋다. 혼자라면 네팔 가이드나 포터들과 함께 통과하도록 한다. 눈이 내렸을 경우 아이젠과 스패츠는 필수이다. 장비가 없으면 트레킹이 힘들어진다. 요즘 히말라야는 급변하는 날씨로 인해 건기인 한겨울에도 폭설이 내리는 경우가 잦다. ABC 트레킹에서 가장 소중한 순간은 안나푸르나 베이스캠프에서 하루 머무는 것이다. 그곳에서 바라보는 일몰과 일출은 그동안의 고생을 상쇄하고도 남을 정도로 아름답다. 롯지 뒤쪽의 작은 언덕에 올라서면 남쪽으로 히운출리, 안나푸르나 남봉, 안나푸르나 1봉과 3봉, 글레이셔돔, 강가푸르나, 마차푸차레 등 히말라야 고봉 12개가 펼쳐져 황홀경을 선사한다. 다만, 일몰 후 해가 산등성이를 넘어가면 기온이 갑자기 떨어진다. 보온에 신경을 써야 한다.

1. 힌쿠동굴에서 바라본 데우랄리 롯지와 안나푸르나 산군 2. 데우랄리 가는 길에 쉬고 있는 트레커 3. 산골 마을 주민들에게 팔 물건을 메고 가파른 계단을 오르는 행상 4. 데우랄리 파노라마 롯지 앞으로 떨어지는 작은 폭포

4Day
안나푸르나 BC (4130) → **히말라야 호텔** (2840) → **시누와** (2340)

안나푸르나 베이스캠프에서 일출을 본 뒤 아침 식사를 한다. 하산을 시작하면 해발 2,300m까지 내려간다. 하산하는 일정이라 고소와는 상관이 없지만 너무 무리하지 말아야 할 구간이다. 히말라야 호텔에서 점심을 먹고 시누와까지 하산한다. 일정이 바쁘면 촘롱까지 내려가는 것도 가능하다. 하지만 시누와까지 가는 거리가 만만치 않다. 또 무거운 짐을 지고 따라오는 포터를 생각하면 무리하지 않는 것이 좋다. 시간적으로 여유가 있거나 조금 무리다 싶으면 밤부에서 멈춘다.

5Day
시누와 (2340) → **촘롱** (2210) → **지누단다** (1750)

시누와에서 촘롱까지는 올라올 때와 마찬가지로 모디콜라 계곡 바닥까지 내려간 후 다시 그만큼 힘든 오르막을 올라가야 한다. 이후 지누단다까지는 급경사의 내리막길이다. 지누단다 노천 온천에서 온천욕을 하려면 계곡으로 약 20분 정도 내려가야 한다. 온천은 입장료 200루피를 받는다. 노천 온천에서 며칠간 트레킹으로 힘들었던 심신의 피로를 풀면서 하루 쉬어가는 것이 좋다. 일정이 바쁘다면 지누단다에서 지프를 이용 곧장 포카라로 복귀할 수 있다.

6Day
지누단다 (1750) → **나야풀** (1070) → **포카라** (850)

지누단다 서스펜션 브릿지를 지나면 포카라로 가는 지프 스테이션이 있다. 이곳에서 지프를 이용하면 포카라까지 곧장 복귀할 수 있다. 일행이 있으면 지프를 대절하고, 혼자라면 다른 승객과 쉐어하면 된다.

1. 안나푸르나 트레킹에서 자주 만나는 서스펜션 브리지 2. 계곡을 따라 부드럽게 이어진 시누와에서 밤부로 가는 트레일

● 지누단다까지 도로가 개통되어 차량을 이용하면 일정을 단축할 수 있다. 도로는 당연히 비포장으로 열악하기 그지없다. 차량이 지나가면 숨을 못 쉴 정도로 먼지가 인다. 가능하면 찻길은 걷지 않는 것이 좋다.

● 나야풀에서 포카라로 복귀할 때는 꼭 택시만 고집하지 말고 로컬 버스도 타보자. 네팔 서민의 삶을 엿볼 수 있는 좋은 기회다. 물론 택시에 비해서 엄청나게 저렴하다. 시간은 30분에서 1시간쯤 더 걸린다.

● 포카라-카트만두 항공편을 사전에 예약해 두었다면 트레킹을 마치는 당일로 카트만두까지 복귀가 가능하다. 그러나 날씨에 따라 항공기 결항이 있을 수 있어 너무 맹신해서는 안 된다. 그래서 예비일이 필요하다. 가급적 하루를 예비일로 정해 포카라에서 머무는 게 안전하다.

● 촘롱 이후부터는 롯지의 숫자가 한정적이다. 따라서 트레커가 많이 몰리는 성수기에는 방 구하기 전쟁이 시작된다. 가능하면 빨리 목적지에 도착하는 게 좋다. 아침부터 빨리 움직이는 게 현명하다. 아니면 포터를 먼저 보내 방을 확보하는 것도 중요하다.

● 겨울 시즌이라도 롯지 한 곳은 문을 열기 때문에 방을 못 구하는 경우는 없다. 단체가 오거나 트레커 숫자가 너무 많아 한 롯지에서 수용하기 곤란한 경우 이웃한 롯지를 개방한다. 참고로 안나푸르나 베이스캠프는 성수기에 5개의 롯지가 영업을 한다. 비수기에도 보통 2개 이상은 항상 영업을 하고 있다. 대부분의 롯지는 태양열을 이용해 전기를 사용한다. 스마트폰 충전이 가능하며, 온수 샤워도 가능한 편이다.

● 롯지의 남자 주인을 '사우지'라고 하고, 여자 주인을 '사우니'라고 한다. 안나푸르나 BC 생츄어리 롯지 주인은 1990년대 후반 부산에서 근로자로 일한 경험이 있는 네팔리로서 한국말이 가능하다. 또 마차푸차레 BC에도 비슷한 사우지가 있고, 촘롱에도 한 명 있다. 특히, 촘롱에서는 김치찌개나 닭백숙을 먹을 수 있다. 밑반찬으로 김치가 나온다. 한국 음식이 그리울 때 한번 들러볼 만하다. 시누와 이후부터는 현지인들이 신성한 곳(홀리 히말라야)으로 여겨 동물(당나귀)의 출입을 금하며 육식 또한 팔거나 먹지 않는 전통이 있다.

● 지누단다에서 포카라로 가는 차량은 인원에 따라 선택한다. 5~6명이면 대절, 그 이하이면 다른 트레커들과 쉐어하는 게 유리하다.

● 지누단다에서는 노천 온천을 이용해보자. 입장료 명목으로 200루피를 요구하므로 소액의 네팔 루피를 지참하자.

● 몬순 기간에는 악명 높은 거머리(주가)가 등장한다. 거머리가 많이 등장하는 구간은 포타나-비촉데우랄리-베리카르카, 뉴브리지-지누단다, 시누와-밤부-도반-히말라야 호텔이다. 물론 사전에 거머리에 대해 잘 대비하면 예방이 불가능한 것은 아니다. 몬순 기간에 트레킹을 할 경우에는 소금주머니를 준비한다.

1. 단체 트레커가 즐겨 이용하는 치울레의 대형 롯지 **2.** 사울리바자르 보리밭 사이로 난 길을 지나는 트레커들

푼힐 전망대 - ABC

안나푸르나 베이스캠프 트레킹의 표준 코스라고 할 만큼 많은 트레커들이 찾는 코스다. 트레킹 인프라가 완벽할 만큼 잘 갖추어져 있고, 트레일 또한 크게 힘들지 않게 연결된다. 다만 일부 구간에서는 오르막과 내리막이 있어 무릎관절이 좋지 않으면 사전에 대책이 필요하다. 스틱은 필수다. 푼힐 전망대와 안나푸르나 베이스캠프를 연결하는 코스라 시간적인 여유를 가지고 트레킹하도록 한다. 안나푸르나 베이스캠프를 갔다가 푼힐 전망대로 가는 역방향 트레킹도 가능하다. 이는 코스 전체에서 가장 힘든 구간인 울레리의 3,400계단을 올라갈지, 아니면 내려갈지를 선택하는 문제이기도 하다. 시간적인 여유가 없다면 하루쯤 단축할 수 있다. 단, 고소에 적응이 된 경우에 한해서다. 이틀을 단축하는 것은 무리다. 촘롱 이후 오르막은 고산병에 걸리기 쉬운 구간이다. 가능한 일정을 단축하지 말자. 최근에는 대부분의 트레커가 푼힐 전망대로 가는 길의 울레리나 반탄티까지 차량을 이용한다. 또 하산 시에도 지누단다에서 지프를 이용해 포카라로 복귀한다.

데우랄리에서 마차푸차레 베이스캠프(MBC)를 향해 걷는 트레커들

○ **기간** 7박8일(최대한 차량 이용), 9박10일(나야풀에서 전 코스 도보)
○ **최고 고도** 4130m(안나푸르나 베이스캠프)
○ **코스** 포카라(차량)→ 반탄티→ 고라파니→ 타다파니→ 촘롱→ 데우랄리→ ABC→ 시누와
　　　→ 지누단다(차량)→ 포카라
○ **난이도** ★★★

트레킹 코스 가이드				
일정	출발지	경유지	숙박지	비고
1Day	포카라 (850)	울레리(2080) - 반탄티(2300)	고라파니 (2750)	
2Day	고라파니 (2750)	데우랄리(2150) - 반탄티(2606)	타다파니 (2710)	
3Day	타다파니 (2710)	구르중(2010) - 치울레(2170)	촘롱 (2210)	
4Day	촘롱 (2210)	시누와 (2340)	밤부 (2310)	ABC 트레킹 참조 (182p)
5Day	밤부 (2310)	도반(2500) - 히말라야 호텔(2840)	데우랄리 (3140)	
6Day	데우랄리 (3140)	마차푸차레 BC (3700)	안나푸르나 BC (4130)	
7Day	안나푸르나 BC (4130)	데우랄리(3140) - 히말라야 호텔(2840) - 밤부(2310)	시누와 (2340)	
8Day	시누와 (2340)	지누단다 (1750)	포카라 (850)	

1. 네팔 국화 랄리구라스 2. 푼힐 전망대로 가는 길의 티켓퉁가에 있는 작은 폭포

담푸스 – ABC

ABC 트레킹과 오스트레일리안 캠프가 있는 담푸스를 연결하는 코스다. 올라갈 때는 페디(카레)–담푸스(오스트레일리안 캠프)–포타나–톨카–란드룩, 내려갈 때는 뉴브리지–사울리바자르–나야풀 코스를 따른다. 뉴브리지 이후부터 안나푸르나 베이스캠프까지는 같은 길을 이용한다. 트레킹 들머리를 나야풀로 하는 역방향 트레킹도 가능하다. 이렇게 하면 하산길에 지누단다에서 온천욕을 하며 트레킹의 피로를 풀 수 있다. 보통 6박7일 코스로 트레킹을 많이 하지만 평소 등산을 하지 않았거나 걸음이 늦은 사람은 이 일정에서 하루 정도 더하면 여유로운 일정이 된다.

페디(혹은 카레)를 트레킹 들머리로 할 경우 첫날 숙박은 톨카에서 하는 것으로 일정을 짜는 게 좋다. 첫날부터 무리할 필요는 없다. 첫날 점심은 포타나에서 먹는다. 비촉데우랄리에서 마르디 히말과 길이 나뉜다. 이후 비촉데우랄리에서 베르디카르카까지는 1시간 가량 급경사가 이어진다. 그다음부터 톨카까지 30분 정도는 편한 내리막길이다. 톨카에서 서스펜션 브리지를 건너 1시간 30분쯤 가면 란드룩이다. 이곳부터는 ABC 트레킹 코스를 따른다.

안나푸르나 베이스캠프(ABC) 인증샷 포인트

○ **일정** 5박6일

○ **최고 고도** 4130m(안나푸르나 베이스캠프)

○ **코스** 포카라(차량)→란드룩(지누단다)→시누와→히말라야→데우랄리→MBC→ABC→시누와→지누단다(차량)→포카라

○ **난이도** ★★★

트레킹 코스 가이드

일정	출발지	경유지	숙박지	비고
1Day	포카라 (850, 차량)	담푸스 (1700)	란드룩 (1620)	
2Day	란드룩 (1620)	지누단다 (1750)	시누와 (2340)	
3Day	시누와 (2340)	히말라야 호텔 (2840)	데우랄리 (3140)	
4Day	데우랄리 (3140)	마차푸차레 BC (MBC, 3700)	안나푸르나 BC (ABC, 4130)	ABC 트레킹 참조 (182p)
5Day	안나푸르나 BC (ABC, 4130)	마차푸차레 BC (MBC, 3700)	시누와 (2340)	
6Day	시누와 (2340)	지누단다 (1750, 차량)	포카라 (850)	

〈안나푸르나 생츄어리 트레킹 소요시간〉

코스	소요시간	코스	소요시간
페디-담푸스	1:15	데우랄리-마차푸차레 BC	2:00
담푸스-포타나	1:10	마차푸차레 BC-안나푸르나 BC	1:30
포타나-비촉데우랄리	0:40	안나푸르나 BC-마차푸차레 BC	1:00
비촉데우랄리-톨카	1:40	마차푸차레 BC-데우랄리	1:30
톨카-란드룩	0:45	데우랄리-히말라야 호텔	1:00
란드룩-뉴브리지	1:20	히말라야 호텔-도반	1:00
뉴브리지-지누단다	1:30	도반-시누와	2:15
지누단다-촘롱	1:15	시누와-촘롱	1:45
촘롱-시누와	1:25	촘롱-킴롱	1:30
시누와-밤부	1:30	킴롱-간드룩	2:15
밤부-도반	0:45	간드룩-킴제	0:45
도반-히말라야 호텔	1:10	킴제-사울리바자르	1:00
히말라야 호텔-데우랄리	1:00	사울리바자르-나야풀	1:40

푼힐 - ABC - 담푸스

ABC와 푼힐 전망대, 담푸스를 모두 아우르는 트레킹 코스다. 이 트레킹은 안나푸르나 히말라야를 조망하는 거의 모든 뷰포인트를 섭렵한다. 트레커의 체력에 따라서 하루나 이틀 정도 일정 조절이 가능하다. 단, 촘롱 이후부터는 가능하면 무리하지 않는 것이 좋다. 고산병 앞에 자신 있는 사람은 아무도 없다. 트레킹 들머리는 어디를 선택해도 상관없다. 어느 코스를 선택해도 촘롱에서 만난다. 촘롱에서 안나푸르나 베이스캠프까지는 같은 코스를 이용한다. 다만, 촘롱까지 어느 길로 갈 것인가가 문제다. 어느 쪽을 택해도 일장일단이 있다. 담푸스를 하산 코스로 잡을 경우 지누단다에서 하루 머무는 일정으로 짠다. 고된 트레킹 후에 하는 노천 온천욕은 행복하기 그지없다. 또한 담푸스에서도 하룻밤 머물자. 이곳은 마차푸차레 조망이 끝내주는 안나푸르나 5대 뷰포인트 가운데 하나다. 담푸스 대신 오스트레일리안 캠프를 선택해도 된다. 이곳 역시 뷰포인트다. 오스트레일리안 캠프에 머물면 다음날 카레를 거쳐 포카라로 내려간다.

1. 안나푸르나 베이스캠프(ABC)로 향하는 트레커와 마차푸차레(오른쪽) **2.** 석양에 물든 마차푸차레

○ **일정** 8박9일
○ **최고 고도** 4130m(안나푸르나 베이스캠프)
○ **코스** 포카라→나야풀→반탄티(차량)→고라파니→타다파니→촘롱→시누와→데우랄리→안나푸르나 BC→시누와→지누단다→란드룩→담푸스(오캠)→페디(카레)→포카라
○ **난이도** ★★★

트레킹 코스 가이드

일정	출발지	경유지	숙박지	비고
1Day	포카라 (850, 차량)	울레리(2080)- 반탄티(2300)	고라파니 (2750)	푼힐 전망대 트레킹 참조 (168p)
2Day	고라파니 (2750)	데우랄리(2150)- 반탄티(2606)	타다파니 (2710)	
3Day	타다파니 (2710)	구르중(2010)- 치울레(2170)	시누와 (2340)	
4Day	시누와 (2340)	히말라야 호텔 (2840)	데우랄리 (3140)	ABC 트레킹 참조 (182p)
5Day	데우랄리 (3140)	마차푸차레 BC (MBC, 3700)	안나푸르나 BC (ABC, 4130)	
6Day	안나푸르나 BC (ABC, 4130)	밤부 (2310)	시누와 (2340)	
7Day	시누와 (2340)	지누단다 (1750)	란드룩 (1620)	
8Day	란드룩 (1620)	톨카 (1790)	담푸스 (오캠, 1700)	
9Day	담푸스 (오캠, 1700)	페디 (1130)	포카라 (850)	

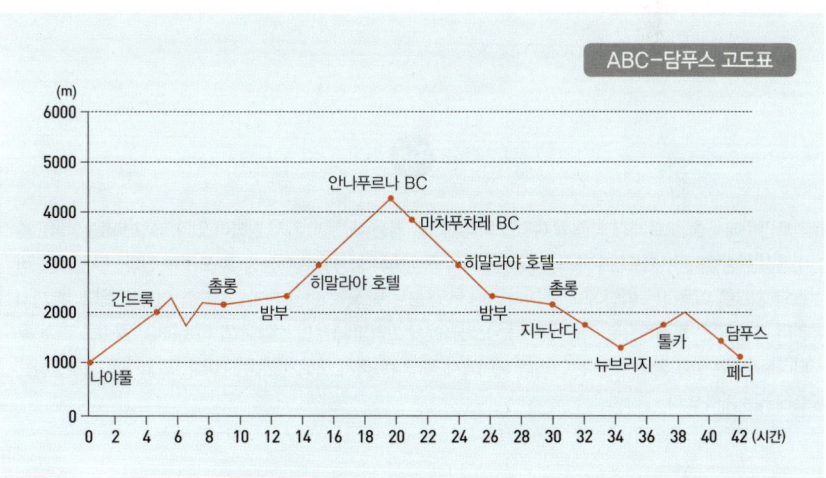

ABC-담푸스 고도표

04
좀솜

은둔의 왕국으로 불리는 무스탕 지역(로우 무스탕)으로 떠나는 트레킹이다. 안나푸르나 산군을 한바퀴 도는 안나푸르나 서킷의 후반부 코스이기도 하다. 좀솜 트레킹의 최종 목적지는 힌두교의 성지가 있는 묵티나트다. 묵티나트 사원(3710m)은 무스탕 최대 도시 좀솜 북동쪽에 있다. 9월에 열리는 저너이 푸르니마 축제 때는 힌두교인들이 모여들어 엄청 복잡하다. 가능한 이 기간은 피하는 것이 좋다.

좀솜까지는 차량이나 항공편으로 쉽게 접근할 수 있다. 좀솜에서 트레킹 목적지 묵티나트까지도 도로가 개설되어 쉽게 접근할 수 있다. 하지만 당일로 묵티나트(3800m)까지 갈 경우 고소증세가 나타날 확률이 아주 높다는 사실을 명심해야 한다. 올라갈 때는 무스탕 입구 마을 카크베니를 경유하고, 좀솜으로 돌아올 때는 루브 라를 거쳐 내려오는 코스를 추천한다. 좀솜에서 포카라 방면으로 내려오는 코스는 도로가 개통되어 트레킹에 적합하지 않다. 이 구간은 차량을 이용하며, 타토파니에서의 온천욕을 추천한다. 트레킹을 좀 더 길게 하고 싶다면 타토파니에서 푼힐 전망대 코스를 연결하면 된다.

Tip

카트만두에서 좀솜 트레킹 최종 목적지인 묵티나트로 가는 데는 세 가지 방법이 있다. 첫 번째는 항공편을 이용하는 방법이다. 카트만두에서 포카라를 거쳐 좀솜까지 항공으로 이동한 후 도보로 간다. 두 번째는 버스와 지프를 이용하는 방법이다. 포카라~베니~좀솜은 버스, 그다음부터는 지프를 이용해 묵티나트까지 간다. 마지막은 트레킹으로 가는 것이다. 포카라에서 고라파니(푼힐 전망대)와 타토파니, 좀솜을 거쳐 묵티나트까지는 7일 정도 걸린다. 그러나 베니에서 묵티나트까지 도로가 개통된 이후 이 코스로 트레킹하는 트레커는 거의 없다.

1. 사막처럼 황량한 풍경의 묵티나트. 은둔의 왕국 무스탕이 시작되는 곳이다 2. 건기의 칼리간다키강. 포카라에서 좀솜으로 가는 트레킹 코스는 이 강을 줄곧 따라간다

고라파니 - 좀솜 - 묵티나트

세계에서 가장 깊은 계곡이라는 칼리간다키강을 거슬러 올라가는 트레킹 코스다. 푼힐 전망대에서 안나푸르나 일출을 감상한 후 타토파니로 하산한다. 그다음부터는 칼리칸다키강을 따라 걸으며 다울라기리, 툭체, 닐기리 등 설산 파노라마를 감상한다. 마무리는 힌두교 성지가 있는 묵티나트다. 트레킹 중에 사과가 유명한 마르파 마을에서 애플 위스키도 맛본다. 또 카크베니에서 출입제한구역인 어퍼 무스탕 지역의 향취를 느껴보는 것도 이색적이다. 좀솜 트레킹은 역방향으로 하는 것도 괜찮다. 포카라에서 좀솜까지 항공편으로 이동한 후 차량을 적절히 이용하면서 트레킹을 하는 것도 방법이다.

무스탕으로 가는 관문 좀솜공항. 강풍이 자주 불어 결항이 잦다.

○ **일정** 5박6일
○ **최고 고도** 3800m(묵티나트)
○ **코스** 포카라 → 나야풀 → 반탄티(차량) → 고라파니 → 푼힐 → 타토파니 → 좀솜 → 카크베니 → 묵티나트 → 루브 라 → 좀솜(항공) → 포카라
○ **난이도** ★★★

좀솜
트레킹 안내도

무스탕↑
카크베니
KAGBENI 2840
자르콧
Jarkot 3500
묵티나트
MUKTINATH 3800
Phalla
Phalayak
에클로바티
Eklobhatti 2740
Piling
킹가르
Khingar 3200
라니포와
Ranipauwa 3710
Lupra
야카와캉
Yakawakang 6482

좀솜
JOMSOM 2760
시양
Syang 2800
쏘롱라
Thorung Ra 5416
칼룽캉
Khalung Kang 6484
쏘롱페디
Thorung Pedi 4540

Dhumpha
마르파
Marpha 2680
샤강
Shya Gang 6032
레타르
Lettar 4230

Aluban
Chhairo
Kaisang
야카카르카
Yak Kharka 4020

투쿠체
Tukuche 2580
Tamang
날기리 북봉
Nilgiri North 7061
메소칸루라
Mesokanlu Ra 5090
틸리초 피크
Thilicho Peak 7134
틸리초 호수
Thilicho Lake
시리카르카
Shreekharka 4050
군상 Gunsang 3920
텡기 Tenghi 3530

코방
Khobang 2560
날기리 중앙봉
Nilgiri Central 6940
틸리초 호수
Thilicho Lake 4919
틸리초 BC
Thilicho BC 4150
Khangsar

라르중
Larjung 2560
날기리 남봉
Nilgiri South 6839
마낭
MANANG 3540
Tange

코케탄티
okhethanti 2560
담푸
Dhampus 1700
Toglung

노스 안나푸르나 BC
North Annapurna BC 4190
캉사르캉
Khangsar Kang 7488
타르케캉
Tharke Kang 7202
강가푸르나
Ganggapurna 7454

칼로파니
Kalopani 2530
Chhaya Deurali
안나푸르나 1봉
Annapurna I 8091
신구출리
Singu Chuli 6591

레테
Lete 2480
Koku
톨루부긴 패스
Tholubugin Pass 4310
바라하 시카르
Baraha Shikhar 7647
안나푸르나 3봉
Annapurna III 7555

가사
Ghasa 2000
타르푸출리
Tharpu Chuli 5663

Tal Baga
Kopchepani
강다바출리
Gandhaba Chuli 6248

룩세차하라
Rukse Chhahara 1600
Garpur
안나푸르나 BC
Annapurna BC 4130
마차푸차레 BC
Machhapuchhare BC 3700

다나
Dana 1450
Suke Bagar
Guithe
히운출리
Hiun Chuli 6444
데우랄리
Deurali 3140
마차푸차레
Machhapuchhre 6993

타토파니
TATOPANI 1190
안나푸르나 남봉
Annapurna South 7219
히말라야 호텔
Himalaya Hotel 2840
마르디 히말 BC
Mardi Himal BC 4600

산토스
Santos 1500
도반
Doban 2500
마르디 히말
Mardi Himal 5553

시카
Sikha 1935
밤부
Bambu 2310
마르디 히말 뷰포인트
Mardi Himal View Point 4500
코르촌
Korchon

티플양
Tiplyang 1040
가라
Ghara 1780
치트레
Chitre 2420
바달단다
Badal Danda 3200
하이 캠프
High Camp 3550
Kumai
Santal

시카
Sika 2830
팔라테
Phlate 2270
고라파니
GHOREPANI 2750
촘롱
Chomrong 2210
지누
Sinuwa 2340
지누단다
Jhinu Danda 1750
로우 캠프
Low Camp 2970
Gibli

Kaphadanda
타다파니
Tadapani 2710
킴롱
Kimrong 1810
뉴브릿지
New Bridge 1410
포레스트 캠프
Forest Camp 2550
시딩
Siding 1760
Imu

나야탄티
Nayathanti 2460
데우랄리
Deurali 2990
반탄티
Banthanti 2606
마쿠
Markyu
란드룩
Landruk 1620
Kalimati
Mirsa

푼힐
POON HILL 3210
반탄티
Banthanti 2300
간드룩
GHANDRUK 1990
시와이
Siwai
Kuibang

라구핫
Raghughat
Nangi
울레리
Ulleri 2080
사울리바자르
Syauli Bazar 1140
톨카
Tolka 1790
베리카르카
Bheri Kharka 1700
Walche
디프랑
Dhiprang

베니
BENI 830
Malla
Lakhphani
띠르케둥가
Tirkhedhunga 1540
힐레
Hille 1510
피탐 데우랄리
Pitam Deurali
라초크
Lhachok

Khaola Khet
수다메
Sudame 1340
비렌탄티
Birenthanti 1000
포타나
Pothana 1990
비촉데우랄리
Bhichok Deurali 2150
담푸스
Dhampus 1700
수이켓
Suikhet
향자
Hyangja

Dharapani
Lespar
Keng
마타탄티
Matathanti
오스트랄리안 캠프
Australian Camp 1920
마헨드라 동굴
Mahendra Cave

바르세
Pharse
Gojung
나야풀
Naya Pul 1070
자방
Jhabang
카레
Khare 1720
페디
Phedi 1130
Simpani
나우단다
Naudanda 1430
사랑곳
Sarangkot

바글룽
BAGLUNG 970
카니야갓
Khaniya Ghat
쿠르코트
Khurkot
팡
Pang
타마르중
Thamarjung
룸레
Lumle 1610
바두리
Bhaduri
바가르
Bagar

지장
Gijan
페와 호수
Phewa
포카라
POKHARA

이쿠스마
IKUSMA 1023

트레킹 코스 가이드

1Day

포카라 (850) → 나야풀 (1070) → 비레탄티 (1000) → 티켓퉁가 (1540)

고라파니 (2750) ← 데우랄리 (2150) ← 울레리 (2080)

→ 푼힐 트레킹 참조(168p)

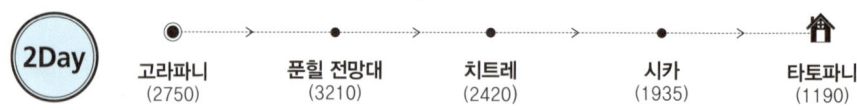

2Day

고라파니 (2750) → 푼힐 전망대 (3210) → 치트레 (2420) → 시카 (1935) → 타토파니 (1190)

안나푸르나 히말라야 뷰포인트인 푼힐 전망대에서 해돋이를 본 후 출발한다. 고라파니에서 타토파니까지는 1,500m 가량의 고도를 내려가야 하는 엄청난 내리막이다. 하지만 타토파니에 노천 온천이 있어 피로를 풀 수 있다. 타토파니에는 롯지가 많아 선택의 폭이 넓다. 노천 온천으로 가는 강변 길목에 있는 롯지는 정원도 아름답고, 식사도 꽤 맛있는 곳으로 소문났다. 물론 온천으로 드나들기도 편리하다. 칼리간다키강을 따라가는 트레킹 코스는 네팔정부가 무스탕을 거쳐 중국 트베트까지 자동차길을 만들고 있어 전 구간이 찻길로 연결되고 있다. 하지만 도로 상태는 아주 열악하다.

3Day

타토파니 (1190) → 룩세차하라 (1600) → 가사 (2000) → 칼로파니 (2530)

좀솜 (2760) ← 마르파 (2680) ← 투쿠체 (2580) ← 라르중 (2560)

타토파니에서 좀솜 거쳐 묵티나트까지 도로가 났다. 도로가 개통되면서 트레킹하기가 아주 힘들어졌다. 차량이 지날 때마다 발생하는 매연과 흙먼지가 트레킹을 방해한다. 이 때문에 거의 대부분의 트레커들은 차량을 이용해 이동한다. 칼로파니는 제법 큰 마을이다. 이후 좀솜까지 가는 길에 있는 작은 마을에서는 히말라야 오지에서 살아가는 사람들의 삶을 엿볼 수 있다. 강 좌우에 닐기리 (7061m) 연봉과 투쿠체(6920m)가 솟아 있다. 3day에 묵티나트까지 갈 수는 있지만 고산병에 걸릴 위험이 높다. 마르파나 좀솜에서 머무르는 게 현명하다.

1. 좀솜으로 향해 걷는 트레커. 지프와 마방, 트레커가 먼지투성이 비포장길을 함께 이용한다 2. 트레킹으로 쌓인 피로를 풀고 갈 수 있는 타토파니 노천 온천 3. 카크베니에서 본 어퍼 무스탕. 이곳부터 북쪽은 고대 무스탕 왕국의 땅이다

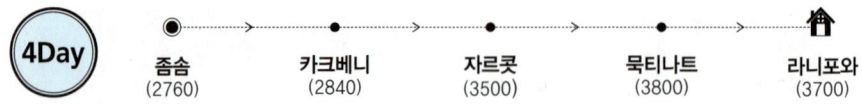

4Day

좀솜 (2760) → 카크베니 (2840) → 자르콧 (3500) → 묵티나트 (3800) → 라니포와 (3700)

카크베니는 무채색 산들이 비현실적으로 펼쳐져 있어 또 다른 히말라야의 모습을 보여준다. 또한, 은둔의 왕국이라 불리는 무스탕의 향취가 많이 남아 있다. 티베트 불교와 힌두교가 어우러진 묵티나트는 힌두교에서 아주 성스러운 곳이다. 힌두교도들이 평생에 한 번 꼭 와보고 싶어 하는 성지다. 숙소는 묵티나트에 몰려 있다. 묵티나트 숙소에서 사원까지는 약 10여분 거리이다.

5Day

라니포와 (3700) → 루브 라 (3000) → 좀솜 (2760) → 마르파 (2680)

묵티나트에서 출발하여 루브 라와 좀솜을 거쳐 마르파에서 숙박하는 게 좋다. 좀솜은 공항이 있어서 숙박비가 의외로 비싼 편이다. 네팔 사과의 주산지인 마르파에서 하루 머물면서 애플 브랜디의 맛을 느껴보는 것도 좋다.

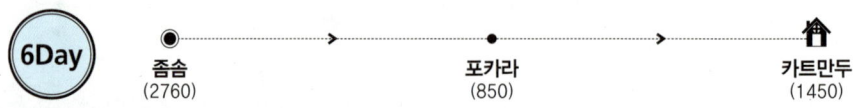

6Day

좀솜 (2760) → 포카라 (850) → 카트만두 (1450)

좀솜에서 포카라로 돌아오는 방법은 항공편과 차량을 이용하는 두 가지 방법이 있다. 좀솜 비행장은 칼리간다키 강변에 있어 계곡에서 부는 바람의 영향을 많이 받는다. 결항률 또한 높다. 이 때문에 바람이 약한 이른 아침에만 항공편이 운항한다. 보통 오전 7시부터 9시 사이에 모든 항공편이 몰려 있다. 오전 10시까지 운항하지 않으면 거의 결항이라고 봐야 한다.

Tip

● 좀솜에서 포카라는 항공편으로 돌아오는 일정으로 짠다.
● 좀솜에서 포카라로 복귀하는 항공편은 결항률이 높다. 따라서 좀솜에서 예비일이 필요하다. 만약 아침 일찍 항공편이 결항되면 차량으로 포카라까지 내려가는 것도 고려해 볼 필요가 있다. 차량 및 오토바이를 집중적으로 이용하면 당일에 포카라까지 갈 수 있다.

1. '사과 마을'로 알려진 마르파 마을. 이 마을의 가옥은 모두 흰색이다 2. 묵티나트 사원의 108개 물줄기. 힌두교도들은 이 물을 모두 맞아보는 것을 소원한다 3. 쏘롱라 고개 정상에 있는 인증샷 포인트

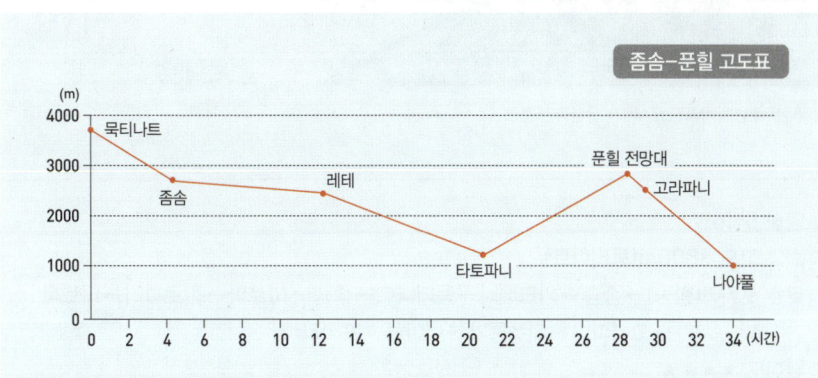

좀솜 - 고라파니 - 포카라

좀솜까지 항공편으로 이동한 뒤 포카라로 내려오는 코스는 좀솜을 향해 걷는 것보다 2일 정도 일정이 단축된다. 트레킹의 중심축은 좀솜에서 묵티나트까지. 묵티나트에서 타토파니까지는 도로가 나면서 차량으로 인한 먼지로 트레킹이 힘들다. 차량을 적절히 활용해서 걷는 지혜가 필요하다. 타토파니에서 베니로 가는 길과 고라파니로 가는 길이 갈라진다. 타토파니에서 시카까지 지프 이동이 가능하다.고라파니에는 안나푸르나 5대 뷰포인트의 하나인 푼힐 전망대가 있다. 타토파니에서 고라파니까지는 약 7시간을 힘들여 올라야 한다. 오름길은 무척 고되다. 하지만 고라파니에 도착하면 전망이 탁 트이면서 끝내주는 경치가 펼쳐진다. 특히, 푼힐 전망대에서 맞는 일출은 오르막의 고생스러움을 충분히 상쇄시켜 주고도 남는다. 고라파니에서 포카라까지는 하루면 내려갈 수 있어 저녁은 포카라의 한식당에서 먹을 수 있다. 타토파니에서 고라파니로 가지 않고 베니를 거쳐 포카라까지 곧장 하산한다면 4박5일 일정이면 가능하다.

묵티나트 주변에 펼쳐진 무채색의 몽환적인 풍경

○ **일정** 5박6일
○ **최고 고도** 3800m(묵티나트)
○ **코스** 포카라(항공)→좀솜→카크베니→묵티나트→좀솜→마르파→칼로파티→타토파니→시카→고라파니→티켓퉁가→나야풀→포카라
○ **난이도** ★★★★

일정	출발지	경유지	숙박지
		트레킹 코스 가이드	
1Day	포카라(850)	베니-마르파(차량)	좀솜(2760)
2Day	좀솜(2760)	카크베니(2840)	묵티나트(3800)
3Day	묵티나트(3800)	루브 라(3300)-좀솜(2760)	마르파(2680)
4Day	마르파(2680, 차량)	칼로파니(2530)	타토파니(1190)
5Day	타토파니(1190, 차량)	시카(1935)	고라파니(2750)
6Day	고라파니(2750)	반탄티(2300, 차량)	포카라(850)

1. 카크베니 마을 지도 2. 에클로바티에서 바라본 칼리간다키강 3. 자갓에서 카크베니로 내려가는 길에 보이는 황량한 사막 같은 무채색의 풍경 4. 드넓은 강폭을 드러내며 흘러가는 칼리간다키강

05
안나푸르나 서킷

안나푸르나 서킷(라운드) 트레킹은 안나푸르나 산군 전체를 한 바퀴 돈다. 안나푸르나 지역 트레킹 코스 가운데 가장 길고, 고소 적응이 필요해 난이도가 높은 편이다. 트레킹 내내 안나푸르나 산군을 비롯해 만년설에 덮인 히말라야의 그림 같은 풍경을 마주할 수 있다. 또한, 트레킹 내내 안나푸르나 산군을 다양한 각도에서 원없이 감상할 수 있다. 트레킹 코스의 북쪽은 은둔의 왕국이라 불리는 무스탕도 살짝 걸쳐 지난다. 이곳은 눈부신 히말라야의 산들과는 다른, 무채색의 황량한 풍경과 티베트풍 마을이 기다리고 있다. 또 트레킹의 마지막은 세계에서 가장 깊은 계곡 중 하나로 불리는 칼리간다키강을 따라간다.

일반적인 안나푸르나 서킷 트레킹(베시사하르부터 타토파니까지 전 구간)은 안나푸르나 산군 전체를 한 바퀴 돈다. 푼힐 전망대와 안나푸르나 베이스캠프(ABC)와 마르디 히말까지 갔다 오는 그랜드 서킷은 트레킹 일정이 20일을 훌쩍 넘긴다. 트레킹은 안나푸르나 산군을 가운데 두고 시계 반대 방향으로 돈다. 트레킹의 많은 부분은 저지대를 지나지만 높은 고개 쏘롱라(5416m)를 넘어야 한다. 쏘롱라를 넘으면 트레킹의 가장 큰 고비를 넘긴 것이다. 쏘롱라를 넘은 다음 묵티나트부터 포카라까지는 전 구간 차량 이동이 가능하다.

고소 적응만 잘 되었다면 쏘롱라를 넘는 것이 아주 어려운 일은 아니다. 하지만 결코 쉬운 코스가 아니므로 힘든 하루가 될 것이다. 눈이 많이 쌓여 있거나 고산병에 걸렸다면 쏘롱라를 넘지 못할 수도 있다. 이렇게 되면 다시 트레킹 출발점인 베시사하르로 되돌아갈 수도 있다. 눈이 많이 내리면 쏘롱라는 며칠씩 폐쇄되기도 한다. 하지만 대부분 금방 개통된다. 고개 아랫마을에서 무리하지 않고 기다렸다가 고개를 넘으면 된다. 일부 트레커들은 마낭에서 고소 적응을 하면서 총코 뷰포인트나 아이스 레이크를 다녀오기도 하고, 틸리초 호수를 거쳐서 야크카르가 방향으로 운행하기도 한다.

그러나 안나푸르나 서킷 트레킹은 최근 차량 통행이 가능한 도로가 속속 개통되면서 트레킹 풍속도가 빠르게 변하고 있다. 2025년 9월 현재 쏘롱라를 가운데 두고 트레킹 출발지라 할 수 있는 베시사하르에서 마낭까지 도로가 개통됐다. 쏘롱라를 넘어가면 바로 만나는 묵티나트에서 좀솜을 거쳐 포카라까지 차량 통행이 가능하다. 네팔과 중국은 무스탕을 관통해 티베트까지 도로를 연결할 계획이다. 따라서 안나푸르나 서킷 트레킹 가운데 차량이 통행할 수 없는 구간은 마낭~쏘롱라~묵티나트 구간만 남은 셈이다. 이처럼 도로 개통으로 인한 트레킹 환경이 나빠지면서 트레커들은 최대한 차량을 활용하고 있다. 최근에는 안나푸르나 서킷 트레킹 대안으로 마르디 히말과 안나푸르나 베이스캠프를 연결하는 트레킹 코스가 주목받고 있다.

1. 안나푸르나 서킷 트레킹의 정점 쏘롱라 정상(5416m) **2.** 안나푸르나 서킷 트레킹의 중심 마낭으로 이어진 깊은 계곡

안나푸르나 서킷 클래식

안나푸르나 서킷 클래식 코스는 차량 이용을 최대한 자제하고 본래의 트레킹 코스를 따르는 일정이다. 과거부터 오랫동안 트레커들의 사랑을 받았던 이 코스를 따르면 꼬박 이주일 걸린다. 그러나 지금은 이 일정대로 트레킹을 하는 트레커는 거의 없다. 도로 개통 구간은 차량이 운행할 때마다 심한 먼지로 인해 트레커를 힘들게 한다. 옛길을 걷는 트레킹의 정취도 사라졌다. 여기에 가급적 일정을 줄여 트레킹을 마무리 짓고 싶어 하는 트레커의 마음도 합쳐져 실제로는 이 일정보다 훨씬 짧은 스케줄로 트레킹을 마무리 한다. 그러나 아무리 일정을 줄인다고 해도 쏘롱라(5416m)를 넘으려면 고소적응은 필수다. 자칫 고소적응에 실패하면 쏘롱라를 넘지 못하고 트레킹 출발점으로 되돌아가는 낭패를 당할 수 있다. 이 때문에 대부분의 트레커들은 도로가 마낭(3540m)까지 나 있지만 보통 차메나 탈부터 걷는다. 탈에서 마낭까지는 3일, 차메에서 마낭까지는 2일 걸린다. 마낭에서도 하루를 휴식하면서 고소적응을 한다. 최소 이런 일정은 지켜줘야 탈 없이 쏘롱라를 넘을 수 있다. 쏘롱라를 넘어 묵티나를 거쳐 좀솜까지는 걸어간 뒤 그다음 구간부터는 적절히 차량을 활용하면서 트레킹을 할 수 있다.

마낭에서 고소적응을 하며 쉬는 동안 1박2일 트레킹으로 갈 수 있는 틸리초 호수

○ **일정** 11박12일
◎ **최고 고도** 5416m(쏘롱라)
○ **코스** 카트만두(포카라)→둠레→베시사하르→다라파니→차메→피상→마낭(틸리초 호수)
　　→레타르→쏘롱페디 하이캠프→묵티나트→마르파→타토파니→베니→포카라
○ **난이도** ★★★★

1. 빙하와 검은 바위가 어울린 그로테스크한 모습의 안나푸르나 산군 2. 쏘롱라 가기 직전의 가파른 사면. 낙석의 위험이 있어 신속히 통과해야 한다 3. 서스펜션 브리지를 건너는 마방 행렬. 마방이 다리에 먼저 들어섰다면 트레커는 무조건 기다려야 한다 4. 악명 높은 칼리간다키강의 강바람 5. 마르파에 펼쳐진 농경지

르룽
ang 6120

포카르칸
Pokharkan 6346

힘룽 히말
Himrung Himal 7120

푸트룽 히말
Putrun Himal 6466

겐장
Genjang 6111

넴중
Nemjung 7140

페디
ang Pedi 4540

추부체
Chhubche 5603

가지캉
Gyaji Kang 7026

출루 서봉
Chulu(West) 6419

틸제 피크
Tilje Peak 6532

출루 중앙봉
Chulu(Central) 6250

출루 동봉
Chulu(Eest) 6558

출루
Chulu(Far Eest) 6059

4230

르
4020

군상 Gunsang 3920

킹라
Kang La 5332

텡기 Tenghi 3530

나알
Naar

마낭
MANANG
3540

브라가
Braga 3470

탕게
Tange

출루
Chulu

포그다
Paugda

응아왈
Ngawal 3660

메타
Meta

캉구루
kang Guru 6990

뭉지
Mungji 3500

피상 피크
Pisang Peak 6092(Jong Ri)

갸루Ghyaru 3670

나 3봉
a III 7555

홈데
Humde 3280

쿠추브로
Kuchubhro 5910

노로다라
Norodhara 3280

어퍼 피상
Upper Pisang 3310

로우 피상
Lower Pisang 3240

차차나
Chachana

카체
Kache

두크레 포카리
Dhukure Pokhari 3200

브라탕
Bhratang 2950

고아
Goa

48

안나푸르나 4봉
Annapurna IV 7555

부라단
Buradhan

탈레쿠
Thaleku 2840

코토쿠파르
Koto Qupar 2600

바가르찹
Bagarcharp
2160

틸리제
Tilije

다나 콜라
Dana Khola

안나푸르나 2봉
Annapurna II 7130

차메
CHAME 2670

탄촉
Thanchowk

라타마랑
Lata Marang 2400

카르테
Karte 1850

람중 히말
Lamjung Himal 6932

티망베시
Timang Besi
2270

다나규
Danagyu
2300

다라파니
Dharapani 1860

나문반장
Namun bhanjyang 5560

탈
Tal 1700

안나푸르나 보존 구역
(ANNAPURNA CONSERVATION AREA)

사타레
Sattare 1680

홍고트
Hongoth

람브롱 패스
Rambrong Pass 4960

참제
Chamje 1410

탈워고트
Talwogoth

툴로 탈
Thulo Tal

자갓
Jagat 1300

파라레고트
Pararegoth

싱갈리고트
Singaligoth

챠르 콜라
Char Khola

산탈
Santal

쿄제고트
Kyojegoth

상제
Syanje 1100

시킬스
Sikls

타파랑 다마샬라 3460
Taparang Dhamashala 3460

바훈단다
Bahundanda 1310

파르주
Parju

탄팅
Tanting

갈레가온
Ghalegaon

비아신
Biashin

소비
Sobi

챠수
Chasu

부중
Bhujung

부블레
Bhublule 830

가디
Ngadi 900

타프랑
Taprang

라 동굴
ndra Cave

켈촉
Khelchok

쿠디
Khudi 800

타란체
Taranche 840

베시사하르
BESISAHAR 820

트레킹 코스 가이드

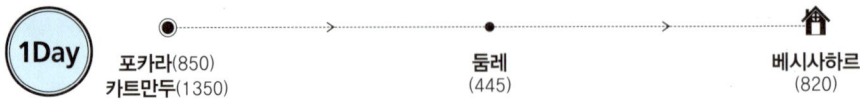

1Day

포카라(850)
카트만두(1350)

둘레
(445)

베시사하르
(820)

카트만두 버스파크에서 1일 3회(07:00, 08:00, 09:00) 트레킹 시작점인 베시사하르로 가는 버스가 있다. 약 7시간 소요. 베시사하르나 부불레 이후부터는 지프를 타고 이동 가능은 하지만, 다라파니나 차메에 늦은 시간 도착하게 된다. 첫날부터 이렇게 서두르는 것은 추천하지 않는다. 베시사하르나 부불레에서 1박 하고 다음날 날이 밝을 때 지프로 이동하는 것을 추천한다. 첫날 다라파니나 차메까지 가는 것도 추천하지 않는다. 도로 상태도 좋지 않은 험난한 길을 밤에 이동하는 것은 위험하다. 또 컨디션 조절도 힘들어 첫날부터 파김치가 되기 쉽다. 일정에 여유가 없더라도 트레킹 첫날부터 절대 무리하지 않도록 한다.

2Day

베시사하르
(820)

다라파니
(1860)

바가르찹
(2160)

다나규
(2300)

차메
(2670)

과거에는 베시사하르가 안나푸르나 서킷의 출발지였다. 그러나 도로가 계속 개통되면서 차량 통행이 빈번한 구간을 걷는 트레커는 거의 없다. 대부분 타라파니나 차메까지 지프로 이동한다. 차메까지 트레킹으로 4일 걸리던 것이 지프로 하루에 지난다. 차메는 안나푸르나 서킷 트레킹 오른쪽에 있는 마을 가운데 가장 큰 마을이다. 관공서는 물론 군대와 은행도 있다. 미처 준비하지 못한 부족한 물품은 이곳에서 보충하면 된다. 마을 끝자락 서스펜션 브리지를 지나면 나오는 몇 개의 롯지가 시설이 괜찮다. 포탈라 게스트하우스에는 한국에서 근로자로 일한 적이 있는 사우니(여자 사장)가 있어 한국식 스타일의 음식 서비스가 가능하다. 강변에 허접하지만 노천 온천도 있다. 온천은 동시에 몇 사람만 이용할 수 있는 정도로 어설프다.

3Day

차메
(2670)

브라탕
(2950)

로우 피상
(3240)

실질적으로 트레킹을 하는 첫날이다. 몸 컨디션을 체크하면서 운행한다. 차메에서 1시간 정도 올라가면 오른쪽으로 거대한 바위산 팡다단다Paungda Danda가 나타난다. 팡다단다는 하나의 바위로 이루어져 있으며, 높이가 1,500m나 된다. 차메 이후부터는 트레킹 일정이 대체로 고정되어 있는 편이다. 충분히 더 갈 수 있더라도 고소 적응을 위해 운행을 멈추는 것이 좋다. 고산병으로부터 자유로운 사람은 아무도 없다. 트레킹 가이드북에는 하루에 고도를 300m 정도 올리는 것이 좋다고 한다. 경험상 하루 500m까지도 큰 무리는 없다. 하지만 그 이상 올라가는 것은 절대로 하면 안 된다. 하루에 1,000m 이상 고도를 높인 트레커 중에 상태가 괜찮았던 사람은 별로 없다. 고산병은 낮 시간보다 밤 시간에 급

1. 소에게 먹일 사료로 소중하게 보관하는 볏짚 2. 안나푸르나 서킷 초입에 있는 바훈단다의 가게 3. 마르샹디강가에 자리한 아름다운 탈 마을 4. 당장 쏟아질 듯이 위협적인 다울라기리 빙하 5. 안나푸르나 산군 서쪽에 솟은 닐기리 연봉

속도로 발전하는 게 특징이다. 처음부터 무리하다 고산병에 걸려 쏘롱 라를 넘지 못하고 다시 베시사 하르로 내려가지 않으려면 이 룰을 지키는 것이 아주 중요하다. 피상은 마을이 위(어퍼 피상)와 아래(로우 피상)로 나뉘어져 있다. 대부분의 롯지들은 로우 피상에 있다. 여유가 되면 오후 시간에 어퍼 피상까지 다녀오도록 한다. 로우 피상 대신 어퍼 피상에서 숙박하면 다음날 갸루와 가왈을 거쳐 마낭까지 이동할 수 있다. 로우 피상에서 가는 아랫길보다 힘든 코스지만 풍광은 더 빼어나다.

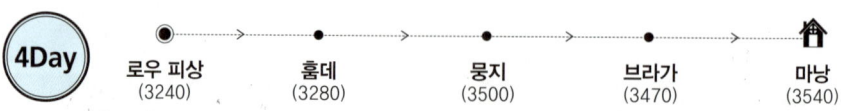

피상에서 훔데까지는 1시간 30분 거리다. 훔데에서 뭉지를 거쳐 브라가까지 약 1시간 정도 소요된다. 피상에서 마낭으로 가는 길은 아랫길과 윗길이 있다. 아랫길은 훔데 비행장을 거쳐서 가는 지름길이다. 윗길은 산 능선을 따라 갸루와 나왈을 거쳐 간다. 윗길이 2시간 정도 더 걸린다. 하지만 경치는 아랫길보다 훨씬 뛰어나다. 훔데 비행장은 정기 노선은 없고 전세기나 헬기가 이착륙하는 곳이다.

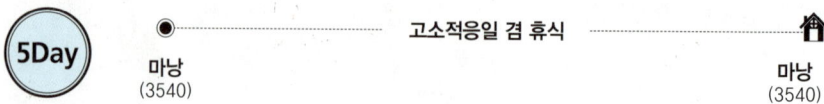

마낭은 대부분의 트레커들이 고소적응을 위해 하루 쉬어가는 곳이다. 이곳에서 쉬는 것을 무시하고 올라가면 고산병으로 인해 문제가 생길 확률이 높다. 따라서 무리하지 않는 것이 좋다. 고소적응일로 정해 하루를 쉴 때는 롯지에만 머물러 있지 말고 걷는 게 좋다. 움직이면서 걷는 게 고소적응에 좋다. 안나푸르나 서킷 트레킹 오른쪽에서 차메와 더불어 가장 큰 마을인 마낭의 구석구석을 돌아보는 것도 좋다. 마을 앞 언덕 출루(총코) 뷰포인트나 아이스 레이크를 다녀오는 방법도 있다.

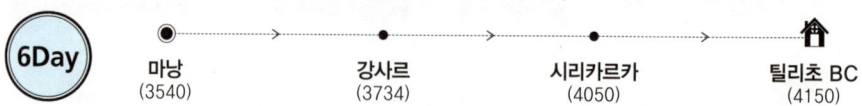

과거에는 안나푸르나 라운딩 트레킹이 오로지 쏘롱 라를 넘는 것이 최고의 목표였다. 그러나 최근에는 트레킹 경향이 조금 바뀌었다. 지금은 대부분의 트레커가 마낭에서 고소 적응을 위해 틸리초 호수를 다녀온다. 틸리초 호수를 다녀오는 코스는 마낭으로 돌아오지 않고 시리카르카에서 지름길을 이용해 야크카르카로 간다. 이 때문에 마낭에서 야크카르카나 레타르로 가는 트레커는 점점 줄고 있다.

1. 다나규 마을 길가에 있는 마니차 2. 나무로 만든 네팔의 전통 다리 3. 브라탕 마을 입구에 들어서는 트레커 4. 트레커를 환영하는 표시로 마을 입구에 세운 차메 마을의 스투파 5. 여명에 붉게 물들고 있는 안나푸르나 산군

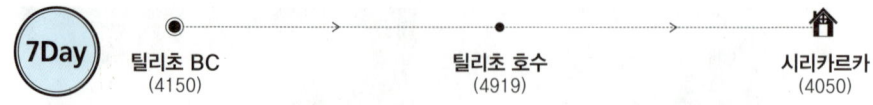

7Day

틸리초 BC (4150) → 틸리초 호수 (4919) → 시리카르카 (4050)

틸리초 호수로 가려면 틸리초 BC에서 새벽 일찍 출발해야 한다. 헤드램프나 손전등이 필요하다. 짐은 롯지에 맡겨두고 비상식과 보온용 의류만 챙겨서 다녀오도록 하자. 가능하면 다른 트레커와 동행하는 것이 좋다. 외딴 지역에서 비상 상황에 빠졌을 때 도움을 청할 수 있어야 하기 때문이다. 틸리초 호수(4919m)는 안나푸르나 산군에 있는 빙하 호수로 한때 세계에서 가장 높은 호수로 알려졌다. 하지만 최근 틸리초 호수보다 더 높은 곳에 있는 호수가 발견되면서 두 번째로 높은 호수가 됐다. 틸리초 호수에서 틸리초 BC로 돌아온 후 롯지에 맡긴 짐을 찾아서 시리카르카로 내려온다.

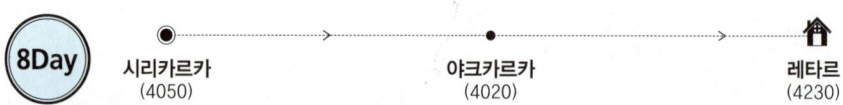

8Day

시리카르카 (4050) → 야크카르카 (4020) → 레타르 (4230)

만약 마낭에서 틸리초 호수를 갔다 오지 않는다면 곧장 야크카르카를 거쳐 레타르로 가면 된다. 마낭-레타는 안나푸르나 서킷 트레킹에서 고산병이 가장 많이 나타나는 구간이다. 마낭에서 레타르까지는 700m 가량 고도를 올려야 한다. 하루에 오를 수 있는 최대 높이를 500m라 했을 때 이 구간은 200m 이상 더 올라가는 셈이다. 따라서 이 구간에서는 절대 무리하지 말아야 한다. 몸 컨디션이 안 좋으면 다시 마낭으로 되돌아 내려오는 것도 방법이다. 틸리초 호수를 다녀왔다면 다시 마낭까지 내려가지 않아도 된다. 시리카르카에서 곧장 야크카르카로 가는 지름길을 이용한다. 고소 적응에 문제가 없다면 이날 레타르까지 가는 게 다음날 편하다.

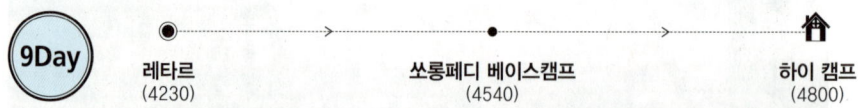

9Day

레타르 (4230) → 쏘롱페디 베이스캠프 (4540) → 하이 캠프 (4800)

쏘롱 페디 베이스캠프 직전에 랜드 슬라이드 구간이 나온다. 이곳은 위에서 돌이 굴러내려 위험할 수 있다. 가급적 신속하게 이동해야 한다. 쏘롱페디 하이캠프는 고도가 높아 매우 춥다. 롯지 상태도 열악하다. 보온에 최대한 신경을 써야 한다. 반드시 하이캠프까지 가는 것을 고집할 필요는 없다. 컨디션에 따라 쏘롱 페디 베이스캠프에서 자고 다음 날 좀 더 일찍 출발해도 된다. 과거 하이캠프가 생기기 전에는 모두 그렇게 해서 쏘롱 라를 넘었다.

1. 칼로파니 옥상에서 닐기리를 감상하는 트레커들 2. 쏘롱라 고개를 넘기 전 마지막으로 거쳐 가는 쏘롱페디 하이 캠프 3. 피상 마을로 가는 길에 세워진 환영 대문 4. 트레커들이 고소적응을 위해 쉬어가는 마낭 마을 5. 쏘롱라를 넘는 트레커들이 하룻밤 묵어가는 쏘롱페디 롯지

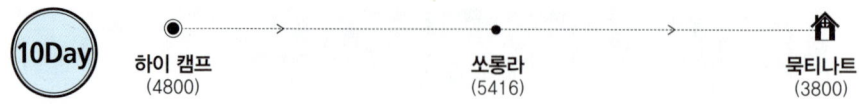

10Day　　하이 캠프 (4800)　　　쏘롱라 (5416)　　　묵티나트 (3800)

하이캠프에서 새벽에 일찍 출발한다. 늦어도 오전 10시 전에 쏘롱 라를 넘어야 한다. 오후가 되면 악명 높은 칼리간다키 강바람이 불어 운행을 방해한다. 쏘롱 라를 넘어도 묵티나트까지는 생각보다 더 지루한 하산길이 기다리고 있다. 멀리 마을이 보이지만 좀체로 길이 줄지 않게 느껴진다. 쏘롱 라를 넘는 날은 비상식과 식수를 조금 가져가도록 하자. 가능하면 다른 트레커들과 동행하기를 권한다. 고소에서 혼자 걷다가는 자칫 위험에 빠질 수 있다.

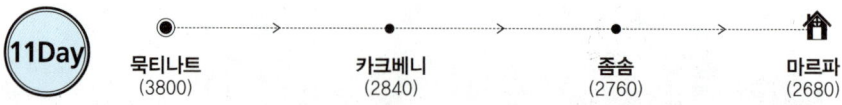

11Day　　묵티나트 (3800)　　　카크베니 (2840)　　　좀솜 (2760)　　　마르파 (2680)

묵티나트에서 카크베니를 경유해 좀솜으로 하산한다. 묵티나트에서 좀솜까지는 지프가 운행한다. 묵티나트에서 카크베니 대신 루브 라를 거쳐서 좀솜으로 내려갈 수도 있다. 이날은 복잡하고 숙박료도 비싼 좀솜보다 1시간 거리의 마르파에서 머무는 것이 좋다. 마르파는 네팔 사과의 주산지로 애플 브랜디로 유명한 곳이다. 쏘롱 라도 넘었고, 트레킹도 끝나가는 여정이니 이쯤에서 마르파 위스키를 한번 맛보는 것도 괜찮다.

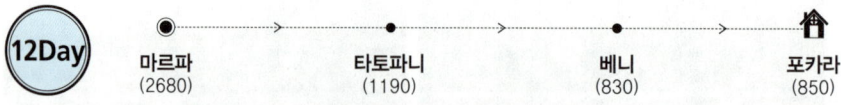

12Day　　마르파 (2680)　　　타토파니 (1190)　　　베니 (830)　　　포카라 (850)

좀솜에서 항공편으로 포카라로 돌아오는 방법이 쉽고 편하다. 하지만 좀솜 공항은 세계에서 가장 깊은 계곡에 있는 공항 가운데 하나로 계절에 따라 결항율이 아주 높다. 특히 오후에는 강바람이 세게 불어 아침 일찍만 운항한다. 따라서 항공 대신 차량을 이용해 포카라로 돌아가기를 추천한다. 마르파 이후 아래 지역은 도로가 개통되면서 트레커가 거의 사라졌다. 오토바이와 차량에서 발생하는 먼지를 뒤집어쓰면서 걷고 싶은 트레커는 없다. 마을마다 있던 롯지를 비롯한 트레킹 인프라도 거의 사라지고 있다. 따라서 이 구간은 차량을 이용하는 것이 현명하다. 마르파에서 포카라까지는 차량을 이용하면 하루에 갈 수 있다. 만약 시간적인 여유가 있다면 타토파니에서 온천욕을 하며 그간 쌓였던 피로를 풀고 하루 묵어가는 것도 좋은 방법이다. 타토파니 노천 온천은 외국인에 한해 입장료를 받는다. 만약 일정에 여유가 없다면 묵티나트에서 버스를 타고 곧장 포카라로 가는 방법도 있다.

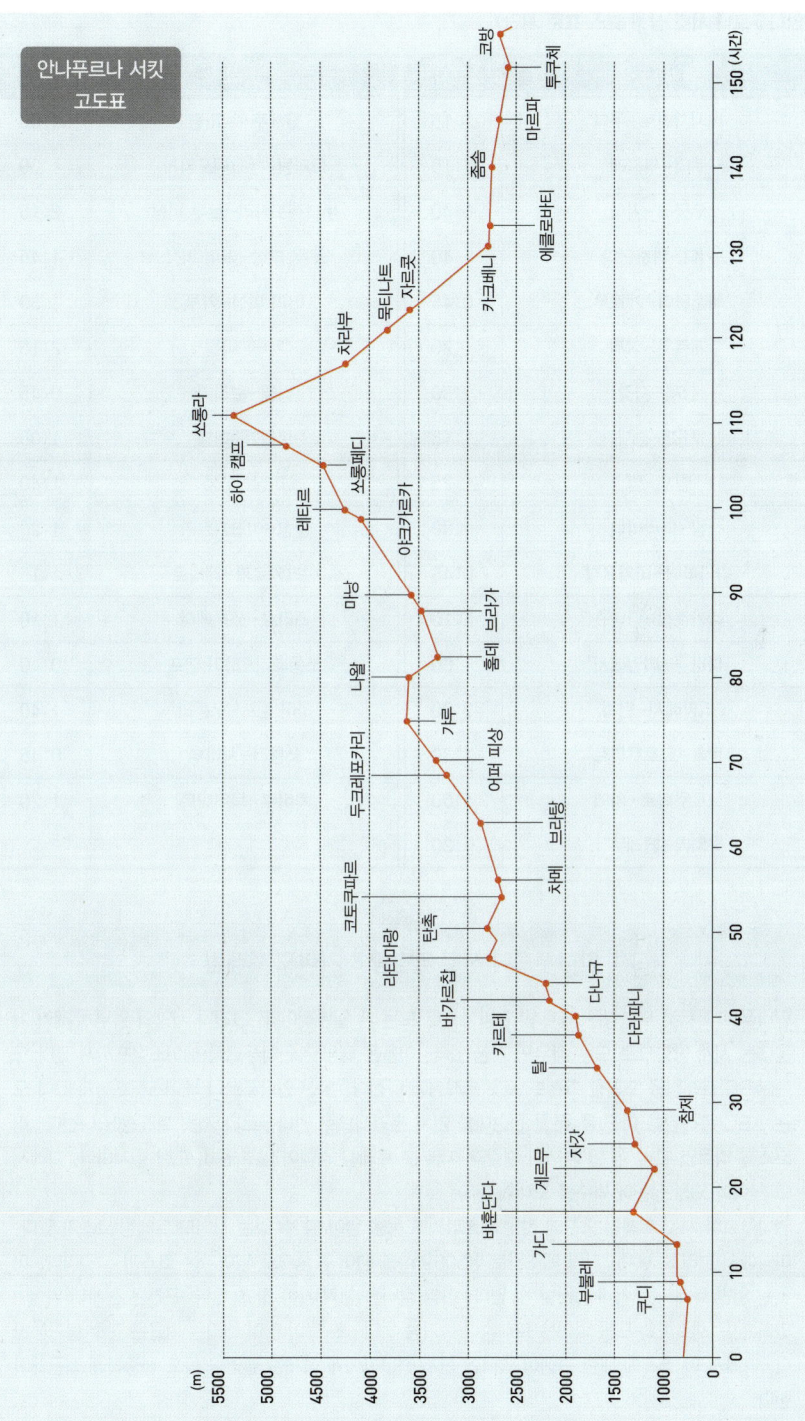

안나푸르나 서킷
고도표

〈안나푸르나 서킷 상행 코스 표준 시간〉

출발-도착	소요시간	출발-도착	소요시간
베시사하르-쿠디	1:15	탈레쿠-브라탕	1:00
쿠디-부불레	1:10	브라탕-두크레포카리	1:00
부불레-가디	0:40	두크레포카리-로우 피상	2:15
가디-바훈단다	1:40	로우 피상-어퍼 피상	1:45
바훈단다-게르무	0:45	어퍼 피상-갸루	1:30
게르무-샹제	1:20	갸루-나왈	2:15
샹제-자갓	1:30	나왈-브라가	0:45
자갓-참제	1:15	브라가-마낭	1:00
참제-탈	1:25	마낭-군상	1:40
탈-다라파니	1:30	군상-야크카르카	1:20
다라파니-바가르찹	0:45	야크카르카-레타르	1:15
바가르찹-다나규	1:10	레타르-쏘롱페디	1:10
다나규-티망베시	1:00	쏘롱페디-하이 캠프	0:40
티망베시-탄촉	2:00	하이 캠프-쏘롱라	1:40
탄촉-코토쿠파르	1:30	쏘롱라-차바부	0:45
코토쿠파르-차메	1:00	차바부-묵티나트	1:20
차메-탈레쿠	1:30		

안나푸르나 서킷 역방향 & 사이드 트레킹

안나푸르나 서킷 트레킹은 시계 반대 방향으로 도는 게 일반적이다. 그러나 서양의 일부 트레커 가운데는 시계 방향으로 도는 경우도 가끔 있다. 이들은 대부분 안나푸르나 베이스캠프까지 갔다 오는 ABC 트레킹을 포함한 그랜드 서킷 트레킹에 나선다. 우선 안나푸르나 베이스캠프까지 갔다 오는 ABC 트레킹을 마친 후 푼힐 전망대를 거쳐 본격적으로 안나푸르나 서킷 트레킹에 나선다. 이 코스를 따르면 꼬박 한 달 가까이 걸린다. 대부분 트레킹 경험이 많고 준비 또한 철저하다. 그래서 그 체력과 도전 정신에 박수를 보내게 된다.

안나푸르나 서킷 트레킹 중간에 전문 셰르파의 도움을 얻어 할 수 있는 사이드 트레킹 코스가 있다. 마낭에서 틸리초호수를 거쳐 메소칸토라(5099m)를 넘어 좀솜으로 넘어가는 코스가 그것이다. 이곳은 일반 트레커는 쉽게 접근할 수 없다. 야영 장비를 챙겨 가야 하고, 일부 구간은 산사태 위험이 있어 전문 셰르파의 도움 없는 트레킹이 불가능 하다. 또 눈이 많이 내리는 겨울은 전혀 불가능하다. 따라서 이 코스에 대한 관심이 있다면 현지 전문가에게 상세한 설명을 듣고 신중하게 접근해야 한다.

〈안나푸르나 서킷 하행 코스 표준 시간(푼힐 전망대 코스 포함)〉

출발-도착	소요시간	출발-도착	소요시간
묵티나트-라니포와	0:15	룩세차하라-다나	1:00
묵티나트-자르콧	0:25	다나-타토파니	1:40
자르콧-카크베니	1:35	타토파니-가라	0:30
카크베니-에클로바티	0:40	가라-산토스	0:50
에클로바티-좀솜	1:30	산토스-시카	1:50
좀솜-마르파	1:40	시카-치트레	1:30
마르파-투쿠체	2:30	치트레-고라파니	1:00
투쿠체-코방	0:50	고라파니-울레리	2:00
코방-라르중	0:15	울레리-티켓퉁가	1:15
라르중-코케탄티	0:45	티켓퉁가-힐레	0:15
코케탄티-레테	2:45	힐레-비레탄티	1:40
레테-가사	1:30	비레탄티-나야풀	0:30
가사-룩세차하라	2:15		

Tip

● 마낭에서 틸리초 베이스캠프까지 사이드 트레킹을 즐긴다면 마낭으로 돌아오지 않아도 된다. 캉사르에서 레타르 방향으로 가로질러 가는 지름길을 이용하면 된다. 가이드나 포터들이 이 길을 잘 알고 있을 것이다. 해발 4,920m에 위치한 틸리초는 세계에서 가장 높은 호수 가운데 하나다. 틸리초 BC에서 틸리초 호수까지는 왕복 약 5시간 소요된다.

● 쏘롱페디 하이 캠프에서 머물 경우 쏘롱라를 넘기 위해 다음날 너무 일찍 출발하지 않아도 된다. 오전 6시 정도에 출발하면 무난하다. 하지만 쏘롱페디 베이스캠프에서는 이보다 1시간 30분 일찍 출발해야 한다.

● 쏘롱라(5416m)는 해발고도가 높다. 절대 혼자 넘어서는 안 된다. 가이드나 포터와 동행하지 않았다면 이 구간만큼은 반드시 다른 트레커들과 함께 팀을 이뤄 운행한다.

● 좀솜에서 포카라까지 항공편을 이용할 경우 결항에 대비해 예비일이 필요하다. 좀솜공항은 결항률이 아주 높다. 결항 여부는 아침 일찍 알 수 있다. 결항으로 결정이 나면 버스나 지프 같은 차량을 이용할 수 있다. 차량을 적절히 이용하면 포카라까지 당일에 하산도 가능하다.

● 묵티나트에서 좀솜을 거쳐 포카라까지 차량 통행이 가능해지면서 이 구간을 걸어서 내려가는 트레커들이 점점 줄어들고 있다. 대부분 좀솜이나 마르파까지 걸어간 뒤 노천 온천이 있는 타토파니까지 차량으로 이동한다. 그 이후에도 트레킹 대신 차량을 이용해 포카라로 복귀한다. 개발로 인해 달라진 트레킹 풍속도다.

안나푸르나 그랜드 서킷

안나푸르나 그랜드 서킷은 안나푸르나 산군 트레킹 코스 대부분을 섭렵한다. 안나푸르나를 한 바퀴 돈 뒤 타토파니에서 고라파니로 올라 푼힐 전망대에서 여명에 물드는 안나푸르나의 아침을 맞는다. 그다음 안나푸르나 베이스캠프까지 올랐다가 내려온다. 그랜드 서킷은 23일 이상 걸리는 긴 여정에서 알 수 있듯이 많은 시간과 강한 정신력, 체력을 요한다. 트레킹을 완주하고 나면 안나푸르나 산군 일대를 손바닥 보듯이 훤히 알 수 있다. 다만, 너무 긴 여정이라 뚜렷한 목표를 가지고 도전해야 한다. 안나푸르나 그랜드 서킷은 전체 일정이 23일이나 되기 때문에 체력적으로 완급을 잘 조절해야 된다. 7~10일에 한 번씩 휴식일을 정해 몸의 피로를 풀어가면서 트레킹하는 것이 좋다. 올라갈 때는 마낭에서 하루, 내려올 때는 타토파니에서 하루, 안나푸르나 베이스캠프에서 내려오는 트레킹 마지막은 지누단다에서 하루 쉬는 일정으로 짜는 게 좋다. 타토파니, 지누단다 모두 노천 온천이 있어 온천욕으로 피로를 풀 수 있다. 쏘롱라를 넘어간 뒤 좀솜 이후부터 타토파니까지는 차량을 이용하는 트레커들이 늘고 있다. 트레킹의 마지막 목적지인 안나푸르나 베이스캠프를 갔다가 하산하는 길에 지누단다에서 하루 쉰다. 지누단다에서 포카라로 가는 길은 두 갈래다. 지누단다에서 서스펜션 브릿지를 건너 차량을 이용해 포카라로 가는 방법과 뉴브릿지에서 란드룩을 경유해서 마르디 히말까지 간 뒤 포카라로 가는 방법이다. 진정한 의미의 안나푸르나 그랜드 서킷 풀 코스는 베시사하르에서 출발해 쏘롱 라를 넘은 뒤 타토파니에서 고라파니 방향으로 올라가 ABC를 다녀온 다음 란드룩에서 포레스트 캠프를 거쳐 마르디 히말 뷰포인트까지 가는 것이다. 하산은 오스트레일리안 캠프로 한다.

○**일정** 22박23일
○**최고 고도** 5416m(쏘롱라)
○**코스** 카트만두→베시사하르→다라파니→차메→피상→마낭→틸리초 호수→레타르→쏘롱 페디 하이캠프→쏘롱 라→묵티나트→좀솜→타토파니→고라파니-타다파니→촘롱→데우랄리→안나푸르나 BC→시누와→지누단다→란드룩→포레스트 캠프→하이캠프→피탐 데우랄리→담푸스(오캠)→페디→포카라
○**난이도** ★★★★★

1. 쏘롱페디 베이스캠프에서 하이 캠프 올라가는 트레커들 2. 비행장이 있는 홈데 마을 전경

트레킹 코스 가이드

일정	출발지	경유지	숙박지	비고
1Day	카트만두 (포카라)	둠레 (445)	베시사하르 (820)	
2Day	베시사하르 (820)	다라파니 (1860)	차메 (2670)	
3Day	차메 (2670)	브라탕 (2950)	로우 피상 (3240)	
4Day	로우 피상 (3240)	훔데(3280)- 뭉지(3500)- 브라가(3470)	마낭 (3540)	
5Day	마낭 (3540)	고소 적응일 겸 휴식	마낭 (3540)	
6Day	마낭 (3540)	강사르 (3734)	틸리초 BC (4150)	안나푸르나 서킷 클레식 트레킹 참조(208p) 11day~13day는 차량으로 이동하여 타토파니에 온천욕 후 하루 휴식
7Day	틸리초 BC (4150)	틸리초 호수 (4919)	시리카르카 (4050)	
8Day	시리카르카 (4050)	야크카르카 (4020)	레타르 (4230)	
9Day	레타르 (4230)	쏘롱페디 베이스 캠프(4540)	하이 캠프 (4800)	
10Day	하이 캠프 (4800)	쏘롱라 (5416)	묵티나트 (3800)	
11Day	묵티나트 (3800)	카크베니(2840)- 좀솜(2760)	마르파 (2680)	
12Day	마르파 (2680)	칼로파니 (2530)	타토파니 (1190)	
13Day	타토파니 (1190)	시카 (1935)	고라파니 (2750)	좀솜 트레킹 참조 (196p)
14Day	고라파니 (2750)	푼힐 전망대(3210) -데우랄리(2150) -반탄티(2606)	타다파니 (2710)	푼힐 전망대 트레킹 참조 (168p)

15Day	타다파니 (2710)	촘롱 (2210)	시누와 (2340)	ABC 트레킹 참조 (180p)
16Day	시누와 (2340)	밤부 (2310)	데우랄리 (3140)	
17Day	데우랄리 (3140)	마차푸차레 BC (3700))	안나푸르나 BC (4130)	
18Day	안나푸르나 BC (4130)	도반 (2500)	시누와 (2340)	
19Day	시누와 (2340)	뉴브릿지 (1410)	란드룩 (1620)	
20Day	란드룩 (1620)	포레스트 캠프 (2550)	하이캠프 (3550)	
21Day	하이캠프 (3550)	포레스트 캠프 (2550)	피탐 데우랄리 (1700)	
22Day	피탐 데우랄리 (1700)	포타나 (1990)	담푸스 (1700)	오스트레일리안 캠프 트레킹 참조(162p)
23Day	담푸스 (1700)	페디 (1130)	포카라 (850)	

1. 쏘롱 패스에서 좀솜으로 가는 루브라 패스 2. 쏘롱페디 베이스캠프 롯지

06
마르디 히말

마르디 히말(Mardi Himal, 5587m)은 마차푸차레(6997m) 바로 앞에 있는 봉우리다. 8,000m를 넘나드는 히말라야의 다른 고봉에 비하면 작은 산봉우리에 불과하다. 하지만 안나푸르나 베이스캠프 트레킹(ABC)보다 짧은 일정으로도 멋진 풍광을 마주할 수 있어 최근 급속도로 관심을 받고 있다. 마르디 히말 트레킹 코스가 개발된 지는 10년도 채 되지 않는다. 그러나 최근 들어 트레커가 많이 찾으면서 롯지도 빠르게 늘고 있다.

마르디 히말 트레킹은 2~3일 만에 고도를 4,000m까지 급격히 높여 거의 눈높이에서 안나푸르나와 마차푸차레를 마주할 수 있다. ABC 트레킹이 안나푸르나 베이스캠프에서 설산을 올려다보고, 푼힐 전망대가 멀리서 다울라기리와 안나푸르나 남봉, 히운출리 히말라야를 조망한다면, 마르디 히말은 조금은 중간적인 위치라 할 수 있다.

마르디 히말과 ABC 트레킹을 이어서 하는 것도 좋다. 마르디 히말 하산길의 포레스트 캠프에서 곧장 란드룩으로 내려오면 ABC 트레킹 코스와 만난다. 두 코스를 이은 트레킹은 10~11일 정도 걸린다. 여기에 시간적인 여유가 있다면 푼힐 전망대도 포함시킬 수 있다. 이렇게 되면 최근 개발로 인한 차량 통행 증가로 황폐해진 안나푸르나 서킷(어라운드) 트레킹의 대안이 될 수도 있다. 마르디 히말도 엄연한 안나푸르나 구역이다. 따라서 ABC 갈 때와 동일한 퍼밋을 발급받아야 한다.

최근 인기를 끌고 있는 마르디 히말 트레킹 코스의 바달단다에서 바라본 마차푸차레

마르디 히말 베이스캠프

마르디 히말이 알려지기 시작한 것은 최근의 일이다. 안나푸르나 일대 이름난 트레킹 코스들이 도로 개통으로 인한 개발의 몸살을 앓자 트레킹을 기피하는 트레커들이 늘기 시작했다. 트레커들은 차량 통행으로 먼지 풀풀 날리는 기존 코스 대신 새로운 코스를 찾아 나섰다. 이들의 눈에 띈 것이 마르디 히말이었다. 이곳은 트레커가 적어 호젓한 트레킹을 할 수 있고, 포카라에서 접근하기가 편리하다. 마차푸차레를 위시한 풍광도 뛰어나다. 안나푸르나 생츄어리(ABC) 트레킹은 대부분 모디콜라계곡을 거슬러 가는 계곡 트레킹이다. 또한, 수많은 돌계단을 오르락내리락 해야 한다. 반면, 마르디 히말은 모디콜라계곡 오른쪽 능선으로 트레킹 코스가 나 있다. 능선이라 탁 트인 히말라야 풍광을 감상하며 트레킹할 수 있다. 또 왼쪽 계곡 건너편에 자리한 간드룩, 촘롱 같은 마을과 눈높이를 맞추는 것도 불만하다. 정면에는 안나푸르나 남봉과 마차푸차레 조망이 탁월하다. 최근 하이 캠프에 롯지가 7개 생겨 최성수기가 아니면 숙소 구하기가 어렵지는 않다. 다만, 짧은 시간에 고도를 급격히 올리기 때문에 고소 증세가 나타날 확률이 아주 높다. 따라서 너무 짧은 여정으로 일정을 짜지 않는 게 좋다. 우리 몸이 고산병으로부터 어느 정도 적응할 시간을 줄 수 있는 여유로운 일정을 추천한다. 3박4일보다는 4박5일 일정이 느긋하면서도 안전한 트레킹을 보장해 줄 것이다.

포타나에서 본 안나푸르나 남봉(왼쪽)과 히운출리

○ **일정** 3박4일
○ **최고 고도** 4600m(마르디 히말 베이스캠프)
○ **코스** 포카라→오스트레일리안 캠프→포타나→포레스트 캠프→로우 캠프→바달단다→하이 캠프→마르디 히말 BC→포레스트 캠프→시딩(지프)→포카라
○ **난이도** ★★★

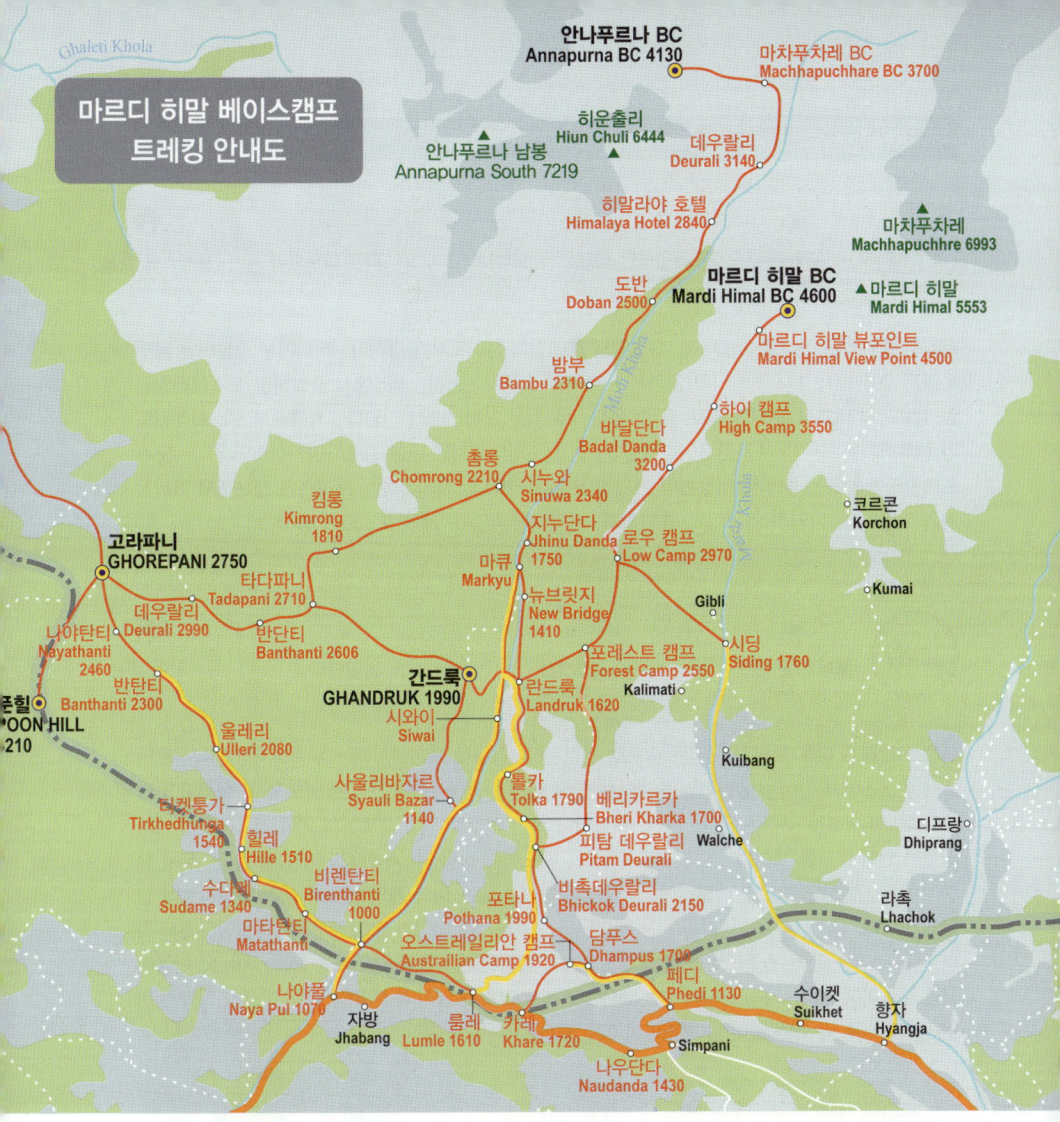

마르디 히말 베이스캠프
트레킹 안내도

Ghaleti Khola

안나푸르나 BC
Annapurna BC 4130

마차푸차레 BC
Machhapuchhare BC 3700

히운출리
Hiun Chuli 6444

안나푸르나 남봉
Annapurna South 7219

데우랄리
Deurali 3140

히말라야 호텔
Himalaya Hotel 2840

마차푸차레
Machhapuchhre 6993

도반
Doban 2500

마르디 히말 BC
Mardi Himal BC 4600

마르디 히말
Mardi Himal 5553

마르디 히말 뷰포인트
Mardi Himal View Point 4500

밤부
Bambu 2310

바달단다
Badal Danda 3200

하이 캠프
High Camp 3550

촘롱
Chomrong 2210

시누와
Sinuwa 2340

킴롱
Kimrong 1810

지누단다
Jhinu Danda 1750

로우 캠프
Low Camp 2970

코르콘
Korchon

고라파니
GHOREPANI 2750

마큐
Markyu

구미
Kumai

타다파니
Tadapani 2710

뉴브릿지
New Bridge 1410

기블리
Gibli

데우랄리
Deurali 2990

반단티
Banthanti 2606

시딩
Siding 1760

니야탄티
Nayathanti 2460

포레스트 캠프
Forest Camp 2550

반탄티
Banthanti 2300

간드룩
GHANDRUK 1990

칼리마티
Kalimati

존힐
POON HILL
3210

울레리
Ulleri 2080

시와이
Siwai

란드룩
Landruk 1620

쿠이방
Kuibang

티르케둥가
Tirkhedhunga 1540

사울리바자르
Syauli Bazar 1140

톨카
Tolka 1790

베리카르카
Bheri Kharka 1700

디프랑
Dhiprang

힐레
Hille 1510

피탐 데우랄리
Pitam Deurali

왈체
Walche

수데비
Sudame 1340

비렌탄티
Birenthanti 1000

포타나
Pothana 1990

비촉데우랄리
Bhickok Deurali 2150

라촉
Lhachok

마타탄티
Matathanti

오스트레일리안 캠프
Austrailian Camp 1920

담푸스
Dhampus 1700

나야풀
Naya Pul 1070

자방
Jhabang

룸레
Lumle 1610

카레
Khare 1720

페디
Phedi 1130

수이켓
Suikhet

향자
Hyangja

나우단다
Naudanda 1430

심파니
Simpani

〈마르디 히말 트레킹 표준 시간〉

출발-도착	소요시간	출발-도착	소요시간
포카라-카레(차량)	1:00	로우 캠프-바달단다	1:00
카레-오스트레일리안 캠프	1:30	바달단다-하이 캠프	2:00
오스트레일리안 캠프-포타나	1:00	하이 캠프-뷰포인트	1:30
포타나-피탐데우랄리	1:30	뷰포인트-로우 캠프-시딩	3:00
피탐데우랄리-포레스트 캠프	3:00	시딩(지프)-포카라	2:00
포레스트 캠프-로우 캠프	2:00		

트레킹 코스 가이드

1Day

포카라 (850) — 오스트레일리안 캠프 (1920) — 포타나 (1990) — 피탐 데오랄리 (2100) — 포레스트 캠프 (2550)

트레킹 출발지를 어디로 하느냐에 따라 첫날 트레킹의 난이도가 달라진다. 페디에서 출발하면 담푸스까지 30분에서 1시간 거리의 급경사 오르막을 오른다. 반면, 카레에서 출발하면 오스트레일리안 캠프까지 비교적 편안한 길로 갈 수 있다. 두 길은 포타나에서 만난다. 카레에서 오스트레일리안 캠프까지는 1시간~1시간 30분 걸린다. 이후 포타나까지는 편한 길로 30분 정도면 간다. 오스트레일리안 캠프는 하루쯤 머물렀다 가기 좋은 뷰포인트다. 포카라에서 포레스트 캠프까지 가까운 거리가 아니다. 가급적 아침 일찍 출발하자. 포타나에 ACAP 체크 포스트가 있다.

2Day

포레스트 캠프 (2550) — 로우 캠프 (2970) — 바달단다 (3200) — 하이 캠프 (3550)

포레스트 캠프 이후 트레일은 깊은 숲으로 연결된다. 정글로 표현하기에는 부족하지만 안나푸르나 트레킹 코스에서 만나는 일반적인 숲보다는 훨씬 짙은 편이다. 안내 표식은 비교적 잘 설치되어 있다. 특별히 어려운 구간은 없다. 다만, 바달단다 롯지 이후로 하이 캠프까지 왼쪽으로 아찔한 낭떠러지가 있어 주의를 요한다. 또 인적도 드물다. 지도에는 바달단다가 표시되어 있지 않다. 로우 캠프에서 1시간 정도 오르면 바달단다. 바달단다 능선 상에는 여러 개의 롯지가 생겨 숙박하는데 별 문제가 없다. 중간 캠프의 역할을 하는 바달단다 이후부터는 시야가 많이 트인다. 바달단다에서 하이 캠프로 가는 길에 왼쪽으로 보면 모디콜라계곡 건너편 산자락에 간드룩과 촘롱, 시누와 마을이 같은 눈높이에 있다. 계곡을 따라 걷는 ABC 트레킹 코스와 달리 능선 위를 걷는 마르디 히말은 위로 올라갈수록 탁 트인 곳이 많아 조망이 아주 좋다.

1~2. 바달단다에 있는 유일한 롯지 럭키 뷰 게스트하우스 & 레스토랑과 일몰

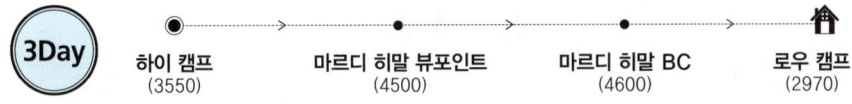

3Day
하이 캠프 (3550) → 마르디 히말 뷰포인트 (4500) → 마르디 히말 BC (4600) → 로우 캠프 (2970)

하이 캠프에서 보면 마르디 히말은 뒤에 있는 마차푸차레와 겹쳐 구분이 잘 되지 않는다. 더 멋진 풍광을 보려면 마르디 히말 뷰포인트까지 다녀온다. 하이 캠프에서 마르디 히말 BC 구간은 눈이 많을 경우 접근이 어려울 수 있다. 겨울 시즌에는 하이 캠프 이후부터 아이젠 착용이 필수다. 대부분의 트레커들은 일정과 체력 때문에 마르디 히말 베이스캠프 직전에 있는 뷰포인트까지만 다녀온다. 뷰포인트나 베이스캠프를 다녀올 경우 하이 캠프에 배낭을 맡기고 가볍게 다녀오면 된다. 하지만 물과 간식, 갑작스런 일기변화에 대비한 의류 등은 반드시 가지고 가야 한다.

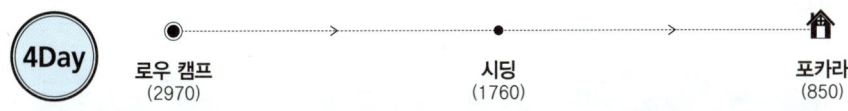

4Day
로우 캠프 (2970) → 시딩 (1760) → 포카라 (850)

로우 캠프 이후 포레스트 캠프에서 란드룩 방향으로 하산해 뉴브리지로 방향을 잡으면 ABC트레킹 코스로 연결된다. ABC 트레킹과 연계해 안나푸르나 베이스캠프를 갈 계획이 아니라면 대부분 시딩으로 하산해 포카라로 복귀한다. 로우 캠프 이후 시딩에서는 포카라로 가는 지프를 이용할 수 있다. 란드룩에도 지프가 있어 차량으로 포카라 복귀가 가능하다. 전날 하이 캠프나 바달단다에서 머물러도 시딩을 거쳐 포카라까지 당일로 내려갈 수 있다. 하지만, 무리하지 않는 게 좋다.

Tip

- 마르디 히말은 ABC나 안나푸르나 서킷과 달리 최근에 알려지기 시작한 새로운 트레킹 코스다. 따라서 붐비지 않고 호젓한 트레킹이 가능하다.
- 롯지는 대부분 새로 지은 것이다. 지금도 건설 중인 롯지가 군데군데 있다. 트레커들이 늘어난 만큼 롯지도 더 늘어날 전망이다. 피탐데우랄리에는 2개의 롯지가 있다. 최근 새로 오픈한 롯지는 다소 비싸지만 시설이 괜찮고 음식 맛도 훌륭하다.
- ABC 트레킹 코스와 달리 모든 롯지에서 미네랄 워터와 음료수를 판매한다. 모든 식자재를 시딩에서 포터나 당나귀를 이용해 운반하므로 가격은 위로 올라갈수록 비싸다.
- 바달단다와 하이캠프에도 롯지가 많이 생겨서 숙박하는데 별 문제가 없다.

마르디 히말 - ABC

마르디 히말과 ABC를 연결하는 트레킹은 개발의 후유증으로 먼지가 폴폴 날리는 안나푸르나 서킷 트레킹 대용으로 적극 추천한다. 모디콜라계곡을 따라 가는 ABC와 능선을 따라가는 마르디 히말을 걸으면 능선과 계곡을 아우르면서 안나푸르나 히말라야의 핵심 풍광을 모두 감상할 수 있다. 시간적인 여유가 된다면 ABC 하산길에 푼힐 전망대까지 들를 수 있다. 이렇게 코스를 짜면 안나푸르나 서킷 못지않은 트레킹이 가능하다. 마르디 히말과 ABC를 연결하는 트레킹에서 주의할 곳은 포레스트 캠프에서 란드룩으로 가는 급경사의 내리막길이다. 또한 오가는 사람들이 거의 없는 길이다. 가급적 이 코스를 다녀본 가이드나 포터 동반을 권한다.

포레스트 캠프에서 로우 캠프로 가는 길에 본 마차푸차레

○ **일정** 7박8일
○ **최고 고도** 4600m(마르디 히말 베이스캠프)
○ **코스** 포카라→페디(카레)→포타나→포레스트 캠프→하이 캠프→로우 캠프→란드룩→촘롱→데우랄리→ABC→시누와→지누단다→포카라
○ **난이도** ★★★★

일정	출발지	경유지	숙박지	비고
트레킹 코스 가이드				
1Day	포카라 (850, 차량)	페디(1130)− 포타나(1990)	포레스트 캠프 (2550)	마르디 히말 베이스캠프 참조(222p)
2Day	포레스트 캠프 (2550)	바달단다 (3200)	하이 캠프 (3550)	
3Day	하이 캠프 (3550)	로우 캠프 (2970)	포레스트 캠프 (2550)	
4Day	포레스트 캠프 (2550)	지누단다 (1750)	시누와 (2340)	
5Day	시누와 (2340)	히말라야 호텔 (2840)	데우랄리 (3140)	ABC참조(182p) 지누단다−포카라 차량 이용
6Day	데우랄리 (3140)	마차푸차레 BC (3700)	안나푸르나 BC (4130)	
7Day	안나푸르나 BC (4130)	뱀부 (2310)	시누와 (2340)	
8Day	시누와 (2340)	지누단다 (1750, 차량))	포카라 (850)	

포레스트 캠프와 시딩 갈림길에 세워진 안내판

KHUMBU

쿰부 히말라야

지리−루클라·에베레스트
베이스캠프(EBC)·고쿄·임자체
베이스캠프(IBC)·쿰부 히말라야 서킷·
쿰부 히말라야 3패스

쿰부 히말라야 트레킹 개관

▲▲▲

쿰부 히말라야는 세계 최고봉 에베레스트(8848m)가 있는 곳이자 히말라야에서 가장 인기 있는 트레킹 대상지 가운데 한 곳이다. 에베레스트는 1865년 이전까지 P15라는 기호로 불리다가 당시 영국 측량국 장관이었던 조지 에베레스트Gorge Everest의 이름을 따 지금의 이름을 얻었다. 그러나 에베레스트라는 이름을 얻기 이전부터 이곳에 살던 네팔과 티베트인들이 부르던 고유의 이름이 있다. 티베트에서는 '세계의 어머니 산'이라는 뜻의 초모룽마Chomolungma라 부른다. 네팔에서는 '눈의 여신'이라는 뜻의 사가르마타Sagarmatha로 부른다.

쿰부 히말라야는 솔루와 쿰부로 구분한다. 솔루는 루클라 아래 지역을, 쿰부는 루클라 위쪽을 뜻한다. 에베레스트는 쿰부 히말라야에 속해 있다. 그러나 이 책에서는 편의상 솔루 지역까지 포함해서 쿰부 히말라야로 부른다. 쿰부 히말라야는 세계 최고봉이 있는 덕택에 가장 인기가 높은 트레킹 대상지이지만 랑탕이나 안나푸르나에 비해 접근하기가 상대적으로 어렵다. 쿰부 히말라야를 찾는 트레커 대부분의 목표는 에베레스트 베이스캠프(5340m)나 칼라파타르(5545m)다. 그러나 솔루 히말라야의 관문 지리부터 EBC까지 가려면 너무 멀다. 따라서 대부분의 트레커들은 쿰부 히말라야의 관문인 루클라까지 항공을 이용한다. 그러나 루클라공항은 기상으로 인한 결항률이 높고, 또 절벽 위에 있어 세계에서 가장 위험한 공항의 하나로 불린다.

쿰부 히말라야 트레킹의 정점은 에베레스트 베이스캠프다. 그러나 이곳에서는 에베레스트 정상이 보이지 않는다. 이 때문에 트레커들은 푸모리(7145m) 남쪽 면에 접해 있는 에베레스트 뷰포인트인 칼라파타르(5545m)에 오른다. 쿰부 히말라야에는 EBC 코스를 제외하고도 인기 높은 트레킹 대상지가 많다. 고쿄 트레킹도 그중 하나다. 또한, 쿰부에 있는 3개의 고개(콩마라, 촐라, 렌조라)를 모두 넘는 험난한 코스도 있다. 대부분의 주요 트레킹 코스가 남체바자르를 기점으로 3,500~5,500m 사이에 있어 고산병에 걸릴 확률이 높다. 따라서 다른 지역보다 고산병에 대한 대비를 충분히 해서 트레킹을 해야 한다.

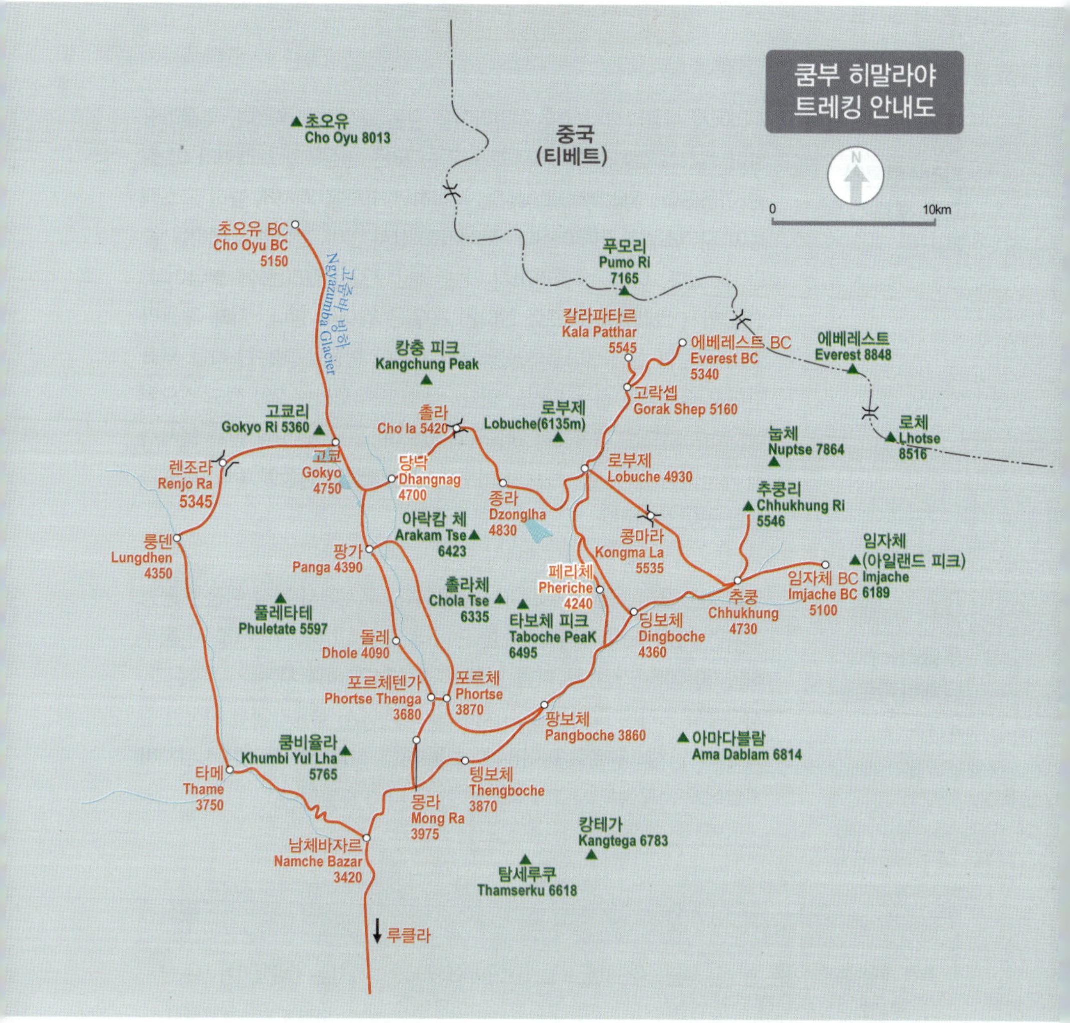

쿰부 히말라야
트레킹 안내도

N

0   10km

▲ 초오유
Cho Oyu 8013

중국
(티베트)

초오유 BC
Cho Oyu BC
5150

Ngozumba Glacier
고줌바 빙하

푸모리
Pumo Ri
7165

칼라파타르
Kala Patthar
5545

에베레스트 BC
Everest BC
5340

에베레스트
Everest 8848

캉충 피크
Kangchung Peak

고락셉
Gorak Shep 5160

로부제
Lobuche(6135m)

고쿄리
Gokyo Ri 5360

촐라
Cho la 5420

뉩체
Nuptse 7864

로체
Lhotse
8516

렌조라
Renjo Ra
5345

고쿄
Gokyo
4750

당닥
Dhangnag
4700

로부제
Lobuche 4930

추쿵리
Chhukhung Ri
5546

룽덴
Lungdhen
4350

아락캄 체
Arakam Tse
6423

종라
Dzonglha
4830

콩마라
Kongma La
5535

임자체
(아일랜드 피크)

팡가
Panga 4390

페리체
Pheriche
4240

임자체 BC
Imjache BC
6189

추쿵
Chhukhung
4730

임자체
Imjache
5100

풀레타테
Phuletate 5597

촐라체
Chola Tse
6335

타보체 피크
Taboche PeaK
6495

딩보체
Dingboche
4360

돌레
Dhole 4090

포르체텐가
Phortse Thenga
3680

포르체
Phortse
3870

쿰비율라
Khumbi Yul Lha
5765

팡보체
Pangboche 3860

▲ 아마다블람
Ama Dablam 6814

타메
Thame
3750

몽라
Mong Ra
3975

텡보체
Thengboche
3870

캉테가
Kangtega 6783

남체바자르
Namche Bazar
3420

탐세루쿠
Thamserku 6618

↓ 루클라

히말라야 어원과 셰르파족

히말라야Himalaya는 산스크리트어 히마hima와 알라야alaya가 합쳐진 말이다. 히마는 눈雪, 알라야는 보금자리 혹은 거처를 뜻한다. 따라서 히말라야는 '눈의 보금자리(거처)'라는 의미이다.

셰르파족은 보통 태어난 요일에 따라 이름을 짓는다. 월요일에 태어나면 다와, 화요일은 밍마, 수요일은 락파, 목요일은 푸르바, 금요일은 파상, 토요일은 펨바, 일요일은 니마다. 이처럼 태어난 요일에 맞춰 이름을 짓기 때문에 셰르파족 출신 가이드와 포터 가운데는 같은 이름을 가진 이들이 많다. 따라서 이름이 같다고 가족이라고 여길 필요는 없다.

01
지리-루클라 고전 루트
7일

지리에서 루클라까지 솔루 히말라야를 걷는 고전적인 루트다. 루클라공항이 생기기 전에는 에베레스트로 가는 모든 원정대와 트레커가 이 길을 이용했다. 지리부터 트레킹을 시작하면 고도를 서서히 높여 고소적응이 자연스럽게 이루어진다. 트레커도 많지 않아 한적한 트레킹을 즐길 수 있다. 다만, 루클라까지 가는 데만 7일이 걸리는 게 부담이다. EBC까지 트레킹을 목표로 한다면 20일은 잡아야 한다. 지리-루클라 코스 중간의 살레리(파플루공항)까지 지프나 항공을 이용한 다음 루클라까지 트레킹을 하는 방법도 있다. 살레리-루클라는 2일 정도 소요된다. 지프 로드는 계속해서 개설되고 있으며, 2025년 9월 현재 붑사까지 개통되어 있다. 단, 도로가 너무 험난해 계절과 상황에 따라 이동 가능한 곳이 달라진다.

02
루클라-남체바자르
2일

루클라는 쿰부 히말라야로 가는 관문이다. 세계에서 가장 위험한 공항이지만 가장 빨리 에베레스트를 만나러 갈 수 있다. 루클라에서 쿰부 히말라야에서 가장 큰 마을 남체바자르(3420m)까지는 2일 걸린다. 지리에서 올라온 고전 루트도 차우리카르카에서 루클라에서 시작된 길과 만나 남체바자르로 이어진다. 보통 쿰부 히말라야 트레킹은 남체바자르에서 하루 쉬면서 고소적응을 한 뒤 다시 출발한다.

교통

쿰부 히말라야로 가는 관문은 루클라(2850m)다. 카트만두에서 루클라까지는 경비행기가 운항한다. 루클라공항은 워낙 작고 위험하기 때문에 큰 비행기는 이용할 수 없다. 카트만두와 루클라 두 공항의 기상이 좋다면 항공편은 매일 있다. 카트만두에서 매일 오전에 출발하며 루클라까지는 1시간 걸린다. 루클라에서 카트만두로 나오는 항공편도 오전에 있다. 그러나 루클라공항은 결항이 잦은 비행장으로 유명하다. 비행장이 워낙 위험한 곳에 있어 일기가 조금만 나빠도 결항한다. 따라서 쿰부 히말라야 트레킹을 할 때는 결항에 대비해 항상 예비일을 두어야 한다.
지리에서 출발할 경우 카트만두에서 버스를 이용할 수 있다. 카트만두 순다라 올드파크 버스터미널(정확히는 터미널에서 500m 가량 떨어져 있다)에서 지리로 가는 버스는 1일 3회 (05:30, 06:30, 07:30) 운행한다. 8~10시간 소요. 지리에서 트레킹을 시작하면 루클라까지 7일 걸린다. 카트만두에서 살레리(파플루공항)까지 차량이나 항공편을 이용한 뒤, 살레리에서 지프를 이용하면 카리라 혹은 붑사까지 이동할 수 있으므로 시간을 단축할 수 있다. 남체바자르나 페리체 등에서는 위급 시 헬리콥터를 요청할 수 있다. 그러나 많은 비용(대략 1시간에 5,000달러 정도)이 들기 때문에 아주 위급한 상황이 아니면 이용하지 않는 게 좋다.

03

고쿄

6일

에베레스트 베이스캠프 트레킹(EBC)과 함께 쿰부 히말라야에서 인기가 많은 트레킹 코스다. 보통 EBC 트레킹 경험이 있는 트레커들이 즐겨 찾는다. 트레킹 최종 목적지인 고쿄리(5340m)에 서면 초오유에서 에베레스트를 거쳐 로체, 촐라체로 이어지는 히말라야 연봉의 장관이 펼쳐진다. 칼라파타르와 함께 쿰부 히말라야 최고의 뷰포인트다.

04

에베레스트 베이스캠프

8일

쿰부 히말라야 트레킹에 나선 거의 모든 트레커들이 꿈꾸는 코스다. 세계 최고봉 베이스캠프까지 직접 가본다는 데 의미가 있다. 다만, 베이스캠프에서는 에베레스트가 보이지 않는다. 이 때문에 대부분의 트레커는 에베레스트 전망대로 불리는 칼라파타르(5545m)를 오른다. EBC 트레킹은 성취도가 아주 높은 트레킹이지만 그만큼 고산병의 위험도 따른다. 자신의 몸 상태를 세심하게 체크하며 트레킹을 해야 한다.

05

임자체 베이스캠프

7일

EBC 트레킹 코스 중간쯤에서 오른쪽으로 계곡을 따라가는 트레킹 코스다. 트레킹 피크로도 유명한 임자체(영어로는 아일랜드피크 6189m, 베이스캠프 5000m)를 목표로 한다. 일반적으로 임자체 베이스캠프만 목표로 트레킹을 하는 경우는 없다. EBC 트레킹을 하면서 고소적응 차원에서 다녀온다. EBC 코스에서 갈라져 나오는 페리체나 딩보체에서 1박2일 일정으로 갔다 올 수 있다.

06

쿰부 서킷

14일

쿰부 히말라야의 대표적인 트레킹 코스 고쿄와 칼라파타르, 추쿵리 세 곳을 모두 아우르는 서킷 트레킹이다. 칼라파타르를 정점에 두고 고쿄부터 갈 것인지, 아니면 추쿵리부터 갈 것인지 선택해야 한다. 보통 추쿵리부터 시계 반대방향으로 돈다. 높은 고개와 고지대를 지나기 때문에 충분한 체력과 경험이 있어야 한다.

07

쿰부 3패스 3리

14일+α

쿰부 히말라야에서 가장 험준한 3개의 고개를 모두 넘는 트레킹이다. 쿰부 서킷은 3곳의 봉우리(추쿵리, 칼라파타르, 고쿄리)가 중심이지만, 3패스는 3곳의 봉우리에 더해 3곳의 패스(콩마 라, 촐 라, 렌조 라)를 넘는 것이다. 트레킹 마니아들이 도전할 수 있는 코스로 가이드나 포터를 대동하는 것이 좋다. 또한, 고소적응일과 예비일을 두고 체력 안배를 해가면서 해야 한다.

01
지리-루클라 고전 루트

지리-루클라 고전 루트는 히말라야에서 가장 먼저 개발된 트레킹 코스다. 루클라에 공항이 생기기 이전(1950년대부터 70년대까지)까지 에베레스트 원정대를 비롯한 모든 트레커들이 이 코스를 이용했다. 그러나 1965년 루클라공항(텐징 & 힐러리공항으로 개명)이 만들어지면서 상황이 변했다. 대부분의 트레커와 원정대가 항공편을 이용하면서 지리-루클라 루트는 잊혀졌다. 그러다가 1980년대 지리까지 도로가 개통되면서 다시 일부 트레커들이 찾고 있다. 루트 상에 숙박시설과 상업시설은 비교적 잘 발달되어 있다. 카트만두에서 지리까지 거리는 약 188km. 순다라 올드파크 버스정류장에서 로컬버스를 타면 지리까지 8~10시간 정도 걸린다. 지리-루클라 고전 루트는 히말라야 중산간 지역에서 살아가는 현지인들의 삶의 현장과 솔루 히말라야의 장엄한 풍광을 볼 수 있다. 지리에서 루클라까지 거리는 약 95km다. 트레킹을 하면 6~7일 정도 소요된다. 도로는 계속해서 개설되고 있다. 카트만두에서 살레리까지는 버스가 다닌다. 그 이후 붑사까지 지프 도로가 개통되었지만, 계절과 날씨에 따라 이용 못할 수도 있다.

준베시에서 2시간 거리의 에베레스트 뷰 포인트 롯지에서 바라본 쿰부 히말라야 설산 파노라마

○ **일정** 6박7일
○ **최고 고도** 3530m(람주라)
○ **코스** 지리 → 쉬발라야 → 반다르 → 세테 → 람주라 → 준베시 → 눈탈라 → 카리콜라 → 부프사 → 포이얀 → 차우리카르카 → 루클라
○ **난이도** ★★★

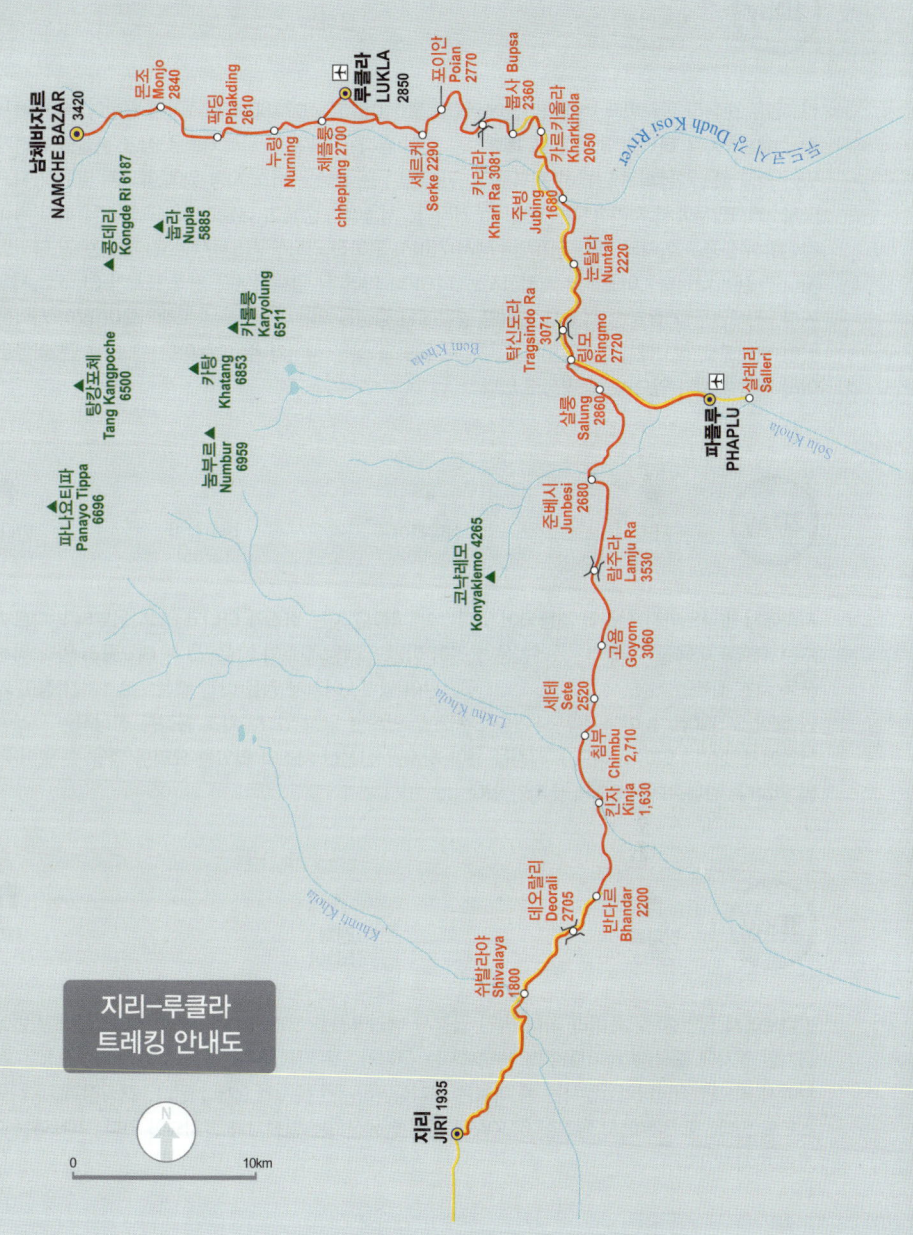

남체바자르
NAMCHE BAZAR
3420

몬조
Monjo
2840

팍딩
Phakding
2610

누링
Nurning

체플룽
chheplung 2700

루클라
LUKLA
2850

세르케
Serke 2290

포이안
Poian
2770

분사
Bupsa
2360

카리라
Khari Ra 3081

카리라
Kharkihola
2050

카르키홀라

주빙
Jubing
1680

콩데리
Kongde Ri 6187

눕라
Nupla
5885

카룔룽
Karyolung
6511

카탕
Khatang
6853

눈타라
Nuntala
2220

탕캉포체
Tang Kangpoche
6500

탁신도라
Tragsindo Ra
3071

링모
Ringmo
2720

살레리
Salleri

파플루
PHAPLU

살룽
Salung
2860

파나요티파
Panayo Tippa
6696

눔부르
Numbur
6959

코나케모
Konyakiemo 4265

준베시
Junbesi
2680

람주라
Lamju Ra
3530

고욤
Goyom
3060

세테
Sete
2520

침부
Chimbu
2,710

킨자
Kinja
1,630

데오랄리
Deoraili
2705

반다르
Bhandar
2200

시발라야
Shivalaya
1800

지리
JIRI 1935

지리-루클라
트레킹 안내도

N

0   10km

Bom Khola

Likhu Khola

Khimti Khola

두드코시 강 Dudh Kosi River

Solu Khola

1Day 카트만두 (1350) ────── 물디 ────── 지리 (1935)

카트만두 순다라 올드파크 버스터미널에서 05:30, 06:30, 07:30에 버스가 출발한다. 8~10시간 소요. 첫차를 타려면 하루 전에 예매하는 것이 좋다. 대부분의 트레커들은 짐을 분실할 염려가 있어 카고백은 자물쇠로 단단히 채워둔다. 귀중품이 든 배낭은 버스 지붕 위에 올리지 말고 가지고 타자. 카트만두에서 지리까지는 188km 거리다. 처음에는 중국이 네팔과 티베트를 연결하기 위해 건설한 우정공로를 따라간다. 카트만두에서 78km 떨어진 라모상구(5시간 소요)에 있는 긴 다리를 지나면 길이 나뉜다. 이곳부터 지리까지는 110km 거리다. 갈림길부터 거리 표시가 0km로 시작된다. 카트만두를 출발한 지 6시간 뒤인 물디에서 점심을 먹는다. 이곳은 트레커들이 많이 지나는 곳이 아니므로 식사메뉴는 다양하지 못하다. 달밧과 삶은 감자가 주 메뉴이다. 지리는 큰 마을로 여러 개의 롯지가 있으며, 캠핑장도 있다.

2Day 지리 (1935) ────── 쉬발라야 (1800) ────── 데오랄리 (2705) ────── 반다르 (2200)

지리에서 반다르까지 찻길이 개통되어 있다. 쉬발라야까지는 버스가 다니고, 그다음부터 반다르까지는 지프를 이용할 수 있다. 트레킹은 찻길이 아닌 트레킹 루트가 따로 있다. 데오랄리 언덕 위에 쏘동 치즈 팩토리Thodung Cheese Factory 간판이 있다. 여기서 길을 따라 북쪽으로 1시간 정도 가면 해발 3,090m 높이에 스위스 기술로 치즈를 만드는 공장 있다. 치즈 공장은 정상적인 트레킹 코스에서 벗어나 있어 사이드 트레킹을 해야 하지만 신선한 치즈와 맛있는 요리를 먹을 수 있어 가볼 만하다. 반다르에는 6개의 롯지가 있다.

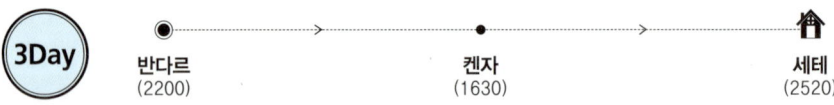

3Day 반다르 (2200) ────── 켄자 (1630) ────── 세테 (2520)

반다르에서 편안한 길을 따라 가다 약간 급경사 내리막길을 600m 가량 지나면 리크콜라 강변에 위치한 켄자에 도착한다. 이곳부터 세테까지는 급경사 오르막을 2시간쯤 올라야 한다. 점심은 켄자에서 먹으면 적당하다. 켄자는 큰 마을은 아니다. 하지만 롯지가 6개나 된다. 캠핑장과 체크 포스트도 있다. 또 일본에서 원조한 55KW의 전기를 생산하는 발전기가 설치되어 있다. 세테에는 2개의 롯지가 있다.

1. 람주라 고개로 올라가는 가파른 산길 2. 람주라 고갯마루에 있는 포터들의 쉼터 3. 람주라 정상에 있는 더 히말라얀 롯지
4. 깃발을 매달아 둔 람주라 고개 정상

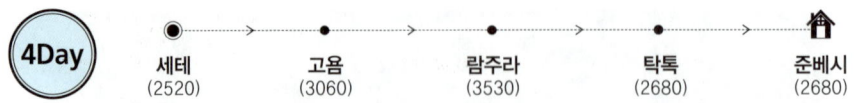

4Day

세테 (2520) → 고음 (3060) → 람주라 (3530) → 탁톡 (2680) → 준베시 (2680)

세테부터는 1,000m쯤 고도를 올려 람주라 고개를 넘어야 한다. 람주라는 지리-루클라 루트에 있는 고개 중 가장 높다. 람주라 반장이라고도 부른다. 고도를 1,000m 올리는 일은 쉽지 않다. 최소 4시간 30분 이상 잡아야 한다. 휴식시간을 포함하면 이보다 더 걸린다. 다행인 것은 람주라에 올라서면 준베시까지는 편안한 내리막길이 이어진다는 것이다. 준베시로 가는 길은 울창한 숲으로 나 있어 피로를 씻어준다. 준베시에는 솔루 히말라야에서 가장 오래된 닝마파 곰파가 있다. 이 마을에서는 신성한 계곡으로 여겨 요리를 위한 살생도 금하고 있다. 준베시에는 에베레스트를 초등한 에드먼드 힐러리의 후원을 받아 지은 초등학교, 중학교, 고등학교가 같은 건물에 있다. 이곳에서는 약 300명의 학생이 공부를 하고 있다. 보건진료소도 있다. 준베시에는 8개의 롯지가 있다.

5Day

준베시 (2680) → 링모 (2720) → 탁신도라 (3071) → 눈탈라 (2220)

준베시에서 링모로 가는 길에 에베레스트 뷰 셰르파 롯지(3100m)가 있다. 이 롯지는 지리-루클라 트레킹 코스에서 유일하게 에베레스트를 조망할 수 있다. 점심은 링모에서 먹는다. 링모에서 파플루공항에서 오는 길과 만난다. 파플루공항에서 살레리까지 지프를 이용한 후 트레킹을 시작한다. 살레리에서 닝모까지는 3시간쯤 걸린다. 탁신도라를 넘으면 눈탈라까지 비교적 편안한 내리막길이 이어진다. 트레킹 코스에서 10분만 곁길로 가면 야크 치즈를 만드는 치즈공장이 있다. 눈탈라에는 롯지가 12개나 있

〈지리-루클라 고전 루트 트레킹 표준 시간〉

출발-도착	거리(km)	소요시간	출발-도착	거리(km)	소요시간
지리-쉬발라야	9.9	4:00	링모-탁신도라	1.7	1:00
쉬발라야-반다르	9.6	5:00	탁신도라-눈탈라	4.8	1:45
반다르-켄자	8.4	3:00	눈탈라-주빙	5.2	2:30
켄자-침부	2	2:00	주빙-카리콜라	2.7	2:00
침부-세테	2.5	1:30	카리콜라-부프사	3.6	1:00
세테-고음	4	2:00	부프사-카리라	5.7	1:30
고음-람주라	3.6	2:30	카리라-포이얀	3	1:30
람주라-준베시	7.1	2:00	포이얀-세르케	4.8	2:00
준베시-살룽	6.2	2:00	세르케-루클라	5.1	1:30
살룽-링모	4.9	1:15			

다. 롯지가 많다는 것은 많은 트레커들이 묵어간다는 것을 의미한다. 링모에도 롯지가 7개 있다. 살레리에서 루크라 방향으로 계속 도로가 개통되고 있으며, 이 도로는 링모에서 합류한다. 이후 뷰사까지 차량 이동이 가능하여 하루 일정을 단축할 수 있다.

1. 준베시 마을에 있는 태양열 집열 히터 2. 산골 마을로 행상을 가는 상인의 등짐 3. 람주라 정상에서 기념촬영 하는 트레커들 4. 지리에서 루크라로 가는 길에 있는 두 번째 고개 탁신도라

지리-루클라 고전 루트 고도표

6Day　　눈탈라 (2220)　　　　카리콜라 (2050)　　　　부프사 (2360)

눈탈라에서 2시간 가면 고교호수에서 흘러내리는 두드코시강과 만난다. 카리콜라는 큰 마을이다. 이 마을에도 에드먼드 힐러리와 히말라얀 신용기금의 도움으로 지어진 학교가 있다. 1997년에 세워진 보건진료소가 있어 네팔리 의사가 상주한다. 마을에는 롯지가 무려 20개나 된다. 하지만 힘이 남았다면 조금 더 가보자. 카리콜라에서 오르막을 30분쯤 가면 부프사가 나온다. 다음날 갈 거리를 생각하면 이곳을 추천한다. 산능선에 위치한 부프사에는 5개의 롯지가 있다.

7Day　　부프사 (2360)　　포이얀 (2770)　　카리라 (3081)　　세르케 (2290)　　차우리카르카 (2760)

부프사부터 오르막이 시작된다. 포이얀을 지나 카리라를 지나면 비로서 쿰부 지역으로 들어서게 된다. 카리라는 생각보다 힘들지 않다. 고개 정상이 아닌 7부 능선을 넘어간다. 카리라에도 마을이 있다. 카리라를 넘어서면 세르케까지 계속 내리막이 이어진다. 트레일은 세르케를 지나면서 두 갈래로 나뉜다. 왼쪽이 루클라를 거치지 않고 남체바자르로 가는 지름길이다. 이 길을 따라가 차우리카르카를 지나면 채플룽에서 루클라에서 오는 길과 만난다. 반면 세르케 갈림길에서 오른쪽으로 가면 루클라로 간다. 트레킹 종착점이 루클라이면 오른쪽 길로 가야 한다. 차우리카르카에는 롯지가 6개 있다. 채플룽에도 롯지가 7개 있다. 카트만두부터 지리를 거쳐 이곳까지 트레킹을 하면 꼬박 7일이 걸리지만 루클라까지 항공을 이용하면 1시간 만에 올 수 있다. 이런 이유로 지리-루클라 루트는 아예 안중에도 없는 트레커들이 많다. 그러나 지리-루클라 루트는 히말라야 중산간 지대에서 살아가는 네팔리들의 때 묻지 않은 삶을 가까이서 느낄 수 있고, 자연스럽게 고소적응을 할 수 있어 여유가 된다면 한 번쯤 걸을 만하다.

Tip

- 카트만두에서 살레리까지 도로가 개통되어 버스와 지프가 운행 중이다. 10~12시간 소요. 루클라공항의 결항이 마음에 걸린다면 살레리까지 지프로 이동한 후 트레킹을 하는 것도 좋은 대안이다.
- 쉬발라야에서 가우리상카 히말라야 트레킹 퍼밋을 따로 받아야 한다. 퍼밋피는 2,000루피다.
- 지리에서 루클라까지 데오랄리(2705m), 람주라(3530m), 탁신도라(3071m), 카리라(3081m) 등 4개의 고개가 있다. 지리에서 반다르까지 도로가 닦여 있으며, 계속해서 도로를 만들고 있다. 지리-반다르 구간은 지프와 순환버스가 다닌다. 세월이 더 지나면 루클라까지도 차량이 다닐 수 있는 도로가 개통될 것이다.

1. 포이얀 마을의 롯지에서 휴식을 취하는 트레커들 2. 부프사에서 루클라로 이어진 트레킹 코스 3. 트레커의 짐을 메고 가파른 산길을 올라가는 포터들 4. 5. 가트 마을에 있는 마니석들. 오른쪽 사진 돌에 새겨진 '옴'이란 글씨는 평화를 상징한다

02
루클라–남체바자르

쿰부 히말라야 트레킹은 엄밀히 말해 루클라부터 시작된다고 봐야 한다. 95% 이상의 트레커가 항공을 이용해 루클라까지 온 다음 트레킹을 시작한다. 루클라에서 남체바자르까지는 하루 반 거리다. 내려올 때는 하루면 된다. 남체바자르는 쿰부 히말라야 트레킹의 베이스캠프 역할을 한다. 트레커들은 고소적응을 위해 최소 1일 이상 남체바자르에 머물며 쿰중이나 쿤데 같은 인근 마을로 사이드 트레킹을 하면서 고소적응을 한다. 때문에 전체 일정에서 고소적응일도 반드시 포함시켜야 한다. 남체바자르에는 호텔, 레스토랑, 인터넷 카페 등 트레커의 편의를 위한 대부분의 시설을 갖추고 있다. 남체바자르에 머무는 것만으로도 행복한 여행이 된다.

활주로 길이 450m에 불과한 루클라 비행장(텐징 힐러리공항)

○ **일정** 2박3일(고소 적응일 포함)
○ **최고 고도** 3780m(쿰중)
○ **코스** 루클라→팍딩→벵카르→몬조→조르살레→남체바자르
○ **난이도** ★★★

1Day
루클라 (2850) — 채플룽 (2660) — 팍딩 (2640)

루클라공항에는 보통 오전에 도착한다. 점심을 먹고 트레킹을 시작하면 첫날은 팍딩까지 간다. 루클라에서 팍딩까지는 2~3시간 소요된다. 팍딩에 너무 일찍 도착했다면 다음 마을인 벵카르나 추모와까지 운행하는 것도 좋다. 보통 카트만두에서 일찍 항공이 출발해 오전 10시면 루클라공항에 도착한다. 점심을 먹고 바로 트레킹을 시작하면 몬조나 조르살레까지까지 충분히 갈 수 있다. 루클라 보다 고도가 낮은 팍딩보다 루클라와 비슷한 몬조(2840m)에서 숙박하는 게 고소적응에 더 유리하다.

2Day
팍딩 (2640) — 몬조 (2840) — 조르살레 (2830) — 남체바자르 (3420)

팍딩에서 조르살레 지나 라르자도반까지는 계곡의 산허리를 따라 부드럽게 길이 이어진다. 조르살레에는 사가르마타 국립공원 사무실이 있다. 이곳에서 국립공원 입장권(3,000루피)을 살 수 있다. 라르자도반에서 남체바자르까지는 고도 600m를 올라가야 한다. 고소 증세가 나타날 수 있는 구간으로 무리하지 않고 쉬엄쉬엄 오른다. 만약 전날 몬조에서 숙박을 했다면 남체바자르에서 늦은 점심을 먹을 수 있다. 남체바자르는 하늘에서 보면 삼면이 산에 둘러싸인 가운데 말발굽 모양을 하고 있다. 셰르파족 최대 마을이자 쿰부 히말라야 트레킹 전진기지다. 남체바자르 공터에서 주말마다 생필품과 고기, 채소를 파는 주말시장(주말에만 오픈)이 열린다.

고소 적응일

3Day
남체바자르 (3420) — 샹보체 (3790) — 쿰중 (3780) — 남체바자르 (3420)

남체바자르에서 최소 1일 이상 휴식하며 고소적응을 하는 것이 일반적이다. 그러나 휴식일이라고 숙소에만 머물러 있는 것은 좋지 않다. 남체바자르에서 가까운 샹보체를 거쳐 쿰중까지 사이드 트레킹을 다녀오는 게 좋다. 샹보체에서 에베레스트 뷰 호텔 가는 길목에 있는 쿰부 마운틴 뷰 롯지는 음식 맛도 좋고 경치도 끝내 준다. 남체바자르에서 타미까지 갔다 오는 코스는 하루 여정치고는 힘들다. 체력적으로 부담이 없는 트레커에게 추천한다. 쿰중에는 에드먼드 힐러리가 세운 쿰부 히말라야 유일의 고등학교 힐러리 스쿨이 있다. 한국산악회에서도 컴퓨터 교실을 지어 기증했다.

〈루클라-남체바자르 표준 시간〉

출발-도착	소요시간	출발-도착	소요시간
루클라-체플룽	1:15	벵카르-몬조	1:00
체플룽-팍딩	1:15	몬조-남체바자르	3:00
팍딩-벵카르	1:30		

Tip

● 일부 트레커 중에는 루클라에 도착해 포터를 구하는 경우가 있다. 루클라 비행장에 도착해 짐을 찾아 공항 밖으로 나오면 수많은 포터들이 저마다 자신을 고용해 달라고 한바탕 난리법석을 떤다. 그중에서 참신한(?) 포터를 구하는 일은 생각보다 쉽지 않다. 요즘은 포터들도 많이 영악해져 처음 계약할 때와 도중에 하는 말이 다른 경우가 많다. 일단 계약이 되면 갖은 이유를 들어 자신의 포터 임무를 다른 포터에게 팔아넘기고 소개료를 챙기는 컨택 전문 포터도 많다.

● 히말라야 트레킹이 처음인 경우 포터를 다루는 일이 생각보다 쉽지 않다. 물론 가이드를 고용하면 경비가 많이 드는 대신 포터는 신경 쓰지 않아도 된다. 포터는 가이드가 통제한다. 그러나 포터만 고용하면 자칫 그들의 농간에 휘말려 많은 시간과 경비를 들여 간 트레킹이 엉망이 될 수도 있다. 루클라공항에서 만나는 프리랜서 포터들은 초보 트레커가 다루기에 결코 만만하지 않다는 것을 명심하자. 특히, 솔로나 초행, 여성 트레커에게는 더더욱 그렇다.

● 조르살레에 있는 사가르마타 국립공원 사무소에서 입장권을 살 수 있다. 여권도 카피본이 통용되어 카트만두의 숙소에 귀중품과 여권을 맡겨두고 와도 괜찮다. 쿰부 지역은 파상 라무 커뮤니티에서 발전 기금을 징수하는데, 이것이 팀스TIMS 카드를 대체하고 있다. 따라서 국립공원 입장료와 발전 기금은 현장에서 지불하면 된다.

● 남체바자르에서는 고소적응을 위해 하루 정도 머무르는 게 좋다. 고산병 증세를 보이거나 컨디션이 안 좋으면 타이레놀이나 다이아막스를 복용하면서 2~3일 정도 머물며 상태를 지켜보도록 한다.

● 루클라에서 남체바자르까지 올라갈 때는 2일(엄밀히 말하자면 하루 반나절) 걸리지만 내려올 때는 하루면 충분하다.

● 루클라에서 카트만두로 돌아오는 항공권은 항상 예약상황을 재확인해야 한다.

● 2025년 9월 현재 TANN(네팔 트레킹 에이전시 협회)에서 시행하는 트레킹 가이드 혹은 포터의 의무적 고용 규칙은 쿰부 히말라야에서는 적용되지 않고 있다.

루클라-남체바자르 코스

남체바자르
NAMCHE BAZAR 3420

라르자도반
Larja Dobhan

콩데
Kongde 4250

조르샬레
Jorsale 2830

누플라
Nupla 5885

몬조
Monjo 2840

추모와
Chhumowa

톡톡
Toktok

벵카르
Bengkar 2710

툴로 구멜하
Thulo Gumelha

사노 구멜하
Sano Gumelha

팍딩
Phakding 2610

추타와
Chhuthawa

누링
Nurning

타도코시걍
Thado Koshigaon

체플룽
Chheplung 2700

탈스하로아
Thalsharoa

루클라
LUKLA 2850

고퉁리
Ngotung Ri 3473

1. 루클라에서 남체바자르를 향해 가는 길에 있는 롯지들 2. 조살레 마을에 있는 사가르마타 국립공원 출입 신고소 3. 남체바자르 가는 길에 자주 볼 수 있는 서스펜션 브리지

쿰부의 중심 남체바자르

쿰부 히말라야에서는 에베레스트 전망대 칼라파타르로 가는 게 가장 일반적인 트레킹 코스다. 그러나 칼라파타르까지는 워낙 고도가 높아 고산병의 위험이 있는 것도 분명한 사실이다. 따라서 반드시 칼라파타르를 목표로 트레킹을 할 필요는 없다. 이곳을 제외하고도 쿰부 히말라야에는 다양한 매력이 있다. 고산병의 위험으로부터 비교적 안전한 쿰부의 행정 중심지 남체바자르에 머물면서 전통적인 셰르파족 마을 쿰중이나 타미를 트레킹하는 것도 괜찮다. 남체바자르에서 하루 일정의 텡보체를 방문해 티베트 불교사원을 둘러보는 것도 좋다. 텡보체에서는 에베레스트와 함께 아마다블람(6856m)의 멋진 장관을 가까이서 볼 수 있다. 남체바자르는 쿰부 히말라야에서 가장 큰 마을답게 호텔과 레스토랑, 숍 등 모든 편의시설이 있다. 본래 마을 이름은 남체지만 쿰부에서 가장 큰 장이 서면서 장을 뜻하는 바자르를 합쳐 남체바자르라 부른다.

쿰부 히말라야의 베이스캠프 남체바자르 전경

만년설이 쌓인 산들을 조망하며 야영할 수 있는 남체바자르의 롯지 마당

남체바자르 가이드

01 남체바자르에는 수많은 롯지가 있다. 최근에 신축한 롯지는 방 안에 개인 욕실과 24시간 온수 샤워가 가능한 순간 전기온수기가 설치되어 있다. 그러나 성수기에는 온수 샤워를 너무 기대하지 않는 게 좋다. 제법 이름이 난 롯지에 투숙하면 손님 대접받기가 어렵고, 주인(사우지)이나 매니저의 콧대도 높다.

02 숙박료는 두 가지 형태로 운영된다. 저녁과 아침을 숙박하는 롯지에서 먹으면 숙박료는 비교적 저렴한 편이다. 반면 식사를 직접 해결하거나 다른 롯지 혹은 식당에서 먹으면 그 손실분까지 계산해 상대적으로 비싸게 받는다. 보통 방은 500루피부터 시작한다. 실내에 화장실과 샤워실이 있는 특실은 2,000~3,000루피 정도다.

03 우체국은 토요일을 제외하고 10:00~16:00까지 운영한다. 남체, 상보체, 쿰중, 쿤데에 있는 대부분 롯지는 인공위성을 이용해 네팔 국내전화는 물론 국제전화가 가능하다. 몇몇 롯지는 팩스 서비스도 해준다. 요즘은 인터넷 카페에서는 속도는 느리지만 인터넷도 가능하다. 대부분의 숙소에는 와이파이가 가능해 국내 지인들과 SNS로 소통할 수 있다.

04 남체바자르에는 정부에서 운영하는 보건진료소가 있다. 캐나다에서 수학한 네팔리 치과의사가 상주한다. 쿤데에는 병원이 있다. 남체 베이커리에서는 맛있는 빵과 피자, 애플파이 등을 생산한다. 대부분의 롯지에서는 세탁 서비스를 받을 수 있다. 남체바자르에는 트레킹 장비점이 여러 곳 있다. 비록 네팔에서 만든 모조품이지만 트레킹을 하는 데 큰 문제는 없다. 대여도 가능하다. 카트만두 타멜보다 조금 저렴한 편이다.

05 남체바자르에는 주말에 시장이 열린다. 금요일 오후에도 잠깐 장이 선다. 주말에는 토요일 아침부터 남체바자르 초입에 있는 대형 스투파 부근 공터에서 장이 선다. 장터에서 거래되는 물품은 쿰부 지역에서 생산되는 각종 농축산물과 티베트에서 넘어온 중국의 공산품, 카트만두와 인도에서 생산된 물건들이 주를 이룬다. 평일에도 매일 장이 서는 티베트 상설시장도 있다. 상품은 대부분 중국산 의류다.

06 남체바자르 바로 위에 있는 샹보체에는 작은 비행장이 있다. 가끔 헬리콥터가 착륙하지만 상용되지는 않는다. 샹보체 비행장 오른쪽 끝에 있는 길을 따라 북서쪽으로 올라가면 파노라마 뷰 호텔 지나 에베레스트 뷰 호텔에 닿는다. 4성급인 에베레스트 뷰 호텔은 전망이 좋은 곳으로 유명하다. 일본인과 네팔 현지인이 공동으로 운영하는 이 호텔은 EBC까지 트레킹을 하기에는 체력적으로 부담이 되는 노약자들이 머물면서 쿰부 히말라야의 파노라마를 즐긴다. 남체바자르에서는 보이지 않는 에베레스트와 로체, 아마다블람 등 쿰부 히말라야 파노라마가 사람의 넋을 빼앗을 정도로 아름답다. 하루 숙박비는 150~200달러. 주 고객은 일본인들이다. 성수기에는 예약을 해야 방을 구할 수 있다. 남체바자르에서 고소적응을 위해 휴식할 때 들러 차를 마시며 그 몽환적인 풍광을 즐겨보자. 물론 찻값은 세금과 봉사료가 포함되어 비싼 편이다.

1. 남체바자르 주말시장 2. 가파른 산비탈에 늘어선 남체바자르의 호텔과 롯지 3. 남체바자르 상가. 등산장비부터 인터넷 카페까지 다 있다 4. 남체바자르 세르파박물관

07 남체바자르보다 300m 높은 곳에 자리한 쿰중은 그림처럼 아름다운 마을이다. 마을 정면으로는 캉데카(6783m)가 우람하고 솟아 있다. 뒤로는 쿰비올라(5761m)에서 흘러내린 가파른 암벽이 병풍처럼 펼쳐졌다. 고쿄 방향으로 가는 길에 있는 모든 롯지 소유자들은 이곳 쿰중에 산다. 쿰중은 개발에 반대하면서 자연과 순응하는 모범 마을로 유명하다. 고쿄로 가는 트레커들은 쿰중에서 고소적응을 위해 하루 머무르고 이동하기도 한다.

08 쿤데는 쿰중 왼쪽에 있는 마을로 쿰부 히말라야에서 유일한 병원이 있다. 1966년 개원한 이 병원에서는 캐나다와 뉴질랜드에서 자원봉사를 온 의사들이 진료한다. 가난한 포터들은 20루피만 내면 의료 서비스를 받을 수 있다. 트레커의 경우 투약은 10달러, 하루 입원료는 100달러다.

09 남체바자르 가장 위쪽 초이강Choi Gang에는 국립공원 사무실과 셰르파 박물관이 있다. 사가르마타 국립공원에 있는 동식물과 셰르파족의 생활과 문화, 등산의 역사 등을 알 수 있는 유물을 전시해 들러볼 만하다.

10 시간적으로 여유가 있다면 남체바자르에서 타미를 다녀오는 사이드 트레킹도 좋다. 타미까지는 편도 3시간 거리다. 타미에는 남체바자르 일대에 전기를 공급하는 수력발전소가 있다. 이 발전소는 오스트리아 NGO 단체의 후원으로 1995년 건설되었으며, 1일 650㎾의 전기를 생산해 남체바자르 일대 500여 가구에 공급하고 있다.

⋀ 세계에서 가장 위험한 공항, 텐징&힐러리공항

해발 2850m에 자리한 텐징 & 힐러리공항(루클라공항)은 쿰부 히말라야 트레킹 관문 역할을 하는 곳이다. 쿰부 히말라야를 찾는 외국인의 95%가 이 공항을 이용한다. 지리에서 트레킹을 하면 꼬박 7일이 걸리는 길을 40분 만에 올 수 있으니 트레커들은 당연히 항공편을 이용하려 한다. 그러나 텐징&힐러리공항은 세계에서 가장 위험한 공항으로 소문났다. 이 공항은 에베레스트를 초등한 에드먼드 힐러리의 주도로 1965년 절벽에 접한 산의 측면을 깎아서 만들었다. 활주로 길이는 460m, 폭은 20m, 활주로 경사도는 약 12도다. 활주로의 시작점과 끝점의 표고차가 무려 60m나 된다. 이 표고차를 이용해 이착륙을 한다. 비행기가 착륙할 때는 오르막을 이용해 감속하고, 반대로 이륙 시에는 내리막을 이용해 가속한다. 세계에서 가장 짧은 활주로를 가진 루클라공항은 소형 프로펠러 비행기만 뜨고 내릴 수 있다. 쿰부 히말라야 지역의 특성상 기상상황이 좋은 오전 중에 대부분의 이착륙이 이뤄진다. 사고가 많이 발생하는 공항이라 기상상황이 좋지 않으면 무조건 취소된다. 이처럼 결항률이 높아 일정이 촉박한 여행자와 트레커들을 불안하게 만들기도 한다.

03
남체바자르-칼라파타르(EBC)

칼라파타르는 에베레스트를 보러 가는 트레킹 코스다. 세계 최고봉을 보러 가는 길만큼 코스도 만만치 않다. 트레킹 정점인 칼라파타르를 앞두고 5,000m 전후의 고지대에서 1박을 해야 하기 때문에 증세는 다르더라도 대부분 고소증을 겪는다. 특히, 두글라에서 고락셉으로 가는 길이 악명 높다. 고소적응에 실패한 이들은 이곳에서 돌아서기 일쑤다. 이런 고된 순간을 이겨내고 칼라파타르 정상에 서면 그 성취감은 남다르다. 에베레스트와 마주하는 그 순간의 감동은 평생 잊을 수 없을 것이다. 고락셉에서 칼라파타르와 에베레스트 베이스캠프(EBC)로 가는 길은 다르다. 에베레스트 베이스캠프에서는 에베레스트 정상을 볼 수 없다. 또한, 트레킹 퍼밋으로는 머물 수 없어 당일로 내려와야 한다. 그래서 일반 트레커들은 대부분 칼라파타르를 목표로 한다.

에베레스트 전망대 칼라파타르 오름길에 뒤돌아본 쿰부 빙하와 히말라야 파노라마

○ **일정** 6박7일
○ **최고 고도** 5545m(칼라파타르)
○ **코스** 남체바자르 → 텡보체 → 데보체 → 페리체 → 두글라 → 로부제 → 고락셉 → 칼라파타르 → 로부제 → 페리체 → 팡보체 → 쿰중 → 남체바자르
○ **난이도** ★★★★

칼라파타르(EBC)
트레킹 안내도

Ngozumba Glacier

초낙츠
Thonak Tsho

고쿄리
Gokyo Ri 5360

고쿄
GOKYO 4750

3번 호수

2번 호수

1번 호수

파리라첸
Phari Lapche 6017

차도텐
Chadoten 5063

팡가
Phangga 4390

마체르마
Machherma 4410

루자
Luza 4340

풀레타테
Phuletate 5597

쿰비율라
Khumbi Yul Lha 5765

돌레
Dhole

포르체텡가
Phortse Thenga 3680

몽라
Mong Ra 3975

쿰중
KHUMJUNG 3780

사나사
Sanasa 3600

타메·렌조라

타모
THAMO 3493

쿤데
Khunde 3840

샹보체
Syangboche 3790

남체바자르
NAMCHE BAZAR 3420

Gaunara Glacier

촐로
Cholo 6089

캉충 피크
Kangchung Peak 6063

니레카 피크
Nirekha Peak 6159

촐라
Cho la 5420

촐라페디
Cho la Pedi

당낙
Dhangnag 4700

나툭초
Naktok Tsho

종라
Dzonglha 4830

아락캄체
Arakam Tse 6423

촐라초
Chola Tsho

촐라체
Chola Tse 6335

Cholatse Glacier

Chola Glacier

타보체 피크
Taboche PeaK 6495

Taboche Glacier

포르체
Phortse 3870

풍기탕가
Phungi Tanga 3250

텡보체
THENGBOCHE 3870

데보체
Deboche 3770

강주마
Kyangjuma 3600

Gorak Shep Glacier

Changri Nup Glacier

창그리
Changri 6027

로부제
Lobuche(West) 6135

Lobuche Glacier

로부제
Lobuche(Eest) 6090

피라미드
Pyramid 4970

아위 피크
Awi Peak 5245

Changri Shar Glacier

Kumbu Glacier

칼라파타르
KALA PATTAR 5545

에베레스트 BC
EVEREST BC 5340

고락셉
Gorak Shep 5160

로부제 패스
Lobuche Pass 5110

로부제
Lobuche 4930

메라 피크
Mehra Peak(Kongma Tse) 5820

두글라 패스
Dughla Pass 4830

두글라(토클라)
Dughla(Thokla) 4620

콩마라
Kongma La 6535

포칼데
Pokalde 5741

낭카르샹
Nangkar Tshang 5616

Nuptse Glacier

딩보체
Dingboche 4360

비브레
Bibre 4570

페리체
PHERICHE 4240

페리체 패스
Pheriche pass

Duwo Glacier

오르소
Orsho 4190

소마레
Shomare 4010

Churo Glacier

팡보체
Pangboche 3860

아마다블람
Ama Dablam 6814

아마다블람 BC
Ama Dablam BC 4680

Mingbo Glacier

Dudh Koshi Nadi

트레킹 코스 가이드

1Day

남체바자르	푼키텡가	텡보체
(3420)	(3250)	(3870)

남체바자르에서 강주마까지는 고쿄 트레킹 코스와 동일하다. 강주마를 지나 5분 정도 가면 티베트 장신구를 파는 노점이 늘어선 마을이 나타나는데, 여기가 사나사다. 이곳에서 고쿄 트레킹 코스와 길이 나뉜다. EBC 트레킹 코스는 계곡 바닥에 있는 마을 푼키텡가까지 내리막길이다. 푼키텡가에서 점심을 먹은 후 다시 내려온 것보다 더 높은 오르막(고도 600m)을 올라야 텡보체에 닿는다. 텡보체는 쿰부 히말라야에서 가장 큰 곰파(사원)가 있다. 오래전에 있었던 곰파는 화재로 전소되고 현 곰파는 1995년 새로 지은 것이다. 텡보체에는 곰파를 중심으로 5개의 롯지가 있다. 이 가운데 롯지 4개는 곰파 소유로 세를 놓고 있다. 세를 놓아 얻어진 수입은 곰파로 들어간다. 텡보체는 전체가 아마다블람(6812m) 뷰포인트다. 특히, 내셔널 파크 롯지는 쿰비올라(5761m) 조망이 특별하다. 텡보체에서는 인공위성을 이용한 전화가 가능하다. 하지만 고장 난 날이 더 많다. 요즘은 대부분의 가이드나 포터들이 이곳보다는 30분 더 가면 나오는 데보체에서 머물기를 강요(?)한다.

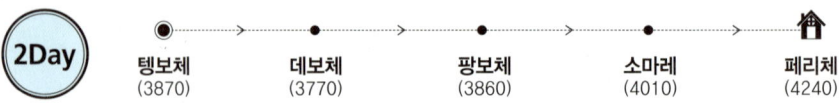

2Day

텡보체	데보체	팡보체	소마레	페리체
(3870)	(3770)	(3860)	(4010)	(4240)

텡보체에서 왼쪽 아래 계곡을 향해 내려가면 데보체가 나온다. 철다리(현수교 아님)를 건너 산허리 길을 따라 올라가면 아래 팡보체(팡보체 오림) 마을이 나온다. 팡보체는 2개의 마을로 이루어졌다. 트레커들이 많이 머무는 팡보체 오림(3860m)에는 10개의 롯지가 있다. 곰파가 중심이 되는 팡보체 테림(4000m)에는 롯지가 5개 있다. 팡보체에서 점심을 먹고 출발하면 오른쪽으로 계곡을 건너 아마다블람 베이스캠프로 가는 작은 다리가 보인다. 이곳을 지나 한참을 거슬러 올라가면 소마레에 닿는다. 소마레에서 차를 마시면서 휴식을 취한 뒤 좀 더 올라가면 페리체와 딩보체로 갈라지는 갈림길이 나온다. 직진하면 딩보체, 왼쪽으로 가면 페리체로 넘어가게 된다.

1. 에베레스트 뷰 호텔 가는 길에 바라본 세계 최고봉 에베레스트(왼쪽 뒤편) 2. 데보체에서 팡보체 가는 길에 만나는 초르텐 3. 티베트 불교의 염원이 적힌 마니석. 쿰부 히말라야에서 자주 볼 수 있다 4. 쿰부 히말라야 최대 규모의 티베트 사원이 있는 텡보체

3Day
페리체
(4240)
딩보체
(4360)
페리체
(4240)

페리체에서는 고소 적응일이 필요하다. 이때는 롯지에 머물러 있지 말고 간단한 트레킹을 하는 게 좋다. 심신이 많이 피로한 상태라면 간단하게 딩보체를 다녀온다. 체력적으로 별 문제가 없다면 임자체 베이스캠프로 가는 길목에 있는 추쿵까지 하루 나들이를 다녀오는 것도 좋다. 페리체에는 시즌(10~12월 중순, 3~5월)에는 히말라야구조협회에서 고산병 진료소를 운영한다. 페리체 고산병 진료소는 1976년 도쿄의학대학에서 연구 목적으로 만들었다. 진료소에는 비정기적으로 서양에서 온 자원봉사 의사들이 상주하기도 한다. 만약 휴식일에 추쿵까지 트레킹할 계획이라면 페리체 대신 딩보체에서 숙박하는 게 좋다. 딩보체에서는 페리체를 거치지 않고 두글라(토클라)로 가는 지름길이 있다. 딩보체 언덕을 올라 흰 초르텐을 지나면 평평한 언덕길이 나온다. 이 길을 따라 1시간 30분 정도 가면 두글라에 닿는다.

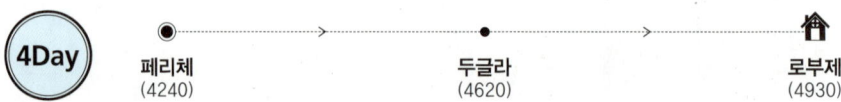

4Day
페리체
(4240)
두글라
(4620)
로부제
(4930)

페리체에서 넓은 강을 따라 약 2시간 정도 올라가면 작은 계류 사이로 3개의 롯지가 보인다. 두글라(토클라)다. 보통 이곳에서 점심을 먹는다. 두글라를 출발하면 EBC 트레킹의 큰 고비가 기다린다. 롯지 뒤편으로 경사진 모레인 지대가 펼쳐진다. 이곳을 힘들게 올라서면 산마루에 초르텐과 돌무덤이 사방에 널려 있다. 이곳에는 에베레스트를 등반하다 목숨을 잃은 셰르파들을 기리는 추모비가 세워져 있다. 여기서 보면 북쪽으로 하얀색의 푸모리(7165m)가 위용을 자랑한다. 오른쪽으로는 쿰부 빙하에서 흘러내린 완만한 오르막이 로부제까지 이어졌다. 로부제에서 정면을 바라보면 뾰족한 산 정상이 인상적인 눕체(7861m)가 위압적으로 서 있다. 로부제에는 5개의 롯지가 있다. 최근에 건립된 에코 롯지는 시설이 제일 좋아 시즌 때는 방을 구하기가 쉽지 않다. 에코 롯지는 그룹 트레커들로 늘 북적거린다. 로부제에서 조금 올라가면 왼쪽 능선 위에 '피라미드 8000미터 인Pyramid 8000m Inn'이라는 건물이 있다. 이탈리아에서 고산지대 연구용으로 운영하는 이 연구소는 때때로 트레커들에게 약간의 경비를 받고 숙박을 제공하기도 한다.

1. 딩보체 뒷산에서 바라본 촐라체(왼쪽 봉우리) 2. 딩보체 뒷산에서 촐라체와 다보체를 배경으로 기념촬영한 트레커 3. 페리체에 있는 고산병 진료소. 대부분의 트레커는 페리체부터 심한 고소증을 겪는다 4. 추쿵 가는 길에 있는 폴란드 산악인 예지 쿠쿠츠카 추모비

칼라파타르에서 바라본 쿰부 히말라야 파노라마. 왼쪽에 삐쭉 솟은 산이 아마다블람이다

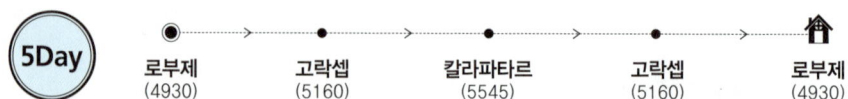

5Day

로부제   고락셉   칼라파타르   고락셉   로부제
(4930)   (5160)   (5545)   (5160)   (4930)

로부제에서는 당일 트레킹에 필요한 짐(간식, 물, 보온 재킷, 헤드랜턴)만 가지고 새벽 일찍 출발해야한다. 로부제를 출발하면 빙하를 따라 계속 위쪽으로 길이 이어진다. 마지막으로 너덜길 오르막을 지나면 넓은 모래밭 개활지가 나타나는데 이곳이 고락셉이다. 고락셉에는 3개의 롯지가 있다. 고락셉에서 보면 북쪽으로 검고 둥그스름한 산이 보인다. EBC 트레킹의 종점 칼라파타르다. 칼라파타르는 '검은 바위'라는 의미다. 고락셉에서 보면 칼라파타르는 별것 아닌 것처럼 보인다. 하지만 실제로 올라가보면 숨이 턱턱 막혀서 열 걸음 걷고 쉬면서 숨 몰아쉬기를 반복해야 한다. 칼라파타르 정상에 서면 삼각뿔처럼 솟은 에베레스트 정상과 정상에서 흘러내린 아이스폴의 장관이 펼쳐진다. 에베레스트를 가운데 두고 푸모리와 로체 같은 고봉들이 병풍처럼 늘어섰다. 고락셉에서 에베레스트 베이스캠프까지는 빙하를 지나 3시간 정도 더 가야 한다. 길을 잃어버리기 쉬운 곳이라 가이드나 포터와 함께 가야 한다. 에베레스트 베이스캠프에는 롯지가 없다. 또한, 트레킹 퍼밋을 가진 사람은 머물 수도 없다. 따라서 당일로 내려와야 한다. 베이스캠프에서는 에베레스트 정상이 보이지 않는다.

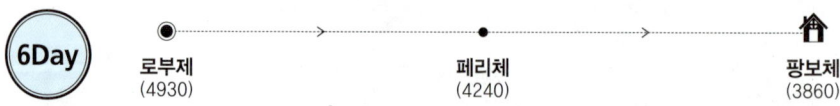

6Day

로부제   페리체   팡보체
(4930)   (4240)   (3860)

로부제에서 하산은 빠른 걸음이다. 올라갈 때는 고소적응일까지 포함해 3일이 걸린 길을 단 하루에 내려온다. 하산 첫날 숙박은 보통 팡보체에서 한다. 팡보체는 윗마을과 아랫마을로 나뉜다. 트레커들이 주로 머무는 곳은 아랫마을이다. 첫날 체력적으로 여유가 있다면 텡보체까지도 갈 수 있다. 텡보체까지 내려가면 다음날 남체바자르까지 여유가 있다.

7Day

팡보체
(3860)

포르체
(3870)

몽라
(3975)

남체바자르
(3420)

팡보체에서 남체바자르로 가는 길은 두 갈래다. 하나는 올라갈 때 이용한 텡보체를 거쳐 가는 길이
다. 다른 하나는 팡보체 윗마을에서 오른쪽 산자락을 타고 가 포르체를 들러 가는 길이다. 포르체
를 들렀다 가는 길이 돌아가는 길이라 조금 더 걸린다. 그렇다 해도 아마다블람을 조망하기 좋은 전
망대가 여럿 있어 하산 코스로 좋다. 또한, 조금 돌아가는 길이라 트레커들이 거의 없어 호젓해서
좋다. 다만, 포르체에서 점심을 먹고 몽라를 거쳐 남체바자르까지 가는 길은 결코 쉬운 여정이 아
니다. 좀 더 쉽게 내려가려면 올라갈 때 이용했던 텡보체 코스를 따른다.

● 루클라를 비롯한 네팔 산간 지방에 있는 비행장은 계곡에 위치한 관계로 당일 날씨에 아주 민감하다. 네팔의 경우 오전에는 안개가 많이 끼고, 오후에는 골바람이 강하게 분다. 골바람이 부는 오후에는 대부분 운항을 하지 않는다. 오전에는 안개가 없는 경우에만 정상적으로 운항한다. 하지만, 결항되거나 연착되는 일이 흔하다. 따라서 쿰부 히말라야 트레킹에는 예비일을 넣어 여유 있게 짜야 한다.

● 고락셉(5170m)은 고도가 높아 고산병 위험이 높다. 가능하면 로부제에서 자고 아침 일찍(새벽 4~5시) 출발하는 게 좋다. 또 고락셉은 시즌에는 방 구하기가 하늘의 별따기다. 단체 팀이 롯지의 방을 몽땅 예약하는 경우가 많다. 만약 방을 예약하려면 아침 일찍 포터를 먼저 출발시키는 게 좋다.

● 팡보체는 곰파가 있는 윗마을(팡보체 테링)과 롯지들이 많이 있는 아랫마을(팡보체 오림)로 나뉘어 있다. 만약 하산길에 포르체로 가려면 윗마을에서 빠져야 한다. 윗마을에 있는 곰파는 타미 마을의 곰파와 함께 쿰부 히말라야에서 가장 오래된 곰파다.

● 일정이 촉박하다고 남체바자르와 페리체에서 고소적응일을 갖지 않고 트레킹을 하면 대부분은 그 대가를 단단히 치른다. 설령 남체바자르에서 고산병 증세가 나타나지 않았더라도 고소 증세는 몸속에 축적되어 있다가 더 높은 곳으로 갔을 때 나타난다. 특히, 페리체마저 무시하면 두글라 쯤에서는 십중팔구 곤욕을 치르게 된다. 결과적으로 고소적응일을 가진 사람보다 더 늦어지거나 아니면 중도에 트레킹을 포기하게 된다. 최소한 남체바자르 1일, 페리체(딩보체) 1일은 고소적응일을 가져야 한다.

● 페리체에 고산병 진료소가 있어 위급한 상황에서 도움을 얻을 수 있다. 가모어 백(기압을 저지대와 같게 하여 고산병을 임시방편으로 치료하는 구급 장비) 1시간 사용하는 데 50달러, 고산병 강의를 듣는 데는 10달러다. 만약 한국에서 보험을 들었고, 이곳에서 고산병 증세로 진료를 받았다면 영수증을 꼭 챙기도록 한다. 진료비는 네팔 물가에 비해 상당히 비싼 편이다. 진료소는 동계 시즌에는 문을 닫는다. 따라서 동계에 트레킹을 할 경우 더욱 더 고소예방에 노력해야 한다.

● 매년 에베레스트 초등일(5월 29일)에 EBC 트레킹 코스에서 산악마라톤 대회가 열린다. 코스는 베이스캠프-고락셉-두글라-페리체-팡보체-텡보체-푼키텡가-쿰중-쿤데-남체바자르까지 42.195km다. 최고기록은 3시간 50분쯤 된다.

〈칼라파타르(EBC) 트레킹 표준 시간〉

출발-도착	소요시간	출발-도착	소요시간
남체바자르-사나사	1:00	로부제-고락셉	2:30
사나사-푼키텡가	1:30	고락셉-EBC(왕복)	6:00
푼키텡가-텡보체	1:30	고락셉-칼라파타르(왕복)	4:00
텡보체-팡보체	1:15	고락셉-로부제	2:00
팡보체-오르쇼	1:15	로부제-페리체(딩보체)	3:00
오르쇼-페리체(딩보체)	1:00	페리체(딩보체)-텡보체	2:30
페리체(딩보체)-두글라	2:00	텡보체-남체바자르	4:30
두글라-로부제	2:30		

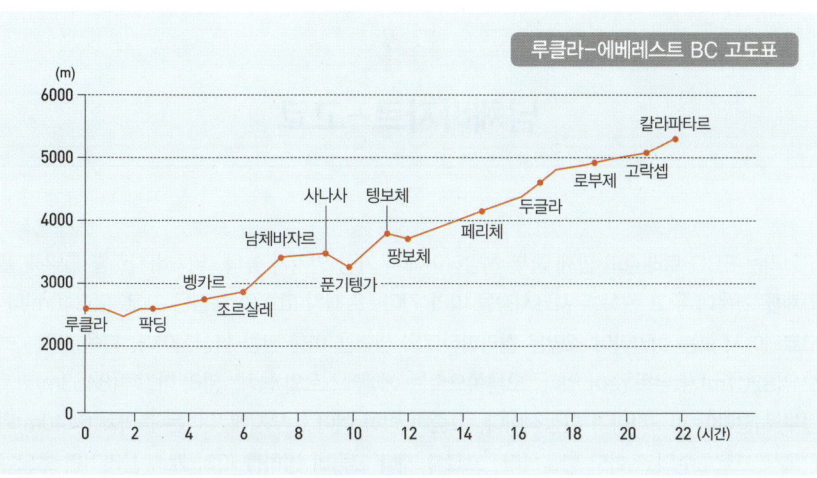

루클라-에베레스트 BC 고도표
(m)
6000
5000
4000
3000
2000
0
0
2
4
6
8
10
12
14
16
18
20
22 (시간)
루클라
팍딩
벵카르
조르살레
남체바자르
사나사
푼기텡가
텡보체
팡보체
페리체
두글라
로부제
고락셉
칼라파타르

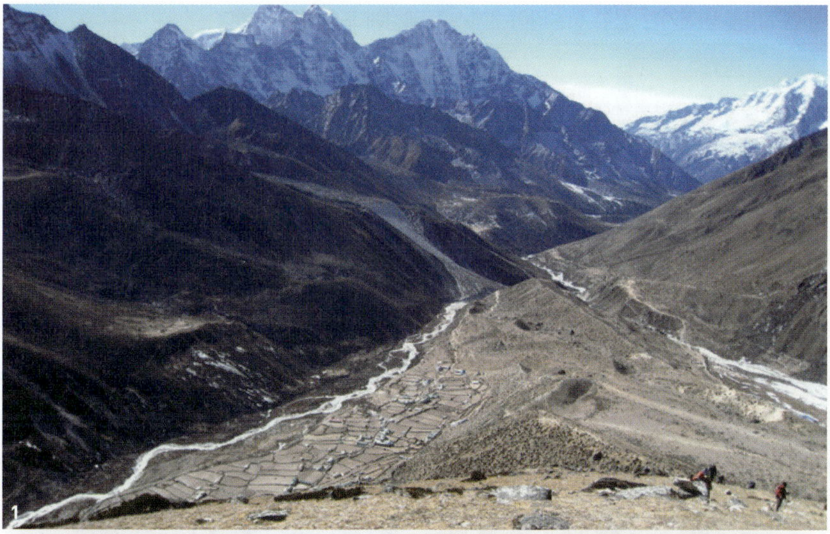

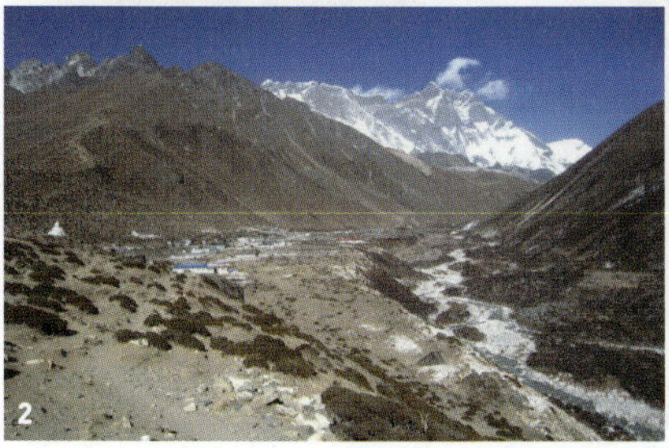

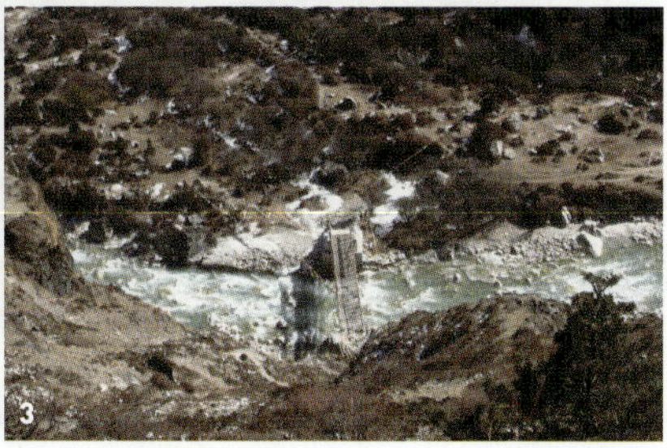

1. 딩보체 뒷산에서 내려다본 페리체 전경. 계곡을 따라 계속 내려가면 남체바자르에 닿는다 **2.** 임자체 베이스캠프 트레킹 코스에 있는 딩보체 마을 전경 **3.** 아마다블람 베이스캠프로 가는 외나무다리

04
남체바자르-고쿄

고쿄리는 EBC 트레킹과 함께 쿰부 히말라야에서 가장 인기가 높다. 남체바자르를 출발해 촐라체를 가운데 두고 왼쪽 두시코시강을 따라 간다. 트레킹 코스의 종점은 고쿄리(5340m)다. 고쿄리에서 보는 히말라야 조망은 칼라파타르와 쌍벽을 이룰 만큼 환상적이다. 북쪽으로는 초오유(8201m)가 우뚝 솟아 있다. 오른쪽으로는 에베레스트와 눕체, 멀리 마칼루(8463m)까지 쿰부 히말라야 파노라마가 환상적이다. 고줌바 빙하 너머 눈부시게 빛나는 촐라체(6440m)와 연록색 고쿄호수의 조화도 황홀하다. 고쿄를 지나 고줌바 빙하를 따라 계속 올라가면 초오유 베이스캠프까지 간다. 모험심 가득한 이들은 촐라를 넘어 EBC 트레킹 코스로 가거나 고쿄에서 렌조라를 넘어가는 쿰부 히말라야 3패스 트레킹에 도전하기도 한다.

에베레스트BC와 더불어 인기가 높은 고쿄 트레킹의 종점 고쿄호수와 롯지

○ **일정** 5박6일
○ **최고 고도** 5340m(고쿄리)
○ **코스** 남체바자르→ 강주마→ 몽라→ 포르체텐가→ 돌레→ 마체르마→ 팡가→ 고쿄→ 고쿄리→ 마체르마→ 돌레→ 쿰중→ 남체바자르
○ **난이도** ★★★★

트레킹 코스 가이드

1Day   남체바자르 (3420) → 강주마 (3600) → 몽라 (3975) → 포르체텐가 (3680)

남체바자르를 벗어나 가파른 오르막을 20여 분쯤 오르면 국립공원 사무실과 박물관, 군 캠프 등이 있는 초이강이 나온다. 여기서부터 아마다블람 뷰포인트인 강주마까지는 편안한 산길로 연결된다. 그 길을 따라 5분 정도 가면 사나사다. 고쿄리 트레킹 코스는 강주마 롯지를 지나 왼쪽 산자락으로 나 있다. 이 길 초입에서 쿰중에서 오는 길과 만난다. EBC 트레킹 코스와 길이 나뉘는 갈림길을 지나 몽라까지는 전형적인 산허리길이다. 몽라에서 포르체텐가까지는 내리막길로 30분 거리다. 포르체텐가에는 롯지가 3개 있다. 시설은 열악한 편이다. 몽라에 머물거나 시간적인 여유가 있다면 돌레까지 운행하는 것을 추천한다. 마을 가운데 흰색 초르텐이 있는 몽라에는 5개의 롯지가 있다. 에베레스트 뷰 호텔의 조망과 버금갈 정도로 유명한 뷰포인트라 시간적인 여유가 있다면 하루쯤 머물러도 괜찮다.

2Day   포르체텐가 (3680) → 돌레 (4090) → 루자 (4340) → 마체르마 (4410)

포르체텐가에서 오른쪽으로 두드코시강을 건너가면 포르체, 팡보체 방면으로 연결된다. 두드코시강을 따라 북쪽으로 운행하면 돌레와 마체르마를 거쳐 고쿄까지 간다. 돌레는 해발 4,000m가 넘는다. 고소 증세가 나타나는지 주의하면서 천천히 오르도록 한다. 돌레에는 국립공원과 군의 체크포스트가 있다. 돌레에서 두드코시강을 오른쪽에 두고 가는 산허리길은 루자를 거쳐 마체르마까지 이어진다. 길은 대체로 좋은 편이다. 마체르마에는 6개의 롯지가 있다. 고쿄로 가는 트레커들이 많이 머무른다.

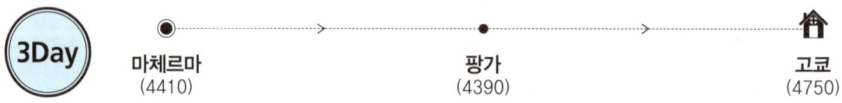

3Day   마체르마 (4410) → 팡가 (4390) → 고쿄 (4750)

마체르마 뒤쪽 언덕을 올라서면 멀리 초오유가 보인다. 그 후 완만한 산허리길을 따라 계속 올라가면 야크를 방목하는 넓은 평원 야크카르카 모여 있는 팡가에 도착한다. 팡가에는 3개의 롯지가 있다. 팡가는 1995년 11월 8일 일본인 그룹 트레커 13명이 눈사태를 만나 가이드와 함께 숨지는 사고가 발생했던 곳이다. 팡가에서 두드코시강이 끝난다. 두드코시강이 끝나는 지점에 있는 다리를 건너 오른쪽으로 고줌바 빙하를 거슬러 올라간다. 빙하에는 호수가 연이어 나온다. 첫 번째 호수는 크기가 작다. 연이어 두 번째 호수가 나오고, 좀 더 지나면 세 번째 호수가 보인다. 호수 오른쪽으로 몇 개의 롯지가 보인다. 이곳이 고쿄다. 고쿄에는 롯지가 9개나 있다. 고도가 4750m인데도 호수 옆이라 밤에는 매우 춥다. 좋은 침낭(다운 함량 1300g 이상)의 위력이 나타난다. 고소에 대비해서 물을 많이 마시길 권한다.

1. 몽라에서 바라본 포르체 마을과 아마다블람(가운데) 2. 고쿄와 에베레스트 베이스캠프(EBC)로 트레킹 코스가 나뉘는 사나사의 롯지 3. 고쿄리로 가는 길의 계곡 건너편 산허리로 이어진 길 4. 히말라야의 타고난 짐꾼 야크 5. 강주마 가는 길에 있는 초르텐

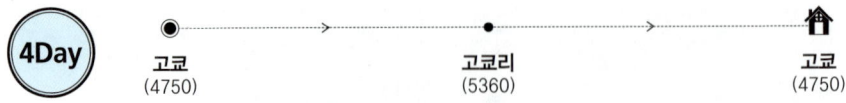

4Day 고쿄 (4750) → 고쿄리 (5360) → 고쿄 (4750)

고쿄 롯지에서 바라보면 고쿄리는 동네 뒷동산처럼 보인다. 둥근 모양으로 생겨 편하게 올라갈 수 있을 것처럼 보이지만 실제 올라가보면 만만치 않다. 고도가 5,000m를 넘으면 산소량이 해수면의 53%밖에 되지 않아 숨쉬기가 무척 힘들다. 오름길 중간중간에 숨을 고르기 위해 몇 번씩 쉬어야 한다. 그렇게 힘들여 올라간 고쿄리에서 바라보는 히말라야 파노라마는 평생 잊을 수 없는 감동으로 다가온다. 북쪽부터 동쪽으로 초오유, 에베레스트, 눕체, 로체, 로체샤르, 마카루, 촐라체, 다보체 등의 연봉이 펼쳐져 넋을 잃게 한다. 쿰부 히말라야 최고의 뷰포인트임에 틀림없다.

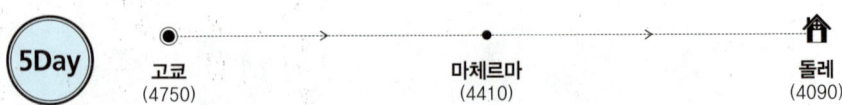

5Day 고쿄 (4750) → 마체르마 (4410) → 돌레 (4090)

아침 일찍 고쿄리를 오른다면 점심은 롯지에 돌아와서 먹으면 적당하다. 하지만 롯지에서 바라보는 고쿄리와 실제로 트레킹을 하면서 마주하는 고쿄리는 많이 다르다. 생각보다 경사가 아주 심하다. 따라서 트레킹 시간이 많이 걸린다. 만약 고쿄리를 다녀온 후 고쿄에서 점심을 먹고 바로 출발하면 마체르마까지 하산할 수 있다. 하지만 좀 늦을 경우에는 팡가에서 숙박할 수도 있다. 고쿄리를 올랐다가 하산하지 못하고 고쿄에서 하루를 더 머물며 푹 쉴 수도 있다. 이 경우 다음날 아침 일찍 출발하면 마체르마에서 점심을 먹고, 돌레까지 하산하도록 한다. 고쿄에서 내려오다가 팡가에서 두드코시강을 건너 포르체로 곧장 내려오는 길이 있다. 이 길은 중간에 롯지가 전혀 없다. 몬순 기간에는 팡가와 나 사이 두드코시강에 놓인 나무다리가 유실되는 경우가 종종 있다. 따라서 가이드나 포터 없이는 그 길을 선택해서는 안 된다.

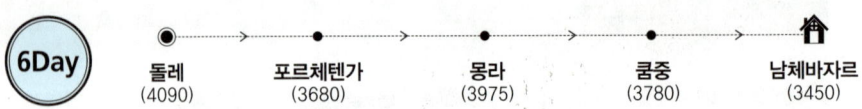

6Day 돌레 (4090) → 포르체텐가 (3680) → 몽라 (3975) → 쿰중 (3780) → 남체바자르 (3450)

돌레부터 포르체텐가까지는 편한 하산길이다. 포르체텐가에서 몽라까지는 약간의 오르막이 있지만 크게 힘들이지 않고 갈 수 있다. 몽라에서 남체바자르는 올라갈 때 거쳤던 강주마 대신 쿰중을 거쳐 가보자. 쿰중에 있는 힐러리 스쿨도 둘러볼 것을 추천한다.

1. 고쿄리 정상에서 본 파노라마. 빙하 너머 촐라체(가운데)가 우뚝 솟아 있다 2. 고쿄 호숫가에 있는 9채의 롯지 3. 고쿄 호숫가에 자리한 롯지와 고쿄리 4. 고쿄에 있는 트레킹 안내 표지판

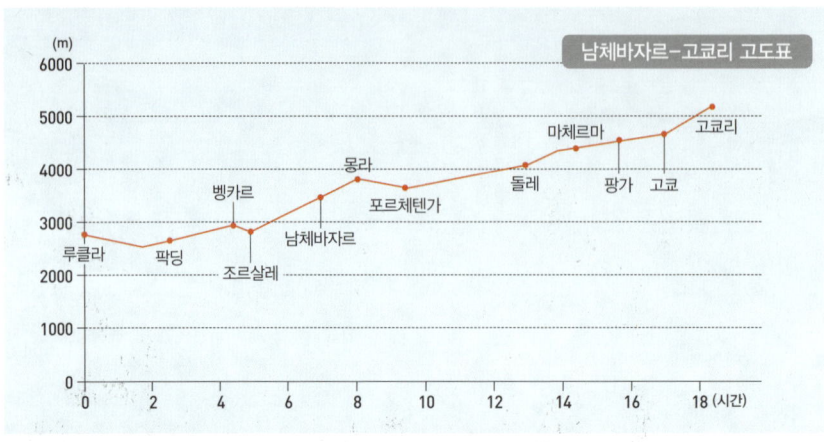

〈고쿄리 트레킹 표준 시간〉

출발-도착	소요시간	출발-도착	소요시간
남체바자르-쿰중	1:00	루자-마체르마	0:30
쿰중-포르체텐가	1:30	마체르마-롱퐁고	2:30
포르체텐가-돌레	1:30	롱퐁고-고교	1:00
돌레-라바르마	0:30	고교-고쿄리	1:30
라바르마-루자	0:30		

고쿄리 정상에서 내려다본 고쿄호수와 빙하. 호수 왼쪽에 롯지가 보인다.

● 몽라는 쿰부 히말라야에 티베트 불교를 전파한 것으로 알려진 상제 도르제 라마의 출생지다. 사나사부터 몽라에 이르는 구간은 아마다블람(6858m) 전망대라 불러도 좋을 만큼 조망이 좋다. 네팔어 라La는 '고개'를 의미한다.

● 쿰중과 사나사 등에서 네팔의 국조인 다폐가 많이 목격된다. 무지개꿩이라고도 불리는 다폐는 보기도 어렵고, 함부로 잡아먹어서도 안 된다.

● 고쿄 세 번째 호수에서 돌다리를 지나 서쪽으로 난 길로 가면 렌조라(5417m)를 넘어 타미 혹은 낭파라로 간다. 쿰부 히말라야 3패스 트레킹 마지막 구간이다. 고쿄에서 렌조라를 넘어 타미까지는 걷는 데만 8~10시간 걸려 하루에 주파하기가 만만치 않다.

● 고쿄에서 고줌바 빙하를 거슬러 올라가면 네 번째 호수부터 여섯 번째 호수까지 연속해서 나타난다. 여섯 번째 호수를 지나면 초오유 베이스캠프가 나온다. 시간적인 여유가 있으면 이곳까지 둘러보는 것도 좋다. 당연히 가이드나 포터를 동반해서 가야 한다. '초'는 네팔어로 작은 호수를 의미한다.

● 고쿄에서 촐라(5420m)를 넘어 EBC 트레킹 코스의 로부제로 가려면 고줌바 빙하를 건너야 하는데, 매년 길이 바뀌기 때문에 조심 또 조심해야 한다. 당낙에서 숙박하고 새벽 일찍 출발해야만 하루 만에 촐라 넘어 종라 혹은 로부제에 도달할 수 있다. 당낙에서 촐라를 넘어 종라까지는 8시간 이상 소요되는 만만치 않은 코스다. 점심을 행동식으로 준비하고 물과 열량이 높은 비상식량도 준비해야 한다. 아이젠도 필수다. 눈이 많이 왔거나 날씨가 불안정한 날은 트레킹을 멈춰야 한다. 또한, 반드시 경험이 있는 가이드나 포터와 함께 해야 한다. 쿰부 히말라야에서 트레킹 사고가 가장 많이 발생하는 곳이다.

고쿄리 정상의 돌탑과 초르텐

05
남체바자르–임자체 베이스캠프(IBC)

임자체 베이스캠프 트레킹(IBC)은 트레킹 피크로 이름난 임자체(아일랜드 피크, 6189m) 베이스캠프를 찾아가는 트레킹이다. 임자체는 에베레스트 베이스캠프(EBC)로 가는 길목인 페리체에서 오른쪽으로 빠져 나간다. IBC만을 목표로 하는 트레커는 거의 없다. 대부분 EBC 트레킹을 하면서 고소적응 차원에서 하루나 이틀 코스로 찾는다. 또한, 쿰부 히말라야 서킷이나 3패스 트레킹을 하려면 이곳을 빼놓을 수 없다. IBC 트레킹 코스에 있는 비브레에서 콩마라(5535m)를 넘어 로부제로 가는 길은 쿰부 히말라야 서킷과 3패스 코스에 포함된다.

트레킹 피크로 널리 알려진 임자체

○ **일정** 5박6일
○ **최고 고도** 5100m(임자체 베이스캠프)
○ **코스** 남체바자르→텡보체→데보체→팡보체→딩보체→추쿵→임자체 BC→추쿵→딩보체→팡보체→포르체→쿰중→남체바자르
○ **난이도** ★★★★

임자체 베이스캠프
트레킹 안내도

옴비가이창 6340
Ombigaichang 6340

임자체 BC
IMJACHE BC 5100

임자초
Imja Tsho

로체눕 빙하
Lhotse Nup Glacier

로체리 5546
Chhukhung Ri 5546

추쿵체 5857
Chhukhungche 5857

추쿵
Chhukhung 4730

아마다블람 빙하
Ama Dablam Glacier

비브레
Bibre 4570

암푸 걉젠 5630
Amphu Gyabjen 5630

아마다블람 6814
Ama Dablam 6814

남가르창 5616
Nangkar Tshang 5616

콩마라 5535
Kongma La 5535

Duwo Glacier

포칼데 5741
Pokalde 5741

딩보체 4360
Dingboche 4360

Churo Glacier

Mingbo Glacier

오르소
Orsho 4190

아마다블람 BC
Ama Dablam BC 4680

Vare Glacier

두글라 패스 4830
Dughla Pass 4830

두글라(토클라) 4620
Dughla(Thokla) 4620

페리체 4240
PHERICHE 4240

페리체 패스
Pheriche pass

소마레
Shomare 4010

팡보체 3860
Pangboche 3860

Chola Glacier

춀라초
Chola Tsho

타보체 피크 6495
Taboche Peak 6495

데보체 3770
Deboche 3770

아락캄체 6423
Arakam Tse 6423

춀라체 6335
Chola Tse 6335

Taboche Glacier

텡보체
THENGBOCHE 3870

Chojatse Glacier

낙톡초
Naktok Tsho

Rose Khum

풍기탕가 3250
Phungi Tanga 3250

포르체 3870
Phortse 3870

룽기탕가
Phungi Tanga 3600

캉주마 3600
Kyangjuma 3600

시앙보체 3790
Syangboche 3790

돌레
Dhole

포르체 텡가 3680
Phortse Thenga 3680

몽라 3975
Mong Ra 3975

사나사 3600
Sanasa 3600

남체바자르
NAMCHE BAZAR 3420

마체르마 4410
Machherma 4410

루자 4340
Luza 4340

쿰비율라 5765
Khumbi Yul Lha 5765

쿰중 3780
KHUMJUNG 3780

쿤데
Khunde 3840

남체바자르
남체바자르

팡가 4390
Phangga 4390

Dudh Koshi Nadi

풀레타테 5597
Phuletate 5597

타모
THAMO 3493

Thmo Khola

270 - **271**

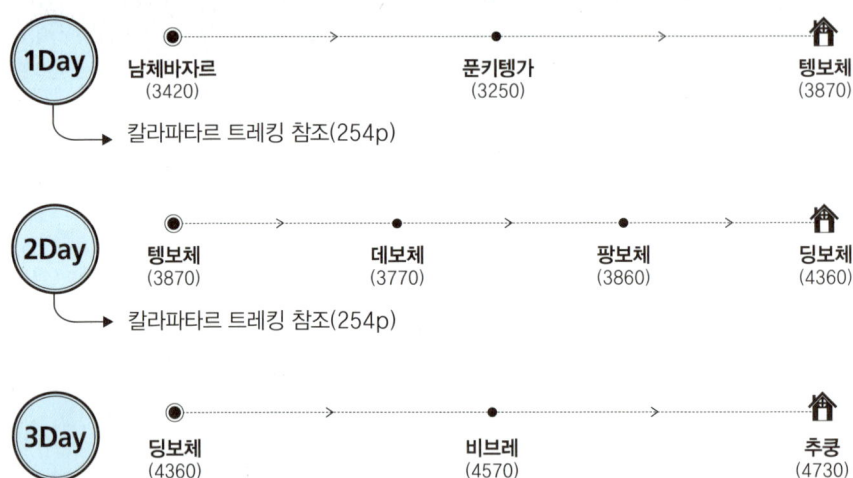

1Day
남체바자르 (3420) → 푼키텡가 (3250) → 텡보체 (3870)
↳ 칼라파타르 트레킹 참조(254p)

2Day
텡보체 (3870) → 데보체 (3770) → 팡보체 (3860) → 딩보체 (4360)
↳ 칼라파타르 트레킹 참조(254p)

3Day
딩보체 (4360) → 비브레 (4570) → 추쿵 (4730)

딩보체에서 비브레를 거쳐 추쿵까지는 3시간이면 충분히 갈 수 있다. 오후에 컨디션을 보아 추쿵리(5546m)를 다녀올 수도 있다. 추쿵리 뒤에는 쿰부 히말라야에서 일반 트레커들이 오를 수 있는 가장 높은 봉우리인 추쿵체(5857m)가 있다. 그러나 이곳까지는 하루에 고도를 1,300m 가까이 높이는 것이라 무리가 따를 수 있다. 만약, 추쿵체를 오르려면 가이드나 포터 동반을 권한다. 추쿵에는 6개의 롯지가 있다. 제일 위쪽에 있는 선라이즈 롯지는 임자체 등반에 필요한 장비를 대여해 준다. 추쿵은 임자체 트레킹 피크 등반대의 베이스캠프 역할을 하는 마을이다.

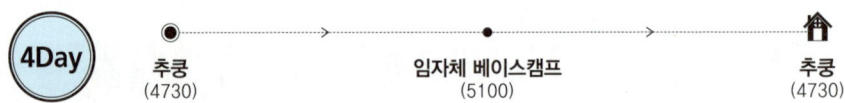

4Day
추쿵 (4730) → 임자체 베이스캠프 (5100) → 추쿵 (4730)

EBC 트레킹을 하다 고소적응 차 왔다면 대부분 추쿵까지 왔다가 당일로 딩보체로 돌아간다. 그러나 임자체 베이스캠프까지도 하루면 갔다 올 수 있어 시간적인 여유만 있다면 욕심을 내볼 만하다. 임자체는 트레킹 피크로도 이름이 높다. 셰르파 1명만 동행하면 누구나 도전할 수 있지만 생각만큼 쉽지는 않다. 임자체 등반은 전문 에이전시를 통해 퍼밋을 받아야 하고, 셰르파의 도움을 받아야만 등반이 가능하다. 등반의 난이도를 생각했을 때 일반 트레커가 쉽게 오를 수 있는 곳은 아니다. 추쿵에서 임자체 BC까지 하루 만에 갔다 오려면 빠듯하다. 추쿵에서 빙하가 흘러내리면서 만든 드넓은 분지를 가로질러 간다. 평소에는 햇살이 잘 드는 아늑한 공간이지만 바람이 불면 아주 무섭게 부는 곳이다. 임자체 BC에 앞서 거대한 호수 임자초가 기다리고 있다. 여기서 보는 임자체(6173m)가 환상적이다. 임자체를 아일랜드 피크라고도 부르는데, 이 산이 마치 빙하 위에 섬처럼 떠 있는 모양이라 붙인 이름이다. 임자체와 함께 북쪽으로 보이는 로체(8416m) 남벽의 위용도 대단하다. 추쿵에서 임자체 BC까지는 3시간 이상 걸린다. 간식과 물, 방한복을 준비하도록 한다. 체력적으로 무리가 있다면 반드시 임자체 BC까지 갈 필요는 없다. 몸에 무리가 간다면 적당한 선에서 돌아서는 게 현명하다.

1. 딩보체에서 바라본 노을에 물든 아마다블람 2. 쿰부 히말라야에서 가장 큰 티베트 사원 텡보체 3. 추쿵 롯지에서 트레킹 준비를 하는 트레커들 4. 화창한 햇살이 드는 추쿵 롯지의 야외 테이블에서 쉬고 있는 트레커들

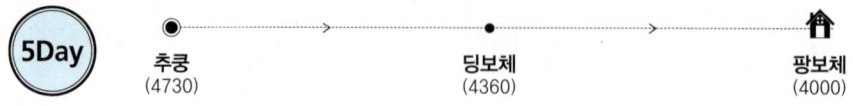

5Day 추쿵 (4730) → 딩보체 (4360) → 팡보체 (4000)

추쿵에서 아침에 출발하면 딩보체에서 점심을 먹고 팡보체 윗마을에서 숙박할 수 있다. 다음날은 포르체를 거쳐 남체바자르로 하산한다. 만약, 올라왔던 길을 되짚어 내려가려면 팡보체 아랫마을에 숙박한 뒤 텡보체와 푼키텡가를 거쳐 남체바자르로 간다.

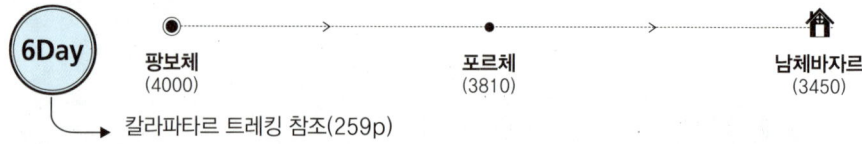

6Day 팡보체 (4000) → 포르체 (3810) → 남체바자르 (3450)

→ 칼라파타르 트레킹 참조(259p)

> **Tip**
>
> ● 임자체 베이스캠프(IBC)만을 목표로 트레킹하는 경우는 별로 없다. 칼라파타르를 가기 위해 고소적응 차 다녀오는 것이 일반적이다. 좀 더 도전적으로 트레킹을 하려면 비브레에서 콩마라를 넘어 로부제로 갈 수 있다. 이 길은 쿰부 히말라야 3패스 트레킹의 일부분이기도 하다. 그러나 길이 아주 험하다. 초행자는 절대 욕심내지 말자. 반드시 경험이 있는 가이드나 포터와 동행해야 한다.
>
> ● 추쿵에서 임자체 베이스캠프를 가는 코스와 추쿵리를 오르는 코스 가운데 선택할 수 있다. 추쿵은 임자체를 등반하기 위한 마지막 마을로 롯지에서 각종 등반 장비를 대여할 수 있으며, 경험 많은 가이드도 구할 수 있다. 하지만 임자체 등반을 목표로 한다면 카트만두에서 전문 에이전시와 상의하는 것이 좋다. 에이전시에서 현지에 파견된 가이드와 연결시켜 준다. 임자체 등반은 특별 허가가 필요하며, 반드시 셰르파(전문 등반 가이드)를 동반해야 한다. 초행자는 절대 욕심내지 말자. 체력적으로 힘이 부치거나 고소에 대하여 자신이 없다면 콩마라를 넘지 말고, 딩보체까지 하산 후 두글라를 거쳐 로부제로 가길 추천한다.

1. 추쿵리 정상의 트레커들이 쌓아놓은 돌탑 2. 추쿵 마을에서 추쿵리 오르는 길에 뒤돌아본 파노라마. 우뚝 솟은 봉우리가 임자체다 3. 추쿵리 정상에서의 조망 4. 추쿵 마을 앞 뷰포인트에서 바라본 임자체 5. 추쿵리에서 바라본 암푸라차 방향의 거대 설벽

06
쿰부 히말라야 서킷

쿰부 히말라야의 대표적인 트레킹 코스인 고쿄리와 칼라파타르, 임자체 베이스캠프를 모두 아우르는 트레킹이다. 5,500m 가까운 3곳의 포인트를 모두 방문하는 여정이라 체력과 경험을 기본적으로 갖추고 있어야 한다. 루클라에서 시작한다고 가정하면 대략 16일 정도 걸린다. 트레킹 방향은 어디로 하든 상관없다. 다만, 중간에 위치한 칼라파타르를 두고 고쿄와 임자체 가운데 어디부터 갈지를 선택하면 된다. 일반적으로 고쿄-칼라파타르-임자체 코스를 따른다. 물론 그 반대 방향도 나쁘지는 않다. 쿰부 히말라야 서킷 트레킹 최대 난관 중 하나는 촐라(5420m)를 넘어가는 일이다. 고쿄에서 칼라파타르 트레킹 코스 상의 두글라로 가는 이 길은 겨울철 눈이 많으면 길이 폐쇄되거나 롯지가 문을 닫기도 한다. 따라서 인근 롯지에서 길의 상태를 미리 알아보고 가야 한다. 만약, 촐라가 폐쇄됐다면 우회로를 이용해야 한다. 고쿄에서 포르체까지 내려온 뒤 팡보체에서 칼라파타르 트레킹 코스를 따라간다. 이렇게 되면 2~3일 정도 더 걸린다. 촐라를 넘을 때 그곳 지형에 밝은 가이드나 포터와 함께 하는 것은 선택이 아닌 필수다. 절대 혼자서 넘는 일은 없도록 해야 한다. 아이젠과 스패츠, 선글래스도 필수 장비다. 신설이 내리면 길 찾기가 어렵다.

쿰부 히말라야 파노라마

○ **일정** 12박13일
○ **최고 고도** 5545m(칼라파타르)
○ **코스** 남체바자르 → 포르체텐가 → 마체르마 → 팡가 → 고쿄 → 고쿄리 → 당낙 → 촐라 → 종라 → 두글라 → 로부제 → 고락셉 → 칼라파타르 → 에베레스트 BC → 쿰중 → 로부제 → 페리체 → 딩보체 → 추쿵 → 임자체 BC → 추쿵 → 텡보체 → 푼키텡가 → 쿰중 → 남체바자르
○ **난이도** ★★★★★

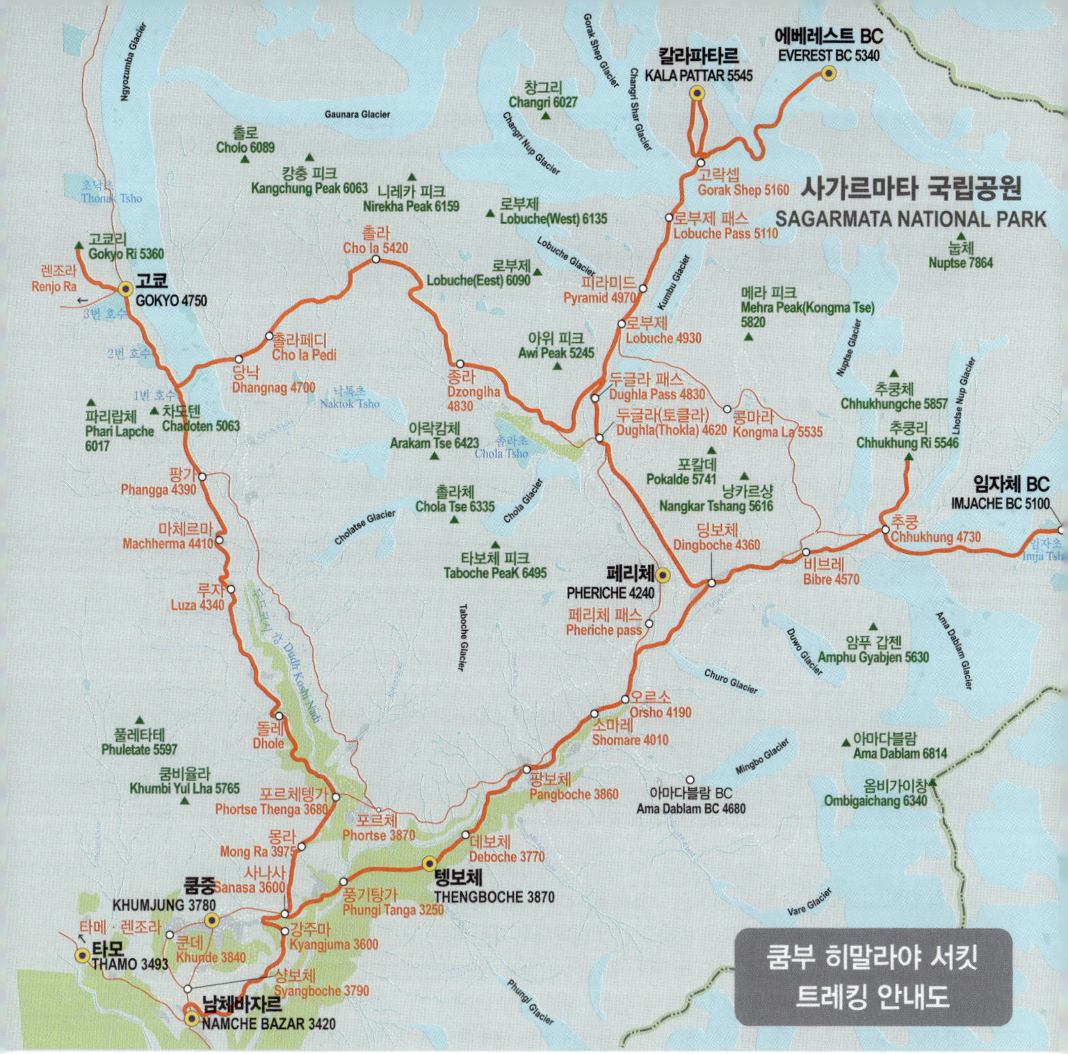

쿰부 히말라야 서킷
트레킹 안내도
사가르마타 국립공원
SAGARMATA NATIONAL PARK
에베레스트 BC
EVEREST BC 5340
칼라파타르
KALA PATTAR 5545
고락셉
Gorak Shep 5160
로부제 패스
Lobuche Pass 5110
피라미드
Pyramid 4970
로부제
Lobuche 4930
두글라 패스
Dughla Pass 4830
두글라(토클라)
Dughla(Thokla) 4620
콩마라
Kongma La 5535
딩보체
Dingboche 4360
비브레
Bibre 4570
추쿵
Chhukhung 4730
임자체 BC
IMJACHE BC 5100
임자초
Imja Tsho
페리체
PHERICHE 4240
페리체 패스
Pheriche pass
오르소
Orsho 4190
소마레
Shomare 4010
팡보체
Pangboche 3860
데보체
Deboche 3770
텡보체
THENGBOCHE 3870
풍기탕가
Phungi Tanga 3250
포르체
Phortse 3870
포르체텡가
Phortse Thenga 3680
몽라
Mong Ra 3975
사나사
Sanasa 3600
쿰중
KHUMJUNG 3780
강주마
Kyangjuma 3600
상보체
Syangboche 3790
남체바자르
NAMCHE BAZAR 3420
쿤데
Khunde 3840
타메 · 렌조라
타모
THAMO 3493
돌레
Dhole
루자
Luza 4340
마체르마
Machherma 4410
팡가
Phangga 4390
고쿄
GOKYO 4750
고쿄리
Gokyo Ri 5360
렌조라
Renjo Ra
3번 호수
2번 호수
1번 호수
초낙초
Thonak Tsho
당낙
Dhangnag 4700
촐라페디
Cho la Pedi
촐라
Cho la 5420
종라
Dzonglha 4830
낙톡초
Naktok Tsho
촐라초
Chola Tsho
촐로
Cholo 6089
캉충 피크
Kangchung Peak 6063
니레카 피크
Nirekha Peak 6159
창그리
Changri 6027
로부제
Lobuche(West) 6135
로부제
Lobuche(Eest) 6090
아위 피크
Awi Peak 5245
아락캄체
Arakam Tse 6423
촐라체
Chola Tse 6335
타보체 피크
Taboche PeaK 6495
파리랍체
Phari Lapche 6017
차도텐
Chadoten 5063
풀레타테
Phuletate 5597
쿰비율라
Khumbi Yul Lha 5765
메라 피크
Mehra Peak(Kongma Tse) 5820
눕체
Nuptse 7864
추쿵체
Chhukhungche 5857
추쿵리
Chhukhung Ri 5546
포칼데
Pokalde 5741
낭카르샹
Nangkar Tshang 5616
암푸 갑젠
Amphu Gyabjen 5630
아마다블람
Ama Dablam 6814
아마다블람 BC
Ama Dablam BC 4680
옴비가이창
Ombigaichang 6340
Gaunara Glacier
Ngozumba Glacier
Gorak Shep Glacier
Changri Shar Glacier
Changri Nup Glacier
Lobuche Glacier
Khumbu Glacier
Nuptse Glacier
Lhotse Nup Glacier
Cholatse Glacier
Chola Glacier
Taboche Glacier
Churo Glacier
Duwo Glacier
Ama Dablam Glacier
Mingbo Glacier
Vare Glacier
Phungi Glacier
두드코시 강 Dudh Koshi Nadi

쿰부 히말라야 서킷 고도표
(m)
5500
5000
4500
4000
3500
3000
2500
2000
0
20
40
60
80
100
120
140
160 (시간)
루클라
팍딩
조르살레
남체바자르
사나사
텡보체
푼기텡가
딩보체
추쿵
콩마라
로부제
에베레스트 BC
고락셉
칼라파타르
고락셉
로부제
종나
촐라
촐라페디
고쿄
고쿄리
고쿄
마체르모
포르체텐가
몽라
남체바자르
조르살레
팍딩
루클라

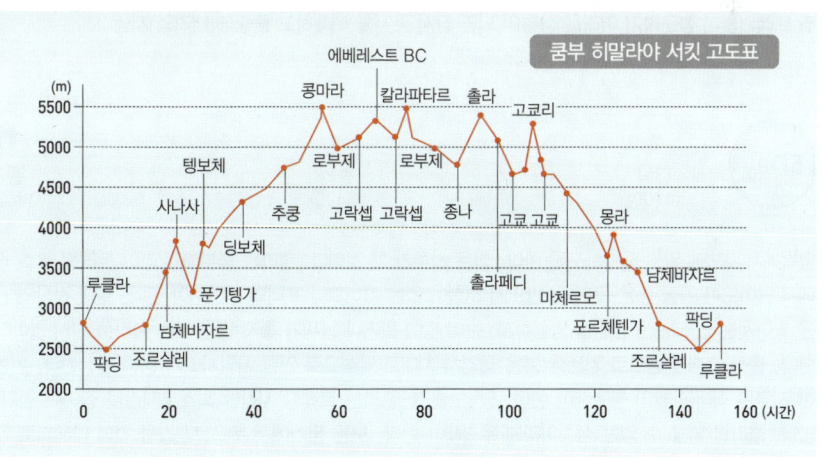

1Day
남체바자르 (3420) → 강주마 (3600) → 몽라 (3975) → 포르체텐가 (3680)
→ 고쿄 트레킹 참조(264p)

2Day
포르체텐가 (3680) → 돌레 (4090) → 마체르마 (4410)
→ 고쿄 트레킹 참조(264p)

3Day
마체르마 (4410) → 팡가 (4390) → 고쿄 (4750)
→ 고쿄 트레킹 참조(264p)

4Day
고쿄 (4750) → 고쿄리 (5360) → 당낙 (4700)

아침 일찍 고쿄리에 오른다. 점심은 고쿄의 롯지에서 해결하고 서둘러 고줌바 빙하를 건너 당낙의 롯지로 이동한다. 고쿄에서 고줌바 빙하를 건너 당낙까지 가는 데는 3시간쯤 걸린다. 고줌바 빙하를 건너는 길은 빙하의 이동으로 자주 바뀐다. 최대한 안전에 유의하면서 가야 한다. 당낙의 롯지가 문을 열었는지 여부는 고쿄의 롯지에서 알 수 있다. 촐라 고개 너머에 있는 종라의 롯지 오픈 여부도 당낙의 롯지에서 알 수 있다. 당낙의 롯지가 문을 열었다면 대부분 종라도 문을 연다. 최근에는 한겨울에도 트레커들이 완전히 끊어지지 않아 두 곳 모두 한 집은 꼭 문을 여는 경향이 있다. 단, 눈이 많이 내려 트레커들이 접근하기 어려운 상황이 되면 잠시 롯지를 폐쇄하고 쿰중에 내려와 지낸다.

5Day
당낙 (4700) → 촐라 (5420) → 종라 (4830)

당락에서 새벽에 일찍 출발하도록 한다. 힘든 하루가 될 것이다. 촐라는 쿰부 히말라야 트레킹 코스 중에서 난이도가 가장 높은 곳이다. 반드시 경험이 있는 가이드나 포터와 동반해야 한다. 절대 긴장의 끈을 놓아서는 안 되는 구간임을 명심하자. 눈이 많이 왔거나 날씨가 좋지 않을 때는 촐라를 넘지 않아야 한다. 촐라 고개 정상으로 가는 부분은 급경사 지대로 낙석으로 인한 사망사고가 종종 발생한다. 위험한 지역은 최대한 빨리 통과해야 한다. 당낙-촐라-종라는 트레킹 시간만 최소 6시간을 잡아야 한다. 만약, 촐라를 넘을 수 없는 상황이라면 우회해야 한다. 보통 팡가에서 두드코시강을 건너 나Nha로 간

1. 고쿄리 정상에서 바라본 파노라마. 가운데 솟은 하얀 봉우리가 촐라체다. 촐라 고개는 촐라체 왼쪽 잘록한 안부다 2. 고쿄리 길목에 자리한 롯지 3. 당낙에서 촐라로 가는 길 4. 촐라 고개 정상부의 가파른 급경사 지대

뒤 산자락길을 따라 포르체로 간다. 그러나 몬순 시즌에는 팡가와 나 사이에 있는 나무다리가 유실될 수도 있다. 이때는 고줌바 빙하를 가로질러 당낙까지 간 다음 산허리길을 따라 내려가면 곧장 포르체까지 갈 수 있다. 이 길은 중간에 롯지가 없어 사람들이 잘 이용하지 않는다. 따라서 하루에 포르체까지 가야 한다. 포르체는 쿰부에서 가장 오래된 자연부락으로 마을이 아주 평화스럽고 조용하다.

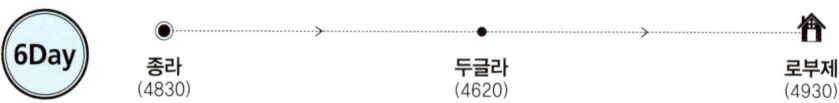

6Day

종라 (4830) → 두글라 (4620) → 로부제 (4930)

종라에서 두글라까지는 어려움이 없다. 두글라에서 칼라파타르 트레킹 코스와 만난다. 이날 시간적인 여유가 있지만 굳이 고락셉까지 올라갈 필요는 없다. 고락셉(5170m)은 고도가 높아 고소 증세가 나타날 확률이 높다. 로부제에서 자고 아침 일찍 출발하는 것이 고산병으로부터 조금이라도 더 자유로운 방법이다.

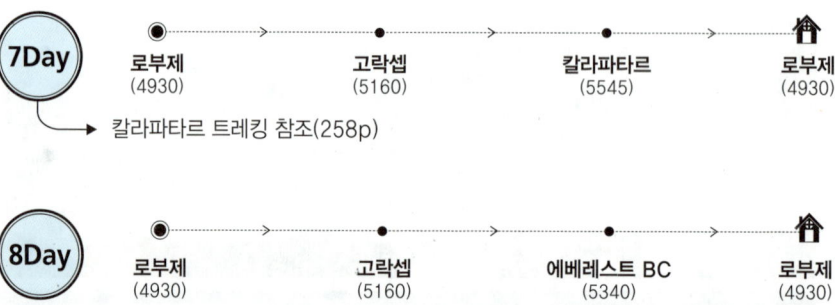

7Day

로부제 (4930) → 고락셉 (5160) → 칼라파타르 (5545) → 로부제 (4930)

→ 칼라파타르 트레킹 참조(258p)

8Day

로부제 (4930) → 고락셉 (5160) → 에베레스트 BC (5340) → 로부제 (4930)

칼라파타르를 다녀온 트레커는 대부분 에베레스트 BC까지 가지 않는다. 칼라파타르 오름길에서 베이스캠프가 다 내려다보이고, 고소에서 오래 머무는 것이 체력적인 부담이 많이 되기 때문이다. 따라서 처음에는 두 곳을 다 다녀올 목표로 가지만 실제로는 칼라파타르만 다녀오는 경우가 일반적이다. 또 에베레스트 BC에서는 에베레스트 정상을 볼 수 없다는 것도 아쉬운 대목이다. 만약 에베레스트 BC까지 트레킹을 하려면 첫날 칼라파타르를 다녀온 후 고락셉에서 숙박하는 게 좋다. 고락셉에서 에베레스트 BC까지는 왕복 6~7시간 정도 예상해야 한다. 중간에 빙하를 통과하는 구간도 있는데, 날씨가 좋지 않으면 자칫 길을 잃을 수도 있다. 반드시 가이드나 포터를 동반해서 가도록 한다.

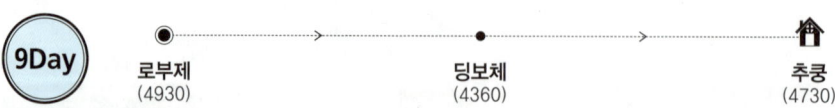

9Day

로부제 (4930) → 딩보체 (4360) → 추쿵 (4730)

로부제에서 두글라까지 내려온 다음 딩보체까지는 지름길을 이용한다. 두글라에서 강바닥길로 가지 말고 왼쪽 산허리를 가로질러 난 길을 따라가면 페리체를 거치지 않고 딩보체로 곧장 갈 수 있다. 점심은 딩보체에서 먹는다. 딩보체에서 추쿵까지는 3시간 정도 걸린다. 로부제에서 쿰부 빙하를 지나 콩마라를 넘어 추쿵으로 갈 수도 있다. 그러나 아주 힘들고 위험한 코스다.

1. 촐라 고개 정상부의 너덜지대 2. 종라에서 촐라로 가는 길 3. 종라의 쉼터에서 휴식을 취하고 있는 트레커들 4. 촐라 고개 정상부의 빙하지대 5. 촐라 고개 정상부의 낙석 구간

10Day 추쿵 (4730) ● ·····▷·····▷ 추쿵리 (5546) ● ·····▷·····▷ 추쿵 (4730) 🏠
↳ 임자체 BC 트레킹 참조(272p)

11Day 추쿵 (4730) ● ·····▷·····▷ 임자체 BC (4390) ● ·····▷·····▷ 추쿵 (4730) 🏠
↳ 임자체 BC 트레킹 참조(272p)

12Day 추쿵 (4730) ● ·····▷·····▷ 딩보체 (4360) ● ·····▷·····▷ 텡보체 (3870) 🏠
↳ 임자체 트레킹 코스 참조(272p)

13Day 텡보체 (3870) ● ·····▷·····▷ 푼키텡가 (3250) ● ·····▷·····▷ 쿰중 (3780) ● ·····▷·····▷ 남체바자르 (3420) 🏠
↳ 칼라파타르 트레킹 참조(254p)

팡보체 가는 길에 있는 마니석. 뒤에
보이는 검은색 산은 로체 남벽이다

1. 고산지대에서 중요한 땔감인 야크 배설물 2. 페리체 계곡 건너편에 솟아 있는 촐라체(오른쪽)와 타보체. 계곡을 따라 가면 두글라 고개를 넘어 로부제로 이어진다 3. 4. 에베레스트 조망대 칼라파타르 정상과 오색 깃발 룽다

Tip

● 4,000m 이상 고지대에서 머무르는 날이 많아 처음부터 고소적응을 잘해야 한다. 보름 이상 트레킹을 해야 하기에 중간에 휴식일을 두어 체력적으로 무리가 가지 않도록 한다.

● 위에 제시한 코스 반대 방향으로 트레킹하는 사람들도 있다. 임자체 BC에서 로부제는 딩보체와 두글라를 거쳐 가는 길과 콩마라(5535m)를 넘어가는 길이 있다. 선택은 트레커의 몫이지만 고소적응 상태를 보면서 판단한다.

● 쿰부 히말라야에는 몇 개의 사이드 트레킹 코스가 있다. 그러나 셰르파와 포터의 도움이 필수이고, 텐트를 비롯한 취사장비를 다 챙겨 가야 하기 때문에 여러모로 부담이 된다.

● 에베레스트 베이스캠프를 다녀오는 트레커는 생각보다 적다. 에베레스트 베이스캠프에서는 에베레스트가 보이지 않기 때문이다. 또 빙하 위로 난 길도 찾기 어렵다. 가이드나 포터가 없으면 좀 위험할 수 있다. 그래도 꼭 가야 할 경우 반드시 비상식량과 보온용 재킷, 헤드랜턴을 지참해야 한다. 지도와 나침반이 있으면 더 좋을 것이다.

● 성수기(10~11월)에 고락셉에서 음식을 주문하면 기본 1시간은 기다려야 한다. 롯지의 방도 부족해 다이닝 룸 바닥에서 자기도 한다. 물론 담요 서비스도 받을 수 없다. 따라서 가능하면 롯지가 많이 있는 로부제에서 숙박하고, 이른 아침에 칼라파타르로 출발하기를 권한다.

07
쿰부 히말라야 3패스

쿰부 히말라야의 대표적인 고개 콩마라(5535m), 촐라(5330m), 렌조라(5360m) 3개를 모두 넘는 트레킹 코스다. 이들 패스는 모두 5,300m가 넘는 높이라 고개를 넘기가 만만치 않다. 여기에 에베레스트와 고쿄, 임자체 트레킹 코스에 있는 최고 뷰포인트 추쿵리, 칼라파타르, 고쿄리 3개의 피크도 오른다. 쿰부 히말라야 서킷과 함께 가장 힘든 트레킹이라 하겠다. 이 코스는 과거 일부 트레킹 마니아들만이 찾았다. 그러나 최근에는 초행자들이 자신의 트레킹 능력과 상관없이 도전하고 있어 세심한 주의가 요구된다. 반드시 가이드와 포터를 동반해 트레킹해야 하며, 능력을 벗어난 무모한 시도를 해서는 안 된다. 3개의 패스 가운데 어느 곳이 가장 난이도가 높은가는 개인에 따라 약간의 차이가 있을 수는 있다. 그러나 대체로 콩마라가 가장 어렵고, 다음으로 촐라, 렌조라 순이라는 데 동의한다. 추쿵리, 칼라파타르, 고쿄리 3개의 정상 피크는 난이도가 거의 비슷하다. 쿰부에서는 대체로 봉우리(리)를 오르는 것보다 고개(라)를 넘는 게 훨씬 더 어렵다.

추쿵에서 바라본 히말라야의 거대한 설벽. 설벽 너머가 마칼루 지역이다

○ **일정** 12박13일
○ **최고 고도** 5545m(칼라파타르)
○ **코스** 남체바자르→푼키텡가→텡보체→딩보체→추쿵→임자체 BC→추쿵→콩마라→로부제→고락셉→칼라파타르→에베레스트BC→두글라→종라→촐라→당낙→고쿄→고쿄리→초오유 BC→고쿄→렌조라→룽덴→남체바자르
○ **난이도** ★★★★★

쿰부 히말라야 3패스
트레킹 안내도
사가르마타 국립공원
SAGARMATA NATIONAL PARK
초오유 BC
Cho Oyu BC 5150
에베레스트 BC
EVEREST BC 5340
칼라파타르
KALA PATTAR 5545
고락셉
Gorak Shep 5160
로부제 패스
Lobuche Pass 5110
피라미드
Pyramid 4970
로부제
Lobuche 4930
두글라 패스
Dughla Pass 4830
두글라(토클라)
Dughla(Thokla) 4620
콩마라
Kongma La 5535
딩보체
Dingboche 4360
비브레
Bibre 4570
추쿵
Chhukhung 4730
임자체 BC
IMJACHE BC 5100
페리체
PHERICHE 4240
페리체 패스
Pheriche pass
오르소
Orsho 4190
소마레
Shomare 4010
팡보체
Pangboche 3860
데보체
Deboche 3770
텡보체
THENGBOCHE 3870
풍기탕가
Phungi Tanga 3250
강주마
Kyangjuma 3600
샹보체
Syangboche 3790
남체바자르
NAMCHE BAZAR 3420
쿰중
KHUMJUNG 3780
쿤데
Khunde 3840
타메 · 렌조라
타모
THAMO 3493
사나사
Sanasa 3600
몽라
Mong Ra 3975
포르체
Phortse 3870
포르체텡가
Phortse Thenga 3680
돌레
Dhole
루자
Luza 4340
마체르마
Machherma 4410
팡가
Phangga 4390
당낙
Dhangnag 4700
촐라페디
Cho la Pedi
촐라
Cho la 5420
종라
Dzonglha 4830
고쿄
GOKYO 4750
고쿄리
Gokyo Ri 5360
렌조라
Renjo Ra
3번 호수
2번 호수
1번 호수
초낙초
Thonak Tsho
낙톡초
Naktok Tsho
촐라초
Chola Tsho
임자초
Imja Tsho
두드코시 강 Dudh Koshi Nadi
촐로
Cholo 6089
캉충 피크
Kangchung Peak 6063
니레카 피크
Nirekha Peak 6159
창그리
Changri 6027
로부제
Lobuche(West) 6135
로부제
Lobuche(Eest) 6090
아위 피크
Awi Peak 5245
메라 피크
Mehra Peak(Kongma Tse) 5820
눕체
Nuptse 7864
추쿵체
Chhukhungche 5857
추쿵리
Chhukhung Ri 5546
포칼데
Pokalde 5741
낭카르샹
Nangkar Tshang 5616
아락캄체
Arakam Tse 6423
촐라체
Chola Tse 6335
타보체 피크
Taboche PeaK 6495
파리랍체
Phari Lapche 6017
차도텐
Chadoten 5063
풀레타테
Phuletate 5597
쿰비율라
Khumbi Yul Lha 5765
암푸 갑젠
Amphu Gyabjen 5630
아마다블람
Ama Dablam 6814
아마다블람 BC
Ama Dablam BC 4680
옴비가이창
Ombigaichang 6340
Ngozumba Glacier
Gaunara Glacier
Gorak Shep Glacier
Changri Shar Glacier
Changri Nup Glacier
Lobuche Glacier
Khumbu Glacier
Nuptse Glacier
Lhotse Nup Glacier
Cholatse Glacier
Chola Glacier
Taboche Glacier
Duwo Glacier
Churo Glacier
Ama Dablam Glacier
Mingbo Glacier
Vare Glacier
Phungi Glacier

쿰부 히말라야 3대 패스 고도표
(m)
6000
5000
4000
3000
2000
1000
0
0 2 4 6 8 10 12 14 16 18 20 22 24 26 28 30 32 34 36 38 40 42 44 46 48 50 52 (시간)
루클라
팍딩
조르살레
남체바자르
텡보체
딩보체
추쿵
콩마라
로부제
칼라파타르
고락셉
고락셉
로부제
촐라
고쿄
고쿄리
고쿄
렌조라
룽덴
타미
타모
남체바자르

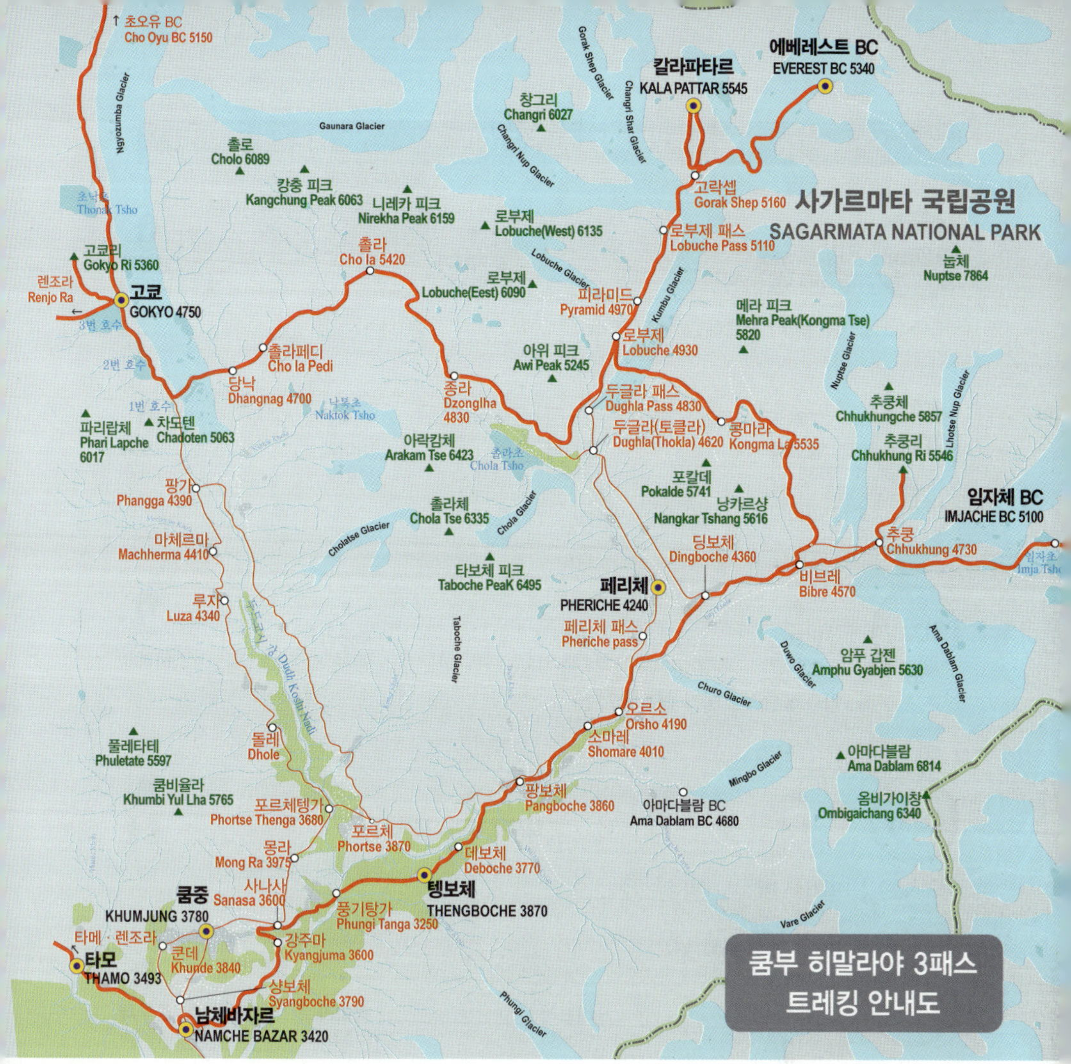

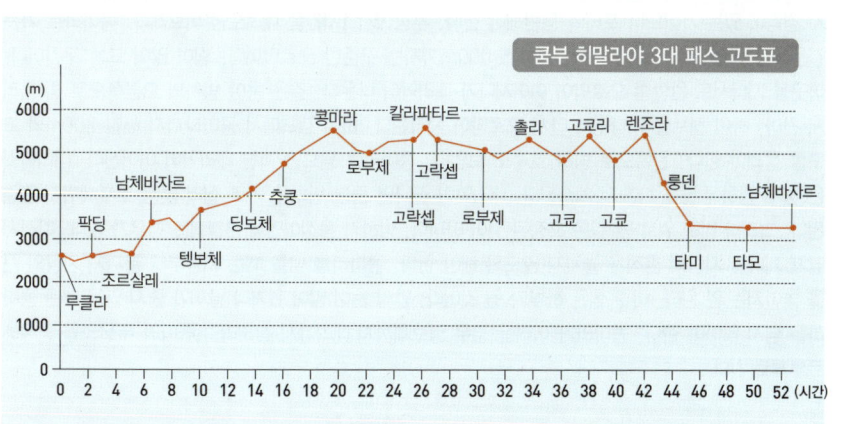

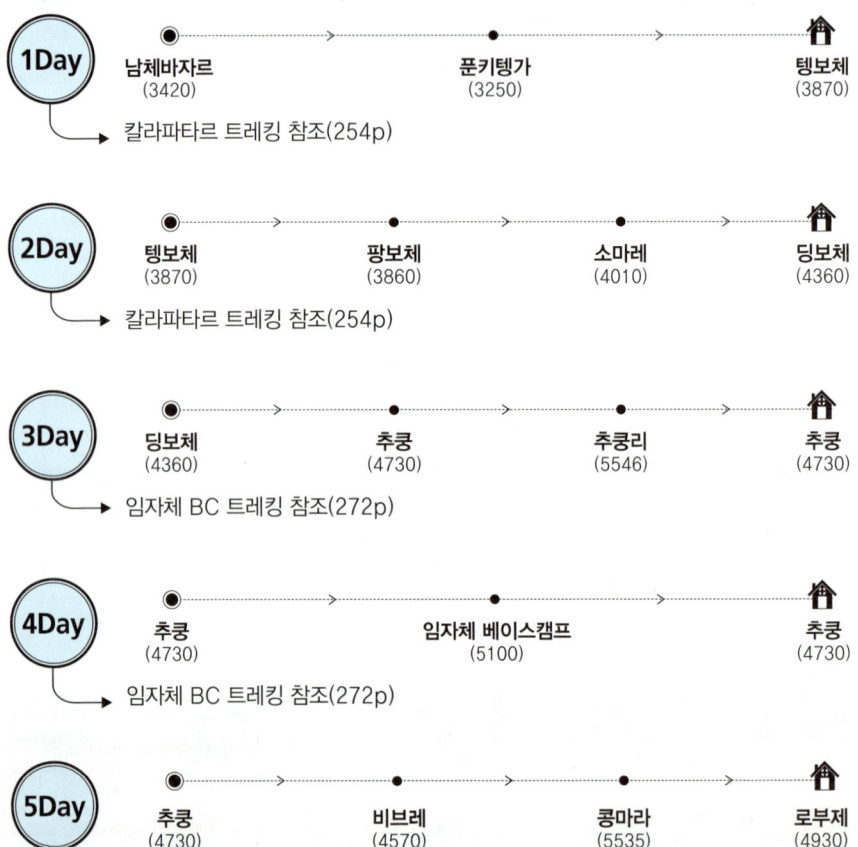

1Day

남체바자르 (3420) → 푼키텡가 (3250) → 텡보체 (3870)

칼라파타르 트레킹 참조(254p)

2Day

텡보체 (3870) → 팡보체 (3860) → 소마레 (4010) → 딩보체 (4360)

칼라파타르 트레킹 참조(254p)

3Day

딩보체 (4360) → 추쿵 (4730) → 추쿵리 (5546) → 추쿵 (4730)

임자체 BC 트레킹 참조(272p)

4Day

추쿵 (4730) → 임자체 베이스캠프 (5100) → 추쿵 (4730)

임자체 BC 트레킹 참조(272p)

5Day

추쿵 (4730) → 비브레 (4570) → 콩마라 (5535) → 로부제 (4930)

추쿵에서 새벽에 일찍 출발하도록 한다. 콩마라는 쿰부 3패스 트레킹 중에서 난이도가 가장 높다. 반드시 경험이 있는 가이드나 포터와 동반해야 한다. 추쿵에서 1시간쯤 내려오면 비브레다. 콩마라로 가는 길은 이곳에서 북쪽으로 향한다. 해발 5,000m까지는 꾸준한 오르막이다. 힘이 많이 드는 구간이다. 이곳을 지나서도 완만한 오르막이 이어지다가 내리막이 나온다. 길은 콩마 빙하의 오른쪽으로 빙 둘러서 간다. 하이 캠프를 지나면서 다시 오르막이 시작된다. 하이 캠프에서 콩마라까지 해발 300m의 고도를 올려야 한다. 왼쪽으로 빙하 호수도 보인다. 콩마라를 넘으면 거친 내리막이 이어진다. 내리막길은 쿰부 빙하에 닿을 때까지 계속된다. 내리막이 끝나면 쿰부 빙하를 가로 질러 곧장 로부제까지 연결된다. 그러나 빙하 위로 난 길은 고정된 것이 아니다. 빙하가 움직이면서 변경되는 경우가 많다. 따라서 앞서 지나간 사람의 흔적을 놓치지 않도록 해야 한다. 콩마라를 넘을 때는 처음부터 끝까지 긴장의 끈을 놓아서는 안 된다. 아주 힘든 하루가 될 것이다. 만약 눈이 많이 왔거나 날씨가 좋지 않을 때는 콩마라를 넘지 않아야 한다. 콩마라가 어려운 경우 딩보체까지 내려가서 산허리길을 따라 두글라를 경유해 로부제로 간다.

1. 촐라에서 당낙으로 내려서는 구간 2. 콩마라 아래에 빙하가 녹아서 만들어진 호수 3. 콩마라 고개 정상부에서 내려다본 쿰부 빙하와 로부제 롯지 4. 콩마라에서 내려와 쿰부 빙하를 넘어 로부제로 가고 있는 트레커

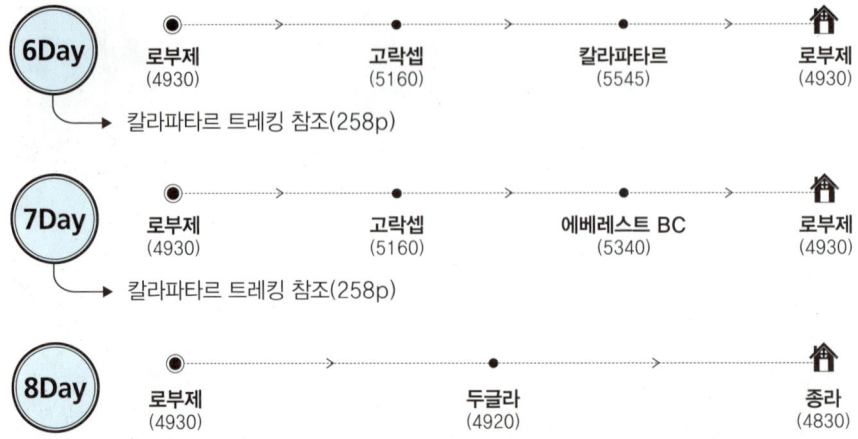

6Day

로부제 → 고락셉 → 칼라파타르 → 로부제
(4930)　(5160)　(5545)　(4930)

↳ 칼라파타르 트레킹 참조(258p)

7Day

로부제 → 고락셉 → 에베레스트 BC → 로부제
(4930)　(5160)　(5340)　(4930)

↳ 칼라파타르 트레킹 참조(258p)

8Day

로부제 → 두글라 → 종라
(4930)　(4920)　(4830)

로부제에서 두글라까지 내려오면 갈림길이다. 두글라에서 아래쪽으로 난 작은 다리를 건너가지 말고 오른쪽 산허리길로 방향을 잡으면 종라로 가는 길이 이어진다. 로부제에서 두글라를 경유해 종라까지는 길이 어렵지 않다. 반나절이면 종라에 도착할 수 있다. 다음날 촐라를 넘어야 하는 관계로 오후에는 쉬면서 체력을 비축한다.

9Day

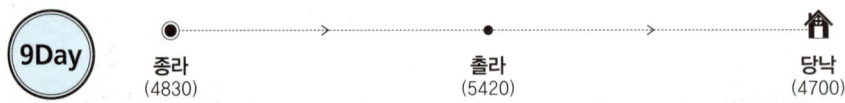

종라 → 촐라 → 당낙
(4830)　(5420)　(4700)

촐라를 넘으려면 서둘러 출발한다. 종라에서 촐라를 넘어가는 곳은 곳곳에 위험이 도사리고 있다. 고개를 향해 갈 때는 크레바스를 조심해야 한다. 가급적 빙하의 오른쪽에 붙어서 넘어야 한다. 촐라 정상에서는 촐라체(6335m)와 아마다블람(6814m)의 조망이 뛰어나다. 촐라를 넘어서면 미끄러운 급경사길이 나온다. 이곳은 낙석으로 인한 사망사고가 가끔씩 발생하는 구간으로 최대한 빨리 통과하도록 한다. 촐라는 반드시 경험 있는 가이드를 동반해서 가도록 한다. 또한, 만약을 대비해 아이젠과 스패츠 등을 준비한다. 아침 일찍 출발하면 당일로 고쿄까지 갈 수도 있다. 하지만 당낙에서 고줌바 빙하를 건너야 하기 때문에 너무 늦으면 무리하지 않는 게 좋다. 고줌바 빙하를 건너는 길은 빙하의 이동으로 자주 바뀌기 때문에 최대한 안전에 유의하면서 운행해야 한다. 당낙에서 고쿄로 갈 때는 적어도 해지기 3시간 전에는 출발해야 한다.

1. 종라에서 촐라로 향해 가는 구간 2. 종라에서 촐라로 가다 뒤돌아본 파노라마 3. 촐라를 넘어 당낙으로 내려가는 지역의 빙하지대 4. 종라에서 촐라로 가는 구간 5. 당낙에서 고쿄 호수로 가는 길의 빙하지대

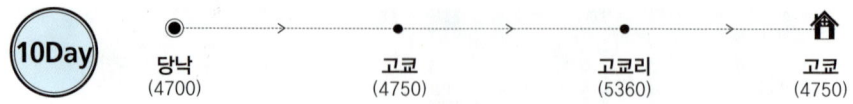

10Day

당낙 (4700) → 고쿄 (4750) → 고쿄리 (5360) → 고쿄 (4750)

당낙에서 고쿄까지는 3시간 거리다. 당낙에서 오전에 출발하면 오후에 고쿄리를 다녀오는 일정이 가능하다. 고쿄의 롯지에서 쉬는 것보다 움직여주는 것이 고소에 더 도움이 된다. 고쿄리에서 바라보는 풍광은 쿰부 히말라야 트레킹에서 가장 몽환적이라고 할 수 있다. 특히, 촐라체와 다보체를 배경으로 한 고줌바 빙하와 운해는 평생 잊지 못할 감동으로 다가온다. 일몰을 보려면 따뜻한 의복과 헤드랜턴이 필수다.

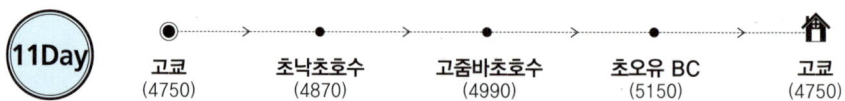

11Day

고쿄 (4750) → 초낙초호수 (4870) → 고줌바초호수 (4990) → 초오유 BC (5150) → 고쿄 (4750)

고쿄에서 초오유 BC까지는 왕복 20km가 넘는 먼 거리다. 길은 완만한 코스가 대부분이지만 그래도 하루에 갔다 오기에 만만치 않다. 간식과 물, 방한복, 헤드랜턴 등을 단단하게 준비하도록 한다. 고산병 증세가 있다면 무리하지 않도록 한다. 반드시 경험 있는 가이드를 동반해서 가도록 한다.

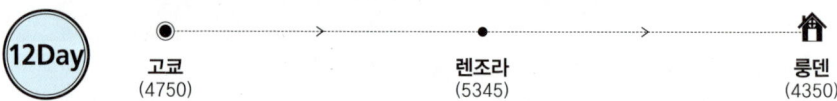

12Day

고쿄 (4750) → 렌조라 (5345) → 룽덴 (4350)

쿰부 히말라야 3패스 트레킹 코스를 따라 고쿄까지 왔다면 체력적으로 많이 지친 상태일 것이다. 빨리 저지대로 내려가고 싶은 마음이 간절해진다. 렌조라는 3패스 중에서 가장 난이도가 낮다. 하지만, 이 역시 만만한 코스는 아니다. 만약을 대비해 일찍 출발하도록 한다. 고쿄에서 왼쪽으로 두드포카리 호수(4750m)를 끼고 돌아가면 고쿄리와 렌조라로 가는 길이 나뉜다. 렌조라로 가는 길은 왼쪽이다. 호수를 지나면 정상까지 꾸준한 오르막이 이어진다. 고개 정상이 가까워지면 길은 가팔라지고 험하다. 렌조라를 넘으면 앙글라둠바초호수가 보인다. 길은 호수를 오른쪽에 두고 왼쪽으로 우회하면서 내려간다. 미끄러운 돌계단이 끝없이 이어져 조심해서 내려가야 한다. 두 번째 호수를 지나면서 길은 완만해진다. 해발 5,000m 내외로 이어지던 길은 세 번째 호수를 오른쪽에 두고 능선을 따라 가파르게 내려간다. 능선이 거의 계곡과 만날 땔 쯤 룽덴이 보인다. 체력이 된다면 룽덴에서 1시간 거리의 마루룽까지 가는 게 다음날 일정을 고려해서 좋다.

1. 렌조라 오름길에 내려다본 고쿄호수. 가운데 멀리 구름을 쓰고 있는 산이 에베레스트다. 호수 오른쪽 잘록한 안부가 촐라, 그 옆에 뾰족하게 솟은 봉우리가 촐라체다 2. 렌조라 정상부의 빙하지대 3. 렌조라 정상부에서 뒤돌아본 파노라마. 가운데 멀리 에베레스트가 보인다 4. 렌조라를 넘어 가파른 산길을 한참 내려가면 만나는 룽덴 5. 룽덴 마을의 롯지와 야크

룽덴부터 남체바자르로 가는 코스는 특별한 어려움이 없다. 16km 되는 거리지만 완만한 내리막이라 힘들이지 않고 갈 수 있다. 처음에는 계곡 너머로 솟은 콩데(4250m)를 향해 걷지만 남체바자르가 가까워질수록 탐세루크(6618m)가 잘 보인다. 점심은 타미나 타모에서 먹는다. 타미에서 남체바자르까지는 2시간 남짓 거리다. 남체바자르에 도착하면 '3라 3리(3개의 고개와 3개의 봉우리)'를 성공적으로 완주한 기쁨을 누려도 된다. 간만에 제대로 샤워도 하고, 맛있는 요리로 피로도 푼다. 또 스마트폰도 사용할 수 있어 지인들에게 안부도 전한다.

렌조라 고개 정상부에서 되돌아본 고쿄호수와 에베레스트(가운데) 파노라마. 사진 오른쪽 봉우리가 촐라체다

〈쿰부 3패스 트레킹 표준 시간〉

출발-도착	소요시간	출발-도착	소요시간
남체바자르-사나사	1:00	고락셉-EBC(왕복)	6:00
사나사-푼키텡가	1:30	고락셉-칼라파타르	2:00
푼키텡가-텡보체	1:30	칼라파타르-로부제	3:00
텡보체-팡보체	1:15	로부제-종라	3:00
팡보체-오르쇼	1:15	종라-촐라	3:00
오르쇼-페리체(딩보체)	1:00	촐라-고쿄	5:00
페리체(딩보체)-추쿵	3:00(2:30)	고쿄-렌조라	4:00
추쿵-콩마라	5:00	렌조라-룽덴(마루룽)	3:00(4:00)
콩마라-로부제	4:00	룽덴(마루룽)-타미	3:00(2:00)
로부제-고락셉	2:30	타미-남체바자르	3:00

Tip

- 고소에서 머무르는 날이 많아 처음부터 고소적응을 잘해야 한다. 보름 이상 트레킹을 해야 하기에 체력적인 부담도 크다. 중간에 휴식일을 두면서 무리하지 않아야 한다.
- 위 코스 반대 방향으로 트레킹하는 경우도 있는데, 일반적이지는 않다. 룽덴에서 렌조라를 넘어 고쿄까지는 1,000m 이상 급격히 고도를 올리기 때문에 고산병에 걸릴 확률이 높다. 따라서 천천히 고소에 적응하면서 가려면 위 코스를 따른다.
- 위 일정은 고소적응이 되었을 때 가능한 일정이다. 운행 중간에 고소 증세가 나타나면 하루 정도 쉬어가거나 하산했다가 몸 상태가 정상으로 돌아왔을 때 다시 운행해야 한다. 따라서 실제 트레킹은 위의 일정보다 더 걸릴 수 있다.
- 보통 남체바자르와 딩보체에서 하루 정도 고소적응일을 갖는다. 여기에 카트만두-루클라 항공편 결항까지 감안해 2~3일 정도 예비일을 두어야 한다.

LANGTHANG
랑탕 히말라야

랑탕 밸리 · 고사인쿤드 ·
랑탕 히말라야 서킷 · 헬람부

랑탕 히말라야 트레킹 개관

▲▲▲

랑탕은 안나푸르나, 에베레스트가 있는 쿰부와 더불어 네팔 히말라야의 3대 트레킹 대상지다. 세계적인 오지 탐험가 윌리엄 틸만(1898~1978)이 '세계에서 가장 깊고 아름다운 계곡 중의 하나'라고 칭송했던 곳이다. 틸만의 말대로 랑탕 히말라야는 봄이면 네팔의 국화 랄리구라스가 숲을 온통 붉은색으로 뒤덮는다. 이 아름다운 계곡은 1949년 영국 탐험대에 발견돼 세상에 알려지기 전까지는 아무도 몰랐던, 지도상 공백으로 남아 있던 비경의 보고였다. 이처럼 빼어난 풍광을 자랑한 탓에 랑탕 히말라야 지역은 1971년 네팔 최초의 국립공원으로 지정되었다.

랑탕 히말라야는 네팔 히말라야의 중앙에 위치하고 있다. 랑탕 밸리는 서쪽을 제외하고 삼면이 만년설에 덮인 높은 산 사이에 비밀스럽게 자리한다. 티베트와 국경을 맞대고 있는 북쪽은 주봉인 랑탕리룽(7246m)을 필두로 히말라야의 연봉이 우뚝 솟아 있다. 남쪽에는 북쪽의 히말라야보다 조금 낮은 강자라(5120m), 나야캉가(5846m) 같은 봉우리가 장막을 치고 있다. 동쪽은 강첸포(6388m)와 도르제 락파(6966m)가 막아섰다.

힌두교의 성지로 알려진 고사인쿤드호수

이처럼 깊은 히말라야 산군에 둘러싸여 있어 오랫동안 비밀의 왕국으로 남아 있을 수 있었다. 랑탕 히말라야는 카트만두에서 가장 가까운 국립공원이기도 하다. 8,000m급 봉우리들은 없지만 산군이 아담하고 아름다워 에베레스트, 안나푸르나 다음으로 트레커들이 많이 찾는다. 랑탕 히말라야 트레킹의 가장 큰 매력은 잘 가꾸어진 전나무 숲과 그 속에 살고 있는 다양한 종류의 동물을 만날 수 있다는 것이다. 트레킹 코스가 해발 541m의 트리술리에서 3,860m의 강진곰파까지 걸쳐 있어 아열대숲부터 수목한계선까지 고도에 따른 다양한 식생대를 경험하게 된다. 안나푸르나와 쿰부 히말라야에 비해 트레커가 많지 않아 호젓한 트레킹을 즐길 수 있는 것도 매력이다. 여기에 힌두교의 성지 고사인쿤드(4400m)라는 깊고 푸른 산정호수가 있어 매력을 더한다.

트레킹 코스는 랑탕, 고사인쿤드, 헬람부가 대표적이다. 각각의 코스를 조합해 다양한 루트를 짤 수 있다. 랑탕 밸리만 다녀오는 일주일 코스부터 고사인쿤드와 헬람부를 모두 아우르는 보름 이상 코스까지 다양하게 일정을 짤 수 있다.

랑탕 밸리 가장 깊숙한 곳에 자리한 랑시샤카르카 가는 길에 바라본 강첸포(오른쪽 봉우리)

랑탕리 Langtang Ri 7205 ▲

추슴도 Chusmdo 6508 ▲

쿵카리 Kyungka Ri 6037 ▲

살바춤 Shalbachum 6680 ▲

Shalbachum Glacier

Langtang Glacier

야르코리 Ri 4984 ▲

얄라 피크 Yala Peak 5500 ▲

눔탕 Numthang 3990 ▲

랑시사리 Langshisa Ri 6427 ▲

Langshisa Glacier

자탕 Jatang 3930 ○

랑시샤카르카 Langshisa Kharka 4100

우르킨망 Urkinmang 6151 ▲

풍켄독쿠 Ponggen Dokku 5930 ▲

강첸포 Gangchenpo 6387 ▲

틸만스 패스 Tilman's Pass

템바탕 Tembathang 5702 ▲

두드 포카리 Dudh Pokhari

두이 포카리 Dui Pokhari

틴 포카리 Tin Pokhari

국립공원
TIONAL PARK

Mayen Khola

판치 포카리 Panch Pokhari

리 피크 i Peak 3771 ▲

게걍 eghyang 2590

강자왈 Gangjawal 2770

세르마탕 Sermathang 2620 ○

신드팔촉
INDHPALCHOK

치바자르 AMCHI BAZAR 880

Indrawati River

차우타라 Chautara

밤부에서 툴루샤브루로 넘어가는 고개에 있는 랑탕리룽 전망대

01

랑탕 밸리
7일

안나푸르나 베이스캠프(ABC), 칼라파타르(EBC)와 함께 히말라야 3대 트레킹 코스다. 트레킹을 시작해 3일이면 랑탕 밸리 트레킹 베이스캠프라 할 수 있는 캉진곰파(캉진)에 닿는다. 캉진곰파에 며칠간 머물면서 캉진리, 랑시샤카르카, 체르코리 등을 트레킹할 수 있다.

02

고사인쿤드
6일

힌두교 성지 고사인쿤드를 찾아가는 트레킹이다. 네팔에서 가장 유명한 종교 순례지 가운데 하나인 고사인쿤드(4360m)는 사방이 높은 산에 둘러싸여 있는 9개의 빙하 호수 중에 하나다. 둔체에서 트레킹을 시작하면 이틀이면 고사인쿤드에 닿는다.

03

랑탕 밸리+
고사인쿤드
11일

랑탕 히말라야에서 가장 인기가 많은 랑탕 밸리와 고사인쿤드를 연결하는 트레킹 코스다. 보통 랑탕 밸리를 먼저 트레킹한 후 고사인쿤드로 간다. 랑탕 밸리 트레킹이 끝나는 지점인 툴루샤브루에서 고사인쿤드로 가는 길이 이어진다.

04

헬람부
6일

카트만두에서 가장 가까운 곳에서 시작하는 트레킹 코스다. 셰르파족과 티베트인들이 살고 있는 중산간지대 네팔의 정취를 느낄 수 있다. 트레킹 최종 목적지 타레파티는 높이가 3,600m라 고산병 걱정 없이 트레킹할 수 있다. 고사인쿤드에서 라우레비나라(4600m)를 넘으면 타레파티와 연결된다. 랑탕 밸리와 고사인쿤드, 헬렘부까지 모두 돌아보는 코스는 보름쯤 걸린다.

랑탕 밸리 깊숙한 곳에 자리한 캉진곰파의 롯지들

랑탕 밸리의 숨어 있는 보석 랑시샤카르카 가는 길의 야크카르카

교통

랑탕 밸리와 고사인쿤드 트레킹은 샤브루베시가 시작점이다. 샤브루베시까지는 카트만두에서 로컬 버스나 지프를 대절해 갈 수 있다. 버스는 카트만두 뉴 버스파크에서 오전에 2회(06:30 07:30) 운행한다. 요금은 샤브루베시까지 800~1,100루피. 도로사정은 아주 열악하다. 롤러 코스트와 같은 험난한 길로 꼬박 10시간쯤 걸린다. 고사인쿤드로 가거나 다른 길로 랑탕 밸리 트 레킹을 하려면 샤브루베시 가기 1시간 전에 있는 둔체에서 내린다. 최근에는 트레킹 시발지인 샤 브루베시까지 접근하는 길이 워낙 험해 로컬 버스 대신 지프를 이용하는 트레커들이 증가하는 추 세다. 카트만두에서 샤브루베시까지 지프 대절료는 150달러다. 7인까지 탑승이 가능하다. 5인 이상일 경우 고려해 볼만하다. 헬리콥터를 이용하면 랑탕 밸리의 고라타벨라나 캉진곰파까지 단 숨에 날아갈 수도 있다. 헬람부 트레킹은 순다리잘에서 시작해 멜람치풀바자르(멜람치바자르라고 도 함)에서 종료하는 것이 일반적이다. 순다리잘까지는 카트만두 올드 버스파크에서 버스가 자주 있다. 소요시간은 1시간, 요금은 200루피. 택시나 지프를 대절할 수도 있다. 비용은 흥정하기 나름인데, 크게 비싸지 않아 일행이 있으면 시도해 볼만하다. 멜람치바자르에서 카트만두까지는 버스편이 자주 있다. 막차는 15:00에 있다. 약 4시간 소요되며, 요금은 400루피다.

01
랑탕 밸리

랑탕 밸리는 랑탕 히말라야에서 가장 매력적인 트레킹 코스다. 삼면(북, 동, 남)이 만년설을 이고 있는 히말라야 연봉 사이로 깊숙한 계곡이 이어진다. 전설에 의하면 스님이 도망가는 야크를 따라가다가 이 골짜기를 발견했다고 해서 랑탕이라 부른다. 랑(lang)은 티베트어로 '야크'를, 텡(teng—더 정확하게는 dhang)은 '따라가다'라는 뜻이다. 지금도 랑탕 밸리에는 야크와 말을 많이 방목하고 있다. 계곡의 동쪽 끝 지점 랑시샤카르카에는 야크 방목꾼들이 시즌에 잠시 머무를 수 있는 움막(카르카)이 있다. 이곳의 풍광은 랑탕 밸리에서 단연 압권일 정도로 빼어나다. 랑탕 밸리는 카트만두에서 차량으로 접근할 수 있어 안나푸르나와 쿰부 히말라야에 비해 접근성이 좋다. 고소증에 대한 걱정도 덜하다. 또 짧게는 일주일에 트레킹을 마칠 수 있어 초보자나 시간이 없는 트레커들도 편하게 찾을 수 있다. 랑탕 밸리 트레킹은 샤브루베시를 기점으로 캉진곰파까지 갔다가 다시 돌아내려 온다. 왔던 길을 되짚어 내려오는 것이 단순하다면 출발지점과 마지막 하산지점을 달리할 수 있다. 트레킹 시작을 샤브루베시가 아닌 둔체(툴로바르쿠)에서 하면 반나절은 다른 길을 걷는다. 하산할 때는 림체에서 하이패스를 따라 셰르파강을 거쳐 샤브루베시로 가면 하루를 다른 길로 걷는다.

1. 랑탕 밸리 문두 마을의 게스트하우스 2. 랑탕 밸리의 끝 랑시샤카르카의 아름다운 풍경

○ **일정** 6박7일
○ **최고 고도** 4100m(랑시샤카르카)
○ **코스** 카트만두→샤브루베시→밤부-림체→고라타벨라→랑탕→캉진곰파→자탕→랑시샤카르카→캉진곰파→림체→셰르파강→캉중→샤브루베시
○ **난이도** ★★★★

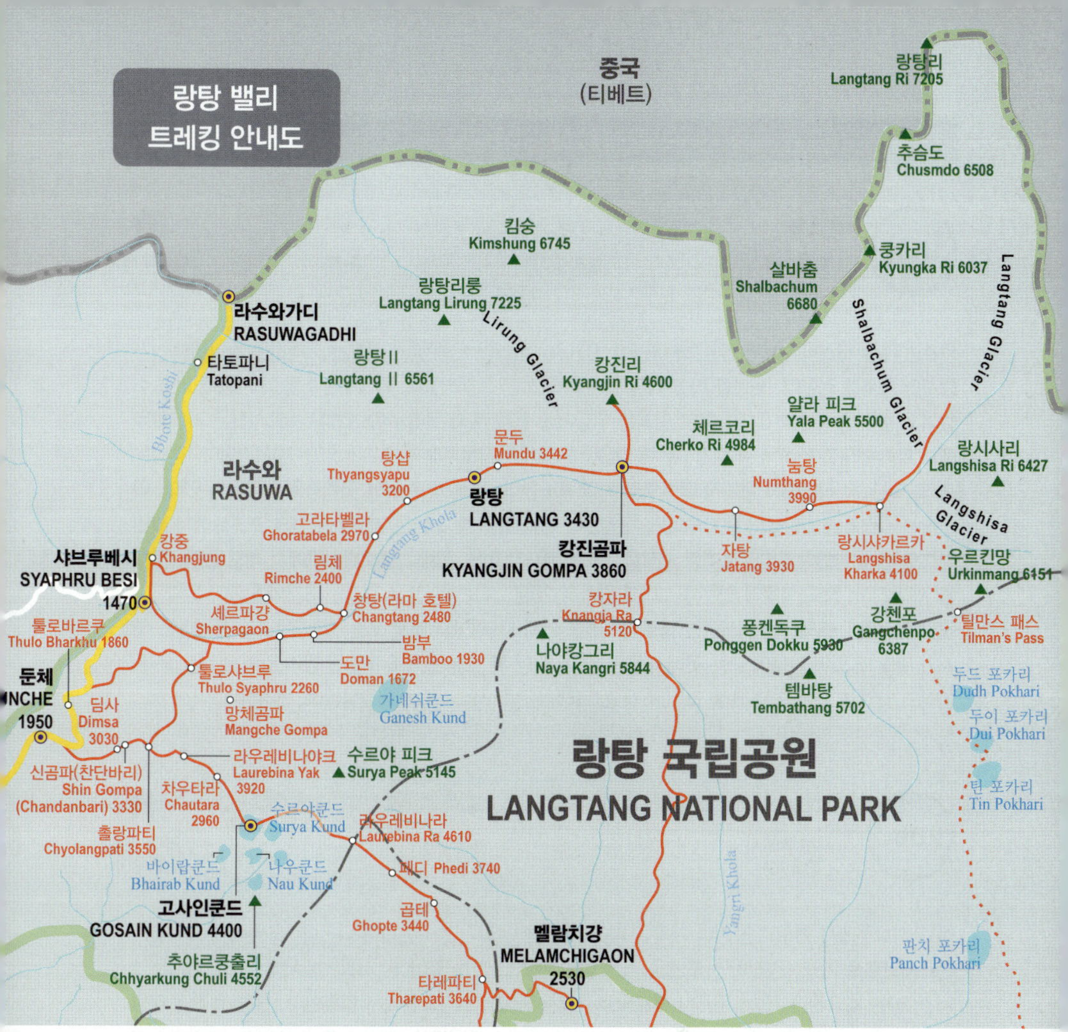

랑탕 밸리
트레킹 안내도

중국
(티베트)

랑탕리
Langtang Ri 7205

추슴도
Chusmdo 6508

킴슝
Kimshung 6745

라수와가디
RASUWAGADHI

랑탕리룽
Langtang Lirung 7225

살바춤
Shalbachum 6680

쿵카리
Kyungka Ri 6037

타토파니
Tatopani

랑탕 II
Langtang II 6561

Lirung Glacier

캉진리
Kyangjin Ri 4600

체르코리
Cherko Ri 4984

얄라 피크
Yala Peak 5500

Shalbachum Glacier

Langtang Glacier

라시사리
Langshisa Ri 6427

라수와
RASUWA

탕샵
Thyangsyapu 3200

문두
Mundu 3442

눔탕
Numthang 3990

Langshisa Glacier

고라타벨라
Ghoratabela 2970

랑탕
LANGTANG 3430

자탕
Jatang 3930

라시샤카르카
Langshisa Kharka 4100

우르킨망
Urkinmang 6151

샤브루베시
SYAPHRU BESI 1470

캉중
Khangjung

림체
Rimche 2400

창탕(라마 호텔)
Changtang 2480

캉진곰파
KYANGJIN GOMPA 3860

캉자라
Knangja Ra 5120

퐁켄독쿠
Ponggen Dokku 5930

강첸포
Gangchénpo 6387

틸만스 패스
Tilman's Pass

두드 포카리
Dudh Pokhari

툴로바르쿠
Thulo Bharkhu 1860

셰르파가웅
Sherpagaon

도만
Doman 1672

밤부
Bamboo 1930

나야캉그리
Naya Kangri 5844

템바탕
Tembathang 5702

두이 포카리
Dui Pokhari

둔체
DUNCHE 1950

딤사
Dimsa 3030

툴로샤브루
Thulo Syaphru 2260

망체곰파
Mangche Gompa

가네쉬쿤드
Ganesh Kund

틴 포카리
Tin Pokhari

신곰파(찬단바리)
Shin Gompa (Chandanbari) 3330

차우타라
Chautara 2960

라우레비나야크
Laurebina Yak 3920

수르야 피크
Surya Peak 5145

랑탕 국립공원
LANGTANG NATIONAL PARK

촐랑파티
Chyolangpati 3550

수르야쿤드
Surya Kund

라우레비나라
Laurebina Ra 4610

페디 Phedi 3740

Yangri Khola

바이랍쿤드
Bhairab Kund

나우쿤드
Nau Kund

고사인쿤드
GOSAIN KUND 4400

곱테
Ghopte 3440

멜람치걍
MELAMCHIGAON 2530

판치 포카리
Panch Pokhari

추야르쿵출리
Chhyarkung Chuli 4552

타레파티
Tharepati 3640

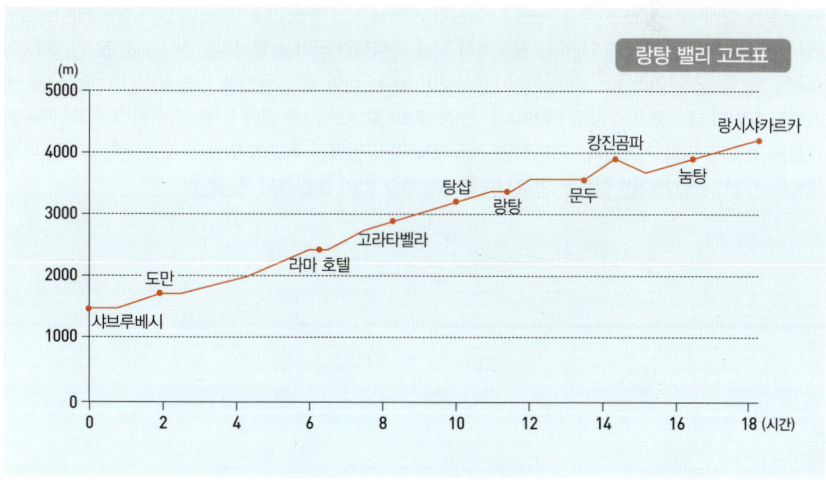

302 - **303**

트레킹 코스 가이드

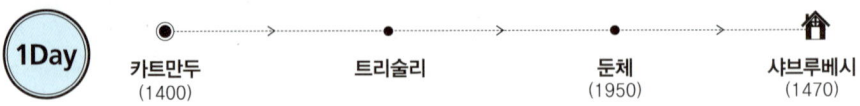

1Day 카트만두(1400) → 트리슐리 → 둔체(1950) → 샤브루베시(1470)

카트만두 뉴 버스파크에서 1일 2회(06:30, 07:30) 버스가 운행된다. 차표는 예매하는 것이 좋다. 가능하면 첫차를 권한다. 뒷차를 타고 가면 첫차를 타고 온 트레커들이 롯지의 온수를 다 사용해 버릴 수 있기 때문이다. 자칫 10시간 동안 먼지를 뒤집어쓴 몸을 씻지 못할 수도 있다. 소요시간은 카트만두에서 트리슐리(72km) 4~6시간, 둔체(122km) 8시간, 샤브루베시(152km) 9~10시간이다. 점심은 트리슐리 노천 식당에서 현지식 달밧으로 해결해야 한다. 둔체 바로 앞에 국립공원 사무실이 있다. 이곳에서 국립공원 입장료(3,000루피)를 구입한다. 입장료를 내고 받은 영수증은 체크 포스트에서 확인하므로 잘 보관해야 한다. 트레킹 시작을 샤브루베시가 아닌 둔체나 툴로바르쿠에서 해도 된다. 둔체를 지나 5km 정도 북쪽에 있는 툴로바르쿠(차로 20분, 도보 1시간 소요)에는 3개의 롯지가 있다. 다음날 이곳에서 트레킹을 시작하면 툴로샤브루를 거쳐 샤브루베시에서 오는 길과 만난다. 둔체에는 롯지가 여러 개 있어 마음에 드는 곳에 머물면 된다. 랑탕 뷰 호텔은 욕조가 딸린 방이 있어 인기가 좋다. 음식도 맛있고, 버스표 예매 및 포터 소개 등 트레킹 관련 서비스도 해줘 여러모로 편리하다.

2Day 샤브루베시(1470) → 밤부(1930) → 라마 호텔(2480)

올드 샤브루베시 현수교를 지나 계곡을 따라 30분쯤 올라가면 갈림길이 나온다. 오른쪽 오르막길은 툴로샤브루로 가고, 직진하면 도만을 거쳐 랑탕 밸리로 가는 길이다. 샤브루베시에서 도만까지는 1시간 30분 소요된다. 전날 둔체나 툴로바르쿠에서 숙박했다면 도만에서 합류한다. 랑탕 밸리 트레킹을 마친 후 고사인쿤드로 갈 때도 도만에서 길이 나뉜다. 도만에서 계곡을 따라 완만한 오르막을 계속 오르면 산사태가 났던 지역이 나온다. 점심 먹기에도 적당한 곳인데, 이곳이 밤부(랑모체)다. 밤부에서 점심을 먹고 충분히 휴식한다. 밤부에서 첫날 목적지인 라마 호텔까지는 1시간 30분 거리다. 실질적인 트레킹 첫날이라 너무 무리하지 않는 것이 좋다. 라마 호텔 직전에 있는 림체 마을은 오후 늦게까지 햇빛이 들어오고 조망도 뛰어나다. 반면, 라마 호텔은 계곡 옆에 있어 해가 일찍 지고, 계곡물 흐르는 소리가 제법 시끄럽다. 가능하면 계곡에서 멀리 떨어진 위쪽에 있는 롯지를 권한다. 만약 툴로바르쿠에서 출발했다면 점심은 툴로샤브루에서 먹고 라마 호텔까지 운행한다.

1. 둔체를 지나 샤브루베시로 가는 험난한 찻길 2. 랑탕 밸리 트레킹의 시발점 샤브루베시 마을 3. 뱀부 마을에 있는 롯지
4. 샤브루베시에서 뱀부로 가는 길에 있는 서스펜션 브리지

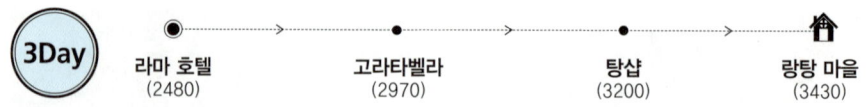

3Day 라마 호텔 (2480) — 고라타벨라 (2970) — 탕샵 (3200) — 랑탕 마을 (3430)

라마 호텔이 있는 마을 이름은 창탕changtang이다. 그러나 이곳에 있는 롯지 중 하나인 라마 호텔이 트레커 사이에 널리 알려지면서 지명 대신 라마 호텔이라 불린다. 라마 호텔을 출발하면 적당히 오르막과 내리막길이 반복되는 계곡 옆 숲길을 따라 올라간다. 트레킹 중간중간 나무 사이로 하얀 설산의 봉우리들이 보인다. 라마 호텔에서 2시간 정도 올라가면 숲을 빠져나와 전망이 확 트이는 개활지가 시작되는 고라타벨라에 도착한다. 마을을 벗어나면 군부대와 체크 포스트가 나온다. 이후 랑탕II(6561m)와 랑탕리룽(7225m)의 위용을 감상하며 트레킹을 하다 보면 어느새 탕샵을 거쳐 랑탕 마을에 도착한다. 랑탕 마을이 가까워지면 서서히 고소 증세가 느껴질 수도 있으므로 무리하지 않도록 한다. 현재의 랑탕 마을은 2015년 네팔 대지진 당시 랑탕 마을 전체가 산사태로 매몰되어 그 위쪽에 새로 생겨난 곳이다.

4Day 랑탕 마을 (3430) — 문두 (3442) — 캉진 (3860)

랑탕 마을에서 일찍 출발하면 오전 11시 전에 캉진(캉진곰파)에 도착할 수 있다. 고소 증세가 없다면 곧바로 점심을 먹은 후 캉진리(4600m)에 오른다. 캉진리 동북쪽 방향으로 또 다른 봉우리가 있는데, 어퍼 캉진리이다. 두 전망대는 캉진에서 올라가면 잘록한 안부를 가운데 두고 양쪽에 솟아 있다. 체력적으로 부담이 된다면 캉진리만 올라도 된다. 캉진에서 캉진리를 왕복하는 데는 4시간쯤 걸린다. 캉진에 도착했을 때 고소 증세가 있다면 키모슝 빙하나 치즈공장, 캉진곰파를 둘러보는 것도 괜찮다. 캉진리는 고소적응이 된 다음날 올라도 된다.

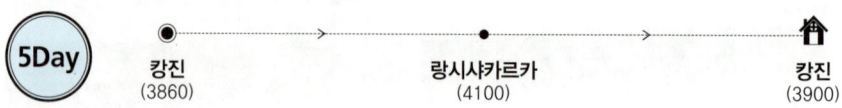

5Day 캉진 (3860) — 랑시샤카르카 (4100) — 캉진 (3900)

캉진에서 몇 가지 트레킹 코스를 선택할 수 있다. 시간이 없다면 바로 하산을 한다. 하루를 더 머무를 수 있다면 랑시샤카르카를 다녀온다. 캉진에서 자탕(2시간)과 눔탕(1시간)을 거쳐 랑시샤카르카까지는 4시간 정도 소요된다. 걷는 데만 왕복 8시간이 걸린다. 중간에 롯지나 티 하우스는 없다. 다행스러운 것은 길이 대부분 평지라는 점이다. 마지막 눔탕에서 랑시샤카르카까지는 작은 언덕을 하나 넘어야 한다. 랑시샤카르카 트레킹을 나설 때는 점심을 지참하고 간식과 물도 넉넉히 가지고 가야 한다. 비시즌에는 왕복하는 동안 사람 구경을 못 할 확률이 높다. 평원에는 방목하는 말과 야크만이 외로운 트레커를 반겨줄 것이다. 그러나 캉진에서는 볼 수 없는 숨 막히는 풍광이 기다리고 있다. 모리모토 피크(5951m), 펨탕카포리(6830m), 랑시샤리(6370m), 강첸포(6388m) 같은 아름다운 봉우리가 8시간의 다리품을 보상해 준다. 랑탕 히말라야 트레킹의 진수라고 할 수 있다. 만약, 캉진에서 이틀의 여유가 있다면 랑시샤카르카를 갔다 온 다음날 체르코리(4984m)를 오른다. 체르코리는 캉진에서 타체페사를 경유하는 서쪽 능선으로 오르는 것이 일반적이다. 정상까지는 3~4시간 걸린다. 정상에 서면 북쪽으로 캉진리, 랑탕리룽(7246m), 알라 피크(5500m)가 병풍처럼 도열했다.

1. 숲을 지나 고라타벨라 개활지로 들어서는 초입. 이곳부터 랑탕리룽을 비롯한 설산을 보면서 트레킹할 수 있다 2. 라마 호텔을 지나면 만날 수 있는 리버사이드 롯지 3. 고라타벨라를 향해 걷고 있는 트레커들 4. 지진으로 무너져 버린 랑탕 마을 입구의 개활지

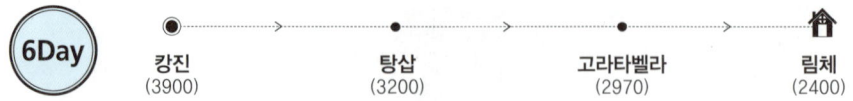

6Day

캉진	탕샵	고라타벨라	림체
(3900)	(3200)	(2970)	(2400)

아침 일찍 캉진에서 출발하면 탕샵이나 고라타벨라에서 점심을 먹는다. 라마 호텔을 거쳐 림체에 도착하면 아직 해가 지기 전이다. 늦게까지 해가 드는 림체에서 해바라기를 하면서 랑탕 밸리의 멋진 풍광을 감상하기 좋다. 이날 더 내려간다고 해도 밤부까지밖에 갈 수 없다. 따라서 햇살이 좋은 림체에 머무르는 것이 좋다.

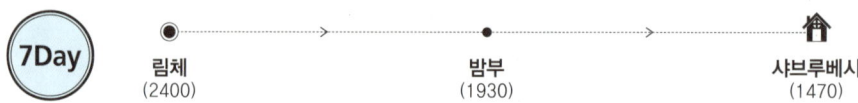

7Day

림체	밤부	샤브루베시
(2400)	(1930)	(1470)

림체에서 샤브루베시까지 반나절이면 갈 수 있다. 샤브루베시에 일찍 도착하면 계곡에 있는 노천 온천에 들러보는 것도 좋다. 히말라야 빙하가 녹은 물이 흘러내리는 계곡의 노천 온천에서 트레킹으로 쌓인 피로를 풀어보자. 사륜구동 지프를 대절하면 당일 늦게 카트만두에 복귀할 수 있다. 림체에서 샤브루베시까지는 산허리를 가로질러 세르파강을 거쳐가는 하이패스 코스를 이용할 수 있다. 밤부를 거쳐 가는 아랫길보다 1~2시간 더 걸리지만 풍광은 훨씬 뛰어나다.

8Day

샤브루베시	카트만두
(1450)	(1400)

카트만두로 돌아가는 차표는 전날 예매하도록 한다. 샤브루베시에서 카트만두로 가는 버스편은 06:00, 07:00에 있다.

1. 랑시샤카르카에서 바라본 강첸포(6387m) **2.** 캉진곰파 롯지를 알리는 광고

1. 랑탕 밸리에서 가장 깊숙한 곳에 자리한 랑시샤르카르카 가는 길 **2.** 랑시샤르카르카에서 방목하는 야크

〈랑탕 계곡 트레킹(상행 코스) 표준 시간〉

출발–도착	소요시간	출발–도착	소요시간
샤브루베시–도만	1:30	랑탕 마을–문두	0:30
도만–밤부	1:35	문두–신둠	0:20
밤부–림체	1:30	신둠–캉진곰파	1:40
림체–라마 호텔	0:20	캉진곰파–자탕	1:30
라마 호텔–고라타벨라	2:00	자탕–눔탕	0:50
고라타벨라–탕샵	0:40	눔탕–랑시샤르카르카	1:10
탕샵–랑탕 마을	1:30		

 Tip

● 샤브루베시는 버스터미널과 롯지들이 있는 뉴 샤브루베시와 국립공원 사무소 지나 현수교 너머에 있는 올드 샤브루베시로 구분된다. 대부분의 트레커들은 최근에 지은 롯지가 많은 뉴 샤브루베시에서 숙박한다. 다만 조금 시끄러운 것이 단점이다.

● 뉴 샤브루베시 앞 강변에 노천 온천이 있다. 트레킹을 마친 뒤 따끈한 온천수로 온천욕을 하며 피곤한 심신을 푸는 것도 좋다.

● 트레킹 중 위급 상황이 발생해 헬기를 불러야 할 때 캉진에 있는 예티게스트하우스의 위성전화를 이용하면 유용하다.

● 대부분의 트레커들은 캉진Kyangjin을 캉진곰파Kyangjin Gompa라고 부른다. 하지만 정확한 마을 이름은 캉진이다. 그곳에 곰파(사원)가 있어 캉진곰파라고도 부르는 것이다.

● 시간적인 여유가 있다면 캉진에서 랑시샤르카르카와 체르코리를 다 둘러보기를 권한다. 제대로 된 히말라야 설산의 풍광을 보려면 캉진에서 이틀 정도는 머물러야 한다. 캉진에서 캉진리만 올랐다가 하산하는 것은 수박 겉핥기식 트레킹이다.

02
고사인쿤드

해발 4,400m에 자리한 고사인쿤드호수는 네팔에서 가장 유명한 종교 순례지 중 하나다. 북쪽과 동쪽으로 높이 솟은 산이 비쳐 장엄한 풍경을 연출하는 아름다운 호수다. 이곳에는 사라스와티, 바이라브, 수리야 등 9개의 유명한 호수가 있다. 매년 8월 열리는 자나이 푸르니마 Janai Purnima 축제 기간에는 수많은 힌두교도들이 고사인쿤드호수에 몸을 담그는 의식을 치른다. 호수 중앙에 있는 큰 바위는 시바신을 모시던 사원의 유적이라는 설과 남쪽 60km 지점에 있는 카트만두 인근 파탄에 있는 사원까지 직접 물을 대는 수로였다는 설이 있다. 고사인쿤드 트레킹 시작점은 둔체다. 둔체에서 고사인쿤드까지는 이틀 걸린다. 고사인쿤드에는 티 하우스와 롯지에서 트레커와 순례자들에게 음식과 잠자리를 제공한다. 축제 기간에는 당연히 제대로 대접받지 못한다. 9월 보름달이 뜰 때는 밀려드는 순례자들로 방 구하기가 하늘의 별따기다. 고사인쿤드에서는 라우레비나라(4610m)까지 올랐다가 같은 코스를 따라 둔체로 하산한다.

라우레비나야크에서 고사인쿤드 가는 길에 있는 랜드마크 초르텐

○ **일정** 5박6일
○ **최고 고도** 4610m(라우레비나라)
○ **코스** 카트만두→둔체→딤사→신곰파→촐랑파티→라우레비나야크→고사인쿤드→라우레비나라→촐랑파티→둔체→카트만두
○ **난이도** ★★★

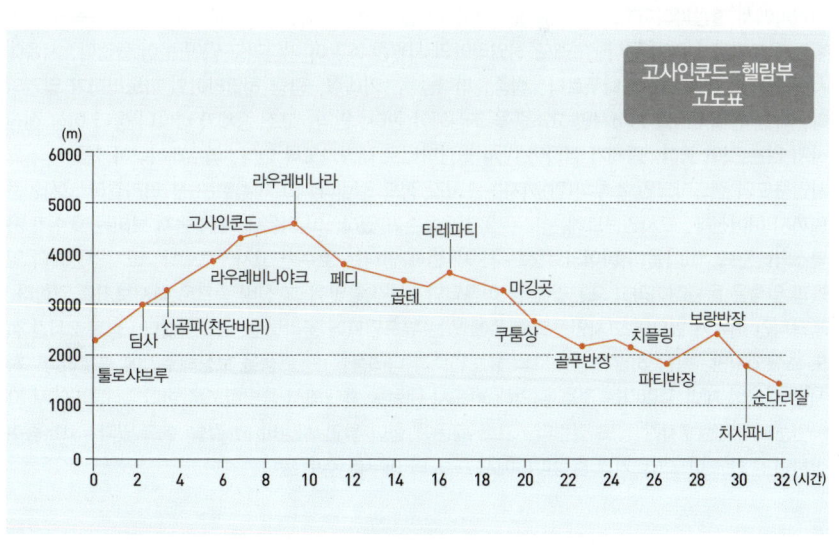

**고사인쿤드
트레킹 안내도**

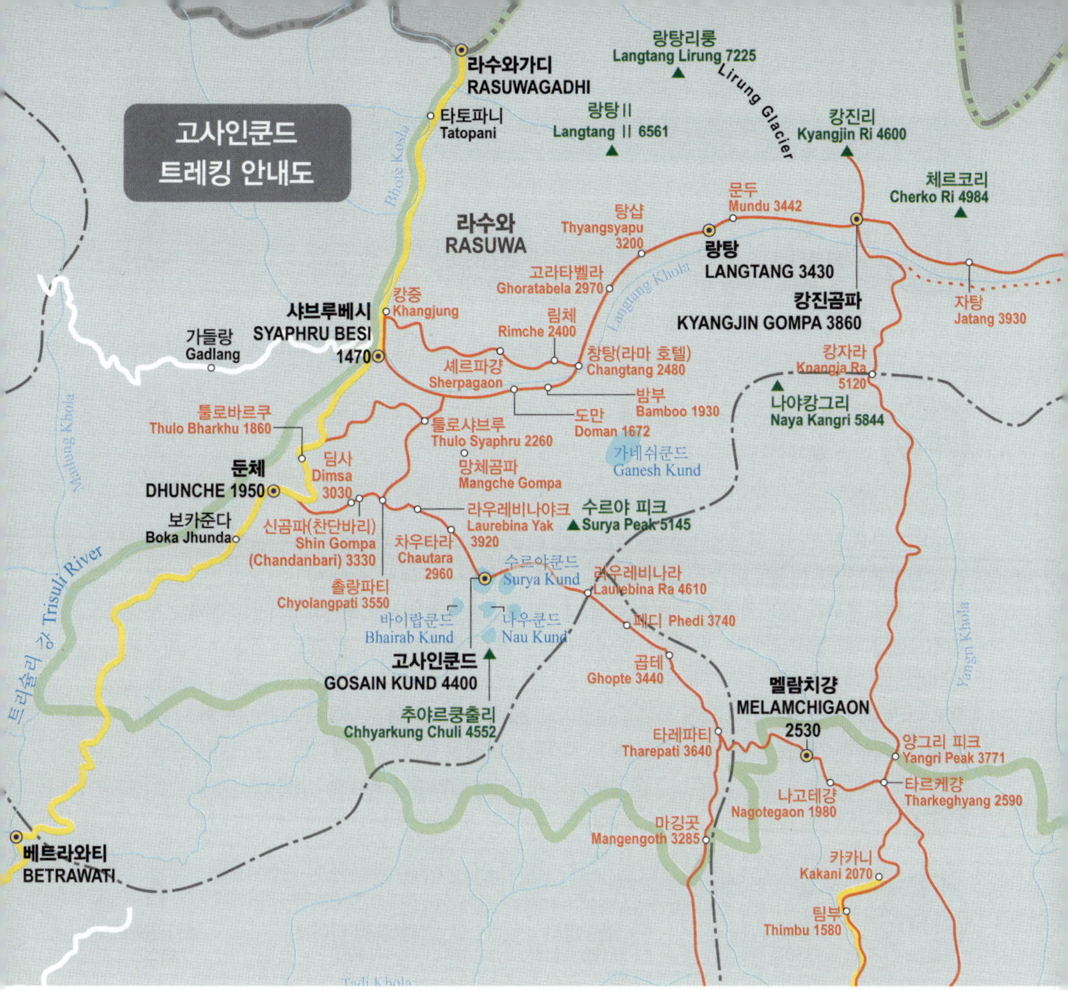

라수와가디
RASUWAGADHI

랑탕리룽
Langtang Lirung 7225

Lirung Glacier

타토파니
Tatopani

랑탕II
Langtang II 6561

캉진리
Kyangjin Ri 4600

체르코리
Cherko Ri 4984

라수와
RASUWA

탕샵
Thyangsyapu 3200

문두
Mundu 3442

캉중
Khangjung

고라타벨라
Ghoratabela 2970

랑탕
LANGTANG 3430

자탕
Jatang 3930

가들랑
Gadlang

샤브루베시
SYAPHRU BESI 1470

림체
Rimche 2400

창탕(라마 호텔)
Changtang 2480

캉진곰파
KYANGJIN GOMPA 3860

셰르파강
Sherpagaon

캉자라
Knangja Ra 5120

툴로바르쿠
Thulo Bharkhu 1860

밤부
Bamboo 1930

나야캉그리
Naya Kangri 5844

둔체
DHUNCHE 1950

딤사
Dimsa 3030

툴로샤브루
Thulo Syaphru 2260

도만
Doman 1672

가베쉬쿤드
Ganesh Kund

보카준다
Boka Jhunda

망체곰파
Mangche Gompa

신곰파(찬단바리)
Shin Gompa (Chandanbari) 3330

라우레비나야크
Laurebina Yak 3920

수르야 피크
Surya Peak 5145

차우타라
Chautara 2960

졸랑파티
Chyolangpati 3550

수르야쿤드
Surya Kund

라우레비나라
Laurebina Ra 4610

바이랍쿤드
Bhairab Kund

나우쿤드
Nau Kund

피디 Phedi 3740

고사인쿤드
GOSAIN KUND 4400

곱테
Ghopte 3440

멜람치강
MELAMCHIGAON 2530

추야르쿵출리
Chhyarkung Chuli 4552

타레파티
Tharepati 3640

양그리 피크
Yangri Peak 3771

나고테강
Nagotegaon 1980

타르케강
Tharkeghyang 2590

마깅곳
Mangengoth 3285

카카니
Kakani 2070

팀부
Thimbu 1580

베트라와티
BETRAWATI

Bhote Koshi

Malung Khola

Trisuli River 트리슐리 강

Langtang Khola

Yangri Khola

Twli Khola

**고사인쿤드－헬람부
고도표**

(m)

6000

5000 · · · · · · · 라우레비나라

4000 · · · 고사인쿤드 · · · · 타레파티

3000 · · 라우레비나야크 · 페디 · · 마깅곳

2000 · 신곰파(찬단바리) · · · · 쿠퉁상 · · 치플링 · · 보랑반장

1000 · 딤사 · · · · · · · 골푸반장 · 파티반장 · · 숀다리잘

툴로샤브루

곱테

치사파니

0 2 4 6 8 10 12 14 16 18 20 22 24 26 28 30 32 (시간)

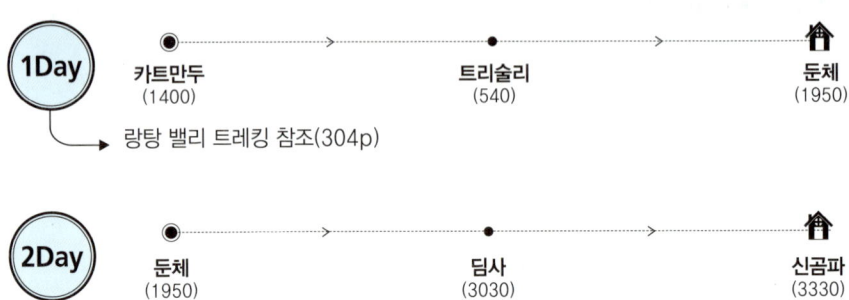

1Day 카트만두 (1400) → 트리술리 (540) → 둔체 (1950)

↳ 랑탕 밸리 트레킹 참조(304p)

2Day 둔체 (1950) → 딤사 (3030) → 신곰파 (3330)

둔체에는 한때 한국인이 운영했던 '히말라야 온 탑' 생수공장이 있다. 그곳을 지나 길을 따라 올라가면 고사인쿤드라고 쓴 팻말이 보인다. 다리를 지나면 가파른 오르막길이 능선까지 이어진다. 오르막 중간 딤사에 롯지가 있어 차를 마시며 쉴 수 있다. 신곰파의 원래 명칭은 찬단바리지만 트레커들 사이에는 신곰파로 통하고 있다. 둔체에서 신곰파까지는 급경사를 따라 하루에 고도 1,500m 가까이 올려야 한다. 이 때문에 많은 트레커들이 고소 증세를 호소한다. 하지만 고지대가 아니라서 하룻밤 자고 나면 대부분은 괜찮아져 크게 걱정하지 않아도 된다. 신곰파에는 정부에서 운영하는 치즈공장이 있다. 시설과 기술은 스위스에서 제공했다. 치즈공장은 공장 운영시간이 지나도 관리인이 상주해 언제든지 치즈를 살 수 있다. 가격은 카트만두에서 제조하는 일반 치즈보다 좀 비싸다.

3Day 신곰파 (3330) → 촐랑파티 (3550) → 라우레비나야크 (3920) → 고사인쿤드 (4400)

신곰파에서 촐랑파티까지는 대체로 넓고 편안한 길이 계속된다. 단, 라우레비나야크 도착 직전에 힘든 오르막을 올라야 한다. 그래도 히말라야의 시원한 조망이 기다리고 있어 눈이 즐겁다. 서쪽에서 동쪽으로 펼쳐지는 안나푸르나, 람중, 마나슬루, 가네쉬, 랑탕 히말라야의 파노라마가 압권이다. 해발 4,000m를 넘어서면 고소증을 조심해야 한다. 만약, 고소 증세가 나타나면 더 이상 전진하지 않는 것이 좋다. 증세가 심하면 다시 촐랑파티로 내려가도록 한다. 라우레비나야크를 지나 고사인쿤드의 랜드마크인 스투파(탑)까지는 1시간 정도 걸린다. 그 이후로는 산 허리길이 고사인쿤드까지 이어진다. 고사인쿤드에는 모두 9개의 호수가 있다. 이 가운데 가장 먼저 보이는 호수가 사라스와티쿤드, 그다음이 바이라브쿤드다. 세 번째 만나는 호수가 고사인쿤드다. 고사인쿤드의 일몰과 일출은 몽환적이라고 표현할 만큼 아름답다. 시간을 맞춰 그 신비 속으로 빠져보기를 권한다. 시간적인 여유가 있으면 고사인쿤드 북쪽에 있는 뷰포인트에 올라보는 것도 괜찮다. 왕복 2시간 정도 소요되지만, 랑탕 히말라야 최고의 뷰포인트라 다리품을 판 고생을 보상해주기에 충분하다. 하지만 시간이 제법 걸린다는 것을 감안해 반드시 랜턴을 휴대해서 출발하도록 한다. 신곰파에서 고사인쿤드까지는 7시간 정도 걸린다. 고소 때문에 힘이 들면 시간이 더 걸릴 수도 있다. 고소증이 심하면 중간에 야크카르카나 촐랑파티에서 하루 더 머무를 수도 있다.

1. 신곰파 오름길에서 본 가네쉬 히말라야 2. 찬단바리(신곰파)에 있는 롯지 3. 4. 신곰파에 있는 야크치즈 공장과 야크 치즈
5. 툴로샤브루 오름길에서 바라본 가네쉬 히말라야

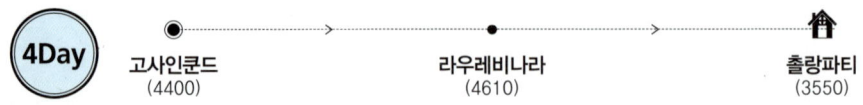

4Day

고사인쿤드 (4400) — 라우레비나라 (4610) — 촐랑파티 (3550)

고사인쿤드에는 비스누 신이 잠들어 있다고 하며, 호숫가에는 링거와 요니(힌두교의 신)를 모신 사당이 있다. 그 앞에는 시바 신이 오른 손에 들고 있던 삼지창도 있다. 아침은 장엄한 고사인쿤드의 일출을 보는 것으로 시작한다. 아침을 먹은 후 짐은 숙소에 맡겨두고 라우레비나라까지 올라갔다가 내려온다. 마지막으로 고사인쿤드 호수를 시계 방향으로 한 바퀴 돈다. 그다음 점심을 먹고 하산을 시작해 촐랑파티에서 하루를 쉬어간다. 어차피 고사인쿤드에서 둔체까지는 당일로 하산하는 것이 힘들다. 편하게 마음먹고 촐랑파티에서 쉬면서 히말라야의 멋진 풍광을 원 없이 감상하고, 그 정기를 듬뿍 누려보자.

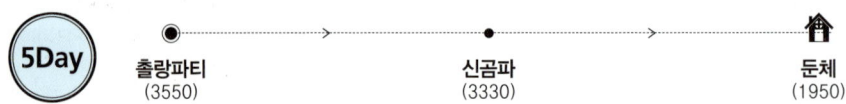

5Day

촐랑파티 (3550) — 신곰파 (3330) — 둔체 (1950)

촐랑파티에서 내려오는 길도 풍경이 한없이 아름답다. 어느 시인이 노래한 '내려올 때 보았네. 올라갈 때 못 본 그 꽃을'이란 시구처럼 히말라야의 기막힌 풍광이 줄곧 펼쳐진다. 그 풍경을 감상하면서 느긋하게 발걸음을 놀리면 된다. 둔체까지 하산 시간은 충분하므로 트레킹 그 자체를 즐기자. 치즈를 좋아한다면 신곰파 치즈공장에서 치즈를 구입하면 좋다.

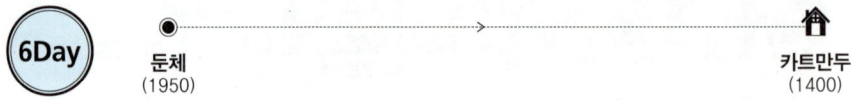

6Day

둔체 (1950) — 카트만두 (1400)

전날 카트만두로 복귀하는 차표를 예매하는 것이 좋다. 5명 이상이라면 지프를 대절해 복귀하는 것도 추천한다.

1. 얼어붙은 고사인쿤드호수 2. 고사인쿤드 뒷산에 있는 전망대 3. 고사인쿤드 뒷산 전망대에서 바라본 랑탕리룽 4. 얼어붙은 고사인쿤드호수 위를 걷는 트레커 5. 고사인쿤드에서 라우레비나라로 이어진 산허리길. 이 길을 따라 고개를 넘으면 헬람부로 간다

03
랑탕 밸리-고사인쿤드

랑탕 밸리 트레킹만으로는 조금 아쉬운 트레커들이 선택하는 코스다. 일반적으로 랑탕 밸리를 먼저 다녀온 후 고사인쿤드로 향한다. 샤브루베시에서 시작해 캉진(캉진곰파)을 다녀온후 툴로샤브루를 거쳐 지름길(신곰파를 거치지 않고 가는 길)로 라우레비나야크를 거쳐 고사인쿤드로 간다. 하산은 왔던 길을 되짚어서 둔체로 내려온다. 랑탕 밸리에서는 따망족의 삶과 문화를 맛볼 수 있다. 트레킹은 낮은 고도에서 편안한 길로 계곡을 거슬러 올라가 대부분고소 증세를 느끼지 않고 캉진까지 다녀올 수 있다. 캉진에서는 랑시샤카르카를 다녀오거나, 캉진리, 체르코리 같은 전망 좋은 봉우리를 오를 수 있다.

1. 툴로샤브루에서 신곰파 방향으로 가는 길에 있는 티하우스 2. 얼어붙은 고사인쿤드호수 3. 툴로샤브루로 넘어가는 고개 전망대에서 바라본 랑탕 밸리 4. 능선에 자리한 툴로샤브루 마을

○**일정** 10박11일
○**최고 고도** 4610m(라우레비나라)
○**코스** 카트만두 → 샤브루베시 → 밤부-림체 → 고라타벨라 → 랑탕 → 캉진(캉진곰파) → 밤부 → 툴로샤브루 → 신곰파 → 촐랑파티 → 고사인쿤드 → 라우레비나라 → 라우레비나야크 → 신곰파 → 둔체 → 카트만두
○**난이도** ★★★★★

트레킹 코스 가이드

일정	출발지	경유지	숙박지
1Day	카트만두(1400)	트리슐리–둔체(1950)	샤브루베시(1470)
2Day	샤브루베시(1470)	밤부(1980)	라마 호텔(2400)
3Day	라마 호텔(2400)	고라타벨라(2970)–탕샵(3200)	랑탕 마을(3430)
4Day	랑탕 마을(3430)	문두(3442)	캉진곰파(3860)
5Day	캉진곰파(3860)	고라타벨라(2970)–림체(2400)	밤부(1980)
6Day	밤부(1980)	도만(1672)	툴로샤브루(2260)
7Day	툴로샤브루(2260)	두사강(2735)–포프랑단다(3190)	신곰파(3330)
8Day	신곰파(3330)	촐랑파티(3550)–라우레비냐야크(3920)	고사인쿤드(4400)
9Day	고사인쿤드(4400)	라우레비나라(4610)	라우레비나야크(3920)
10Day	라우레비나야크(3920)	신곰파(3330)	둔체(1950)
11Day	둔체(1950)		카트만두(1400)

Tip

● 위 코스와 반대로 고사인쿤드를 먼저 갔다가 랑탕 밸리를 트레킹할 수도 있다. 이렇게 코스를 짜면 둔체–신곰파–라우레비나야크–고사인쿤드–툴로샤브루–라마 호텔–랑탕 마을–캉진곰파–림체–샤브루베시–카트만두로 이어지는 11일 여정이다.

● 카트만두를 기점으로 랑탕 밸리와 고사인쿤드를 연계한 트레킹은 11일 소요된다. 운행 능력에 따라 가감이 가능하지만 여기서 날짜를 더 줄이면 별 재미가 없고 고생만 하게 된다. 오히려 이 일정에 캉진곰파에서 1일, 고사인쿤드에서 1일을 더해야 제대로 된 랑탕 히말라야 트레킹을 할 수 있다.

● 툴로샤브루는 롯지 한 곳 당 최대 수용 인원을 6명으로 제한하는 자체 규약이 있다. 특정한 롯지가 트레커를 독점하는 것을 방지하기 위해서 만든 규약이다.

● 밤부에서 내려와 도만에서 툴로샤브루가 보이는 언덕까지는 된비알의 힘든 길을 2시간쯤 올라야 한다. 능선을 따라 올라가면서 서쪽으로 보이는 가네쉬 히말의 풍광이 끝내준다. 운이 좋으면 정글에 사는 야생 원숭이를 볼 수 있다. 야생화는 계절에 관계없이 늘 피어 있다. 능선 위에 자리한 툴로샤브루의 롯지 풍광이 이색적이다.

● 툴로샤브루에서 신곰파로 가는 길은 가파른 오르막길의 전형적인 코스다. 포터 없이 스스로 짐을 지고 가면 힘이 아주 많이 든다. 툴로샤브루 마을 위쪽 마니차가 있는 물레방아 앞에서 길이 세 갈래로 나뉜다. 왼쪽 길은 신곰파를 거치지 않고 촐랑파티로 곧장 올라가는 지름길이다. 오른쪽 길은 두사강과 포프랑단다를 거쳐 신곰파로 이어진다. 신곰파를 거쳐 가는 것이 조금 돌아가는 길이지만 완경사라 힘이 좀 덜 든다. 신곰파의 원래 명칭은 찬단바리다. 트레커 사이에서는 신곰파로 통한다. 이곳에는 정부에서 운영하는 치즈 공장이 있다.

04
헬람부

다락논이 끝없이 펼쳐진 네팔 중산간 지방의 정취를 느낄 수 있는 트레킹 코스다. 헬람부는 카트만두 북쪽 차량으로 40분 거리에 있는 순다리잘에서 트레킹을 시작한다. 이 지역의 산과 계곡에는 이주한 티베트인과 셰르파족이 거주한다. 수목한계선 위까지 가는 일반적인 네팔 히말라야 트레킹과 달리 2,000~3,000m 사이의 중산간 지대를 트레킹하며 현지인들의 삶과 문화를 가까이서 느낄 수 있다. 헬렘부 트레킹 코스에서 가장 높은 타레파티는 높이가 3,640m다. 이처럼 높이가 적당(?)해 고산병으로 고생할 일은 거의 없다. 트레킹은 시바푸리 나가르준 국립공원이 있는 순다리잘에서 시작해 타레파티를 거쳐 멜람치바자르로 내려오는 작은 서킷이 일반적이다. 많지는 않지만 순다리잘을 출발해 타레파티에서 고개를 넘어 고사인쿤드로 가기도 있다. 또 랑탕 밸리와 고사인쿤드를 트레킹한 후 헬람부로 넘어오는 긴 여정의 랑탕 서킷 트레킹을 하기도 한다.

세르마탕 가는 길에 바라본 인드라와티강과 멜람치 풍경

○ **일정** 5박6일
○ **최고 고도** 3640m(타레파티)
○ **코스** 카트만두 → 순다리잘 → 물카르카 → 치사파니 → 치플링 → 쿠툼상 → 마깅곳 → 타레파티 → 멜람치걍 → 타르케걍 → 세르마탕 → 멜람치바자르 → 카트만두
○ **난이도** ★★★

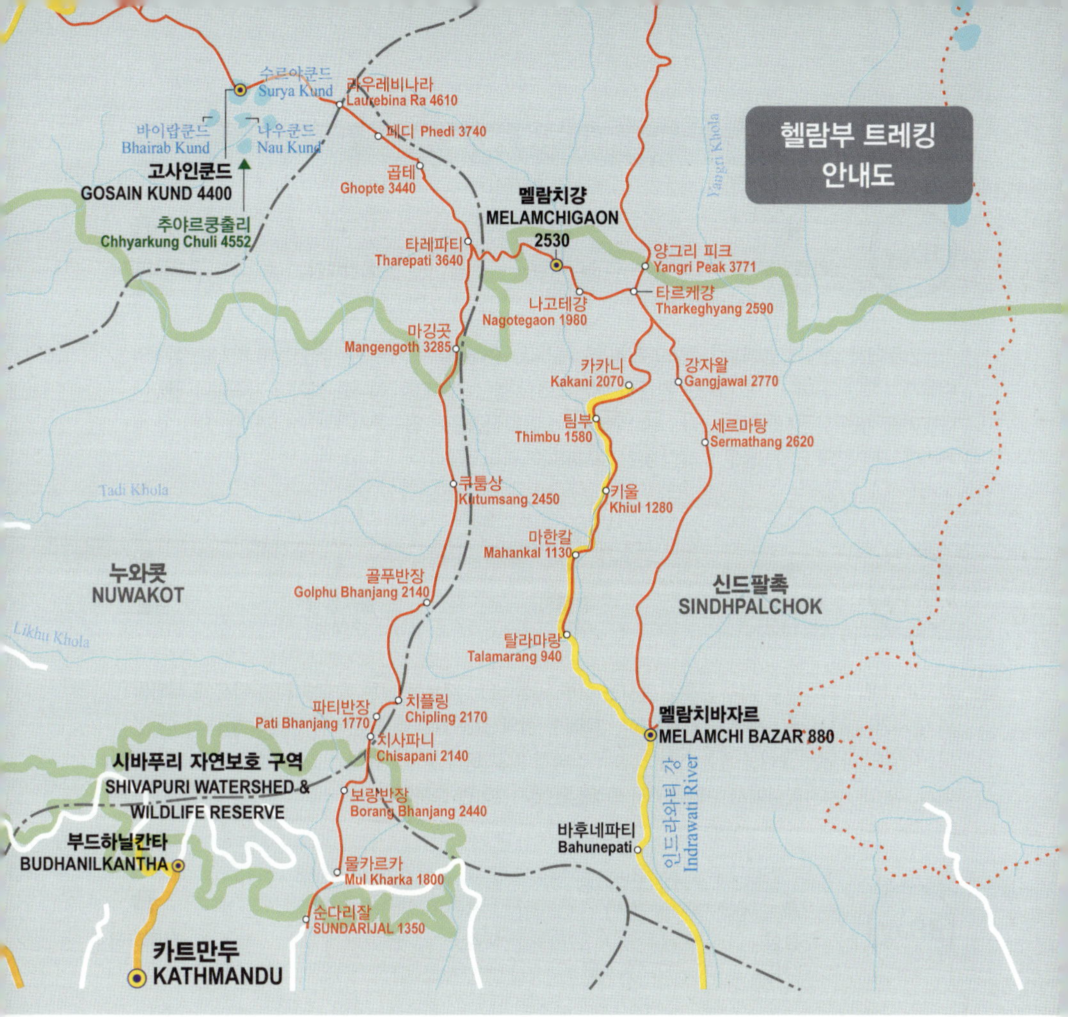

헬람부 트레킹 안내도

- 수르야쿤드 Surya Kund
- 라우레비나라 Laurebina Ra 4610
- 바이랍쿤드 Bhairab Kund
- 나우쿤드 Nau Kund
- 페디 Phedi 3740
- 고사인쿤드 GOSAIN KUND 4400
- 곱테 Ghopte 3440
- 추야르쿵출리 Chhyarkung Chuli 4552
- 타레파티 Tharepati 3640
- 멜람치강 MELAMCHIGAON 2530
- 양그리 피크 Yangri Peak 3771
- 나고테강 Nagotegaon 1980
- 타르케걍 Tharkeghyang 2590
- 마깅곳 Mangengoth 3285
- 카카니 Kakani 2070
- 강자왈 Gangjawal 2770
- 팀부 Thimbu 1580
- 세르마탕 Sermathang 2620
- 쿠툼상 Kutumsang 2450
- 키울 Khiul 1280
- 마한칼 Mahankal 1130
- 누와콧 NUWAKOT
- 골푸반장 Golphu Bhanjang 2140
- Tadi Khola
- Likhu Khola
- 신드팔촉 SINDHPALCHOK
- 탈라마랑 Talamarang 940
- 파티반장 Pati Bhanjang 1770
- 치플링 Chipling 2170
- 치사파니 Chisapani 2140
- 멜람치바자르 MELAMCHI BAZAR 880
- 시바푸리 자연보호 구역 SHIVAPURI WATERSHED & WILDLIFE RESERVE
- 보랑반장 Borang Bhanjang 2440
- 부드하닐칸타 BUDHANILKANTHA
- 바후네파티 Bahunepati
- 물카르카 Mul Kharka 1800
- 인드라와티 강 Indrawati River
- 순다리잘 SUNDARIJAL 1350
- 카트만두 KATHMANDU
- Yangri Khola

헬람부 고도표

(m)

세로축: 0, 1000, 2000, 3000, 4000, 5000, 6000

가로축: 0, 2, 4, 6, 8, 10, 12, 14, 16, 18, 20, 22, 24, 26, 28 (시간)

마깅곳 / 타레파티 / 보랑반장 / 치플링 / 쿠툼상 / 멜람치강 / 타르케걍 / 카카니 / 순다리잘 / 파티반장 / 골푸반장 / 나고테강 / 팀부 / 키울

1Day 카트만두(1400) → 순다리잘(1350) → 물카르카(1800) → 치사파니(2140)

카트만두에서 순다리잘까지는 차량으로 40분 거리다. 순다리잘은 카트만두 시민들이 마시는 식수의 수원지가 있는 곳이다. 또 지독한 자동차 매연으로 유명한 카트만두 시내를 벗어나 가족이나 연인이 나들이를 가는 유원지이기도 하다. 시바푸리 나가르준 국립공원 입구에서 치사파니까지는 약 12km 거리다. 대부분의 트레커들은 트레킹 첫날 치사파니에서 머무른다.

2Day 치사파니(2140) → 치플링(2170) → 골푸반장(2140) → 쿠툼상(2450)

치사파니에서 치플링을 거쳐 쿠툼상까지는 하루 일정이다. 대부분 같은 코스를 걷는 다른 트레커들과 앞서거니 뒤서거니 하면서 함께 간다. 트레킹 상의 길은 대부분 능선이나 산허리를 따라 나 있다. 네팔의 다락논 풍광을 즐기면서 크게 무리하지 않고 트레킹하는 묘미가 있다. 점심은 골푸반장에서 먹는다. 치사파니에서 쿠툼상까지 트레킹은 6시간이면 충분하다.

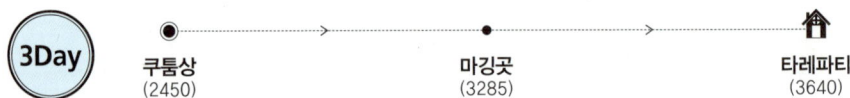

3Day 쿠툼상(2450) → 마깅곳(3285) → 타레파티(3640)

쿠쿰상–타레파티 구간도 전날 걸었던 치사파니–쿠툼상 코스와 비슷하다. 다만, 전망이 툭 트이는 곳이 있어 멀리까지 조망할 수 있다는 게 조금 다르다. 또한, 내리막과 오르막이 있어서 전날보다 조금 힘든 여정이다. 헬람부 트레킹 최종 목적지라 할 수 있는 타레파티 롯지 위쪽으로 약 300m 올라가면 로왈링 히말라야를 조망하기 좋은 전망대가 나온다. 이곳에서는 도르제락파, 가우리상카 등 히말라야 설산의 파노라마 뷰를 즐길 수 있다. 타레파티에 도착했다면 타르초가 걸려 있는 전망대까지 꼭 다녀오길 추천한다. 헬람부에서 시작해 고사인쿤드와 랑탕 밸리까지 랑탕 히말라야 서킷 트레킹을 하는 트레커라면 타레파티에서 하룻밤 머문 뒤 다음날 곱테나 페디 하이캠프까지 운행한다. 다만, 겨울철에는 롯지가 열려 있는지 확인하고 진행해야 한다.

1. 헬람부 트레킹의 종점 타레파티 전망대의 일출. 멀리 로왈링 히말라야가 아침 노을에 붉게 물들었다 2. 고사인쿤드에서 라비레비나라를 넘어 오면 만나는 페디의 초우타라 3. 곱테에 있는 롯지의 테이블과 쉼터 4. 멜람치 산악구릉지대에 자리한 마을 풍경

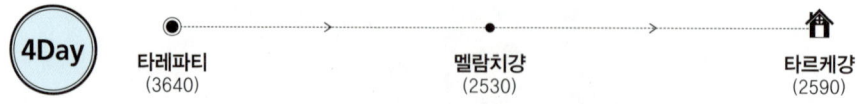

4Day

타레파티 (3640) → 멜람치걍 (2530) → 타르케걍 (2590)

헬람부 트레킹 종점인 타레파티에서 하산은 타르케걍을 경유해 멜람치로 한다. 타레파티 마지막 롯지에서 계곡을 따라 3시간 정도 정신없이 내려오면 멜람치걍이라는 작은 마을이 나온다. 이곳에서 점심을 먹는다. 다시 계곡에 걸린 현수교를 하나 지나 조금 올라가면 타르케걍에 도착한다. 멜람치걍에서 타르케걍까지도 제법 먼 거리라 부지런히 걸어야 한다. 타르케걍은 랑탕 밸리의 캉진(캉진곰파)에서 강자라(5120m)를 넘어 오면 만나는 첫 번째 마을이다. 전형적인 셰르파족 마을로 곰파(사원)처럼 티베트 불교 색채가 짙다. 타르케걍에는 시간제한이 있지만 전기가 들어온다.

5Day

타르케걍 (2590) → 카카니 (2070) → 팀부 (1580) → 탈라마랑 (940)

타르케걍에서 멜람치바자르로 내려가는 길은 계곡과 능선, 두 갈래다. 타르케걍에서 조금 내려오면 갈림길이다. 여기서 계곡 코스는 오른쪽으로 능선을 넘어간다. 급한 내리막길을 1km쯤 내려와 능선을 가로질러 가면 카카니에 닿는다. 2025년 9월 현재 카카니부터는 차량 이동이 가능한 도로가 개통되어 대부분의 트레커들이 차량을 이용해서 편하게 이동한다. 단, 강변을 따라 난 비포장도로는 고생을 좀 해야 한다. 멜람치바자르에서 카트만두로 가는 막차는 오후 3시에 있다. 따라서 탈라마랑에서 하룻밤 자고 다음날 아침 멜람치바자르를 거쳐 카트만두로 간다. 타르케걍 갈림길에서 왼쪽 길로 가면 능선을 따라 멜람치바자르까지 갈 수 있다. 강자왈(2770m)과 세르마탕(2620m)을 거쳐 가는 이 길은 산허리를 따라 이어지거나 완만한 능선을 타고 내려오는 길이라 걷기 좋다. 중산간지대의 마을 풍경도 그만이다. 멜람치바자르에서 카트만두로 나가는 버스가 일찍 끊기기 때문에 하산을 서두를 필요가 없다. 카카니(계곡쪽 카카니가 아니다)에서 하루 머문 뒤 다음날 아침 일찍 멜람치바자르로 내려간다.

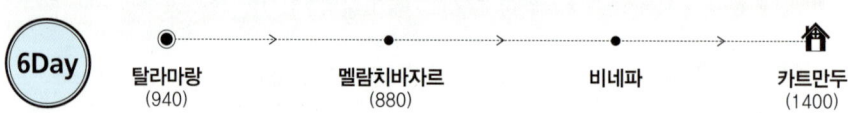

6Day

탈라마랑 (940) → 멜람치바자르 (880) → 비네파 → 카트만두 (1400)

멜람치바자르는 인근 산간 마을에 사는 사람들이 모여드는 큰 마을이다. 이곳에서 차량을 이용해 비네파나 카트만두로 이동하는 관계로 늘 복잡하다. 멜람치바자르에서 카트만두까지는 버스로 4시간 정도 걸린다. 비네파까지는 도로 상태가 좋지 않다.

1. 멜람치걍에 있는 초르텐 2. 멜람치걍에서 타르케걍으로 가는 길에 있는 서스펜션 브리지 3. 세르마탕에 있는 초등학교 4. 타르케걍의 곰파(티베트 사원)

〈헬람부 트레킹 표준 시간〉

출발-도착	소요시간	출발-도착	소요시간
순다리잘-보랑반장	3:00	마깅곳-타레파티	1:30
보랑반장-치사파니	1:00	타레파티-뷰포인트	2:00
치사파니-파티반장	1:30	타레파티-멜람치걍	2:00
파티반장-쏘통	3:00	멜람치걍-타르케걍	3:00
쏘통-골푸반장	0:30	타르케걍-카카니	2:15
골푸반장-쿠툼상	2:00	카카니-팀부	0:45
쿠툼상-마깅곳	3:00	팀부-키울	1:00

05
랑탕 히말라야 서킷

랑탕 히말라야 트레킹 코스 대부분을 섭렵하는 일정이다. 랑탕 밸리와 고사인쿤드에서는 만년설에 덮인 히말라야의 풍광을 즐기고, 헬람부에서는 히말라야 중산간지대에서 살아가는 고산족의 삶과 문화를 느낄 수 있다. 트레킹 코스는 랑탕 밸리와 고사인쿤드를 돌아본 뒤 헬람부로 넘어오는 게 일반적이다. 반대 방향으로 트레킹하는 경우는 20%가 채 안 된다. 어느 코스를 선택하더라도 고소 적응을 하면서 트레킹을 할 수 있어 고산병으로부터 비교적 자유롭다. 트레킹 경험이 풍부하고 시간적인 여유가 있다면 도전해 보자.

랑탕 밸리 가장 깊숙한 곳에 자리한 랑시샤카르카에 바라본 랑탕 히말라야 파노라마

○ **일정** 13박14일
○ **최고 고도** 4610m(라우레비나라)
○ **코스** 카트만두 → 샤브루베시 → 밤부 → 림체 → 고라타벨라 → 랑탕 → 캉진(캉진곰파) → 밤부 → 툴로샤브루 → 신곰파 → 촐랑파티 → 고사인쿤드 → 라우레비나라 → 타레파티 → 마깅곳 → 쿠툼상 → 치사파니 → 순다리잘 → 카트만두
○ **난이도** ★★★★★

일정	출발지	경유지	숙박지
트레킹 코스 가이드			
1Day	카트만두(1400)	트리술리(541)	샤브루베시(1470)
2Day	샤브루베시(1470)	밤부(1930)	라마 호텔(2480)
3Day	라마 호텔(2480)	고라타벨라(2970)-탕샵(3200)	랑탕 마을(3430)
4Day	랑탕 마을(3430)	문두(3442)	캉진곰파(3860)
5Day	캉진곰파(3860)	캉진리(4600)	캉진곰파(3860)
6Day	캉진곰파(3860)	랑탕 마을(3430)-고라파벨라(2970)	라마 호텔(2480)
7Day	라마 호텔(2480)	밤부(1930)	툴로샤브루(2260)
8Day	툴로샤브루(2260)		신곰파(찬단바리)(3330)
9Day	신곰파(3330)	촐랑파티(3550)-라우레비나야크(3920)	고사인쿤드(4400)
10Day	고사인쿤드(4400)	라우레비나라(4610)	곱테(3440)
11Day	곱테(3440)		타레파티(3640)
12Day	타레파티(3640)	마깅곳(3285)-쿠쿰상(2500)	골푸반장(2140)
13Day	골푸반장(2140)	치플링(2170)-파티반장(1770)	치사파니(2140)
14Day	치사파니(2140)	순다리잘(1350)	카트만두(1400)

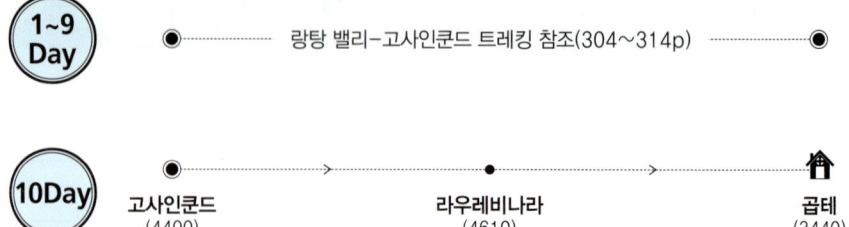

1~9 Day

랑탕 밸리-고사인쿤드 트레킹 참조(304~314p)

10Day

고사인쿤드	라우레비나라	곱테
(4400)	(4610)	(3440)

고사인쿤드의 아침 일출은 아주 매력적이다. 결코 빠트려서는 안 된다. 꼭 시간 맞추어 보기를 권한다. 라우레비라라까지는 그리 급하지 않은 오르막길이 이어진다. 1시간 30분 정도 소요. 산마루에는 타루초가 있어 쉽게 구별할 수 있다. 겨울철 눈이 오면 길을 표시하는 의미의 돌탑들이 고개 주위로 많이 볼 수 있다. 이후 급경사의 내리막을 내려가면 페디가 나온다. 이곳에 찻집이 하나 있다. 찻집을 지나면서 길은 두 갈래로 나뉜다. 위쪽 길은 위험하다. 아래쪽 길로 하산하도록 한다. 겨울철이라면 고사인쿤드에서 라우레비나라를 지나 페디까지 오는 길에는 항상 눈이 얼어 있다고 보아야 한다. 따라서 스패츠와 아이젠을 지참해야 한다. 페디에서 급경사의 내리막을 약 2시간 정도 가면 곱테에 도착한다.

11Day

곱테	타레파티
(3440)	(3640)

롤러코스트를 타는 것만큼이나 길이 오르막과 내리막의 연속이다. 곱테에서 30분 정도 계곡으로 내려가면 다시 오르막과 내리막이 이어진다. 타레파티 직전 오르막은 가도 가도 줄어들지 않는 것처럼 느껴진다. 타레파티 위쪽 능선을 따라 타루초가 있는 곳까지 올라가면 로왈링 히말라야의 멋진 풍광을 볼 수 있는 뷰포인트가 있다. 곱테에서 타레파티까지는 반나절이면 갈 수 있는 거리다. 마음만 먹으면 더 갈 수도 있다. 그러나 힘든 고사인쿤드 구간을 지나왔기 때문에 일찍 도착했더라도 오후는 쉬는 일정으로 잡는 게 좋다. 또 타레파티 뷰포인트에서 보는 환상적인 일몰도 놓칠 수 없다.

12Day

타레파티	마깅곳	쿠툼상	골푸반장
(3640)	(3285)	(2500)	(2140)

타레파티부터 헬람부 트레킹 코스를 따른다. 타레파티에서 순다리잘로 내려가는 코스에는 트레킹 롯지들이 잘 발달되어 있다. 타레파티에서 마깅곳까지 능선길이 이어지다가 마깅곳 이후부터는 급격한 내리막이다. 가파른 길을 1시간 30분쯤 내려오면 숲을 벗어나 계단식밭이 펼쳐진 목가적인 풍경의 쿠툼상에 도착한다. 쿠툼상에서 점심을 먹고 다시 2시간 정도 내려가면 골푸반장이 나온다. 타레파티에서 순다리잘로 내려가지 않고 멜람치강을 거쳐 타르케강까지 간 뒤 계곡과 능선 코스 가운데 택해서 멜람치바자르로 갈 수도 있다. 타르케강과 카키니에서 숙박하는 2박3일 코스로 헬람부 트레킹을 참조하면 된다.

1. 고사인쿤드에서 라우레비나라 오르는 길 2. 타레파티 뷰포인트의 일몰 3. 랑탕과 주갈 히말라야 경계에 솟아 있는 석양에 물든 강첸포 4. 라우레비나라 고개 정상 부근 5. 라우레비나라 정상부의 설사면을 걷고 있는 트레커들

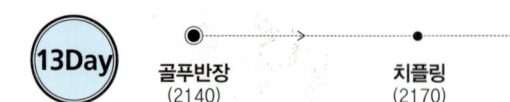

13Day

골푸반장 (2140) → 치플링 (2170) → 파티반장 (1770) → 치사파니 (2140)

순다리잘로 하산하는 길은 계속해서 능선길이 이어진다. 중간 중간 나오는 롯지에서 차를 마시며 쉬어가면서 헬람부의 목가적인 풍광을 즐기면서 하산한다. 점심은 치플링에서 먹으면 된다.

14Day

치사파니 (2140) → 순다리잘 (1350) → 카트만두 (1400)

치사파니에서 순다리잘로 내려오는 코스는 풍광이 아름다워 전혀 지루하지 않다. 멀리 카트만두 분지를 보면서 하산한다. 마을 아래쪽에 있는 작은 댐은 카트만두 상수원이다. 순다리잘 버스정류장에서 카트만두까지는 약 1시간 소요된다. 택시는 40분 거리다. 순다리잘에서 시바푸리 나가르준 국립공원 입장료를 내야 한다.

〈고사인쿤드-헬람부 트레킹 표준시간〉

출발-도착	소요시간	출발-도착	소요시간
툴로샤브루-두사강	1:00	곱테-타레파티	1:30
두사강-포프랑단다	1:10	타레파티-마깅곳	1:30
포프랑단다-신곰파	0:50	마깅곳-쿠툼상	2:30
신곰파-촐랑파티	1:10	쿠툼상-골푸반장	1:45
촐랑파티-라우레비나야크	1:00	골푸반장-쏘통	0:30
라우레비나야크-고사인쿤드	1:45	쏘통-파티반장	3:00
고사인쿤드-라우레비나라	1:15	파티반장-치사파니	1:30
라우레비나라-베라곳	1:45	치사파니-보랑반장	1:00
베라곳-페디	1:00	보랑반장-순다리잘	3:00
페디-곱테	2:30		

1. 얼어붙은 고사인쿤드호수 2. 라우레비나라 고개 정상 3. 고사인쿤드 롯지에서 본 일몰 4. 고사인쿤드호수와 라우레비나라로 이어진 트레일

기타
트레킹 지역

무스탕·네팔 서부·
네팔 중부·네팔 동부

01
무스탕

무스탕은 지구에서 가장 높은 곳에 위치한 왕국이다. 네팔과 티베트 접경 지역에 있는 무스탕은 인구 1만5,000여 명의 작은 자치국으로 다울라기리 히말라야와 티베트 고원 사이에 자리한다. 무스탕 왕국을 감싸고 있는 주변 지대는 산이 높고 골이 깊어 외부인이 함부로 드나들기 어렵다. 그만큼 오랫동안 베일에 싸여 있었다.

무스탕 왕국의 영토는 티베트 국경부터 남쪽으로 안나푸르나 서킷 후반부에 만나게 되는 가사 Gasa까지다. 중심 도시는 좀솜이다. 과거에는 좀솜을 기준으로 북쪽 지역을 어퍼Upper 무스탕, 남쪽 지역을 로우Low 무스탕이라 했다. 그러나 안나푸르나 서킷 트레킹이 개방되면서 경계도 바뀌었다. 지금은 카크베니 남쪽 지역을 로우 무스탕, 그 북쪽을 어퍼 무스탕으로 칭한다. 어퍼 무스탕은 일반 트레킹 퍼밋으로는 갈 수 없는 제한구역이다.

무스탕은 일찍이 '로' 왕국이라고 불렸다. 로 왕국의 수도는 '만탕'이었는데, 왕국 이름도 포함시켜 '로만탕'이라고도 불렸다. 무스탕은 '만탕'을 네팔어로 표기하면서 생겨난 말이다. 무스탕 왕국의 수도 로만탕은 좀솜에서 북쪽으로 175km 떨어진 곳에 있다. 이곳은 도시 전체가 벽으로 둘러싸인 성벽도시다.

무스탕이 근대사에 등장한 것은 1950년 중국이 티베트를 침공하면서부터. 이때 수천 명의 게릴라가 무스탕에서 중국 인민해방군에 대항해 싸웠다. 이 게릴라들은 미국 CIA에 의해 훈련받고, 미국의 원조를 받았다. 그러나 미국과 중국 사이가 가까워지면서 무스탕의 게릴라는 미국에게 버림받아 무장해제 되었다. 티베트의 정신적인 지도자 달라이 라마는 이때 인도로 망명했다. 그 후 무스탕은 네팔 자치령이 되었지만 문화와 언어, 종교 등은 티베트와 거의 같다. 무스탕은 네팔 자치령이 된 이후 이방인의 출입을 엄격히 제한했다. 그러나 1992년부터는 부분적(1년에 1,000명)으로 특별허가를 받은 사람에 한해 개방하고 있다.

무스탕 트레킹을 '환상의 트레킹'이라 부른다. 그 이유는 지구 어디에서도 구경할 수 없는 무스탕 특유의 무채색 분위기 때문이다. 산과 능선은 마치 달나라에 온 것처럼 나무 한 그루 풀 한 포기 자라지 않고 황량하고 건조하다. 손으로 만지면 바스러질 것처럼 바싹 메말랐다. 그런 몽환적인 산과 들이 끝도 없이 펼쳐져 있다. 그 너머로는 다울라기리와 안나푸르나 산군을 비롯한 히말라야 연봉이 눈부시게 빛난다. 무채색의 산과 들 속에도 사람이 사는 오아시스 마을이 있다. 이들은 빙하 녹은 물을 이용해 밀밭을 가꾸고 살아간다. 그 모습이 또 감동적이다.

1. 무채색 산이 외계 행성에 온 듯한 느낌을 주는 무스탕 2. 계곡 오아시스에 자리한 무스탕 탕게 마을

얼마 전까지만 해도 무스탕 트레킹은 만만치 않았다. 하루 종일 거친 길을 걸어야 했고, 하루 일과가 끝나면 여행사 스태프들이 캠핑을 도와주어야만 트레킹이 가능했다. 그러나 이런 풍경도 점점 옛일이 되고 있다. 네팔과 중국이 포카라에서 티베트까지 연결하는 도로를 건설하고 있기 때문이다. 이미 안나푸르나 서킷이 지나는 일부 구간은 도로가 개통되어 차들이 다니고 있다. 은둔의 왕국 무스탕도 현대화의 급물살을 피할 수 없게 된 것이다.

찾는 사람이 많아지면 수요와 공급의 법칙이 작용한다. 롯지라고는 찾아볼 수 없던 무스탕 가는 길에 지금은 많은 롯지가 생겼다. 이제는 굳이 캠핑을 하지 않고도 트레킹을 할 수 있게 되었다. 오직 두 발과 의지로만 갈 수 있었던 길은 지프와 트랙터가 오가면서 편하게 이동할 수 있게 됐다. 영원한 지구의 오지로 남을 것 같던 무스탕에 문명의 편리가 파고들고 있는 것이다. 얼마 지나지 않아 절대 오지로서의 무스탕의 매력도 점점 떨어질 것으로 보인다.

무스탕 트레킹에는 아직 한 가지 난제가 있다. 비싼 트레킹 퍼밋 비용이다. 무스탕은 퍼밋 비용으로 1일 50달러를 지불해야 하는데, 이는 다른 특수지역에 비해 비싼 편이다. 반면, 롯지를 비롯한 트레킹 인프라가 갖춰지면서 과거처럼 여행사를 통해 대규모 스태프를 동반한 캠핑 트레킹을 하지 않아도 된다는 것은 고무적이다. 따라서 이제는 무스탕 트레킹도 네팔의 다른 일반 트레킹처럼 롯지에서 롯지로 연결되는 롯지 트레킹이 가능해졌다. 롯지를 이용한 트레킹은 도로 만큼 빠르게 무스탕 트레킹 풍속도를 변화시킬 것이다.

1. 언덕에 우뚝한 로만탕 남걀 사원 2. 척박한 환경이 더 매력으로 다가오는 무스탕 트레킹 3. 풍화작용으로 절벽이 주상절리처럼 파인 무스탕의 황량한 계곡

<**어퍼 무스탕 지역별 롯지 현황**>

축상 Chuksang	데 리버사이드 호텔 Dhye Riverside Hotel, 가미 호텔 Ghami Hotel
첼레 Chele	비샬 게스트 하우스 Bishal Guest House, 데우랄레/메나 게스트 하우스 Deuralee/ Mena Guesthouse, 호텔 무스탕 첼레 Hotel Mustang Chele
사마르 Samar	호텔 안나푸르나 Hotel Annapurna, 사마르 게스트 하우스 Samar Guest House, 데우 랄리 게스트 하우스 Deurali Guest House
샹모첸 Syangmochen	다울라기리 호텔 Dhaulagiri Hotel
겔링 Geling	호텔 더 노르불링 Hotel The Norbuling, 호텔 쿤가 Hotel Kunga, 데 살리그람 호 텔&리조트 Dhye Shaligram Hotel & Restaurant, 호텔 잠양 Hotel Jamyang, 호텔 샴 발라 Hotel Shambala, 사리붕 게스트하우스&레스토랑 Saribung Guest House & Restaurant
게미 Ghemi	호텔 마마타&스누커 하우스 Hotel Mamata & Snooker House, 로 가미 게스트 하우 스 LO-GHAMI Guest house, 가미 호텔 Ghami Hotel
닥마르 Dhakmar	케이씨 헤븐 호텔 KC Heaven Hotel, 탠진 리버사이드 게스트 하우스 Tenzin Riverside Guest House
차랑 Charang	텐진 리버사이드 게스트 하우스 Tenzin Riverside Guest House, 데 살리그람 호 텔&레스토랑 Dhye Shaligram Hotel & Restaurant, 사리붕 게스트 하우스&레스토랑 Saribung Guest House & Restaurant, 데 리버 사이드 호텔 Dhye Riverside Hotel, 가미 호텔 Ghami Hotel
로만탕 Lo Manthang	로얄 무스탕 리조트 Royal Mustang Resort, 무스탕 미스티케 게스트하우스 Mustang Mystique Guest House, 호텔 만달라 로만탕 Hotel Mandala Lomanthang, 호텔 무스탕 게이트 Hotel Mustang Gate, 호텔 카라반 로만탕 Hotel Caravan Lomanthang

어퍼 무스탕 트레킹 퍼밋

어퍼 무스탕 지역을 트레킹하려면 특별한 퍼밋이 필요하다. 네팔 정부는 무스탕에 외지인이 함부로 들어오는 것을 막고 최대한 보호하기 위해 퍼밋 비용을 아주 비싸게 책정해 놓았다. 무스탕 트레킹 퍼밋은 최근 1인 1일 50달러로 개정되었으며, 어퍼 무스탕 트레킹 날짜만큼 비용을 지불하면 된다. 여기에 안나푸르나 트레킹 입장료(3,000루피)도 추가로 내야 한다. 무스탕 트레킹 퍼밋은 개인에게 발급해 주지 않는다. 여행사 투어에 참가해야 발급받을 수 있으며, 반드시 두 명 이상이어야만 한다. 지금은 롯지 트레킹이 가능해 많은 트레커들이 가이드나 포터를 동반해서 롯지 트레킹으로 다닌다.

계절 5~10월(11~4월 동절기에는 불가) **기간** 12일(특별 퍼밋이 필요한 어퍼 무스탕 10일+좀솜~카크베니 2일) **방식** 캠핑&롯지 또는 티하우스(2025년 9월 롯지 트레킹 가능) **인원** 최소 2인 이상(여행사를 통한 퍼밋 발급) **최고점** 4020m(니이라) **퍼밋** 1인 1일 50달러+안나푸르나 보존구역 퍼밋 3,000루피

어퍼 무스탕 10일 트레킹 일정표	
일정	경유지
1Day	포카라 – 항공 – 좀솜(2760) – 카크베니(2840)
2Day	카크베니(2840) -탕베(3060) – 축상(2980) – 첼레(3050)
3Day	첼레(3050) – 사마르(3620) – 상모첸(3800) – 겔링(3440)
4Day	겔링(3440) – 니이라(4020) – 게미(3570) – 차랑(3573)
5Day	차랑(3573) – 로만탕(3810)
6Day	로만탕 계곡 투어
7Day	로만탕(3810) – 닥마르(3829) – 게미(3520)
8Day	게미(3570) – 니이라(4020) – 사마르(3620)
9Day	사마르(3620) – 카크베니(2840) – 좀솜(2760)
10Day	좀솜(2760) – 항공 – 포카라(차량 이용 가능)

어퍼 무스탕 풀코스 트레킹 일정표	
일정	경유지
1~6Day	어퍼 무스탕 10일 트레킹 코스와 동일
7Day	로만탕(3840) – 디(3390) – 야라(3650)
8Day	야라(3650) – 루리 곰파(4100) – 야라(3600)
9Day	야라(3600) – 데창 콜라 – 탕게(3240)
10Day	탕게(3240) – 판 – 파콜라(4218)
11Day	파콜라(4218) – 테탕(3140)
12Day	테탕(3140) – 구유라(4145) – 묵티나트(3800)
13Day	묵티나트(3800) – 좀솜(2760)
14Day	좀솜(2760) – 항공 – 포카라(차량 이용 가능)

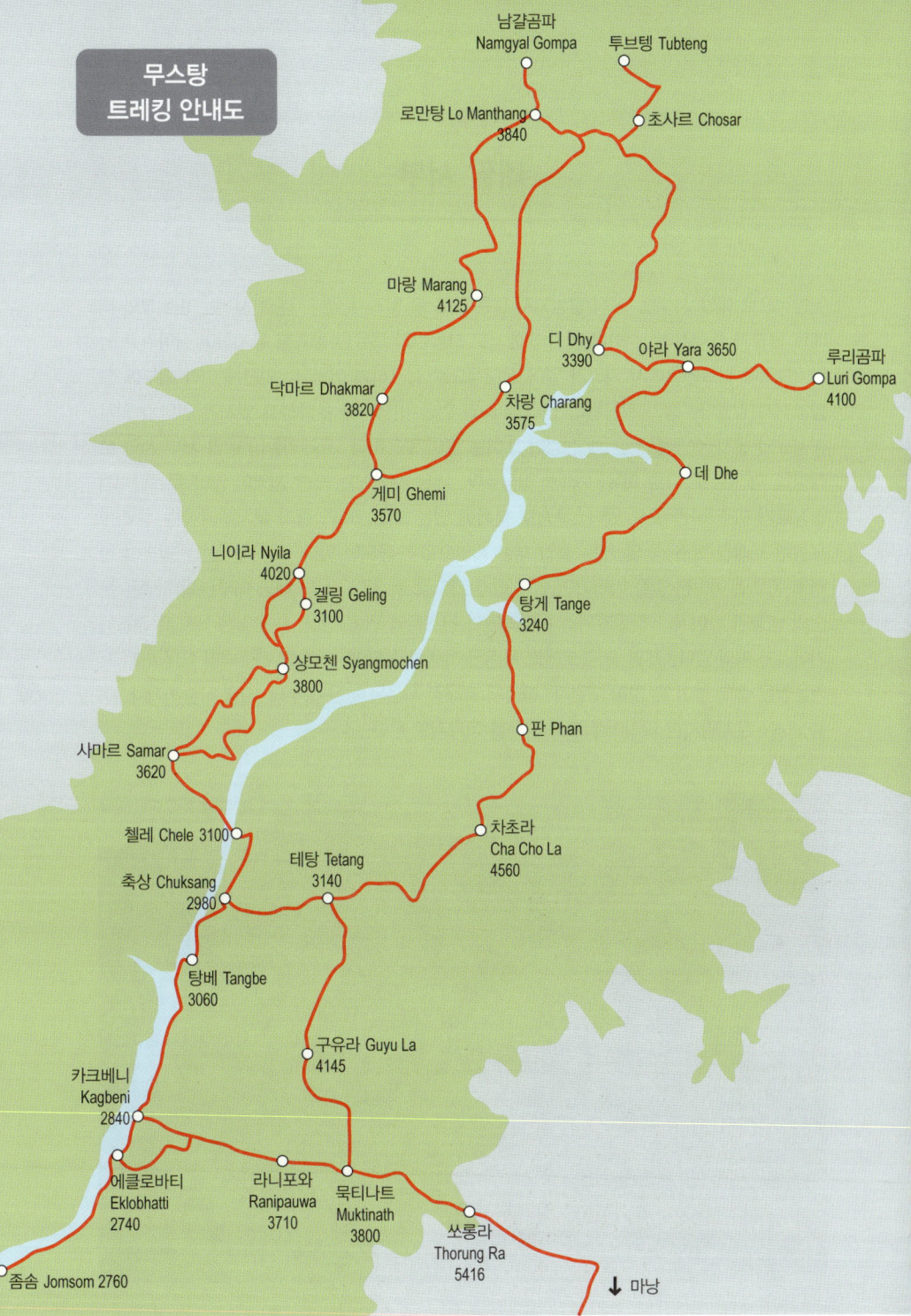

무스탕
트레킹 안내도

남걀곰파 Namgyal Gompa
투브텡 Tubteng
로만탕 Lo Manthang 3840
초사르 Chosar
마랑 Marang 4125
디 Dhy 3390
야라 Yara 3650
루리곰파 Luri Gompa 4100
닥마르 Dhakmar 3820
차랑 Charang 3575
게미 Ghemi 3570
데 Dhe
니이라 Nyila 4020
겔링 Geling 3100
탕게 Tange 3240
상모첸 Syangmochen 3800
사마르 Samar 3620
판 Phan
첼레 Chele 3100
테탕 Tetang 3140
차초라 Cha Cho La 4560
축상 Chuksang 2980
탕베 Tangbe 3060
구유라 Guyu La 4145
카크베니 Kagbeni 2840
에클로바티 Eklobhatti 2740
라니포와 Ranipauwa 3710
묵티나트 Muktinath 3800
쏘롱라 Thorung Ra 5416
좀솜 Jomsom 2760
↓ 마낭

02
네팔 서부

일반적으로 네팔 서부는 '아직 탐험되지 않은 곳'으로 알려져 있다. 네팔 서부는 힌두교와 티베트 불교가 혼재하며, 척박한 환경 속에서도 그들만의 특유한 문화를 유지하며 살아가고 있다. 그러나 카트만두에서 거리가 멀어 상대적으로 접근하기 어렵고, 외진 곳이라 외부에 잘 알려지지 않았다. 정기 항공편이 줌라Jumla와 인근 비행장에 운항하고 있지만 만만치 않은 항공료와 물자 수송 문제는 꽤 신경이 쓰이는 곳이기도 하다. 트레커들이 네팔 서부 지역 트레킹을 꺼리는 또 다른 이유는 비싼 입장료다. 네팔 서부에는 제한 지역이 많아 무스탕처럼 입장료가 아주 비싼 곳도 있다. 폭숨도 북쪽에 있는 셰이곰파와 줌라 북서쪽에 있는 줌라를 포함한 트레킹 코스 중 몇 개는 출입 제한 지역으로 분류되어 있다. 이곳에서는 히말라야 산맥 북쪽으로 이어진 길을 따라가면 쉽게 티베트로 갈 수 있다. 서부 네팔 대부분의 지역은 몬순의 영향권 밖이거나 다울라기리 히말라야의 건조지역 안에 있다. 여름철은 대체로 건조해 거머리가 거의 없다. 제일 좋은 트레킹 시즌은 야생화가 피어나는 9월 하순부터 10월까지다. 겨울철은 춥고 눈이 꽤 많이 내린다. 따라서 트레킹 시즌은 늦은 봄부터 10월 하순까지다. 여름철에는 무지막지한 파리의 횡포로 곤욕을 치르기도 한다.

네팔 서부는 대부분 개척되지 않은 농경지와 산야로 이루어졌다

줌라 - 라라호수

네팔 서부의 숨겨진 보석 라라호수를 찾아가는 트레킹으로 여행사를 통한 캠핑 트레킹을 해야 한다. 라라호수(2980m)는 국립공원의 시작점이자 네팔 서부 트레킹의 최종 목적지다. 이 곳은 인적이 드물고 자연 그대로의 아름다움과 고유한 문화가 잘 보존되어 있다. 라라호수는 소나무와 가문비나무, 노간주나무, 그리고 눈 덮인 히말라야 봉우리에 둘러싸여 있는 맑은 호수다. 겨울에는 호수를 둘러싸고 있는 능선에 종종 눈이 내린다. 라라호수에는 관리하는 군인 외에 아무도 살 수 없다. 네팔 정부는 라라호수를 국립공원으로 지정하면서 라라와 차프라에 살던 주민들을 모두 이주시켰다.

줌라–라라호수 트레킹 일정표					
일정	경유지	소요시간	일정	경유지	소요시간
1Day	카트만두(항공) – 네팔군지 (Nepalgunj, 150)		8Day	라라호수 – 고르싱카 (Gorosingha, 3000)	4시간30분
2Day	네팔군지(항공) – 줌라 (Jumla, 2730)		9Day	고르싱카 – 신자 (Sinja, 2440)	4시간30분
3Day	줌라 – 단페락나 (Danphe Lagna, 3710)	5시간30분	10Day	신자 – 잘잘라차우르 (Jaljala Chaur, 2900)	5시간30분
4Day	단페락나 – 차우타 (Chautha, 2770)	5시간30분	11Day	잘잘라차우르 – 줌라 (Jumla, 2730)	3시간30분
5Day	차우타 – 도투(Dhotu, 2400)	5시간	12Day	줌라(항공) – 네팔군지 (Nepalgunj, 150)	
6Day	도투 – 라라호수 (Rara Lake, 2980)	3시간30분	13Day	네팔군지(항공) – 카트만두	
7Day	휴식일				

네팔 산간 곳곳에서 만나는 서스펜션 브릿지

시즌 3~5월, 9~10월
기간 13일
방식 캠핑 트레킹 혹은 홈스테이
인원 최소 2명 이상
최고점 3710m(단페락나)
입산료 라라 국립공원 입장료 3,000루피

줌라 - 돌포

네팔의 숨겨진 보물을 탐험하는 21일 여정의 모험적인 트레킹이다. 트레킹 최고 높이는 5,190m. 여행사를 통한 캠핑 트레킹만 가능하다. 돌포는 네팔의 외딴 지방으로 최근까지도 개발에서 제외되어 왔다. 1989년 이전까지는 트레킹을 불허했다. 줌라-돌포 트레킹은 줌라에서 두나이까지 흥미로운 무역로를 횡단한 뒤 폭순도호수와 타랍에 있는 티베트풍의 내돌포를 방문한다. 마지막은 주팔에서 네팔군지로 비행기를 타고 돌아오는 여정이다.

	줌라-돌포 트레킹 일정표			
일정	경유지	일정	경유지	
1Day	카트만두(항공)-네팔군지(Nepalgunj, 150)	12Day	폭순도호수-바가라페디(Baga La Phedi, 5090)	
2Day	네팔군지(항공)-줌라(Jumla, 2730)	13Day	바가라페디-눔라페디(Num La Phedi, 5190)	
3Day	줌라-고티차우르Gothi Chaur	14Day	눔라페디-톡큐Tok-khyu	
4Day	고티차우르-나푸카나(Naphukana, 3080)	15Day	톡큐-도(Do, 3944)	
5Day	나푸카나-발라사Balasa	16Day	도-조지 캠프Gorge Camp	
6Day	발라사-포레스트 캠프(Forest Cap, 3230)	17Day	조지 캠프-카니걍Khanigaon	
7Day	포레스트 캠프-티브리콧(Tibrikot, 2100)	18Day	카니걍-남도Namdo	
8Day	티브리콧-두나이(Dunai, 2150)	19Day	남도-두나이(Dunai, 2150)-주팔(Juphal, 2354)	
9Day	두나이-라하걍Rahagaon	20Day	주팔-네팔군지Nepalgunj	
10Day	라하걍-라지크Ryajik	21Day	네팔군지(항공)-카트만두	
11Day	라지크-폭순도호수(Phoksudo Lake, 3620)			

에메랄드빛으로 빛나는 폭순도호수

시즌 3~10월
기간 21일
방식 캠핑 트레킹
인원 최소 2명 이상
최고점 5190m(눔라 BC)
입산료 쉐이 폭순도 국립공원 입장료 30달러

어퍼 돌포

어퍼 돌포Upper Dolpo 트레킹은 쉐이폭순도 호수를 기점으로 돌포의 수도인 링모 마을과 높은 고개를 넘는 고난도 코스를 포함하고 있다. 트레킹 인프라가 거의 없는 상태라 캠핑 트레킹 으로만 가능하다. 가이드와 포터, 쿡과 키친보이 등을 모두 대동해야 한다. 또 허가비가 아주 비싸다. 교통편도 좋지 않으며, 항공편을 이용하더라도 쉽지 않은 코스다. 이 때문에 찾는 사 람들이 별로 없다. 하지만 네팔의 숨은 비경을 찾는 이들에게는 최적의 코스다.

어퍼 돌포 트레킹 일정표			
일정	경유지	일정	경유지
1Day	카트만두(항공) – 네팔군지(Nepalgunj, 150)	12Day	양체르 빌리지 – 카랑(Karang, 4100)
2Day	네팔군지(항공) – 주팔Juphal – 한케(Hanke, 2660)	13Day	카랑 – 라마낭(Ramanan, 4600)
3Day	한케 – 삼두와(Saduwa, 2960)	14Day	라마낭 – 삼링곰파(Samling Gompa, 3800)
4Day	삼두와 – 쉐이폭순도호수 (Shey-Phoksundo Lake, 3600)	15Day	삼링곰파 – 쉐이곰파(Shey Gompa, 4500)
5Day	고소적응일	16Day	휴식일(차캉곰파Chakang Gompa 방문)
6Day	쉐이폭순도호수 – 바가라(Baga La, 5090)	17Day	쉐이곰파 – 야크카르카(Yak Kharka, 4500)
7Day	바가라 – 눔라 BC(NumLa Base Camp, 5190)	18Day	야크카르카 – 링무(Ringmu, 3600)
8Day	눔라 BC – 추퉁당(Chutung Dang, 3967)	19Day	링무 – 라치Rachi
9Day	추퉁당 – 치부카르카(Chibu Kharka, 3915)	20Day	라치 – 로하 빌리지Roha Village
10Day	치부카르카 – 살당(Saldang, 4100)	21Day	로하 빌리지 – 주팔(Juphal, 2354)
11Day	살당 – 양체르 빌리지(Yang Tsser Village, 4300)	22Day	주팔(항공) – 네팔군지(항공) – 카트만두

어퍼 돌포 트레킹은 퍼밋이 비싸지만 아직까지 때가 덜 묻은 곳이다

시즌 5~10월
기간 22일 **방식** 캠핑
인원 최소 2인 이상
최고점 5190m(눔라 BC)
입산료 10일 기준 500달러.
이후 1일당 50달러 추가

네팔 서부 : 코스 04

로우 돌포

로우 돌포Lower Dolpo 트레킹은 쉐이폭순도호수를 기점으로 남서쪽을 찾아가는 트레킹이다. 전반적으로 어퍼 돌포보다는 난이도가 낮고, 티하우스에서 숙박이 가능한 구간도 있다. 주팔, 두나이, 폭순도에는 숙박시설이 전무했지만 지금은 조금씩 개선되고 있다. 에이전시를 통해 트레킹 허가를 받아야 하지만, 반드시 에이전시 소속 가이드와 동반해야 할 의무는 없다. 그러나 트레킹 허가만 받아주는 에이전시는 없다. 따라서 에이전시를 통해 캠핑 트레킹을 할 수밖에 없다.

로우 돌포 트레킹 일정표			
일정	경유지	일정	경유지
1Day	카트만두(항공)-네팔군지(Nepalgunj, 150)	11Day	쉐이폭순도호수-바가라페디(Baga La phedi, 5090)
2Day	네팔군지(항공)-줌라Jumla-고티차우르(Ghotichaur, 2730)	12Day	바가라페디-바가라(Baga La, 5182)-눔라페디Num La phedi
3Day	고티차우르-추트라Chutra	13Day	눔라페디-눔라(Num La, 5190)-타랍(Tarap, 4040)
4Day	추트라-차우리콧(Chaurikot, 3000)	14Day	타랍-도(Dho, 4090)
5Day	차우리곳-카이걍Kaigaun	15Day	도-빅 캐이브(Big cave, 3600)
6Day	카이걍-가르풍콜라Garpung Khola	16Day	빅 캐이브-라히니(Lahini, 3200)
7Day	가르풍콜라-카그마라페디Kagma La phedi	17Day	라히니-타라콧(Tarakot, 2800)
8Day	카그마라페디-카그마라(Kagma La, 5115)-풍미카르카Pungmi Kharka	18Day	타라콧-두나이(Dunai, 2150)
9Day	풍미카르카-쉐이폭순도호수(Shey Phoksundo Lake, 3600)	19Day	두나이-주팔(Juphal, 2354)
10Day	휴식일	20Day	주팔(항공)-네팔군지(항공)-카트만두

풀 한포기, 나무 한 그루 자라지 않는 돌포 지역의 황량한 풍경

시즌 5~10월
기간 22일 **방식** 캠핑
인원 최소 2인 이상
최고점 5190m(눔라 BC)
입산료 첫 일주일 기준 20달러, 이후 1일 5달러씩 추가

03
네팔 중부

중부 네팔 트레킹은 엄밀히 말하자면 안나푸르나 산군에 있는 특별 퍼밋 구역 트레킹에 해당된다. 안나푸르나 산군을 가운데 두고 마나슬루(8163m)는 오른쪽, 다울라기(8201m)는 왼쪽에 있다. 안나푸르나 서킷 트레킹을 하다보면 이들 산군을 감상할 수 있다. 마나슬루는 시계 반대 방향으로 도는 안나푸르나 서킷 트레킹 코스에서 쏘롱라를 넘기 전 마르샹디콜라계곡 오른쪽에 있다. 쏘롱라를 넘어 가면 칼리간다키강 서쪽에 위치한 다울라기리가 보인다. 따라서 네팔 중부는 이들 산에 안나푸르나 산군까지 더해 8,000m가 넘는 자이언트 봉우리들을 가장 가까이에서 볼 수 있는 명불허전 트레킹 대상지임에 분명하다. 마나슬루 지역은 롯지 트레킹이 가능하다. 반면 다울라기리 지역은 캠핑 트레킹만 가능하다.

사마가온에서 바라본 마나슬루 전경

마나슬루 서킷

세계 8위봉 마나슬루(Manaslu, 8163m)는 '영혼의 산'이란 뜻을 가진 산이다. 1956년 일본 원정대에 의해 초등이 이루어졌다. 한국 원정대에게는 1972년 히말라야 등반 사상 최악의 눈사태로 15명의 희생자가 발생해 '비극의 산'으로 불린다. 주봉을 중심으로 북봉(7371m)과 서봉(7540m), 히말출리(7893m) 같은 위성봉을 거느리고 있다. 마나슬루 서킷 트레킹은 1991년 개방된 가장 숨겨져 있는 트레킹 루트 중 하나다. 마나슬루 동쪽의 부리간다키강을 따라 트레킹을 시작해 라르캬라(5106m)를 넘는다. 트레킹이 끝나는 지점은 안나푸르나 서킷 트레킹 초입의 다라파니다. 이 때문에 안나푸르나 퍼밋 3,000루피를 따로 지불해야 한다.

마나슬루 서킷 트레킹 일정표				
일정	경유지	일정	경유지
1Day	카트만두(버스)-아루갓(버스)-소티콜라(Soti khola, 710)-마차콜라(machha khola, 930)	8Day	고소적응 및 마나슬루 베이스캠프 방문
2Day	마차콜라-자갓(Jagat, 1370): 마나슬루 서킷 트레킹 체크 포인트	9Day	사마강-삼도(Samdo, 3690)
3Day	자갓-필림(Philim, 1570)	10Day	삼도-라르캬라페디(Larkya La Phedi, 4460)
4Day	필림-뎅(Deng, 1540)	11Day	라르캬라페디-라르캬라(Larkya La, 5106)-빔탕(Bimtang, 3590)
5Day	뎅-갑(Ghap, 2165)	12Day	빔탕-다라파니(Dharapani, 1960)
6Day	갑-로(Lho, 3180)	13Day	다라파니(차량)-베시사하르(차량)-카트만두
7Day	로-사마강(Samagaon, 3525)		

*마나슬루 지역도 네팔의 여타 산간지역과 마찬가지로 개발의 영향으로 차량 통행이 가능한 도로가 계속해서 건설되고 있다. 현재는 카트만두에서 트레킹 2일차에 해당하는 마차콜라까지 버스로 하루에 이동이 가능해졌다. 이후 도반까지 지프 도로가 개설되어 있으며, 향후 자갓까지 차량 이동이 가능할 것으로 기대된다.

시즌 성수기 9~11월(12~2월은 동계 장비 및 의류 준비 필수) **기간** 13일 **방식** 롯지 및 티하우스 트레킹
인원 최소 2인 **최고점** 5106m(라르캬라) **입장료** 특별 퍼밋 70달러(7일 기준, 이후 1일당 10달러 추가 (비수기는 50달러+1일 추가 7달러)+ 안나푸르나(ACAP) 입장료 3,000루피. 트레킹 일수는 자갓 체크 포인트 통과일로부터 다라파니에 도착해 하산 신고하는 날까지 포함해 계산

다울라기리 서킷

다울라기리(Dhaulagiri, 8167m)는 산스크리트어로 '하얀 산'이라는 뜻이다. 네팔 중북부에 위치하고 있으며 세계에서 가장 깊은 계곡이라는 칼리간다키강의 서쪽에 위치한다. 세계에서 7번째로 높은 봉우리로 초등은 1960년 스위스와 오스트리아 합동대에 의해 이루어졌다. 다울라기리는 안나푸르나 서킷과 이어져 있다. 푼힐 전망대에서 북서쪽 방향으로 보이는 큰 산이 바로 다울라기리 1봉(8167m)으로 7,000m급 전위봉을 여럿 거느리고 있다. 다울라기리 서킷 트레킹은 별도의 퍼밋이 필요치 않다. 일부 구간만 안나푸르나 서킷 트레킹과 중복되므로 안나푸르나 퍼밋이 필요하다.

다울라기리 서킷 트레킹 일정표			
일정	경유지	일정	경유지
1Day	포카라 – 차량 – 다르방(1180)	7Day	고소적응 휴식일
2Day	다르방 – 타쿰(Takum, 1400)	8Day	이탈리안 BC – 다울라기리 BC (Dhaulagiri Base Camp, 4740)
3Day	타쿰 – 무리(Muri, 1850)	9Day	다울라기리 BC – 프랜치 패스(French Pass, 5360) – 히든 밸리(Hidden Valley, 5000)
4Day	무리 – 바가르(Bagar, 2080)	10Day	히든 밸리 – 담푸스 패스(Dhampus Pass, 5258) – 야크카르카(Yak Kharka, 3680)
5Day	바가르 – 도반(Doban, 2520)	11Day	야크카르카 – 마르파(arpha, 2670) – 차량 – 타토파니(Tatopani, 1190)
6Day	도반 – 이탈리안 BC (Italian Base Camp, 3660)	12Day	타토파니(차량) – 차량 – 포카라

좀솜에서 바라본 다울라기리 빙하

시즌 9~10월, 4~6월
기간 12일 **방식** 전 구간 캠핑
(일부 롯지 이용 가능)
인원 최소 2인
최고점 5360m(프렌치 패스)
입장료 안나푸르나(ACAP)
퍼밋 3,000루피

나르-푸 밸리

2003년 개방된 나르-푸 밸리Naar-phu Valley는 안나푸르나 서킷 트레킹 구간과 이어져 있다. 트레킹 출발지와 종착점이 모두 안나푸르나 서킷 트레킹 코스에 있다. 안나푸르나 서킷 트레킹 시계 반대 방향 초입에 있는 코토에서 시작해 나르-푸 밸리를 따라 다람살라, 메타, 캉을 거쳐 북쪽 끝 푸강Phugaon 마을까지 간다. 그 다음 남쪽으로 내려오면서 나르Naar를 거쳐 캉라(5320m)를 넘는다. 마무리는 안나푸르나 서킷 트레킹 코스에 있는 나왈이다. 겨울에는 눈이 많아 캉라를 못 넘을 수도 있어 조심해야 한다.

나르-푸 밸리 트레킹 일정표					
일정	경유지	소요시간	일정	경유지	소요시간
1Day	코토(Koto, 2640) – 다람살라(Dharamsala, 3220)	4시간30분	5Day	나르페디 – 나르(Nar, 4180)	3시간
2Day	다람살라 – 캉(Khyang, 3840)	5시간30분	6Day	나르 – 캉라페디(Kang la phedi, 4620)	2시간(5, 6일차를 묶으면 하루 단축)
3Day	캉 – 푸(Phu, 4070)	3시간	7Day	캉라페디 – 캉라(Kang la, 5320) – 가왈(Ngawal, 3615)	5시간30분
4Day	푸 – 나르페디(Nar Phedi, 3550)	5시간30분			

시즌 5~10월(11~4월 캉라에 눈이 많아 불가) **기간** 7일 **방식** 캠핑 & 티하우스 **인원** 최소 2인 **최고점** 5320m (캉라) **입장료** 나-푸 특별 퍼밋 90달러(7일 기준, 12~8월은 75달러)+안나푸르나 입장료(ACAP) 3,000루피. ACAP는 사실상 트레킹 기한이 없지만 나-푸 특별 퍼밋을 에이전시에 의뢰할 때 경로와 통과 일자를 대충이라도 계산해서 알려줘야 서로 편하다.

04
네팔 동부

네팔 동부 트레킹은 에베레스트 동쪽에 있는 마칼루(8463m)와 인도 시킴 히말라야 지역에 접해 있는 칸첸중가(8586m) 베이스캠프를 목표로 한다. 두 산은 서로 마주 보고 있다. 네팔 동부는 다양성이 많은 곳이다. 네팔의 거의 모든 민족이 이 지역에 살고 있다. 이 지역은 벼가 잘 자라는 더운 지역과 차가 잘 자라는 일람Ilam이라는 서늘한 지역을 포함하고 있다. 많은 인구가 살고 있는 중산간 지방은 아룬강에 의해 나뉘어져 있다. 아룬강은 마칼루 지역과 칸첸중가 지역의 경계를 이룬다. 네팔 동부 트레킹은 장비를 버스나 비행기로 운반해야 하기 때문에 비용이 많이 든다. 트레킹 코스도 길다. 네팔 동부 트레킹 시발점인 다란Dharan에서 고산지대까지는 2주가 걸린다. 툼링타르Tumlingtar와 타플레중Taplejung까지 비행기를 이용하면 시간을 단축할 수 있지만 비용이 증가한다. 하지만, 다른 트레킹 지역에서는 볼 수 없는 몽환적인 풍광과 라이족, 림부족 등 히말라야 중산간 지대에 살고 있는 다양한 소수 민족의 삶을 엿볼 수 있는 색다른 트레킹을 할 수 있다.

마칼루 베이스 캠프를 향해 걷는 트레커. 네팔 동부는 트레커들이 거의 없어 오붓한 트레킹을 즐길 수 있다

칸첸중가 북쪽+남쪽 베이스캠프

칸첸중가(8586m)는 세계에서 세 번째 높은 산이다. 정상은 네팔과 인도의 국경선으로 여러 개의 봉우리가 있다. 칸첸중가는 1953년 찰스 에반스가 이끄는 영국 팀이 초등했다. 일반 트레커에게 개방된 것은 1988년이다. 칸첸중가는 카트만두에서 멀다. 그리고 가장 가까운 길과 비행장에서 산까지도 멀다. 따라서 충분한 시간과 여력이 있어야 도전이 가능하다.

일정	경유지	일정	경유지
	칸첸중가 북쪽+남쪽 베이스캠프 트레킹 일정표		
1Day	카트만두(항공) – 바드라푸르(차량) – 타플레중Taplejung	12Day	로낙Lhonak–군사Ghunsa
2Day	타플레중(차량) – 세카툼(Sekathum, 1640)	13Day	휴식일
3Day	세카툼 – 암질로사(Amjilosa, 2490)	14Day	군사 – 셀레라(Sele la, 4115)
4Day	암질로사 – 갸블라(Gyabla, 2730)	15Day	셀레라 – 체람(Tseram, 3870)
5Day	갸블라 – 군사(Ghunsa, 3410)	16Day	체람 – 람체(Ramche, 4620)
6Day	고소 적응일(군사 전망대 3900)	17Day	람체 – 옥탕 전망대(4780) – 람체 – 체람
7Day	군사 – 캄바첸(Khambachen, 4150)	18Day	체람 – 토롱탄(Torontan, 2990)
8Day	자누 BC(Jaanu BC, 4600) 왕복	19Day	토롱탄 – 야상(Yasang, 2120)
9Day	캄바첸 – 로낙(Lhonak, 4790)	20Day	야상(트레킹+차량) – 타플레중
10Day	로낙 – 팡페마(Pangpema, 5143)	21Day	타플레중(차량) – 피칼Phikkal
11Day	팡페마 – 칸첸중가 북쪽 BC(5140) – 로낙	22Day	피칼(차량) – 바드라푸르(항공) – 카트만두

칸첸중가 트레킹 캄바첸에서 로낙 가는 길

시즌 9~11월, 3~5월
기간 22~24일
방식 캠핑 & 롯지 또는 티하우스
인원 최소 2인 이상(반드시 여행사 통한 가이드 고용)
최고점 5140m(북쪽 BC)
입장료 제한 구역 허가증 1주당 20달러+칸첸중가 보존 구역 허가증 1인 2,000루피

칸첸중가 남쪽 베이스캠프

칸첸중가 남쪽 루트는 얄룽 빙하와 칸첸중가 남벽의 웅장함을 경험할 수 있는 코스로 북쪽 루트와는 또 다른 매력을 지니고 있다. 트레킹 초반에 울창한 숲과 진달래 군락지, 대나무 숲, 계단식 농경지를 지나며 부드럽고 다채로운 풍경을 선사한다. 하이라이트는 옥탕Oktang 뷰 포인트(4760m)에서 감상하는 칸첸중가 남면과 얄룽 빙하가 어우러진 파노라마다.

칸첸중가 남쪽 베이스캠프 트레킹 일정표			
일정	경유지	일정	경유지
1Day	카트만두 - 항공 - 바드라푸르 - 차량 - 타플레중	7Day	람체 - 옥탕 뷰포인트 (4730) - 람체
2Day	타플레중 - 차량 - 얌푸딘 (Yamphudin, 1690)	8Day	람체 - 체람 (Tseram, 3870)
3Day	얌푸딘 - 옴제콜라 - 토롱탄 (Torontan, 2990)	9Day	체랑 - 토롱탄 (Torontan, 2990)
4Day	토롱탄 - 체람 (Tseram, 3870)	10Day	토롱탄 - 얌푸딘 (Yamphudin, 1690)
5Day	고소 적응일	11Day	얌프딘 - 차량 - 타플레중
6Day	체람 - 람체 (Ramche, 4620)	12Day	타플레중 - 차량 - 바드라푸르 - 항공 - 카트만두

칸첸중가 트레킹 로낙에서 팡페마 가는 길

시즌 9~11월, 3~5월
기간 12~16일
방식 롯지 및 티 하우스
인원 최소 2인 이상
최고점 4760m(옥탕 뷰 포인트)
입장료 제한 구역 허가증 1주당
20달러+칸첸중가 보존 구역 허가증
1인 2,000루피

마칼루 베이스캠프

네팔 동부 히말라야의 숨겨진 보석과 같은 트레킹 코스로 세계에서 다섯 번째로 높은 산 마칼루Makalu(8481m)를 탐험한다. 안나푸르나 서킷처럼 트레커가 많지 않아 조용하고 고독한 트레킹을 하며, 에베레스트 베이스캠프처럼 웅장한 고산 풍경을 감상할 수 있다. 그러나 마칼루의 진정한 매력은 현대 문명과 거리가 먼 훼손되지 않은 자연을 경험할 수 있다는 점이다. 다른 트레킹 코스에 비해 편의시설은 부족하고 트레킹 인프라가 열악하지만, 울창한 숲, 계곡, 빙하, 설산 등 다채로운 풍경을 만날 수 있다. 반면 험난한 지형, 높은 고도, 긴 트레킹 기간으로 인해 충분한 체력과 고산 트레킹 경험이 필요하다.

마칼루 베이스캠프 트레킹 일정표					
일정	경유지	소요시간	일정	경유지	소요시간
1Day	카트만두(항공)-툼링타르 (Tumlingtar, 460)		11Day	마칼루 BC(4950)	5시간
2Day	툼링타르-치칠라 (Chichila, 1840)	5시간30분	12Day	쉐르송-양레카르카 (Yangle Kharka, 3600)	4시간30분
3Day	치칠라-눔(Num, 1500)	5시간30분	13Day	양레카르카-뭄북 (Mumbuk, 3550)	4시간
4Day	눔-세두아(Sedua, 1540)	4시간30분	14Day	뭄북-콩마 (Khongma, 3560)	5시간30분
5Day	세두아-타시걍 (Tashigaon, 2070)	4시간30분	15Day	콩마-타시걍 (Tashigaon, 2070)	3시간30분
6Day	타시걍-콩마(Khongma, 3560)	5시간	16Day	타시걍-눔(Num, 1500)	6시간30분
7Day	콩마-뭄북(Mumbuk, 3550)	6시간	17Day	눔-치칠라(Chichila, 1840)	5시간30분
8Day	뭄북-양레카르카 (Yangle Kharka, 3600)	4시간30분	18Day	치칠라-칸드바리 (Khandbari, 1020)	5시간30분
9Day	양레카르카-메렉 (Merek, 4570)	4시간30분	19Day	칸드바리-툼링타르 (Tumlingtar, 460)	1시간30분
10Day	메렉-쉐르송 (Shersong, 4660)	2시간	20Day	툼링타르(항공)-카트만두	

마칼루 베이스캠프에서 바라본 마칼루

시즌 9~5월(12~2월은 동계 시즌이라 동계 장비 필수)
기간 16~20일 **방식** 롯지 및 티 하우스
인원 1인부터 가능하지만 반드시 가이드 고용
최고점 4950m(마칼루 BC)
입장료 마칼루 국립공원 입장료 3,000루피+마칼루 농촌 자치단체 허가 2,000루피+ 제한 구역 허가증 일주일 20 달러(일주일 이상 매주 20달러 추가)

주갈 히말라야

랑탕 히말라야 동쪽편에 지라한 주갈 히말라야에는 도르제 락파(6966m), 마디야(6257m), 푸르비 치아추(6637m) 같은 6,000m급 산들이 있다. 트레킹은 주갈 히말라야 고지대에 자리한 판치포카리호수를 찾아가는 11일간의 여정이다. 트레킹 최고 도달점은 판치포카리 (4050m). 이곳에는 5개의 성스러운 호수가 있다. 판치포카리에서 하산은 헬람부 트레킹 상에 있는 타르케걍을 거친다. 이곳은 카트만두 가까이 있음에도 불구하고 외지고 인적이 드물다. 트레킹 코스는 좁은 길과 오르막이 많다. 촌락도 드물고, 호텔도 없다. 능선에서 물을 구하기도 어렵다. 따라서 여행사를 통한 캠핑 트레킹으로 해야 한다.

주갈 히말라야 트레킹 일정표			
일정	경유지	일정	경유지
1Day	카트만두(버스/지프)－차우타라(Chautara, 1418)－샤울레(Syaule, 1418)	7Day	판치포카리－가이카르카(Gai Kharka)
2Day	샤울레－카미카르카단다 (Kami kharka Danda)	8Day	가이카르카－야르사(Yarsa)
3Day	카미카르카단다－쵸쵸카르카 (Chyochyo kharka)	9Day	야르사－라캉곰파(Laghang Gompa)
4Day	쵸쵸카르카－힐레반장 (Hile Bhanjyang)	10Day	라캉곰파－타르케걍 (Tarkegyang, 2590)
5Day	힐레반장－나셈파티(Nasem Pati, 3810)	11Day	타르케걍－팀부(차량)－카트만두
6Day	나셈파티－판치포카리 (Panch Pokhari, 4050)		

시즌 9~5월(12~2월은 동계 장비 필수) **기간** 11일 **방식** 캠핑+롯지(간간히 롯지가 있지만 캠핑 트레킹 위주)
인원 최소 2인 이상 **최고점** 4050m(판치포카리) **입장료** 제한 구역 허가증 일주일 기준 10달러

타레파티 오름길에서 바라본 주갈 히말라야

카트만두
Kathmandu

카트만두는 네팔의 정치, 경제, 문화의 중심지이며, 외국에서 항공편으로 들어오는 여행자가 처음 만나는 네팔의 수도다. 카트만두의 옛 이름은 칸티푸르, 과거 이 지역에 살았던 원주민은 네와르족이다. 카트만두에는 중세 말라왕조시대 찬란하게 꽃 피웠던 네와르 문화가 남긴 화려한 사원과 수많은 기념비들이 세계문화유산으로 지정되어 있다. 흔히 네팔을 신들의 나라라고 부르는데, 힌두교와 티베트 불교가 어우러져 그들만의 독특한 문화로 발전했다. 또 히말라야로 가는 관문답게 세계 각지에서 여행자들이 몰린다. 특히, 여행자의 거리인 타멜에 가면 세계 어디에서도 느껴볼 수 없는 이곳만의 무질서와 혼란스러움에 눈이 휘둥그레진다. 카트만두는 숨이 막힐 듯한 자동차 매연과 어지럽게 울리는 자동차 경적 소리, 종교의식을 치르면서 태우는 매캐한 향과 연기 속에서도 과거와 현재가 조화를 이루며 특별한 매력으로 여행자를 맞는다.

트리슐리 · 둔체 방면

링로드(카트만두 외곽 순환도로)

센트럴 버스 터미널

비슈누마티 강 Bishnumati River

순다르잘 · 산쿠 방

보우다나트 사
Boudhanath Temple

스와얌부나트 사원
Swayambhunath Temple

타멜
Thamel

나라얀티 왕궁 박물관
Narayanhiti Palace Museum

링로드(카트만두 외곽 순환도로)

파슈파티나트 사원
Pashupatinath Temple

아산 보타이티
Asan Bhotahiti

두르바르 광장
Durbar Square

인드라촉
Indra Chowk

바산타푸르
Basantapur

국립공원&보전지구
TIMS 카드 발급처

카트만두
KATMANDU

카트만두 공항

포카라 · 치트완 방면

바그마티 강 Bagmati River

0   1km

N

파탄
PATAN

박타푸르 · 나가르곳 방면

카트만두 안내도

1. 박타푸르 두르바르 광장 2. 보우다나트 사원 3. 타멜 거리 4. 파슈파티나트

타멜 거리 Thamel Street

방콕에 카오산로드, 델리에 빠하르간지가 있다면 카트만두에는 타멜이 있다. 타멜은 카트만두 최고의 번화가이자 여행자 거리다. 타멜은 카트만두 중심가에서 걸어서 15~20분 거리에 위치하고 있다. 저렴한 게스트하우스에서 중급호텔, 레스토랑과 카페, 여행사, 등산 장비점 등 여행자가 이용할 편의시설이 밀집되어 있다. 또 동양적인 정취를 풍기는 각종 상점과 활기차게 움직이는 사람들이 있어 빠른 속도로 변해가는 네팔의 현재를 엿볼 수 있다.

두르바르(듀발) 광장 Durbar Square

타멜 중심에서 남동쪽 방면에 자리한 두르바르 광장은 유네스코가 지정한 세계문화유산이다. 네팔에서 두르바르는 궁전을 의미한다. 이곳에서 국가의 주요한 행사들이 열렸다. 두르바르 광장에는 50여 개의 사원과 유적이 즐비하다. 구왕궁 앞 광장은 바산타풀, 또는 하누만 도카라 불린다. 이곳에 가면 살아 있는 여신 쿠마리와 500년 전 우물 공사 중에 발견된 칼리바이라브(여섯 개의 팔을 가진 시바신의 화신) 상을 볼 수 있다. 두르바르 광장은 타멜에서 타히티 촉-아산 촉-인드라 촉을 거쳐 느긋하게 걸으면서 네팔리들의 삶 속으로 들어가 보는 것도 좋다. 카트만두에는 이곳 외에 파탄과 박타푸르에도 두르바르 광장이 있다.

쿠마리 사원 Kumari Bahal

두르바르 광장에서 뉴로드를 향해 직진하면 왼쪽에 작은 창이 달린 목조 건물이 있다. 이곳에 쿠마리의 화신으로 숭배되는 여인이 산다. 쿠마리는 살아 있는 신이라 부른다. 명문가의 어린 소녀들 중에서 신성함을 잃지 않은 소녀를 선발해 신으로 모신다. 쿠마리는 9월에 열리는 인드라 축제의 주인공으로 국왕마저 쿠마리에게 무릎을 꿇는다. 그러나 첫 생리 이후에는 저주받았다 하여 다음 쿠마리에게 그 자리를 물려준다. 쿠마리가 되었던 소녀들은 불행한 운명의 길을 걷는 경우가 많다고 한다. 현재 네팔은 왕정이 폐지되고 공화제가 성립되면서 쿠마리를 존속하는 것에 대한 논쟁이 뜨겁다.

아산 바자르 Asan Bazar

아산 바자르는 카트만두에서 가장 분주한 곳으로 여섯 개 방향으로 도로가 나 있다. 이곳에는 3층탑 양식의 안나푸르나(곡식의 신) 사원이 있고, 또 다른 한편에는 코끼리 머리 형상을 한 힌두 신 가네쉬를 모시는 2층 사원이 있다. 아산 바자르는 소음과 인파로 늘 북적거리는 곳이지만 가장 카트만두다운 곳이라 할 정도로 서민적 정취가 물씬 풍긴다. 짧은 시간에 네팔리들의 삶을 체험해 보고 싶다면 들러볼 만하다.

왕궁 박물관앞 도로

아산시장

인드라 촉 Indra Chowk

인드라 촉은 고대 힌두 신 인드라의 안뜰이라는 이름에서 유래한 정방형의 광장으로 두르바르 광장 가까이 있다. 초크는 네팔어로 로터리라는 뜻. 중세의 분위기를 그대로 간직한 바자르와 연결되는 이곳에는 아카스 바이라브 사원Akash Bhairav Mandir이 있다. 삼층으로 된 이 사원 앞 사거리 역시 인파가 극에 달해 있다. 비의 신 인드라를 기리는 축제 기간에는 일주일 동안 사원 밖에 아카스 바이라브 신의 형상을 전시한다.

세토 마첸드라나트 사원
Seto Machhendranath Temple

인드라 촉 주변 마첸드라 바할에 있는 2층 사원. 1500년 대 지어진 이 사원은 비의 신이자 카트만두 분지를 수호하는 마첸드라나트 신을 모신다. '세토'는 흰색을 뜻한다. 이 사원에 모셔진 마첸드라나트 신의 형상은 흰색이다. 서민들의 애환이 숨 쉬는 이 사원은 매우 아름다워 신자들이 많이 찾는다. 이곳에서는 매일 밤 외국인을 위한 전통음악 연주를 선보인다. 또 매년 카트만두에서는 마첸드라나트 신을 기념하는 꽃마차 축제가 열린다.

파슈파티나트 사원 Pashupatinath Temple

카트만두 동쪽 바그마티 강변에 자리한 힌두교 최고 성지 가운데 하나다. '파슈파티'는 힌두 최고 신 시바를 일컫는다. 2층에 있는 사원은 힌두교도 외에 출입금지다. 파슈파티나트 사원은 477년에 처음 지어졌으며, 1697년 말라 왕조 부파틴드라왕 때 현재의 모습으로 재건되었다. 이곳에는 시바신을 비롯한 여러 신의 형상과 성소, 사원들이 모여 있다. 이 가운데 파슈파티 사원은 금판으로 덮인 지붕과 은으로 만든 문, 탑에 새겨진 멋진 나무 조각 등이 아름답다. 구헤스와리 사원은 1653년 아버지에 의해 시바신의 첫째 부인 사티데비의 재물로 바쳐진 여인을 추모하는 사원으로 여성의 권리를 표현하고 있다. 파슈파티나트 사원은 관광객들에게 화장터로 널리 알려져 있다. 화장하는 모습은 사진을 찍는 것이 허용되지만 망자에 대한 최소한의 예의는 지켜야 한다. 사원 주변에는 허리에 천을 두르고 재를 뒤덮은 채 시바를 추종하는 사두 행세를 하며 사진을 찍는 대가로 돈을 요구하는 경우도 있으니 주의해야 한다.

스와얌부나트 사원 Swayambhunath Temple

카트만두 서쪽 언덕에 있는 불교사원으로 유네스코가 지정한 세계문화유산이다. 네팔에서 가장 오래된 이 사원은 석가모니가 깨달음을 얻었을 때와 비슷한 시기에 세워졌다고 전해진다. 사원으로 오르는 길은 300개가 넘는 가파른 돌계단으로 이어져 있다. 계단길은 기념품과 골동품

파슈파티나트 사원의 화장터

스와얌부나트

가든 오브 드림즈

보우다나트 사원

을 파는 노점상과 야생 원숭이들로 복잡하다. 이 사원은 원숭이가 많이 서식해 본래 이름보다 '몽키 템플'로 더 알려졌다. 사원의 중심에는 스투파(탑)가 세워져 있다. 탑에는 사물의 중심을 본다는 '제3의 눈'이 그려져 있다. 물음표처럼 보이는 1이란 숫자는 진리에 도달하는 길은 스스로 깨달음을 얻는 한 가지 방법밖에 없음을 뜻한다. 13층의 원추형 탑은 불교에서 깨달음에 이르기 위한 13단계를 묘사한 것이다. 라마교도들은 스투파를 한 바퀴 돌면 불경을 천 번 읽는 것만큼의 공덕을 쌓는 일이라 믿어 스투파 주변은 참배객들로 항상 북적거린다.

보우다나트 사원 Boudhanath Temple
티베트 불교의 영향으로 지어진 남아시아에서 가장 큰 스투파가 있는 사원이다. 반구형 기단의 크기만 36m에 이르는 스투파는 5세기경에 세워졌다. 전설에 따르면 한 여인이 왕에게 스투파를 짓게 버팔로 피부 한 조각만큼의 땅을 요청했다. 왕이 흔쾌히 수락하자 여인은 버팔로의 피부를 최대한 길게 잘라 그 끝을 잡고 큰 원을 그려 그만큼의 땅을 얻어냈다고 한다. 유네스코가 정한 세계문화유산인 보우다나트 사원은 과거 티베트와의 통상로에 위치하고 있다. 사원 주변에는 티베트 상인들이 수세기에 걸쳐 살고 있다. 1950년대 중국이 티베트를 병합한 후에는 망명한 티베트인들의 집단 거주지가 되었다. 이런 이유로 '네팔 속의 작은 티베트'라 불린다. 티베트 전통 술과 음식을 맛볼 수 있고, 티베트 골동품도 살 수 있다.

고카르나 공원 Gokarna Park
보우다나트 사원에서 왼쪽으로 2km 거리에 있는 공원이다. 과거 왕실의 사냥터였던 광대한 숲으로 지금은 골프와 공원 내 코끼리 산책 등을 즐길 수 있다.

국립박물관 National Museum
네팔의 역사와 문화를 한자리에 모아 전시한 박물관이다. 소수민족을 정복하며 네팔을 통일할 당시의 무기 전시를 비롯해 역사적인 미술품을 전시하고 있다. 국왕 마헨드라 기념관에는 불교 미술에 대해 전시하고 있다. 목~일요일 개관.

자연사 박물관 Natural History Museum
네팔의 풍부한 자연을 구경할 수 있는 박물관이다. 저지대 밀림부터 극한조건의 히말라야에 서식하는 동식물 등 고도에 따라 달라지는 다양한 동식물과 화석 표본 등 5만5,000점의 자료가 전시되어 있다. 일~금요일 개관.

발라주 정원 Balaju Water Garden
카트만두 북쪽 공업지구 입구에 위치한 정원. 깊은 산속의 맑은 물이 흘러내리는 정원은 잔디와 화원으로 꾸며져 있고, 돌로 만든 급수장에서 시원하게 물이 흘러내린다. 목요일은 여성에게만 개방이 된다.

가든 오브 드림스 Garden of Dreams
시끄러운 경적 소리와 엉킨 차들로 정신없는 타멜 거리에서 오아시스와 같은 곳이다. 개인 소

파탄의 거리 나가르곳

유의 멋진 저택과 정원을 단장해 일반인에게 오픈했다. 타멜 거리를 걷다가 이 정원에 들어서면 갑자기 평화로워진다.

나라얀히티 왕궁 박물관
Narayanhiti Palace Museum

2001년 6월 1일 황태자 총기난사 사고가 있었던 역사적인 곳이다. 네팔은 2008년 5월 28일 240년간 계속된 샤하 왕조가 막을 내리고 왕정제에서 공화제로 바뀌었다. 이때 국왕 일가도 왕궁을 떠나게 되었는데, 국왕이 머물던 왕궁을 박물관으로 개조해 2009년부터 일반인들에게 공개하고 있다. 타멜에서 가까워 걸어서 방문할 수 있다.

박타푸르 Bhaktapur

파탄, 카트만두와 더불어 카트만두 분지에 자리한 옛 왕국 가운데 하나다. 카트만두에서 동쪽 나가르곳으로 가는 외곽에 위치한 박타푸르 역시 유네스코가 정한 세계문화유산으로 지정된 곳이다. 박타푸르는 15~18세기 말라왕조시대에 최대 전성기를 누렸으며 3개의 왕국 중에서 문화재가 가장 잘 보존되어 있다. 과거의 영광을 간직한 왕궁과 사원, 사연과 전설이 깃든 수많은 조각상들이 있어 잘 조성한 민속촌처럼 느껴진다. 최근 들어 게스트하우스와 카페가 많이 생겨나 하루쯤 머물면서 둘러보기 좋다. 특히, 이곳에서만 생산되는 즈즈더히(왕의 요구르트)는 꼭 먹어보기를 권한다.

파탄 Patan

파탄은 카트만두, 박타푸르와 함께 중세 말라왕조시대 카트만두 분지에 번성하던 3개의 왕국 가운데 하나다. 파탄은 카트만두 시내에서 남쪽으로 5km 거리 네팔인들이 가장 성스럽게 생각하는 바그마티 강변에 있다. 파탄은 도시 전체가 유네스코 세계문화유산으로 지정될 만큼 뛰어난 건축물이 자리한다. 붉은 벽돌로 지은 사원과 화려하면서 정교한 조각상들이 시내에 즐비하다. 본래 파탄은 조각과 회화 등 손재주가 뛰어난 네왈리족 장인들의 고향이다. 지금도 파탄에는 크고 작은 공방이 있어 솜씨 좋은 장인들이 금은세공이나 목공예, 탕카(탱화) 등 전통 수공예품을 만들고 있다. 도시 곳곳에 인도 아소카왕이 세운 사리탑 44기도 있다. 파탄을 돌아보는 데는 반나절이면 충분하다.

나가르곳 Nagarkot

카트만두 주변에는 히말라야 파노라마를 전망하기 좋은 곳이 몇 군데 있다. 그중 가장 인기가 있는 곳이 나가르곳이다. 카트만두에서 박타푸르를 지나 동쪽으로 35km 거리에 있는 나가르곳은 해발 2,100m의 언덕이다. 이곳에는 호텔과 게스트하우스 등 다양한 숙소가 있어 멀리서라도 히말라야를 감상하려는 여행자들의 사랑을 받는다. 나가르곳에서는 에베레스트를 비롯해 도르제락파 등 쿰부 히말라야까지 조망이 가능하다. 특히, 나가르곳은 일출이 아름답다. 카트만두에서 나가르곳까지는 교통편이 좋아 당일, 또는 1박2일로 다녀올 수 있다.

숙소

히말라야로 향하는 관문 카트만두는 국제적인 관광도시다. 그 명성에 걸맞게 5성급 호텔부터 게스트하우스까지 다양한 가격대의 숙소가 있다. 여행자들로부터 호평받는 호텔을 등급별로 소개한다.

| 5성급 호텔 |

에베레스트 호텔 Everest Hotel

전망 좋은 7층짜리 호텔로 시내와 공항 중간쯤에 있다. 개관한 지 60년이 넘는 오랜 역사를 자랑하지만 건물과 시설은 좀 낡은 편이다. 시내까지 셔틀버스를 운행한다.
홈페이지 www.theeveresthotel.com

호텔 야크&예티 Hotel Yak & Yeti

라나 가의 궁전을 개조한 구관과 현대적인 시설의 신관으로 구성되어 있다. 카지노가 유명하다. 궁전 극장을 개조한 레스토랑 등 부대시설이 훌륭하다. **홈페이지** www.yakandyeti.com

하얏트 리젠시 Hyatt Regency

보우다나트 사원 근처에 있다. 카트만두에서 가장 고급스런 호텔 중 하나다. 신혼 여행객에게 인기가 좋다. 객실이 넓고, 욕실은 욕조와 샤워 부스가 분리되어 있다. 야외 수영장과 스파도 있어 리조트 같은 느낌이 든다.
홈페이지 www.kathmandu.regency.hyatt.com

라디슨 호텔 Radisson Hotel

세련된 인테리어와 친절한 서비스가 돋보이는 호텔이다. 미국 호텔 체인 라디슨에서 경영한다. 1층에는 이탈리아 요리 전문점 올리브 가든이 있다.
홈페이지 www.radisson.com/kathmandune

솔티 크라운 플라자 Soaltee Crown Plaza

시내 중심에서 좀 떨어져 있지만 시설과 서비스가 네팔에서 최상급이다. 카지노도 유명하다. 고급스런 실내 인테리어가 돋보인다. 중국 요리와 이탈리아 요리 전문점이 있다.
홈페이지 www.soaltee.crownplaza.com

샹그릴라 호텔 Shangri-la Hotel

네와르 문화를 모티브로 해서 만든 호텔. 잘 가꿔진 넓은 정원이 매력적이다. 중국 요리 전문점과 매일 밤 라이브 음악을 즐길 수 있는 재즈 바가 있다.
홈페이지 www.hotelshangrila.com

Tip

숙박료는 흥정이 기본
카트만두에서는 정가를 다 주고 투숙하는 사람은 거의 없다. 어디서나 흥정이 가능하다. 비수기에는 대폭 할인해 준다. 여행사 바우처를 이용하면 훨씬 저렴한 가격으로도 숙박이 가능하다. 숙박료에는 세금(13%)과 봉사료(10%) 등 23%가 추가된다. 중급 호텔은 특별한 서비스가 있는 것은 아니다. 게스트하우스보다 규모가 좀 크면서 운영 시스템이 호텔 방식이라는 것 말고는 크게 기대하지 않는 것이 좋다. 물론 장기 체류를 할 경우에 할인이 가능하다. 홈페이지가 있는 곳은 인터넷 예약이 가능하며, 할인 서비스도 받을 수 있다. 무료 혹은 유료로 공항 픽업과 드롭 서비스를 해준다.

| 중급 호텔 |

홀리 히말라야 Hotel Holy Himalaya

골목 안에 있어 조용하면서도 시설이 깨끗하다. 객실 타입도 다양하다. 특히, 조식이 훌륭해 최근 타멜에서 가장 핫한 중급 호텔 대접을 받는다. 인터넷 와이파이도 수신 강도가 좋으며, 에어컨과 냉온수도 잘 나온다.

홈페이지 www.holyhimalaya.com

카트만두 게스트하우스 Kathmandu Guest House

타멜 중심부에 있다. 이 호텔을 기준으로 다른 장소를 설명할 정도로 유명하다. 유럽인들이 주 고객이다. 1주일 이상 장기체류하면 할인혜택을 준다. 다양한 규모의 객실이 있다.

홈페이지 www.ktmgh.com

로얄 싱이 호텔 Royal Singi Hotel

두르바르 광장 부근에 있다. 비수기에는 대폭 할인이 가능하다. 레스토랑에서는 네팔 요리를 비롯해서 콘티넨탈, 일본, 중국 요리를 즐길 수 있다. 홈페이지 www.hotelroyalsingi.com

호텔 바르샬리 Hotel Varshali

타멜에서 가장 높은 6층짜리 건물이다. 객실 인테리어도 고급이고, 전망 좋은 레스토랑도 있다. 비수기에는 대폭 할인된다. 중국 단체관광객이 많아 좀 시끄러운 편이다.

홈페이지 www.vaishalihotel.com

호텔 마낭 Hotel Manang

타멜 거리에서 제일 북쪽에 있다. 정통 네팔 요리를 맛볼 수 있는 '주얼스 오브 마낭' 레스토랑이 있다. 홈페이지 www.hotelmanang.com

호텔 마르샹디 Hotel Marshyangdi

여행사를 통하지 않고 직접 예약하면 35% 할인해 준다. 옥상 레스토랑에서 주 2회 라이브 공연이 열린다. 정원에서는 바비큐를 즐길 수 있다.

홈페이지 www.hotelmarshyangdi.com

코트야드 호텔 Courtyard Hotel

2002년 오픈해 깔끔한 호텔이다. 내부 인테리어가 남부 유럽을 연상시키는 유러피언 스타일이라 여성들이 좋아한다.

홈페이지 www.hotelcourtyard.com

호텔 가루다 Hotel Garuda

네팔 히말라야 등반대의 아지트라 할 정도로 산악인들에게 인기가 좋다. 벽에는 수많은 등정 사진이 붙어 있다. 타멜 한복판에 있어 좀 시끄러운 것이 흠이다. 호텔에서 조식부터 석식까지 가능하다.

홈페이지 www.garuda-hotel.com

호텔 네이처 Hotel Nature

2000년에 오픈했으며 옥상 전망이 좋다. 일본식 정원이 특색 있다.

홈페이지 www.hotelnature.com

삼사라 리조트 Samsara Resort

2006년에 개관해 객실이 깨끗하고 서비스도 좋다. 공항 픽업 및 드롭 서비스를 제공한다. 호텔 예약 사이트에서 예약하면 특별할인을 받을 수 있다.

홈페이지 www.samasraresort.com

엠 스퀘어 M square

티베트 게스트하우스 입구에 있는 호텔로 조용하며 가성비 좋은 숙소다. 네팔 히말라야 페스티벌 에이전시(축제) 걸리안 사장에게 부탁하면 약간의 할인도 받을 수 있다. 조식 제공.

호텔 말라 Hotel Malla

1975년에 오픈한 전통 있는 호텔. 타멜 중심가에서 북쪽으로 조금 들어가 있어 조용하다.

바로 옆에 빌라 에베레스트가 있다. 호텔 내에 네팔, 유럽, 중국 레스토랑 3개가 있다.
홈페이지 www.hotelmalla.com

타멜파크 호텔 Hotel Thamel Park
한국인 트레커들에게 인기 많은 중급 호텔. 한인 숙소였던 네팔짱이 수와얌부나트로 옮겨간 후 레스토랑과 건물 2동을 신축하는 등 대대적인 리모델링을 거쳐 3성급 호텔로 거듭났다. 네팔짱에서 에이전시 업무를 보던 크리슈나를 비롯해 리셉션 에크 등 한국말이 능통한 직원들이 있다. 한식만 전문으로 하는 2층의 식당도 평판이 좋다.

| 게스트하우스 |

[타멜 중심부]

해피 홈 게스트하우스 Happy Home Guest House
가족이 운영한다. 배낭여행자나 장기체류자들이 많이 머문다. 공항 픽업 서비스도 해 준다.

임페리얼 게스트하우스 Imperial Guest House
한국 배낭여행들에게 인기가 좋다. 언제든지 잘 나오는 온수가 인기 비결이다. 저렴한 요금에 숙소도 깔끔한 편이다.
홈페이지 www.imperialguesthouse.com

강사르 게스트하우스 Khangsar Guest Houes
종업원들이 아주 친절하다. 객실도 깨끗하게 관리되며 온수도 잘 나오는 편이다.
홈페이지 www.khangsarguesthouse.com

[타멜 북부]

인터내셔널 게스트하우스
International Guest House
팍나졸 거리 중간쯤에 있다. 게스트하우스라고 하지만 건물 외관 분위기는 중급 호텔 스타일이다. 넓은 부지와 정원이 잘 정비되어 있다.
홈페이지 www.ighouse.com

무스탕 게스트하우스
Mustang Guest House
호텔 만답Hotel Mandap 대각선 맞은편 기념품 가게 사이로 난 좁은 골목길을 들어가면 있다. 찾기 어려운 것이 가장 큰 단점이다. 장기 숙박을 하면 할인해 준다.

티베트 피스 게스트하우스
Tibet Peace Guest House
타멜 북쪽과 연결되는 팍나졸 방향으로 약 30m 가면 작은 골목 입구에 간판이 보인다.
홈페이지 www.tibetpeace.com

카트만두 피스 게스트하우스
Kathmandu Peace Guest House
티베트 피스 게스트하우스에서 골목 안쪽으로 약 20m 거리에 있다.
홈페이지 www.ktmpeaceguesthouse.com

[타멜 남부(체트라파티 초크 주변)]

티베트 게스트하우스 Tibet Guest House
전통 있는 게스트하우스다. 다양한 객실을 보유하고 있어 취향에 맞춰 선택할 수 있다. 공항 무료 픽업 서비스가 있어 트레커들에게 인기가 좋다. **홈페이지** www.tibetguesthouse.com

체리 게스트하우스 Cherry Guest House
네팔리의 훈훈한 정을 느낄 수 있는 곳으로 한국 식당 '축제'에서 가깝다. 한국과 일본 배낭여행자들이 많이 찾는다.
홈페이지 www.cherryguesthouse.com

타멜 안내도

N

0   100m

마낭 호텔
Hotel Manang

타멜 파크 호텔(한식)
Thamel Park Hotel

타멜파크 호텔
Hotel Thamel Park

DDC(야크 치즈 마켓)

빌라 에베레스트(한식)
Villa Everest

타멜 하우스(네팔)
Thamel House

말라 호텔
Hotel Malla

바이샬리 호텔
Hotel Vaishali

모모 타로(일식)
Momo Taro

양린(티베트)
Yangling

타칼리 키친(네팔)
Thakali Kitchen

길링체(티베트)
Gillingche

뉴올린언즈 카페(양식)
New Orleans Cafe

핫브레드(빵집)
Hot Bread

카트만두 게스트하우스
Kathmandu Guest House

대장금(한식)
Daejangkeum

소풍(한식)
Picnic

잉양(태국)
Yin Yang

펌퍼니켈 베이커리(양식)
Pumpernickel Bakery

타멜 슈퍼마켓
Thamel Supermarket

모로코영사관

히말라얀 자바(카페)
Himalayan Java

가든 오브 드림즈
Garden of Dreams

한국사랑(한식)
Hankook Sarang

로드 하우스 카페(양식)
Road House Cafe

왕궁박물관
Kingdom's Museum

파이어 앤 아이스(이탈리안)
Fire & Ice

소냐 등산장비 대여점
Shona's Rental Shop

임페리얼 게스트하우스
Imperial Guest House

무스탕 홀리데이 인
Mustang Holiday Inn

체리 게스트하우스
Cherry Guest House

호텔 백야드
Hotel Backyard

홀리 히말라야 호텔
Hotel Holy Himalaya

오후쿠로노아지(일식)
Ohukuroaji

후지 호텔
Hotel Fuji

티베트 게스트하우스
Tibet Guest House

포탈라 게스트하우스
Potala Guest House

경복궁(한식)
Kyungbokgung

우체 호텔
Hotel Utse

포카라행 버스 정류장
To Pokhara Bus Park

축제여행사
Festival Agency

마운틴 스테이크 하우스(양식)
Mountain Steak House

레스토랑

전 세계 여행자가 찾는 카트만두는 먹을거리의 천국이다. 네팔 전통 음식부터 인도, 중국, 한국, 일본, 서양 요리까지 원하는 대로 다 먹을 수 있다. 인도와 달리 다양한 술도 자유롭게 마실 수 있다. 여행자의 천국 타멜 거리에 있는 인기 레스토랑을 소개한다.

| 네팔 요리 |

보잔 그라하 Bhojan Griha

180년 전에 지은 라나가의 궁전을 개조해 만든 레스토랑. 네팔 전통 공연을 보며 궁중 요리를 즐길 수 있어 관광객에게 인기가 좋다. 예약은 필수. 공연은 매일 저녁 7시부터 9시까지 열린다. 네팔 전통 술 럭시는 무한 리필이다. 타멜에서 좀 떨어져 있어서 택시로 이동해야 한다. 다양한 음식을 접할 수 있는 세트 메뉴가 인기다. 전화 01-4416423

크리슈나르판 Krishnarpan

호텔 드와리카 안에 있는 고급 레스토랑. 네와르 전통공예품으로 장식된 실내에서 전통의상을 입은 종업원이 서비스를 해준다. 네와르 전통음식과 네팔음식을 먹을 수 있다. 전화 01-4470770

타멜 하우스 Thamel House

100년 전 지은 네와르 양식의 건물을 개조해 만든 레스토랑. 마치 가정집에 초대받은 느낌이 든다. 타멜에 위치해 트레커들이 많이 찾는다. 전화 01-4410388

툭체 타카리 키친 Tukche Thakali Kitchen

네팔 현지인들에게 인기 좋은 레스토랑. 네팔 상류층들로 늘 북적거린다. 두르바르 광장에서 가깝다. 전화 01-4225890

보에 첸 Bhoe Chhen

두르바르 광장 근처 바산타푸르 플라자 3층에 자리한 레스토랑이다. 전통 네와르 음식을 맛볼 수 있는 곳으로 유명하다.

쥬얼스 오브 마낭 Jewels of Manang

마낭 호텔에 있는 네팔 정통 레스토랑. 스페셜 디너 세트 메뉴는 모모, 수프, 커리, 요구르트, 홍차가 나온다. 매일 저녁 6시 30분 네팔 전통 음악 연주가 펼쳐져 분위기도 좋다.

라스쿠스 Laskus

카트만두 게스트하우스에 있는 전통 네와르 레스토랑. 앉아서 먹는 자리에는 이불이 깔려 있어 다리를 펴고 편하게 식사할 수 있다. 오후 6시부터 제공되는 세트 메뉴는 모듬 전채요리와 커리, 디저트, 커피 혹은 홍차가 나온다. 전화 01-4700632

타칼리 반차 Thakali Bhancha

네팔의 백반이라고 하는 달밧 전문 레스토랑이다. 달밧에 몇 가지 반찬이 추가되는 달밧 타칼리가 유명한데, 매운 맛이 특징이다. 달밧은 무한 리필이라 모자라면 더 달라고 하면 된다. 전화 01-4701910

베스트 핑거 칩스 앤드 스낵

Best finger chips & snap

레스토랑이라기보다는 스낵 코너에 가까운 감자튀김 전문점이다. 이름은 거창하지만 실제로 가보면 조그마한 구멍가게에 가깝다. 감자 칩, 모모, 스프링롤 등 다양한 간식거리를 맛볼 수 있다.

| 인도 & 태국 요리 |

사이노 Saino

인도와 중국 요리를 취급해 선택의 폭이 넓은 레스토랑. 1층은 야외 가든 스타일, 2층은 티베트 스타일의 좌식 테이블이다. 전화 01-4230890

안나푸르나 피스 탄두리 레스토랑
Annapurna Peace Tandoori Restaurant

네팔과 인도 음식을 전문으로 하는 레스토랑. 진흙 탄두리에서 구워내는 탄두리 치킨과 난은 정통 인도의 맛을 그대로 재현하고 있다. 인도 음식이 그리울 때 가보자.

모티마할 Motimahal

전통 인도 카레를 맛볼 수 있는 레스토랑. 특히, 탄두리 치킨과 케밥, 난이 맛있다. 인도 정식인 탈리도 인기가 좋다. 전화 01-4225647

인양 레스토랑 Yin Yang

타멜 거리에서 아주 인기가 있는 태국 전문 레스토랑이다. 태국인 주방장이 직접 요리한다. 1층의 정원 테이블도 괜찮지만, 태국 스타일로 인테리어를 한 2층도 아주 좋다. 전화 01-4701510

| 티베트 요리 |

길링체 Gilingche

네팔 현지인들에게 인기 좋은 티베트 전문 레스토랑이다. 티베트 로컬 음식 모모, 뚝빠, 뗌뚝, 볶음밥 등을 맛볼 수 있다. 특히, 뚱바(네팔 전통술)는 맛이 아주 좋다. 가격이 착해 늘 배낭여행자들로 북적거린다. 전화 01-4410026

모모 스타 Momo star

상호처럼 티베트식 만두 모모를 전문으로 하는 레스토랑이다. 다양한 종류의 모모를 맛볼 수 있으며, 가격도 착한 편이다. 특히, '믹스 드 뗌뚝'은 정말 맛있다. 뗌뚝은 티베트식 수제비로 한국인의 입맛에도 잘 맞는다.

데첸링 Dechenling

네팔, 인도, 티베트 요리가 메인이다. 넓은 정원에서 식사를 할 수 있어 인기가 좋다. 전화 01-4412158

뉴 에베레스트 모모 센터
New Everest Momo Center

타멜 북쪽 레그나트 마르그에 있는 모모 전문 레스토랑. 현지인들에게 아주 인기가 있으며 포장도 가능하다.

웃체 Utse

1971년 오픈한 전통 있는 티베트 레스토랑. 호텔 웃체 안에 있다. 가코크 요리(우리나라 신선로 요리와 유사함)는 한 번쯤 맛볼 만하다. 전화 01-4257614

스몰 스타 Small Star

싸고 맛있는 서민 식당으로 유명한 티베트 레스토랑이다. 현지인들로 늘 북적인다. 뚱바와 모모는 우리 입맛에도 잘 맞는다. 한국인이 즐겨 찾는 서민 식당 중 하나다.

| 일본 요리 |

고토 Koto

라면, 돈가스 덮밥 등 일본 음식을 맛볼 수 있는 레스토랑. 가격에 비해 양도 많아서 젊은 여행자들에게 인기가 좋다. 타멜 지점은 문을 닫았고 현재는 두르바르 마르그 본점만 운영한다. 전화 01-4226025

모모타로 Momotaro

일본 음식이지만 맛도 좋고 가격이 착하다. 여행객뿐만 아니라 현지인들에게도 인기가 좋다. 전화 01-4417670

후루사토 Furusato

일본의 가정식 느낌이 나는 레스토랑. 식재료를 일본에서 공수해 온다. 전화 01-4413404

로터스 Lotus

돈가스, 카레 요리가 유명한 레스토랑이다. 레스토랑은 탕카 갤러리도 겸하고 있다.
전화 01-2190770

| 중국 요리 |

기린 Kylin

중국 출신 셰프가 요리해 중국 본토의 맛을 그대로 재현한다. 다양한 메뉴가 있어 선택의 폭이 넓다. **전화** 01-4250825

다이와 Daiwa(大和)

저렴하고 맛있다. 특히, 치킨수프가 인기다. 달걀볶음밥도 맛있다. 중국풍 인테리어도 인상적이다. 길링체 가는 골목에 있다.
전화 01-4410247

차이나타운 The China Town

라짐팟 블루버드 슈퍼마켓 2층에 있다. 광동지방 요리가 메인이다. 카트만두에서 북경오리구이를 맛볼 수 있는 집이다. 볶음밥과 콜드치킨도 맛있다.

차이나 팔래스 China Palace

야크 앤 예티 호텔 내에 있는 레스토랑이다. 다양한 종류의 중국 요리 메뉴가 있다. 가격은 그리 착하지 않다.

| 서양 요리 |

머운틴 스테이크 하우스 Mountain Steak House

에베레스트 스테이크 하우스는 타멜 외곽으로 이전했다가 코로나19로 인한 관광객 축소로 폐업했다. 지금 자리에는 마운틴 스테이크 하우스가 개업해 성업 중이다.

서드 아이 레스토랑 Third Eye Restaurant

타멜을 대표하는 식당이라고 해도 과언이 아니다. 스테이크를 비롯해 서양식과 네팔 전통 요리, 중국 요리 등 아주 다양한 음식을 접할 수 있다. 특히, 탄두리 치킨 맛은 다른 곳에서 흉내 내기 어려울 정도로 맛이 깊다.

로드 하우스 레스토랑 Road House Restaurant

정통 이탈리아 피자집으로 장작을 피운 화덕에서 피자를 구워낸다. 베스킨 라빈스 아이스크림도 맛볼 수 있다.

헬레나스 레스토랑 Helena's Restaurant

서양식과 인도식 요리를 하는 대형 레스토랑. 5층 건물 전체가 식당이다. 옥상 정원에서 먹는 스테이크와 스파게티는 환상적이다.

라 돌체 비타 La Dolce Vita

이탈리아 요리 전문점. 다양한 종류의 피자와 스파게티를 먹을 수 있다.

케이 투 K-Too

캐나다인이 운영하는 스테이크 전문점. 다양한 종류의 스테이크를 맛볼 수 있어 늘 손님들로 북적인다.

펌페니켈 베이커리 Pumpernikel Bakery

오븐에서 직접 구워내는 빵과 케이크가 환상적이다. 샌드위치와 과일 요구르트, 커피 등의 음료는 안쪽 정원에서 맛볼 수 있다.

뉴 올리언즈 카페 New Orleans Cafe

아침 세트 메뉴 크루아상이 여행자들에게 인기다. 이 외에도 다양한 음식을 맛볼 수 있다. 주말에는 라이브 공연도 한다.

파이어 앤드 아이스 Fire and Ice

타멜 거리 초입 히말라얀 뱅크 1층에 위치한 피자 전문점. 카트만두에 사는 외국들이 북적거리는 곳이다.

포카라
Pokhara

포카라는 네팔의 보석으로 불린다. 안나푸르나 산군을 배경으로 평화로운 페와호수를 끼고 있는 포카라는 지구상에서 여행자가 가장 좋아하는 곳 중 하나다. 카트만두가 네팔의 정치, 경제, 문화의 중심이라면, 포카라는 네팔 모험 여행의 중심이자 휴양을 위한 도시다. 조용한 골짜기에 위치한 이 매혹적인 도시는 안나푸르나와 무스탕 등 히말라야 트레킹의 베이스캠프다. 또한, 히말라야에서 흘러내린 급류를 타는 래프팅의 도착지다. 패러글라이딩과 초경량 비행기구Ultra-light flights, 산악자전거(MTB) 같은 모험적인 스포츠를 즐길 수 있는 최적지이기도 하다. 활기찬 배낭 여행자들이 모여드는 페와호수 주변은 많은 바와 레스토랑, 게스트하우스를 비롯한 다양한 숙박시설이 몰려 있다.

휴양 도시 포카라의 상징 페와호수

포카라의 자연 환경은 매우 뛰어나다. 특히, 페와호수를 배경으로 우뚝 솟아 있는 물고기 꼬리 모양의 마차푸차레(6997m)는 아름다움을 넘어 신비롭기까지 하다. 마차푸차레는 네팔인들의 영산으로 아직까지 등반을 허락하지 않고 있다. 이 산은 또 안나푸르나의 상징이자 관문이다. 트레커들은 이 산의 빼어난 자태에 감동하며 안나푸르나 히말라야를 찾아간다. 포카라는 세계적인 자연유산 히말라야 외에도 아열대의 온난한 기후를 바탕으로 한 울창한 산림, 풍부한 수원, 에메랄드빛 호수를 갖추고 있다.

포카라는 남북의 길이가 5km에 불과한 아담한 도시다. 여행자들이 주로 머무는 레이크사이드와 댐 사이드는 포카라 남서쪽에 위치하고 있다. 이곳은 여행자들을 위한 편의시설이 잘 갖추어져 있다. 다른 도시로 이동하기 위한 공항과 버스정류장도 가까운 거리에 있다. 두 지역은 페와호수를 따라서 1970년대 이후 새로 형성된 여행자 거리다. 현지인들은 구 시가지인 바자르(시장)를 중심으로 모여 살고 있다.

레이크사이드에는 한국 음식을 비롯해서 대부분 나라의 음식을 먹을 수 있는 레스토랑이 있다. 또 햇살이 드는 정원을 갖추고 있는 깨끗하면서도 저렴한 호텔이 많이 있다. 포카라에 며칠 머문다면 자전거를 빌려 규모가 큰 올드 바자르를 둘러보는 것도 재미있다. 데비스 폭포(파탈레 창고), 티베트 난민촌 등도 모두 자전거로 얼마 걸리지 않는 거리에 있다.

포카라의 해발고도는 884m. 1,400m인 카트만두보다 약 500m 낮다. 가을과 겨울은 가끔씩 쌀쌀한 카트만두에 비해 따뜻한 편이라 편안하게 지낼 수 있다. 반면 몬순 때는 카트만두보다 두 배나 많은 양의 비가 내리고 습도가 높아 불편하다. 우기(6~9월)의 포카라는 마치 하늘에서 물을 퍼붓는 것 같다. 그러나 비는 대부분 오후에 한두 시간에 걸쳐 내리는 국지성 호우라 여행을 불편하게 하지만 불가능하게 하지는 않는다.

국제 산악 박물관

국제 산악 박물관에 전시된 박영석 부스

포카라 안내도

N

0   300m

페와 호수
Phewa Lake

제로 갤러리(한식)
Zero Gallery

윈드폴 게스트하우스
Windfall Gest House
3 시스터즈 트레킹 에이전시
3 Sisters Travel Agency

모모 타로(일식)
Momo Taro

안나푸르나 호텔
Annapurna Hotel

킴스 식당(한식)
Kim's Restrant

할란촉
Hallan Chowk
ACAP

에베레스트 스테이크 하우스(양식)
Everst Steak House
아오조라(일식) Aozora

해리네 게스트하우스
Harry's Gest House

만스와르
MANSWAR

코리안 바비큐(한식)
Korean BBQ
샨촌다람쥐(한식)
Sanchon Daramgi

쿠마리 인
Cumaree Inn

레몬 트리(양식)
Lemon Tree
원스 어폰 어 타임(양식)
Once Upon A Time

마라 호텔 Mala Hotel

KFC(패스트푸드)

부메랑(양식)
Boomerang

바라니촉
Barani Chowk

에이비아시 호텔 ABC Hotel

레이크사이드
LAKE SIDE

탈 바라히 사원
Tal Barahi Temple

후지야마(일식)
Fujiyama

소비따나(한식)
Sobittana

뷰포인트 호텔
View Hotel

스플렌디드 뷰 호텔
Splendid Hotel

보트 탑승장
Boat Rental & Park

란후아(중식)
Ranhooa

블랙 앤 화이트(양식)
Black & White

글라시에 호텔
Glacier Hotel

템플 리조트
Temple Resort

낮술(한식)
Natssul

소비따네(한식)
Sobittane

트렉 오텔
Trek 0tel

레이크사이드 여행사
Lakeside Agency

Mt 카일라스 리조트
Mt Kailas Resort

우체국
Post Office

라트나푸리
RATNAPURI

이민국
Immigration

사히드촉
Sahid Chowk

피쉬테일(카페)
Fishtail Resort Cafe

포카라 팀스/퍼밋 사무실
Pokhara Tims/Permit Office

버스터미널
Tourist Bus Park

댐 사이드
DAM SIDE

포카라 구 공항

초레파탄
CHHOREPATAN

포카라 공항
포카라 국제산악박물관 방면

파르디
PARDI

데비스 폭포
Devi's Fall

비라우타촉
Birauta Chowk

파르디 바자르 Pardi Bazar

둔게상구
DHUNGESANGU

타시링 티베트 마을
Tashiling Tibetan Village

페와호수 Fewa Lake

포카라 중심부에 있는 페와호수는 네팔에서 두 번째로 큰 호수이자 포카라의 아름다움을 배가 시켜주는 가장 매력적인 장소다. 특히, 이른 아침 잔잔한 호수에 비치는 히말라야의 풍광은 그림엽서에서나 볼 수 있는 멋진 경치다. 포카라에 도착한 대부분의 여행자는 보트를 빌려 타고 페와호수의 아름다운 풍경을 보면서 망중한을 즐긴다. 또 호수에 떠 있는 작은 섬에 있는 바라히 사원Barahi Temple을 방문하기도 한다. 바라히 사원은 네팔인들에게는 아주 인기 있는 여행지다. 토요일에 이곳을 방문하면 열성적인 힌두교도들이 닭과 같은 산 짐승을 신에게 바치는 의식을 볼 수 있다. 보트 대여점은 호숫가를 따라 여러 개가 있다. 대여료는 지점에 따라 조금씩 차이가 있다. 페와호수 동쪽 기슭에 자리한 레이크사이드는 호텔과 레스토랑, 수공예품 상점 등 각종 편의 시설이 있는 여행자의 거리다.

세티간다키 Seti Gandaki

포카라에서 여행자들을 실망시키지 않는 또 하나의 볼거리는 세티간다키강이다. 히말라야의 빙하와 눈 녹은 물이 포카라 시내를 통과하면서 깊은 협곡을 이루며 지하로 흘러간다. 강폭은 지역에 따라 다른데, 좁은 곳은 2m밖에 되지 않는다. 그러나 깊이는 아주 깊다. 지표면에서 땅 속으로 20~50m 이상 되는 협곡이다. 협곡에 걸쳐진 작은 다리 마헨드라 풀에서 거세게 휘몰아치며 땅속으로 흘러가는 강물의 모습을 내려다보는 것은 대단한 장관이다.

데비스 폭포 Devi's Fall

현지인들은 파탈레 창고Patale Chhango라고 부르는 폭포다. 페와호수에서 흘러나오는 물이 땅속 깊은 협곡으로 떨어지면서 만들어진 폭포다. 일설에 의하면 영국의 한 트레커David가 이 폭포 아래로 떨어진 후 사라져 버린 데서 이름이 연유했다고 한다. 포카라에서 서남쪽으로 약 2km, 티베트 난민촌 입구에서 오른쪽으로 100m 지점에 있다.

타실링 티베탄 난민촌
Tashiling Tibetan Refugee Camp

1950년 중국이 티베트를 침공했을 때 네팔로 피난 온 사람들이 만든 티베트 난민촌이다. 지금도 티베트 특유의 생활습관을 유지하고 있다. 마을에서 간단한 기념품을 팔기도 한다.

마헨드라 동굴 Mahendra Cave

포카라에서 볼 수 있는 이색적인 동굴이다. 현지인들은 '박쥐의 집'이라 부른다. 동굴 안에 시바 신상을 모신 작은 사원이 있다. 데비스 폭포 길 건너편에 있으며, 빙글빙글 돌아서 지하로 내려가면 석회암 동굴이 나타난다. 그 끝으로 가면 데비스 폭포로 물이 유입되는 것을 볼 수 있다.

올드 바자르 Old Bazar

포카라 현지인들이 모여드는 전통시장이다. 포카라는 과거 티베트와의 교역으로 번성했던 곳으로 바자르(시장)의 역사가 깊다. 올드 바자르는 포카라 사람들의 활력과 생동감이 느껴진다. 식료품, 옷감, 화장품 등 다양한 물건을 판매한다. 운이 좋으면 독특한 생활 소품을 저렴하게 구입할 수도 있다. 올드 바자르는 레이크사이드에서 5km 거리다. 자전거를 빌려 타고 가면 좋다.

안나푸르나 박물관
The Annapurna Regional Museum

안나푸르나 지역 보존계획(ACAP)에 의해 설립된 박물관이다. 나비, 곤충류, 조류, 그리고 이 지역에서 살아가는 야생생물의 표본을 전시하고 있다. 올드 바자르 인근 프리티비 나라얀 캠퍼스 옆에 있다. 일~금에만 개관한다.

국제 산악 박물관
International Mountain Museum

히말라야 등반사를 한눈에 알 수 있게 해주는 박물관이다. 2004년 개관한 이 박물관은 히말라야 등반 역사와 등반가, 등반 장비 등의 자료를 모아 전시했다. 에베레스트를 초등한 텐징 노르게이가 당시 등반에 사용했던 장비를 전시한 공간도 있다. 또 한국 원정대의 등반사를 알려주는 한국 부스와 히말라야 14좌를 완등한 박영석 대장이 사용하던 장비를 전시한 박영석 부스도 별도로 있다. 이 밖에 히말라야의 지형, 동식물, 셰르파족과 구릉족 등 산악지대에 사는 소수민족의 생활양식 등을 알 수 있는 다양한 전시물이 있다. 야외에는 간단한 음료를 먹을 수 있는 카페도 있다. 구 포카라 공항 근처에 있다. 매일 개관.

홈페이지 www.mountainmuseum.org

세계평화탑 World Peace Pagoda

페와호수 남쪽 방향에 있는 산 정상의 흰 불탑이다. 이곳은 사진작가들이 즐겨 찾는 곳으로 페와호수와 포카라 시내, 히말라야를 촬영할 수 있는 최적의 장소이다. 포카라의 정기를 가장 잘 받는 곳으로 알려져 있으며, 탑은 일본의 한 종교 단체가 세웠다고 한다. 포카라 젊은이들의 데이트 장소로 유명하다.

카트만두-포카라 교통

포카라는 카트만두에서 200km 거리로 항공과 버스편을 이용할 수 있다. 항공편을 이용하면 40분이면 두 도시를 오갈 수 있다. 또 비행 중에 히말라야를 감상하는 행운도 주어진다. 포카라와 카트만두는 다양한 스타일의 버스가 운행된다. 트리술리강을 따라가는 버스는 7~8시간 소요된다. 인기가 좋은 버스의 경우 성수기에는 예약을 해야 낭패를 보지 않는다.

항공
예티항공을 비롯해 많은 항공기들이 하루 수십 편 운항하고 있다. 비행시간은 40분이 채 걸리지 않는다. 그러나 날씨에 따라 운항이 지연되는 경우가 많다. 거리에 비해 항공요금은 비싼 편이다. 히말라야의 장관을 보려면 포카라로 갈 때는 오른쪽, 카트만두로 돌아올 때는 왼쪽 좌석에 앉도록 한다. 항공료는 편도 106달러.

버스
자가담바 버스는 중식은 제공하지 않으며, 요금은 디럭스 1,100루피, 수퍼디럭스 1,200루피, VIP디럭스 1,600루피다. 오전 7시 소라쿠테 버스 파크Sorakhutte Bus Park에서 출발해 발라주Balaju, 바나스탈리Banasthali, 수와얌부나트Sweoyambhunath, 시타파일라Sitapaila, 칼란키Kalanki 순으로 정차하여 승객을 태운 다음 포카라로 향한다. 현재는 도로 공사로 인하여 약 10시간 정도 소요된다.

포카라 박물관 Pokhara Museum

마헨드라 풀과 버스정류장 사이에 있다. 포카라 박물관은 서부 네팔 소수민족의 문화를 살펴볼 수 있는 곳이다. 구룽, 타칼리, 타루족 같은 서부 네팔 소수민족의 생활양식과 역사를 담은 표본, 사진, 조형물 등을 전시하고 있다. 수~월 오픈.

사랑곳 Sarangkot

사랑곳은 긴 여정의 트레킹을 할 수 없는 여행자들이 선택하는 히말라야 뷰포인트다. 포카라 시내에서도 안나푸르나를 비롯한 히말라야가 보이지만 사랑곳에서 보는 전망과는 비교할 수 없다. 사랑곳의 높이는 해발 1,592m. 포카라 시내와 약 800m 표고차가 난다. 사랑곳은 특히, 일출과 일몰이 아름답다. 해가 뜰 때는 순백의 히말라야부터 붉게 물든다. 이어 불

빛이 은하수처럼 빛나던 포카라도 아침 햇살에 깨어나면서 자욱한 운해가 드리운다. 안개 사이로 보이는 계단식 논밭, 상쾌한 새벽 공기는 육체와 정신을 말끔히 씻어준다. 사랑곳은 새벽이면 이 아름다운 일출을 보려는 여행자들로 인산인해를 이룬다. 안나푸르나 케이블카를 타면 아주 빠르고 편하게 올라갈 수 있다. 페와호수 옆 바레히 초크Barahi Chok 케이블카 승강장에서 사랑곳 정상까지 10분 정도 소요된다. 가격은 편도 8달러, 왕복 12달러다. 현지인들과 일부 트레커들은 걸어서 오르기도 한다. 포카라 시내에서 5km 거리라 당일로 트레킹을 하거나 오토바이를 렌트해서 갈 수도 있다. 사랑곳 주차장에 도착하면 가이드를 해준다고 접근하는 사람(아이들이 대부분)이 많다. 그러나 이곳은 특별히 가이드가 필요한 곳이 아니라서 점잖게 사양하면 된다.

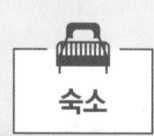

숙소

포카라에는 5성급 고급 호텔부터 배낭여행자를 위한 저렴한 게스트하우스까지 다양한 숙소가 있다. 선택의 폭이 넓어 예산에 맞춰 고르면 된다. 네팔 최고의 휴양지답게 며칠씩 머물며 휴식하기에 아주 좋다. 고급 및 중급 호텔에는 세금(13%)과 봉사료(10%)가 별도로 추가된다.

| 고급 호텔 |

풀바리 리조트 앤 스파 Fulbari Resort & Spa

포카라에서 가장 규모가 큰 5성급 특급 호텔. 시내 외곽 세티간다키 강변에 있다. 드넓은 부지에 카지노, 수영장, 사우나, 미니 골프 코스 등의 부대시설을 갖추고 있다. 레이크사이드까지 무료 셔틀 버스도 운행한다.
가격 175~250달러 **홈페이지** www.fulbari.com

피쉬테일 롯지 Fishtail Lodge

레이크사이드 끝 페와호수 건너편에 위치. 전용 뗏목을 타고 호수를 건너가 나름 운치가 있다.

1969년 오픈해 시설은 좀 낡은 편이다. 하지만 위치가 이 호텔을 먹여 살린다고 해도 과언이 아니다. 한국 드라마 〈나인〉 촬영지이기도 하다.
가격 140~170달러
홈페이지 www.fishtail-lodge.com

샹그릴라 빌리지 Shangri-la Village

호텔이 꽃으로 둘러싸여 있다고 해도 과언이 아닐 정도로 조경이 뛰어나다. 야외 수영장과 요가센터 등도 운영한다. 레이크사이드까지 무료 셔틀버스를 운행한다.
가격 180달러
홈페이지 www.hotelshangrila.com

| 중급 호텔 |

페와 프린스 Fewa Prince

네팔과 일본 자본이 합작해 만든 호텔로 포카라에서 카트만두로 가는 도로변에 있다. 모든 방에서 히말라야 파노라마를 감상할 수 있다. 주 고객이 일본인이라 일본 요리를 맛볼 수 있다. 장기체류하면 할인이 가능하다.

가격 45~55달러(텍스와 봉사료는 별도)
홈페이지 www.fewaprincepkr.com

호텔 바라히 Hotel Barahi

레이크사이드에서 유일하게 야외 수영장을 보유하고 있는 호텔이다. 넓은 부지 위에 3층으로 지어진 호텔의 객실에서 바라보는 히말라야 전경이 압권이다.

가격 42~94달러 **홈페이지** www.barahi.com

호텔 ABC Hotel ABC

레이크사이드 중심부에 있다. 가족이 운영하는 호텔로 히말라야 조망이 좋다. 특히, 정원이 아름다워 파라솔 아래서 담소를 나누기 그만이다.

트렉 오텔 Trek Otel

레이크사이드에 있다. 2001년에 오픈한 중급 호텔로 깔끔한 편이다 일본인이 주 고객이라 전체 분위기가 일본 스타일이다.

캔들 인 Candle Inn

2006년 오픈한 중급 호텔로 인테리어가 돋보인다. 종업원의 친절도도 만족할 만하다.

호텔 옥타곤 Hotel Octagon

레이크사이드에 있다. 호텔 이름처럼 건물이 8각형으로 지어진 특이한 구조다. 객실이 4개밖에 없다.

호텔 뷰포인트 Hotel Viewpoint

2005년 오픈했으며 높은 층에서 바라다보는 안나푸르나 경치가 끝내준다. 비교적 저렴한 가격으로 호텔 수준의 서비스를 받을 수 있다.

호텔 트윈 픽스 Hotel Twin Peaks

댐 사이드에 있다. 호텔 건물이 앞뒤로 2개가 있어 트윈 픽스라 불린다. 옥상에서 보는 히말라야 조망이 아름답다.

호텔 고르칼리 디 Hotel Gorkali Di

레이크사이드에 있다. 가격이 저렴해 배낭여행자들에게 인기가 좋다. 호텔 건물이 높아 히말라야 조망이 우수하다.

호텔 수프리야 Hotel Supria

레이크사이드에 있는 작은 숙소로 민박집 같은 분위기다. 장기 투숙객에게 권할 만하다.

호텔 피스 플라자 Hotel Peace Plaza

최근에 지은 깔끔한 숙소다. 일부 객실은 페와 호수 조망이 좋다. 부속 인터넷 카페도 있다. 여행사 업무도 볼 수 있다.

호텔 네팔 Hotel Nepal

네팔인 부부가 운영하는 저렴한 숙소로 유명하다. 부속 식당의 음식 값도 저렴해 배낭여행자들에게 인기가 많다.

리틀 티베탄 게스트하우스
Little Tibetan Guest House

레이크사이드에 있다. 한국인이 많이 찾는 숙소로 티베트인이 운영한다. 정원이 있고 객실도 넓다. 특히, 주방을 마음대로 사용할 수 있어 음식을 해먹는 여행자에게 아주 편리하다.

로터스 화이트 게스트하우스
Lotus White Guest House

한국에서 10여 년 일한 경험이 있는 네팔인이 운영하는 숙소다. 저렴하고 깨끗하다. 무엇보다 한국말이 통한다는 것이 큰 장점이다.

레스토랑

세계 각지에서 트레커들이 몰려드는 휴양 도시답게 포카라에는 다양한 스타일의 레스토랑이 있다. 네팔 현지 음식 달밧부터 스테이크와 피자와 같은 서양식, 티베트식, 한식, 중식, 일식 등 여행자가 원하는 대부분의 레스토랑이 있다.

| 네팔 요리 |

타칼리 키친 Thakali Kitchen

호텔 '트렉 오텔' 뒤에 있는 네팔 식당으로 타칼리 음식을 전문으로 한다. 타칼리는 네팔 고산에 사는 종족 이름으로 매콤한 맛을 내는 요리가 특기다. 전화 061-206536

네와리 키친 Newari Kitchen

네와르 전통 요리를 중심으로 모모, 카레, 달밧, 어쩌르(우리나라 김치와 유사) 등이 맛있다. 식당 안쪽 테라스에서는 페와호수를 바라보며 식사를 할 수 있어 분위기가 좋다.
전화 061-462633

라사 티베탄 레스토랑 Lhasa Tibetan Restaurant

레이크사이드에 있다. 1982년 문을 연 유서 깊은 티베트 전문 음식점이다. 특히, 모모, 덴뚝, 뚝빠 같은 서민 음식부터 신선로와 비슷한 가꼭까지 다양한 티베트 음식을 맛볼 수 있다. 물론 똥바도 맛이 좋다. 전화 061-436066

부메랑 Boomerang

레이크사이드에 있다. 야외에서 페와호수를 감상하며 식사를 즐길 수 있어 분위기를 찾는 여행자들이 많이 찾는다. 전통 놋그릇에 담겨 나오는 고급스런 달밧은 맛도 훌륭하다. 저녁에는 네팔 전통 춤 공연도 한다.

할란촉 부근 로컬 식당

선착장 가는 길에 있는 현지 식당들은 가격이 저렴해 배낭여행자들에게 인기가 높다. 특히, 세쿠아, 수쿠티 같은 네팔 서민 스타일 고기 요리와 창, 락시 등 토속주는 주당들을 기쁘게 한다. 간판은 특별히 없다. 현지인들이 많이 드나드는 곳을 찾으면 실패할 확률이 없다.

| 서양 요리 |

몬순 Monsoon

레이크사이드 플라자에 있다. 호수 전망을 즐기면서 호젓하게 식사를 하고 싶다면 옥상 정원을 추천한다. 서양 음식이 주력이지만 네팔, 인도, 태국, 중국요리도 된다. 주말에는 라이브 공연도 펼쳐진다.

레몬 트리 Lemon Tree

레이크사이드 중심부에 있다. 샌드위치, 스파게티, 스테이크와 멕시코 요리를 전문으로 한다. 페와호수에서 잡은 물고기로 만든 요리가 '오늘의 추천 요리'로 가끔 등장한다.

비스트로 캐롤라인 Bistro Caroline

레이크사이드에 있다. 세련된 프랑스식 가든 카페로 직접 재배한 채소를 사용한 요리를 선보인다. 음식 값이 좀 비싼 게 흠이다.

마이크스 레스토랑 Mike's Restaurant

레이크사이드에서 아메리칸 스타일 음식을 전문으로 취급하는 고급 레스토랑으로 서양인들에게 인기가 많다. 호수를 끼고 있어 분위기는 끝내주지만 가격이 만만치 않다.

에이엠 피엠 카페 AM PM Cafe

원두커피 전문점으로 모카, 카푸치노 등 다양한 종류의 커피와 차를 맛볼 수 있다. 빵집도 함께 하고 있어 간단한 식사도 가능하다.

카페 콘체르토 Cafe Concerto

포카라에 정착한 이탈리아인이 운영하는 이탈리안 레스토랑이다. 모차렐라 치즈를 이탈리아에서 직접 공수해 본토 피자를 선보인다.

맘마미아 Mammmia

토마토 소스 파스타가 인기 좋다. 페와호수에서 잡은 생선 요리 등 다양한 메뉴를 갖추고 있다.

저먼 베이커리 German Bakery

댐 사이드 삼거리에 있다. 아침마다 구워내는 빵이 맛있다. 크루아상, 페이스트리, 케이크 등 다양한 빵과 스프링롤, 피자 등을 제공한다.

| 한식 |

윈드폴 Wind fall

한인 숙박업소로 식당도 겸한다. 많은 트레커들의 입소문으로 맛이 증명된 곳이다.

낮술

레이크사이드에 위치해 호수를 바라보면서 식사를 할 수 있다. 식당이라기보다는 카페 분위기다.

산촌 다람쥐

한국인 여행자들에게 꾸준히 인기를 얻고 있는 곳. 식당 외에 여행 및 트레킹 정보도 얻을 수 있다.

소비따네 & 소비따나

한국에서 온 배낭족에게 인기가 많은 레스토랑이다. 레이크사이드에 소비따네 골목이라는 명칭이 생길 정도로 많이 알려져 있다. 가격이 착하면서 맛도 좋아 식사 시간에는 빈자리가 없을 정도다. 서로 원조라고 주장하지만 포카라를 다녀온 사람들은 어느 곳이 원조인지 한 번에 안다.

| 일식 |

아오조라 Aozora

포카라의 숨겨진 보석으로 알려진 일식 레스토랑. 할란촉에서 가깝다. 한 번 중독되면 다른 곳은 잘 가지 않을 정도의 퓨전 일식이 매력적이다.

후지야마 Fujiyama

댐 사이드 가는 길목에 있다. 음식 맛이 깔끔하다는 평이다.

타베모노야 Tabemono-Ya

레이크사이드에 있다. 레스토랑이 깨끗하고 음식이 정갈하다. 종업원도 친절하다.

모모타루 Momotarou

카트만두와 치트완에도 있는 체인 레스토랑이다. 레이크사이드에 있다. 어떤 메뉴이든지 기본 이상은 한다.

코토 Koto

레이크사이드 중심에 있다. 스시가 맛있지만 너무 기대하지 않는 게 좋다.

네팔에서 정글 사파리를 한다? 네팔에는 히말라야 같은 고산만 있다고 생각하는 이들이 의외로 많다. 하지만 네팔에도 사파리를 할 수 있는 밀림이 있다. 네팔 남부 저지대에 있는 치트완 국립공원Chitwan National Park이 그곳이다. 치트완 국립공원은 아시아에서 가장 잘 보전된 자연보호구역이자 야생동물의 보고다. 히말라야 트레킹을 마친 후 치트완 국립공원에서 정글 사파리 투어까지 하면 네팔 여행이 한결 더 재밌다.

카트만두에서 남서쪽으로 140km 떨어진 치트완 국립공원은 고도가 낮은 테라이(평원) 지역이라 아열대기후를 보인다. 이 지역은 지나친 삼림 남벌로 자연이 황폐해지고 동물도 급격히 감소하자 1973년 네팔정부가 국립공원으로 지정해 보호했다. 네팔에서는 사가르마타(에베레스트)와 함께 유네스코 세계자연유산으로 지정되었다. 치트완 국립공원에는 몸집이 큰 외뿔 코뿔소와 몇 마리가 살고 있는지 파악조차 어려운 벵갈 호랑이 같은 멸종위기의 동물이 살고 있다. 이밖에 악어, 공작새, 사슴, 몽구스 등의 동물과 539종의 조류가 서식하고 있다.

치트완 국립공원을 가로지르는 라프티강의 일몰

1. 타루족 마을 소우하라에 있는 리조트 2. 치트완 국립공원의 악어사육장 3. 타루족이 방목하는 소 4. 치트완 국립공원의 코끼리 투어

교통

항공
카트만두에서 치트완 국립공원 인근 바랏푸르까지는 매일 4편 운항한다. 30분 소요. 바랏푸르-치트완 구간은 택시로 이동해야 한다.

버스
카트만두와 포카라에서 치트라사리로 가는 버스편이 매일 운행된다. 카트만두에서는 투어리스트 버스가 07:00(5시간 소요)에 출발한다. 도로 사정은 좋지 않다. 포카라에서는 투어리스트 버스가 07:30(5시간 소요)에 출발한다. 치트라사리에서 치트완 국립공원 입구에 자리한 소우라하 마을까지는 3km 거리다. 패키지 투어에 참가하면 숙박업소에서 치트라사리로 픽업을 온다. 그러나 자유 여행자는 각자 교통편을 마련해야 한다. 보통 치트라사리에 도착하면 숙박업소 직원들이 호객을 위해 많이 나와 있다. 여기서 숙박업소 직원과 숙박료를 흥정한 뒤 그들이 마련한 교통편으로 이동하거나 아니면 교통수단(오토바이, 지프, 봉고 버스)를 이용해 소우라하 마을까지 간 뒤 본인이 직접 숙소를 선택해도 된다.

| 치트완 투어 |

치트완 국립공원에서는 다양한 즐길거리가 있다. 가장 인기 있는 것은 코끼리 등에 올라타고 하는 정글 투어다. 이밖에 가이드와 걸어서 가거나 지프를 타고 정글을 탐험할 수 있는 정글 사파리가 있다. 또 카누나 배, 지프를 타고 다니면서 조류를 관찰하기도 한다. 정글에 있는 롯지에 머물면서 현지 타루족의 생활상을 느끼고 체험하는 것도 뜻깊다. 카트만두나 포카라의 여행사에서 판매하는 치트완 여행 패키지를 이용하면 편하게 다녀올 수 있다.

코끼리 목욕시키기

코끼리 목욕시키기도 체험을 좋아하는 여행자들이 즐거워하는 프로그램이다. 치트완의 오후는 아주 무덥다. 코끼리도 이 더위를 피해갈 수 없다. 그래서 강에서 목욕을 시키며 더위를 식혀주는 것이다. 코끼리는 라프티강에 도착하면 코로 강물을 빨아들여 온몸에 물을 뿌려 댄다. 이때 여행자가 원하면 코끼리 등에 올라가 함께 즐길 수 있다. 그러나 코끼리가 물을 뿜으면 옷이 금방 젖는다. 또 코끼리가 물속에서 뒹굴거나 눕기도 해 물에 젖을 확률 100%다. 수영을 못하거나 흙탕물에 젖는 게 싫다면 코끼리 목욕은 구경만 하자.

코끼리 정글 사파리 Elephant Safari

코끼리 등에 올라타 정글 사파리를 하는 것은 치트완 여행의 하이라이트다. 코끼리는 여행자를 등에 태우고 강을 건너기도 하고, 밀림의 숲을 헤쳐 정글의 심장부로 데려간다. 코끼리 한 마리당 4명의 여행자와 1명의 가이드가 탄다. 코끼리 등은 생각보다 높다. 코끼리 등에서 내려다보는 풍경은 마치 낮은 높이로 나는 드론에서 촬영한 것처럼 입체적인 시각을 선사한다. 다만, 코끼리가 걸을 때마다 어느 정도 흔들리는 것은 감안해야 한다. 또 아침 일찍 사파리를 할 경우 생각보다 날씨가 쌀쌀해 긴팔 재킷이 필요하다. 코끼리 정글 사파리는 국립공원에서 운영하는 것과 소우라하 마을에서 민간이 운영하는 두 종류가 있다. 가격은 민간이 운영하는 것이 조금 더 저렴하다.

타루족 마을 방문하기

타루족은 치트완 국립공원 일대에서 살아가는 소수민족이다. 이들의 생활모습이 궁금하다면 소우라하에 있는 타루족 마을을 방문하면 된다. 타루족 마을은 국립공원 입구에서 코끼리 보육센터로 가다보면 나온다. 마을은 도로에서

코끼리 보육센터의 코끼리들

코끼리 먹이를 준비하는 사육사

약간 안쪽에 자리한다. 타루족 마을로 들어서면 전통복장을 한 타루족을 볼 수 있다. 또 이들이 전통 방식으로 지은 초가집과 생활도구도 찾아볼 수 있다. 저녁에는 타루족 전통 춤 공연을 한다. 공연의 마지막은 관람객을 무대로 초빙해 함께 춤을 춘다.

코끼리 보육센터 Elephant Breeding Centre

소우라하에서 타루족 마을을 지나 3km 거리에 있다. 도보나 자전거로 다녀올 수 있다. 코끼리 보육센터로 가는 길은 전형적인 네팔 농촌 풍경을 볼 수 있다. 국경 너머 인도의 농촌 풍경도 비슷하다. 초가집이 낯설지 않다. 코끼리 보육센터로 가려면 나룻배를 타고 라프티강을 건너야 한다. 강을 건너 5분 정도 걸어가면 코끼리 보육센터에 닿는다. 이곳에는 20~30여 마리의 코끼리를 볼 수 있다. 아기 코끼리부터 거대한 상아를 자랑하는 수코끼리까지 다양하게 사육되고 있다. 특히, 바나나를 냉큼 받아먹는 귀여운 아기 코끼리들이 인기다.

정글 워킹 Jangle Walking

치트완 국립공원에서 가이드와 함께 천천히 걸으면서 야생의 자연을 즐긴다. 야생의 지역에서 워킹 투어가 이루어지기에 반드시 가이드의 지시를 따르도록 한다.

카누 타기

라프티강에서 즐기는 카누 타기도 흥미롭다. 국립공원을 관통하는 라프티강은 잔잔하게 흘러간다. 물풀이 웃자란 강을 따라 통나무를 깎아 만든 카누를 타고 내려간다. 카누는 긴 장대를 이용해 젓는다. 카누를 타고 가면서 해오라기나 왜가리 같은 조류를 감상하는 게 포인트. 단, 악어는 조심해야 한다. 특히, 물빛이 흐린 강물에 손을 담그는 일은 절대 없어야 한다. 카누 타기는 보통 1시간 정도 소요된다.

조류 관찰

여의도 면적 110배에 달하는 치트완 국립공원은 건조한 낙엽송, 열대의 상록 숲, 강변초지로 구성되어 있다. 이곳에는 539종의 조류가 서식하고 있다. 네팔의 조류 서식지 가운데 가장 많은 종류의 조류가 서식한다. 조류 관찰은 카누나 지프를 타고 라프티강과 그 지류에 서식하는 조류를 찾아간다. 정글에서도 화려한 깃털을 새운 공작을 만날 수 있다. 그러나 조류 관찰은 생각만큼 흥미롭지 않다. 너무 큰 기대는 하지 않는 게 좋다. 조류 관람에는 보통 2~3시간 소요된다.

지프 투어

치트완 국립공원을 지프를 타고 다니며 야생동물과 조류를 관찰하는 투어다. 지프 투어는 천장이 오픈된 7~10인승 지프차를 타고 간다. 3시간 동안 밀림의 깊숙한 곳까지 찾아가 야생동물을 관찰한다. 다만, 우기에는 비포장도로가 엉망진창이 되어 투어가 불가능하다. 비가 내리거나 추위에 대비해 재킷을 준비해야 한다. 벵갈 호랑이를 볼 확률은 거의 없지만 지프 투어는 한 번 쯤 경험해 볼 만하다. 단, 기대가 크면 실망도 클 수가 있다.

라프티강에 떠 있는 카누

타루족 민속 공연

| 치트완 투어 |

치트완 투어 패키지는 카트만두와 포카라에 있는 롯지나 리조트의 오피스에서 예약할 수 있수 있다. 치트완 투어 패키지에는 코끼리 사파리, 지프 투어, 정글 워킹, 카누타기, 타루족 공연 등 다양한 문화체험 프로그램이 포함되어 있다. 2박3일 패키지는 카트만두나 포카라에서 치트완까지 오고 가는데 각각 하루씩 걸린다. 투어는 보통 하루에 모두 진행한다. 패키지 가격은 숙박하는 롯지에 따라 달라진다. 숙소는 간단한 식사와 잠자리만 제공되는 저렴한 롯지부터 호화스런 리조트까지 다양하다. 카트만두나 포카라에서 판매하는 2박3일 투어 패키지는 100달러 전후다. 여기에는 숙박과 식사, 교통비, 공원 입장료, 가이드비가 모두 포함됐다. 고급 리조트에서 숙박할 게 아니라면 가격대가 저렴한 패키지를 권한다. 다만, 계약 시 일정과 투어 비용에 포함된 사항을 꼼꼼히 살펴서 현지에서 곤란한 일이 없도록 해야 한다. 여행사에서 판매하는 치트완 국립공원 투어 패키지는 끼워 팔기 같은 꼼수가 있으므로 너무 기대해서는 안 된다.

치트완 국립공원 패키지 투어는 자유여행에 비하면 비싼 편이다. 가능하면 숙소와 현지 투어를 스스로 예약해 자유여행을 가는 것이 좋다. 비수기(5~9월)에는 숙박료가 20~50% 할인된다. 자유여행으로 갈 경우 현지에서 다른 여행자들과 합류해 2~4명이 함께 움직이는 게 투어 이용 시 비용을 절약할 수 있다. 코끼리 사파리의 경우 4명이 정원이다. 소우라하 마을은 치트완 국립공원 탐방 전초기지 같은 마을이다. 카트만두나 포카라에서 출발한 버스는 치트라사리 마을까지 간다. 이곳에서 3km 떨어진 소우라하 마을까지는 버스 도착시간에 맞춰 마중 나온 지프나 미니버스로 이동한다. 치트완의 겨울은 아침저녁으로 날씨가 많이 쌀쌀하고 안개가 낀 날이 많다. 따뜻한 옷이나 방수가 되는 겉옷을 준비해야 한다. 여름에도 긴팔 옷이 필요하다.

	패키지 투어	자유여행
교통	카트만두나 포카라에서 그린라인을 타고 치트라사리에 도착하면 소우하라의 해당 업소에서 픽업을 나온다. 투어를 마친 후 같은 장소로 데려다준다.	카트만두나 포카라에서 대중교통편으로 이동한다. 치트라사리에서 소우하라까지는 오토바이나 기타 교통편을 흥정해서 이동한다. 인원이 많으면 차량 대절도 괜찮다.
투어	카트만두나 포카라의 에이전시에서 다양한 투어 상품을 판매한다. 비싼 투어는 대부분 옵션이 있는 투어로 추가 경비가 지출된다.	자신이 원하는 것만 한정해서 투어를 할 수 있다. 투어를 하지 않고 그냥 편히 쉴 수도 있다.
숙소	에이전시 별로 계약된 현지 숙소에 투숙한다. 여행자에게는 숙소 선택 권한이 없다.	현지에 도착해 직접 숙소를 둘러보고 흥정을 하며 숙소를 선택한다. 다소 번거롭지만 선택의 자유가 있다.
식사	메뉴의 선택이 없다. 숙소에 있는 식당에서 정해진 메뉴를 먹어야 한다. 음료 및 주류는 별도로 요금을 내야 한다.	소우하라에 있는 식당에서 마음대로 선택해 먹을 수 있다.
예산	처음 계약할 때 지불한 금액에서 옵션 투어나 음료수 등의 비용을 제외하고는 추가적인 비용이 발생하지 않는다.	숙소, 식사, 투어 등 모든 것을 여행자가 결정하는 것이라 경비는 여행 스타일에 따라 천차만별이다. 아껴 쓰면 패키지보다 저렴할 수도 있다.

1. 코끼리 정글 트레킹 **2.** 노을에 물든 치트완 국립공원과 라프티강

숙박

치트완 국립공원에서의 숙박은 국립공원 안과 소우라하 마을에 있는 숙박시설을 이용하는 두 가지 방법이 있다. 당연히 국립공원 내에 있는 리조트나 롯지가 비싸다. 이곳은 카트만두나 포카라에 자체 오피스를 가지고 있거나 여행사 패키지를 이용해 신청한다. 반면, 버스를 이용해 자유여행을 왔다면 대부분 소우라하 마을에서 숙박하게 된다. 라프티 강가에 전망 좋고 저렴한 게스트하우스와 식당이 모여 있다. 대부분의 숙소는 독립된 방갈로 형태이며 자체 식당이 있다. 장기 숙박이 가능하며, 치트완 국립공원 투어와 주변 지역 교통은 숙소 주인에게 부탁하면 된다. 마을 내에서는 도보나 자전거로 이동 가능하며, 강을 건널 땐 나룻배를 이용하면 된다. 단, 숙박료는 늘 유동적이며 시기와 흥정에 따라 변한다는 것을 잊지 말자.

국립공원 내 숙박업소

• 가이다 와일드 라이프 캠프
  Gaida Wildlife Camp
  www.visitnepal.com/gaida

• 치트완 정글 롯지 Chitwan Jungle Lodge
  www.go2nepal.com/chitwan

• 템플 타이거 Temple Tiger
  www.catmando/temple-tiger

• 아일랜드 정글 리조트 Island Jungle Resort
  www.islandjungleresort.com.np

• 타이거 톱스 정글 롯지
  Tiger Tops Jungle Lodge
  www.tigermountain.com

• 마찬 와일드라이프 리조트
  Machan Wildlife Resort
  www.nealinformation.com/machan

소우라하 숙박업소 및 가격(1박 기준)

• 타이거 캠프 Tiger Camp : 600~1,200루피
• 리버사이드 호텔 Riverside Hotel : 8~30달러
• 파크사이드 호텔 Parkside Hotel :
  800~1,800루피
• 로얄파크 호텔 Royalpark Hotel : 20~25달러
• 레인보우 사파리 리조트 Rainbow safari Hotel :
  500~1,000루피

룸비니
Lumbini

BC 563년 네팔 서부 룸비니Lumbini에서 석가모니 붓다(싯다르타 고타마)가 태어났다. 이 탄생 이후 룸비니는 전 세계 불교인들이 신성시하는 성지가 되었다. 1997년에는 유네스코가 정한 세계문화유산으로 등록되었다. 현재 룸비니는 룸비니개발공단에 의해 이 지역에 남아 있던 많은 수의 수도원과 스투파가 새롭게 재건되고 있다. 또 룸비니 정원 안에는 각 나라별로 약간씩 다른 특색을 지닌 세계 각국의 불교 사원들이 건설되어 있다.

석가모니 붓다와 관련해서는 4대 성지가 있다. 붓다의 탄생지인 룸비니(네팔 서부), 붓다가 깨달음을 얻은 부다가야Buddha Gaya (인도 바하르주), 붓다가 처음 설법한 사르나트Sarnath(인도 우타르프라데시주), 붓다가 열반에 든 쿠쉬나가르Kushinagar(인도 우타르프라데시주)가 그곳이다. 이 가운데 룸비니만 네팔에 있고, 나머지 3곳은 모두 북인도에 있다.

룸비니는 석가모니 탄생 이후 수많은 순례자들이 찾아왔다. 그 가운데 한 사람인 인도 아소카왕은 이곳에 석가모니를 찬미하는 기념 석주를 세웠다. 1896년 발견된 이 석주에는 '이곳에서 샤카족의 성자 붓다가 탄생한 것에 연유해 룸비니 마을은 세금을 면하고, 또 생산물의 1/8만을 징수한다'라는 법칙이 새겨져 있었다. 이 돌기둥의 발견으로 룸비니가 석가모니 탄생지라는 것이 확인되었다. 룸비니 곳곳에는 붓다의 탄생과 연관된 유적들이 남아 있다. 룸비니의 석가모니 붓다 관련한 자세히 내용은 룸비니 국제사원 구역에 있는 한국 사찰, 대성석가사 홈페이지(www.ds-sukgasa.or.kr)를 참조하면 된다.

1. 석가모니 붓다가 태어난 룸비니. 지금은 세계적인 불교 성지가 됐다 2. 룸비니 국제 사원 지역 3. 석가모니가 룸비니에서 탄생했다는 사실을 기록한 아소카 석주 4. 대성석가사 대웅전

여행지

| 룸비니 세계문화유산 |

마야데비 사원 Mayadevi Temple

아소카 석주 동쪽 바로 옆에 있다. 흰색으로 칠해진 이 사원은 석가모니의 어머니 마야데비를 기리는 사원이다. 이 사원에는 BC 3세기 초부터 사람들이 숭상해 왔다는 붓다의 탄생 장면을 묘사한 돌로 만든 오래된 부조가 있다. 그 옆에는 같은 형태의 좀 다른 부조가 놓여 있는데, 이 탄생불의 부조는 11~15세기 네팔 카르날리 지방에서 융성했던 나가왕조의 말라왕에 의해 조성되었다고 한다. 1976~1978년 발굴 당시 이 사찰 밑에서는 마우리아왕조 때 것으로 보이는 황금제 사리용기 뚜껑과 탄화된 유골의 조각이 발굴되기도 했다.

카필라바스투 근처 붓다 관련 유적지

마야데비 연못 주변에는 광활한 유적지가 발굴되고 있다. 과거 이곳에는 많은 스투파들이 조성되어 있었던 것으로 추정된다. 오늘날 룸비니는 수세기 동안의 무관심에서 벗어나 학자들과 여행자들의 주목을 받고 있다. 또 발굴된 유물들은 신중한 보존 작업을 진행 중이다. 룸비니 주변 지역에서 가장 고고학적 의미가 있는 곳으로는 붓다가 고행의 시기를 보냈던 카필라바스투가 있다. 고대 왕궁을 연상시키는 이곳에 흩어져 있는 유물은 다양하다. 최근에는 고고학자들에 의해 BC 8세기 것으로 추정되는 13개의 고대 주거지가 발견되었다. 이는 고고학적으로나 역사적으로 매우 가치 있는 일이다.

마야데비 연못 Mayadevi Pond

마야데비 사원 남쪽에 있다. 마야데비 왕비가 석가모니 출산 전후로 목욕을 했던 장소로 싯다르타 연못, 푸스카리니 연못으로도 불린다. 석가모니의 어머니 마야데비는 당시 친정에서 출산하는 전통을 따라 고향으로 가는 길에 이곳을 지나다 산통을 느꼈다고 한다.

아소카 석주 Pillars of Ashoka

마우리아왕조의 아소카왕에 의해 세워진 석주다. 싯다르타 연못 북쪽에 위치한 이 석주는 높이가 7.2m에 이르고, 지면으로부터 3.3m 지점에 아소카왕의 비문이 새겨져 있다. 석주에 새겨진 명문에는 "많은 신들의 사랑을 받고 있는 피야다시(아소카왕의 다른 이름)왕은 즉위한 지 20년이 지나 친히 이곳을 찾아 참배했다. 여기에서 붓다 석가모니께서 탄생하셨기 때문이다. 그래서 돌로 말의 형상을 만들고 석주를 세우도록 하였다. 이곳에서 위대한 분이 탄생했음을 경배하기 위함이다. 룸비니 마을은 조세를 감면하며, 생산물의 1/8만 징수케 한다."라고 새겨져 있다. 이 석주의 발견으로 이곳이 석가모니 붓다의 탄생지임이 입증되었다.

룸비니 마야데비 사원

교통

항공편으로 룸비니를 가려면 바이라하와 고우타마 붓다공항을 이용한다. 카트만두에서 고우타마 붓다공항까지는 1일 5회 운항된다. 비행시간은 45분. 비행기는 19명에서 25명까지 탑승할 수 있는 경비행기다. 공항에서 바이라하와까지는 자동차로 20분 거리다. 공항에서 룸비니로 곧장 갈 수도 있다. 고우타마 붓다공항에서 룸비니까지는 버스와 택시를 이용할 수 있다. 버스는 1시간, 택시는 20분 걸린다. 카트만두나 포카라에서 룸비니로 가는 버스는 수시로 있다. 도착한 뒤의 일정을 고려해 이른 아침이나 늦은 밤에 출발하는 버스 가운데 선택할 수 있다. 소요시간은 8~9시간 걸린다. 치트완 국립공원에서 나라얀가트로 가면 네팔 각지에서 오는 바이라하와행 버스를 탈 수 있다. 인도 고락푸르에서 국경을 넘어 육로로 룸비니로 갈 수 있다. 이 경우 소나울리에서 국경을 넘어 바이라하와를 거쳐 룸비니로 간다. 소나울리에서 바이라하와까지는 지프나 버스, 릭샤를 이용할 수 있으며 20분 정도 걸린다.
룸비니 내에서 이동은 자전거가 가장 적합하다. 개발구역 입구에 있는 릭샤도 괜찮다. 걸어 다니기에는 규모가 만만치 않다.

룸비니에 있는 평화의 불

숙소

| 호텔 |

룸비니의 저렴한 숙소는 대부분 룸비니 개발구역 입구 반대편의 작은 마을과 룸비니 바자르에 있다. 조금 좋은 숙소는 개발구역 동편의 도로변에 있다.

룸비니 붓다 호텔 Lumbini Buddha Hotel
중심지에서 조금 떨어져 있어 조용하다. 사파리풍의 객실동이 정갈한 편이다. 가격 10~25달러

붓다 마야 가든 호텔 Buddha Maya Garden Hotel
넓은 야외 레스토랑이 있다. 저녁에는 민속무용 등 공연이 있다. 가격 60~70달러

룸비니 훗케 호텔 Lumbini Hokke Hotel
일본과 서양 스타일 중에서 선택할 수 있다. 4~8월에는 30% 할인 가능. 가격 100~140달러

룸비니 빌리지 롯지 Lumbini Village Lodge
룸비니 바자르에 있다. 가격이 저렴해 배낭여행자들에게 인기가 좋다. 가격 4~8달러

| 순례자를 위한 다르마살라 |

각국에서 룸비니에 지은 사원 중에는 순례자를 위한 숙박시설 다르마살라를 운영하는 곳이 있다. 일반 여행자도 다르마살라를 이용할 수 있다. 요금은 특별히 정해져 있지 않고 기부 방식으로 운영한다.

네팔 붓다 사원 Nepal Buddha Temple
1949년에 창건됐다. 룸비니에서 가장 오래됐다. 식당과 찻집이 바로 앞에 있어 여러모로 편리하다.

국제비구니승원 International Gautami Nuns Temple
남자도 숙박이 가능하다. 식사는 주문하면 바깥에서 배달해 준다.

일본 묘법사 Japanese World Peace Pagoda
일본인 주지 스님이 있을 경우에 한해 관광객을 받는다. 사원 일을 돕는 등 약간의 수고를 해야 한다.

레스토랑

룸비니에는 여행자의 취향에 따른 다양한 레스토랑이 있다.

피스 랜드 레스토랑 Peace Land Restaurant
현지인에게도 인기가 좋다. 특히, 치킨 쵸우멘, 커리 등이 맛있다. 가격 60~220루피

쓰리 폭스 레스토랑 Three Fox Restaurant
티베트, 인도, 서양 요리를 제공한다. 2층에 있어 야외 좌석에서는 시장을 내려다보면서 식사를 할 수 있다. 가격 110~200루피

룸비니의 한국 절 대성석가사

대성석가사는 룸비니 국제사원구역 서쪽에 있는 한국 절이다. 1995년 문을 연 이래 세계 각국의 순례자들에게 숙식을 제공해 인기가 높다. 단체여행을 오는 순례자들뿐만 아니라 인도와 네팔 배낭여행자들에게도 편안한 휴식처가 되고 있다. 인도에서 네팔로 오거나 또는 그 반대 방향으로 여행하는 사람들은 룸비니에 있는 이 절에 들려 한 호흡 쉬며 석가모니의 유적을 돌아본다. 대성석가사에는 80여 개의 방이 있다. 각 방은 4명(단체여행객은 6~7명)이 정원이다. 수건이나 세면도구 등은 별도로 구비되어 있지 않다. 객실은 4인실과 도미토리 타입이 있다. 4인실은 홈페이지 (www.da-sukgasa.or.kr)를 통해 사전 예약한 한국인만 이용할 수 있다. 5~6인이 사용하는 도미토리는 선착순으로 운영되며 전 세계인 누구나 이용할 수 있다. 4인실과

1. 대성석가사 도미토리 2. 대성석가사 공양

도미토리 모두 남녀 객실이 구분되어 있다. 요금은 숙식 포함해 4인실 48,000원, 도미토리 500루피다. 식사는 공양 시간에 맞춰 먹을 수 있으며 한 끼에 100루피(공양시간 외에는 120루피)다. 80명이 동시에 식사할 수 있으며 김치나 된장국 등의 한식을 먹을 수 있다.

룸비니의 관문 바이라하와

카트만두에서 서남쪽으로 284km 떨어진 바이라하와Bhairahawa는 룸비니로 가는 관문 도시다. 바이라하와는 인도에서 육로로 네팔로 들어올 때 거치는 주요 도시이기도 하다. 인도 소나울리에서 국경을 넘으면 처음 만나는 네팔의 도시가 바이라하와다. 이 때문에 시간이 여의치 않은 여행자들은 룸비니로 곧장 가지 않고 바이라하와에서 쉬었다 간다. 또한, 카트만두나 포카라에서 오는 버스의 최종 목적지도 바이라하와이기 때문에 여행자들이 항상 붐빈다.

바이라하와에서 룸비니까지는 22km 거리다. 바이라하와에서 룸비니까지는 아스팔트가 깔려 있어 도로 사정이 좋다. 바이라하와에서 버스를 타면 룸비니 마야데비 동산으로 들어가는 입구의 마일라와라 마을 앞에서 세워준다. 마야대비 사원 근처 정류소에서 내리더라도 표지판을 따라 약 20분 정도 걸으면 대성석가사에 도착할 수 있다. 이때 릭샤꾼들이 따라 붙는데, 다리가 아프고 짐이 많다면 릭샤를 타는 것도 괜찮다. 이곳은 포장도로가 아닌데다 시내가 아니라 사람들이 많이 다니지 않는다. 이것을 고려해 같은 거리라도 가격이 약간 비싸다는 것을 유념하고 흥정하는 것이 좋다.

바이라하와에는 다양한 가격대의 숙소가 있다. 호텔 글래스고우Hotel Glasgow는 온수 샤워가 가능하고 직원들도 친절하다. 자체 레스토랑도 있다. 호텔 예티Hotel Yeti는 현대적인 숙소로 편의시설이 잘 갖추어져 있다. 버스 파크 부근에 있어 이동하기에 좋다. 호텔 니르바나Hotel Nirvana는 바이라하와에서 가장 좋은 호텔이다. 시내에서 좀 떨어진 곳에 있다. 호텔 마운트 에베레스트Hotel Mt' Everest는 버스 파크에서 가깝다. 자체 레스토랑은 가격 대비 맛이 훌륭한 편이다.

네팔 비자

네팔은 한국인에게 비자가 필요한 몇 안 되는 나라 중 한 곳이다. 비자는 한국 네팔대사관에서 받을 수 있다. 또 카트만두공항에 도착해서 받을 수 있고, 인도나 중국 등 국경지역의 출입국 관리소에서도 받을 수 있다. 네팔 비자 발급비는 국내에서 받는 게 조금 더 비싸다. 카트만두공항에 도착해 비자를 발급받는 게 저렴하다. 또 네팔대사관까지 오가는 번거로움을 피할 수 있다. 하지만 입국 수속을 빨리 마치고 포카라나 룸비니 같은 네팔 국내선 항공편을 이용해야 한다면 최대한 빨리 입국 수속을 마칠 수 있도록 한국에서 받아가는 게 유리하다. 최근에는 카트만두공항에도 자동비자발급기(키오스크)가 생겨서 네팔의 관광 인프라가 조금씩 발전하는 모습을 느낄 수 있다. 네팔대사관 홈페이지에서 온라인 비자를 신청(비자피도 카드 결제 가능)하고 휴대폰에 저장하여 입국 창구에서 보여주면 된다. 항공편으로 입국하면 많은 사람이 한꺼번에 몰리는 경우가 많다. 따라서 비행기에서 내리면 빨리 비자피 카운터에 줄을 서는 것이 좋다. 여기서 비자피를 먼저 지불한 후 영수증을 가지고 비자심사를 하는 카운터로 이동한다. 미리 비자를 받아서 가는 사람은 'WITH VISA' 카운터에, 공항에서 비자를 받아야 하는 사람은 'WITHOUT VISA' 카운터에 줄을 서서 수속을 받으면 된다. 네팔비자는 관광비자, 학생비자, 사업비자 3종류가 있다. 트레킹이나 여행은 관광비자를 발급받으면 된다. 관광비자 구비서류는 비자신청서 1매, 여권, 비자피(발급비), 사진 1매다. 네팔 현지에서 관광비자 발급비용은 15일 30달러, 30일 50달러, 90일 125달러다. 주한 네팔대사관 비자 발급비는 15일 3만5,000원이다. 10세 이하는 비자피가 면제되며, 24시간 이내에 네팔을 떠나는 트랜짓 비자는 5달러다.

주한 네팔 대사관

주소 서울시 성북구 선잠로2길 19
전화 02-3789-9770
위치 지하철 4호선 한성대 입구역 6번 출구에서 15분 거리 성북파출서 부근
업무 시간 09:30~17:30
비자 신청 09:30~16:00
비자 수령 신청 3일 후 14:30~16:00
구비 서류 여권, 최근 사진 1매, 비자신청서, 비자피
홈페이지 www.nepembseoul.gov.np
비자피 15일 3만5,000원(현금만 가능)

출입국사무소(이민국)

카트만두

근무일 일~금(토 휴무)
근무시간 10:30~17:00(금요일은 15:00까지, 11~1월은 16:00까지)
주소 Kalikasthan, Dillibazar, Kathmandu
전화 01-4429659, 4429660
팩스 01-4433935, 4433934
홈페이지 www.nepalimmigration.gov.np
이메일 mail@nepalimmigration.gov.np

포카라

근무일 일~금(토 휴무)
근무시간 10:30~17:00(금요일은 15:00까지, 11~1월은 16:00까지)
주소 Immigration Office, Pokhara (포카라 투어리스트 버스파크 아래 사거리에 위치)
전화 061-465167 **팩스** 061-465167

네팔 한국대사관에서 전하는 네팔 트레킹 안전수칙

트레킹을 위해 네팔로 입국하는 우리 국민들께 안내드립니다.

현재 네팔은 예년보다 일찍 시작된 몬순으로 갑작스럽게 거센 바람을 동반한 폭우가 내리는 등 이상기후가 빈번히 발생하고 있으며, 트레킹 시 기상 악화로 위험에 처할 수 있는 상황이 발생할 수도 있음을 유념하시기 바랍니다. 폭우가 내릴 경우, 지역 간 도로유실, 낙석으로 인한 사고 발생, 고산지역은 폭설 또는 산사태가 발생할 수도 있습니다.

또한, 네팔 내 국내선 항공기 이용 시 일정에 맞추기 위해 무리해서 트레킹을 강행하지 않기를 권유드립니다. 모든 네팔 내 트레킹 구간이 그렇지만 특히, 카트만두-루클라, 포카라-좀솜 구간은 기후의 영향을 많이 받는 구간으로 사고 발생 다발지역으로 여유 있는 일정으로 안전하게 계획하기를 당부드립니다.

트레킹을 계획하는 국민 여러분은 단독 트래킹은 자제하시고 반드시 허가받은 여행업체에서 자격을 갖춘 경험 많은 가이드와 포터를 꼭 고용해 함께 산행하기를 권고드립니다. 친분이 있는 사람의 추천 또는 조금 저렴한 비용 때문에 자격 요건이 입증되지 않은 현지인을 고용하는 것은 매우 위험합니다.

안전하고 즐거운 히말라야 트레킹을 위해서는 아래 유의사항을 꼭 지켜주시기 바랍니다.

❶ 일정 단축을 위한 무리한 트레킹을 하지 마세요.

특히 자신의 건강을 과신하여 단시간에 고도를 높일 경우, 매우 위험한 상황에 처할 수 있습니다. 비행기 시간에 쫓겨 서두르다 보면 부상을 당하거나 고산증세가 악화될 수 있습니다. 산간 지역의 날씨와 환경은 예상할 수 없습니다. 뛰거나 무리하지 않고 안정된 호흡으로 한 걸음씩 천천히 올라가세요. 최소 1~2일 정도 여유 있게 일정을 잡는 것이 좋은 방법입니다.

❷ 현지 사정을 잘 아는 자격을 갖춘 가이드와 포터를 동반하세요.

고산증세가 나타나면 여러분의 몸의 변화를 알아채고 가이드(포터)가 적절한 대처를 할 수 있습니다. 아울러 산간지역은 인적이 드물고 여러 변수가 많아 큰 사고로 이어질 수 있는 위험한 지역이기 때문에 반드시 경험 많은 현지 가이드와 동행할 것을 권고합니다.

❸ 2,500m 이상에서는 체온을 꼭 유지하세요.

체온 유지는 고산지역에서 가장 중요한 항목입니다. 가급적 머리를 감거나 샤워는 자제하시기 바랍니다. 특히 머리의 체온이 중요하니 반드시 모자를 착용하세요.

❹ 고산지역에서 식사를 잘하고 절대 음주를 하지 마세요.

고산으로 올라갈수록 체력이 떨어지면서 속이 더부룩하고 입맛이 없어지지만 적절한 식사를 하지 않으면 탈진 증세와 함께 체력이 고갈될 수 있습니다.

❺ 몸 상태가 좋지 않다면 주변 사람들에게 도움을 청하세요.

몸의 작은 변화라도 주변에 도와줄 수 있는 사람들과 상의하고 이상이 있으면 트레킹을 중단하고 즉시 도보 또는 헬기를 이용해서 하산하세요. 하룻밤 자고 나면 나아지겠지라는 막연한 생각으로 고산지역에서 버티다가는 돌이킬 수 없는 결과를 초래할 수도 있습니다. 속이 메스껍거나 복부의 불편함과 구토, 두통, 심장 통증, 두근거림 및 호흡곤란 증상 등이 발생할 경우, 무조건 3,000m(개인에 따라 2,500m 이하) 아래로 하산하셔야 합니다.

❻ 여성 트래커의 경우 동행하는 가이드나 포터가 성적 농담이나 신체 접촉을 시도할 경우 엄중하고 단호하게 거절하세요.

네팔에서도 성희롱, 성폭행은 심각한 사회범죄로 엄중 처벌하고 있으며, 분명한 거절 의사에도 불구하고 이런 행동이 계속될 경우 증거자료 및 증인을 확보하여 경찰에 신고하시기 바랍니다(통신 사정이 좋지 않을 경우, 인근 롯지 관계자에게 도움 요청하여 네팔 경찰 또는 대사관에 신고)

❼ 가족들 또는 지인에게 트레킹 일정과 현지 연락 가능한 전화번호(숙소 및 가이드 또는 포터 전화번호)를 꼭 알려주세요.

또한 통신이 불가능한 지역에서는 전화가 며칠간 연결되지 않을 수 있다는 정보를 꼭 공유하세요. 가족들은 하루만 연락이 되지 않아도 많은 생각과 엄청난 걱정을 하십니다.

Tip

만일 관광비자로 90일 이상 네팔에 체류하고자 할 때는 카트만두나 포카라에 있는 출입국관리소에서 비자연장을 하면 된다. 비자피는 연장하는 날(1일 3달러) 만큼 내며, 최소 15일 단위로 연장할 수 있다. 따라서 15일 이하로 연장해도 45달러가 든다. 관광비자로는 1년에 150일 이상 네팔에 있을 수 없다. 카트만두 출입국사무소(이민국)는 마히티가르 지역의 로터리 부근에 있다. 타멜에서 택시로 10분 소요.

네팔 소재 기관 및 한인 업소 연락처

카트만두

업소명	위치	전화	홈페이지
호텔 타멜파크	타멜	+977-1-4701536	구 네팔짱을 리모델링해 오픈

포카라

업소명	위치	전화	홈페이지
윈드폴 게스트하우스	레이크사이드	98067-69309	카톡 ID 1204sam, 메일 1204sam@hanmail.net
망갈 게스트하우스	레이크사이드	98605-31090	카톡 ID bishowraj
해리네	레이크사이드	98460-56804	카톡 ID hottelavocado

룸비니

업소명	위치	전화	홈페이지
대성석가사	룸비니	071-580125	www.ds-sukgasa.or.kr

기관	위치	전화
한국대사관	카트만두 서부 타하찰	98510-33178, 01-4270172
네팔한인회	카트만두 파탄 텐징초크	98132-61868, 01-2298268

한식당

카트만두

업소명	위치	전화
소풍Picnic	타멜(히말라얀 뱅크 맞은편 골목 안)	01-4442420
한국사랑	타멜	01-4256615
빌라 에베레스트	타멜(말라 호텔 인근)	01-4441593
대장금(구 주막)	타멜	
경복궁	타멜	01-2081373
쉼터	타멜	97712-51115
강남갈비	발루왓 지역 thirbam sadak으로 이전	98235-47572

포카라

업소명	위치	전화	홈페이지
낮술	레이크사이드	98066-15012	www.natssul.com
산촌다람쥐	레이크사이드	98141-10687	cafe.daum.net/sanchondaramjui
포카라 한국사랑	레이크사이드	061-462390	
소비따네	레이크사이드		
소비따나	레이크사이드		
해리네	레이크사이드 (템플트리 호텔 인근)	98460-56804	카톡 ID hottelavocado
킴스KIMS	레이크사이드 (호텔 플라자 안나푸르나 1층)	061-462606	
제로 카페0 Cafe	레이크사이드	061-466321	
포카라 축제 집 Pokhara Festival Home	신 공항 근처	98626-76204	카톡 ID kalyangc123

트레킹에 도움이 되는 네팔어

기초 단어

의문사

무엇	What	께
어떤		꺼스또
어떻게	How	꺼서리
얼마나		꺼띠
어디	Where	꺼하
언제	When	꺼힐레
누구	Who	꼬
어느 것		꾼
왜	Why	끼너

인사말

안녕하세요	Hello	나마스떼(너마스떼)
안녕히 가세요	Good bye	나마스까르
다시 만납시다	See you again	페리 베떵라
만나서 반갑습니다	How are you?	타파이라이 카스토 차?
미안합니다	Excuse me	하쥬르
실례합니다	Please(give me)	디너호스
실례합니다	Please(you have)	깐너호스
감사합니다	Thank you	단야 밧(던야 밧)

인칭 대명사

인칭 명사					
1인칭 단수		**2인칭 단수**		**3인칭 단수**	
나	머	당신	떠빠이	그, 그녀	우하
나의	메로	당신의	떠빠이꼬	그의, 그녀의	우하꼬
나를	메로	당신을	떠빠이라이	그를	우하라이
				그녀를	운라이
1인칭 복수		**2인칭 복수**		**3인칭 복수**	
우리	하미	당신들	떠빠이허루	그들	우하허루
우리들	허루				
우리들의	함므로	당신들의	떠빠이허루꼬	그들의	우하허루꼬

이것	요	예? 뭐라고요?	하줄?	있다	처
이것의	에스꼬	문제없습니다	서머샤 처이너	없다	처이너
이것들	이니허루	좋다	라므로	좋다	틱처
이것들의	이니허루꼬	안 좋다	너라므로	안 좋다	틱처이너

명사

시·일·요일	
아침	비한
오후	디우소
저녁	벨루카
밤	라트
어제	히조
오늘	아저
내일	볼리
일요일	아이터바르
월요일	솜바르
화요일	멍걸바르
수요일	부더바르
목요일	버히바르
금요일	수크러바르
토요일	서니바르

지형 및 지리	
골짜기	번잰
큰 호수	딸
작은 호수	포커리
바다	서문드라
시내	너거르
마을	가우
집	거르
눈	희우
비	벌사/빠니
바람	하와/바따스
불교사원	곰파
힌두사원	먼디르
광장	머이다너
다리	뿔
산골	빠하드
강	콜라/너디
길	바토
해	수리어/감
달	쩐드러마/준
별	따라

색깔	
흰색	세토
파란색	닐로
검정색	칼로
노란색	뻐헬로
빨강색	라토
녹색	허리요

음식·식사	
식사	카나
물	빠니
우유	두드
더운 물	따또빠니
콩	달
반찬	떠르까리
밥	밧
과일	펄풀
과자	미타이
술	럭시/창/뚱바
이쑤시개	닷꼬꺄오네신까
고기	마수
말린 고기	수쿠티
밥 접시	가나가네 탈
반찬 접시	플랫트
숟가락	쩜짜
포크	까아따
많다	데러이
적다	얼리꺼띠
맵다	삐로
쓰다	띠또
달다	굴리요
뜨겁다	따또
짜다	누닐로
차다	치소
맛있습니다	미토 차

방향	
동	뿌르버
서	뻐스찜
남	덕친
북	우떠르
앞	어가리
뒤	뻐차리
밖	바히러
안	비뜨러
오른쪽	다야
왼쪽	바야
이쪽	여따
저쪽	우따
위	마티
아래	떨러
이것	요
저것	떠

가족	
아버지	부바
어머니	아마
여동생	버히니
남동생	바이
형(오빠)	다이
누나(언니)	디디
막내(남/여)	낀차/깐치
아들	초라
딸	초리
남편	로그네
아내	수왓니
친구	사티
가게 남주인	사우지
기게 여주인	사우니

야채·조미료	
소금	눈
양파	삐앗츠
감자	알루
호박	퍼르시
라면	짜우짜우
커레	머썰라
당근	가절
사과	샤우
고추	코르사니
생강	어두와
고추가루	코르사니꼬두로
버터	기우
식용유	가네 뗄
오렌지	쑨또라꾸
마늘	러순
코코넛	너리월꼬
가루후추	머리츠코둘호
계란	풀
옥수수	머꺼이
토마토	골베라
설탕	찌니
생선	마차

신체 부위	
머리	타우꼬
발	쿠타
눈	야카
가슴	자띠
손	하트
배	뻬트

기호품	
담배	쭈로트
돈	뻐이사
라이터	라이터
약	어우서디
잎담배	수르띠

초	머인버띠
성냥	썰라이
종이	꺼거즈
재털이	액스트래
화장실	쩌르피
담배 한 갑	액버따쭈로트
가짜(모조품)	넉껄
담배를 피워도 되나요	쭈롯 삐에훈 처?

동사

가다	자누
오다	아오누
걷다	힛누
받다	리누
보다	데크누
듣다	순누
말하다	볼노
마시다	삐우누
주다	디누
자다	숫누
일어나다	웃트누
묻다	소뜨누
기다리다	뻴키누
일하다	감거르누
쓰다	레크누
좋아하다	먼 뻐라오누
먹다	가누
싫어하다	먼 너뻐라우누
적다	토러이
어렵다	거틴
길다	라모
춥다	자도
짧다	초또
덥다	거르미
무겁다	거롱
밝다	우자로

가볍다	헐루까
어둡다	어다로
기쁘다	쿠씨
싸다	써쓰또
슬프다	두키
비싸다	머흥고
빠르다(속도)	치토
빠르다(시간)	짜로
느리다(속도)	비스타리
느리다(시간)	딜로

형용사

크다	툴로
좋다	람로
작다	싸아노
나쁘다	너람로
많다	데러이
쉽다	서지로

숫자

0	지로, 순너
1	엑
2	두이
3	띤
4	짜르
5	빠쯔
6	처
7	싸뜨
8	아트
9	노우
10	더스
15	소뜨누
20	비스
25	뻔더르
30	띠스
40	짤리스

50	뻐자스
60	사띠
70	서떠리
80	어시
90	넛베
100	서여

150	엑서여빠자스
200	두이서여
250	두이서여빠자스
300	띤서여
400	짤서여
500	빳츠서여

1,000	엑하자르
10,000	더스하자르
100,000	엑라크
1/4	차우다이
1/2	압다

여행 및
생활 회화

기본 회화

잘 지내시나요?	떠빠이라이 꺼스또 처?
잘 지내요	멀라이 선쩌이 처
당신의 이름이 무엇입니까?	떠빠이꼬 남 께 호?
제 이름은 OOO입니다	메로 남 OOO 호
당신은 몇 살입니까?	떠빠이꼬 우메르 꺼띠 버요?
저는 50살입니다	머 빠자스버르서 버에
한 번 더 말해 주세요	페리 번노스
천천히 말씀해 주세요	비스따라이 번누스
영어 할 줄 아세요?	떠빠잉 엉그레지 볼누훈처?
제가 하는 말 알겠습니까?	메로 꾸라 부즈누 훈처?
이해했습니다	머일레 부제
이해하지 못했습니다	머일레 부지너
잘 모르겠습니다	멀라이 타하 처이너
네팔말로 무엇이라 합니까?	네팔리마 께 번처?
무슨 일입니까?	께 버요?
무슨 일하세요?	께 깜 거르누훈처?

여행 회화

어디 가세요?	꺼하 자누훈처?
어디에서 오는 길이세요?	꺼하바터 아우누 버에꼬?
좋은 여행 하세요	수버 야뜨라
좋은 밤, 안녕히 주무세요	수버 라뜨리

충분합니다	푹처 / 푸교
몇 시간 걸립니까?	꺼띠 건따 락처?
잔돈을 받지 않았습니다	첸지change 리에꼬 처이너
잔돈이 틀립니다	첸지 퍼럭 처
도와주세요	구하르
도둑이야!	쪼르
여권을 잃어버렸어요	메로 파스포트 허라요
도난 증명서를 써주세요	에우타 쪼리 버에꼬리포트 버니이디노시

생활 회화

안녕하세요?	나마스떼 / 나마스까르
요즘 어떠세요? 잘 지내세요?	선쩨이 후누훈처?
저는 잘 지냅니다. 어떠세요?	멀라이 선쩨이 처. 떠뻬이라이 니?
감사합니다	던여밧
다시 말씀해주세요	페리 번누스
천천히 말씀해주세요	비스따러이 번누스
미안합니다	마프 거르누스
잠깐만요	엑친
천천히 가세요	비스따러이 자누스
빨리 가세요	치토 자누스
당신 사진을 찍어도 될까요?	떠빠이꼬 포토 키즈너 짜헌추
당신의 이름은 무엇입니까?	떠빠잉꼬 남 께 호?제 이름은 철수입니다
메로 남 철수 호당신은 몇 살입니까?	떠빠잉꼬 우메르 꺼띠 버요?
당신은 결혼하셨어요?	떠빠잉꼬 비하 버요?
저는 30살입니다	머 띠스 버르서 버에
무슨 일입니까?	께 버요?
어디 사세요?	꺼하 버스누훈처?
무슨 일하세요?	께 깜 거르누훈처?
나는 ~ 필요하다	멀라이 ~ 짜힌처
나는 ~ 좋아한다	멀라이 ~ 먼뻐르처
나는 한국인입니다	머 꼬리언 훙
잊어버렸습니다	머일레 비르세
제 생각은 ~	메로 비짜르마 ~
정말요?	빽까 호? 사쩨이 호?
~월 ~일	~머히나 ~따릭

쇼핑 회화

이것은 얼마입니까?	여스꼬 꺼띠 뻬이사 호?
전부 얼마입니까?	전머 꺼띠 버요?
이것은 무엇입니까?	요 께 호?
저것은 가방입니다	뚀 졸라 호
너무 비쌉니다	엑떰 머헝고 처
조금 싸게 해주세요	얼리 밀라이 디누스
이것을 주십시오	요 디누스
입어 봐도 될까요?	머 요 러가에르 헤르너 석추?
이것보다 큰 사이즈 있나요?	요 번다 툴로 사이즈 처?

병원 회화

의사를 불러주세요	닥터 볼라이디누스
감기에 걸렸어요	멀라이 루가 라게꼬 처
열이 나요	멀라이 줘로 처
배가 아파요	메로 뻬트 무케꼬처
어지러워요	멀라이 린거타 라료
토할 것 같아요	멀라이 반타 라그처
머리가 아픕니다	메로 따우꼬 두쿄
시끄럽게 하지 마세요	헐라 너거르누스

숙박 회화

이 마을 이름이 무엇입니까?	요 가웅꼬 남 께 호?
하루에 얼마 입니까?	에크 라트꼬 꺼띠?
더운 물 나옵니까?	따또빠니 아우처?
방을 볼 수 있습니까?	꼬타 헤르너 서긴처?
담요를 한 장 주세요	어르꼬 에우타 껌벌 디누호스
방을 바꿔주시겠어요	어루꼬 꼬타 디너 석누훈처
이것보다 좋은 방 없습니까?	요 번다 라므로 꼬타 처너?
더운 물이 나오지 않습니다	따또 빠니 아웅더이너
체크 아웃 해주세요	쩨크 아웃 거리디누스
내일 아침 6시에 깨워주세요	볼리 비하너 처 버제 우타이디누스
하루 더 머물고 싶습니다	어르꼬 엑 딘 버스너 먼 라교
하루 일찍 가고 싶습니다	엑 딘 치토 자너 먼 라교

식사 회화

식사하셨습니까?	떠빠잉레 카나 카누버요?
식사를 하고 싶습니다	카나 카너 먼 라교
뭐가 맛있습니까?	꾼 짜히 미토 처?
티켓은 어디에서 사죠?	티켓 꺼하 빠인처?
메뉴 주세요	메뉴 디누스
뜨거운 물이 필요합니다	멀라이 따또빠니 짜힌처
우유만 주십시오	둣 맛뜨레 디누스
저것과 같은 요리를 주세요	멀라이 또 저스또 카나 디노스
계산 해주세요	머 빌 빠우너 석추 끼
화장실은 어디예요?	쩌르삐 꺼하 처?

이동 회화

포카라행 버스 몇 시에 출발합니까?	포커라자네 버스 꺼띠 버제 잔처?
포카라까지 얼마입니까?	포커라 섬머라이 꺼티라그처?
빈 자리 입니까?	요 시트 칼리 처?
거기까지 걸어갈 수 있나요?	땨야허 섬머 히레러 자너 석처?
나는 포카라까지 갑니다	머 뽀커라 섬머 잔추
조금 있다 갈께요	머 뻐치 아웅추
다음 버스는 몇 시 출발이죠?	어르꼬 버스 꺼띠 버제 잔처?
이 버스 카트만두 갑니까?	요 버스 카트만두 잔처?
이쪽으로 오세요	에따 아우누스
한 장 주세요	에우따 디누스
여기 있습니다. (받으세요)	리누스
지금 몇 시입니까?	어힐레 꺼띠 버죠?

네팔어 어순은 우리말과 같아서 이해하기가 쉽다. 주어+목적어+동사 순으로 어순이 구성된다. 긍정문과 의문문은 문장 상 크게 다른 점이 없다. 문장의 끝을 올려서 이야기하면 그대로 의문문이 된다.

- 명사+호=~입니다. **ex.** 요 삐이사 호(이것은 돈 입니다)

  형용사+처=~입니다. **ex.** 요번다 라므로 처(이것보다 좋습니다)

  명사+추=~이 있습니다. **ex.** 머 거르마 추(나는 집에 있습니다)
- 동사의 기본형은 전부 '~누'라는 형태로 되어 있다. **ex.** 카누=먹다, 자누=가다, 아우누=오다, 순누=듣다
- 거의 모든 동사는 인칭과 시제에 따라 '~누' 부분이 변화(불규칙도 있다)한다.

  ex. '~해 주십시오' 라는 표현은 동사의 어간+누스다.

  ex. 카누스=드십시오, 자누스=가세요
- ~바터=~로부터(장소) **ex.** 머 꼬리아 바터 아에(나는 한국에서 왔다)

  ~데키=~부터, 에서 (시간) **ex.** 더스 바제 데키(10시부터)

  ~섬머=~까지 (시간, 장소) **ex.** 엑 바제 섬머(1시까지)

  ~성거=~와 함께 **ex.** 사티 성거(친구와 함께)

  ~맛뜨러=~만(only) **ex.** 둧 맛뜨러 디누스(우유만 주세요)
- 떠빠잉꼬 남 께 호?(당신의 이름은 무엇입니까?)

  '떠빠잉'은 2인칭 높임말, '꼬'는 소유격 '~의'라는 의미, '남'은 이름, '께'는 '무엇'이라는 의문사, '호'는 '~입니까?'다.
- 메로 남 홍길동 호(저의 이름은 홍길동입니다)

  '메로'는 1인칭 소유격 '나의' 라는 뜻. 원래 1인칭은 '머' 이지만, 소유격일 때는 '꼬'를 붙여서 '머꼬' 이렇게 되는 것이 아니라 '메로' 라고 한다. (불규칙)
- 와(우)하꼬 남 께 호?(저 분의 이름은 무엇입니까?)

  '우하'라고도 하고 '워하'라고도 한다. '~하' 발음은 비음(콧소리), 네팔어 글자 위에 점이 찍혀 있는 것은 모두 콧소리, 비음이다. '우하/와하'는 3인칭 높임말
- 우하꼬 남 홍길동 호(그 분의 이름은 홍길동입니다)

  호? 하고 문장의 끝을 높이면 의문문(~입니까?)이 되고, 문장의 끝을 내리면 긍정문(~입니다)이 된다.